矿物加工工程卓越工程师培养 · 应用型本科规划教材

选矿试验研究方法

章晓林 主编

XUANKUANG SHIYAN
YANJIU
FANGFA

化学工业出版社

·北京·

《选矿试验研究方法》共分 11 章，分别介绍了选矿试验研究的目的和任务、选矿试验研究的程序和阶段以及选矿试验计划的拟订；试样的采取和制备；工艺矿物学研究及选矿试验方案的确定；重选试验；浮选试验；化学选矿试验；磁选和电选试验；脱水和过滤试验；半工业试验和工业试验；选矿试验优化设计；试验结果的处理及试验报告的编写。

　　本书具有较强的系统性和广泛的实用性，既可作为大专院校矿物加工工程专业的教材，也可供从事矿石选矿科研、生产和管理工作的工程技术人员和操作工人参考。

图书在版编目(CIP)数据

　　选矿试验研究方法/章晓林主编. —北京：化学
工业出版社，2017.9
　　（矿物加工工程卓越工程师培养·应用型本科
规划教材）
　　ISBN 978-7-122-30246-5

　　Ⅰ.①选…　Ⅱ.①章…　Ⅲ.①选矿-试验-高等
学校-教材　Ⅳ.①TD9-33

　　中国版本图书馆 CIP 数据核字（2017）第 168339 号

责任编辑：袁海燕　　　　　　　　　文字编辑：向　东
责任校对：王　静　　　　　　　　　装帧设计：王晓宇

出版发行：化学工业出版社（北京市东城区青年湖南街 13 号　邮政编码 100011）
印　　装：北京科印技术咨询服务有限公司数码印刷分部
787mm×1092mm　1/16　印张 19　彩插 1　字数 506 千字　2017 年 11 月北京第 1 版第 1 次印刷

购书咨询：010-64518888　　　　　　　　售后服务：010-64518899
网　　址：http://www.cip.com.cn
凡购买本书，如有缺损质量问题，本社销售中心负责调换。

定　　价：68.00 元　　　　　　　　　　　　　　　　　　版权所有　违者必究

前　言
FOREWORD

　　矿物加工工程专业是实践性非常强的专业，教育部大力提倡应用型人才培养，各高校积极开展卓越工程师培养计划、专业综合改革等本科教学工程建设，在此背景下，化学工业出版社会同贵州大学、武汉工程大学、东北大学、昆明理工大学、华北理工大学等高校规划出版一套"应用型本科规划教材"。

　　选矿试验研究是评估矿产资源是否具有工业价值的主要依据。不同地区的矿石，其矿物成分千差万别，使得选矿工艺和参数条件也各不相同，这也是选矿厂建设不能照搬其他选矿厂工艺流程的重要原因。选矿试验成果不仅对选矿设计的工艺流程、设备选型、产品方案、技术经济指标等的合理确定有着直接影响，而且也是选矿厂投产后能否顺利达到设计指标和获得经济效益的基础。通过选矿试验研究，有针对性地找出矿石选别的最佳工艺参数和流程，将选矿成本降到最低，充分利用矿产资源，使矿山企业获得最大的经济效益和环境效益。

　　选矿试验资料是选矿工艺设计的主要依据。因此，为设计提供依据的选矿试验，必须由专门的试验研究单位承担。选矿试验报告应按有关规定审查批准后才能作为设计依据。在选矿试验进行之前，选矿工艺设计者应对矿床资源特征、矿石类型和品级、矿石特征和工艺性质，以及可选性试验等资料充分了解，结合开采方案，向试验单位提出试验要求，在"要求"中，一般不必详述试验单位通常都应做到的内容，而应着重提出需要试验单位解决的特殊内容和主要问题。

　　"选矿试验研究"这门课程以实验课为主，课堂讲授学时数相对较少。书中内容既涵盖了选矿学的基础知识，能够满足课堂教学需要，又适当列举了选矿案例，能够为学生进行科研实践提供一定地指导。本书较为全面地介绍了矿石可选性研究的最新基本知识、理论以及相关分析测试手段，并结合国内外选矿技术应用、实际案例分析等对矿石可选性研究做了进一步论述。全书共计11章，适合48学时左右（含实验教学）的教学使用。

　　本书由昆明理工大学选矿教研室负责编写，参加编写工作的有章晓林、徐瑾、申培伦、王其宏（第1章、第2章、第3章），张英（第4章、第11章），刘丹（第5章、第6章），邵延海（第7章、第10章），刘建（第8章、第9章），全书由戈保梁统一审核、校验，章晓林负责统稿。

　　在成书的过程中，得到了昆明理工大学国土资源工程学院领导的大力支持，在文稿的校对过程中，研究生申培伦、王其宏、景满、武鲁庆付出了很大努力，在此表示感谢，同时还参阅了大量的网络资源、文献资料，也向资料的作者，一并表示衷心的感谢！

　　由于编者水平有限，书中不足之处在所难免，恳切希望同行专家和读者批评指正！

编者

2017 年 8 月

目 录

CONTENTS

第4章 重选试验

第5章 浮选试验

第6章 化学选矿试验

第7章 磁选和电选试验

第8章　脱水和过滤试验

第9章　半工业试验和工业试验

第10章　选矿试验优化设计

第 11 章　试验结果的处理及试验报告的编写

附　录

参 考 文 献

第 1 章

绪 论

1.1 选矿试验研究的目的和任务

选矿试验研究是评价矿床工业利用价值的重要依据，选矿试验结果不仅对选矿设计的工艺流程、设备选型、产品方案、技术经济指标等的合理确定有着直接影响，而且也是选矿厂投产后能否顺利达到设计指标和获得经济效益的基础。选矿试验研究与生产实践活动不一样，它是科学实验活动，其目的在于探索研究具有规律性的东西。通常具有如下特点：

① 选矿试验研究是在矿床地质勘探完成之后，可行性研究或初步设计之前进行。对矿石矿物特征和选矿工艺特性、选矿方法、工艺流程结构、选矿指标、工艺条件及产品（包括某些中间产品）等进行试验研究和分析，应能满足设计工作中初步制订工艺流程和产品方案、选择主要工艺设备及进行设计方案比较的要求。

② 实验室小型试验由于其规模小、试料少、灵活性大、人力物力花费较少，因此允许在较大范围内进行广泛的探索，为生产和建设提供可靠的依据。

③ 由于选矿试验研究是在实验室小型非连续（或局部连续）试验设备上进行的，可以不受生产条件的限制，运用各种方法，严格地控制所研究的对象和过程，因而能够取得许多在生产条件下不易取得甚至不能取得的试验数据，走在生产实践的前面，更深入地揭示自然规律，为生产开辟新的途径。

矿石可选性研究一般都在选矿实验室中进行，它是指导选矿厂生产的重要部门，其基本任务是根据生产过程矿石性质的变化提供合理的操作条件、改进选矿工艺和解决生产中存在的问题，并进行新技术、新工艺、新药剂及资源综合回收利用等试验研究工作。具体任务包括以下几点。

① 根据矿山的采掘计划，分析各个时期入选矿石性质可能的变化趋势，及时研究矿石的可选性，为生产提供合理的技术操作条件。

② 定期或不定期考查生产工艺流程，积累生产资料，统计、分析各项生产技术经济指标，提出改进工艺的措施，使各项生产指标达到最佳水平。

③ 及时掌握选矿技术的最新信息，研究新工艺，不断改善和革新选矿工艺流程。

④ 研制和推广使用新设备、新药剂、新材料。

⑤ 分析矿石中伴生元素的赋存状态，开展资源的综合回收利用。

⑥ 开展环境保护、"三废"治理及利用的试验研究。

任何一个矿产资源的工业利用，都要经过从找矿勘探、设计建设到生产三个阶段，每一阶段都可能需要做选矿试验研究，其深度和广度各不相同。下面分别介绍不同阶段对选矿试验的不同要求。

1.1.1 地质找矿勘查工作中的选矿试验

地质找矿勘查工作是一个由浅入深、循序渐进、逐步认识、分阶段推进的过程。它要求有与之相适应的选矿试验结果，为能否进行下一阶段的地质工作或矿山采选设计提供依据，因而矿产资源的可选性是确定矿床工业利用价值的一项重要因素。

(1) 选矿试验研究是制订矿床工业指标的基础　矿床工业指标是计算矿石储量的重要依据。确定矿石边界品位和工业品位的方法虽多，但都必须以选矿试验研究资料为基础，否则无法类比。统计法无法确定是否能提供工业利用；经济分析法无法计算产品生产成本和盈亏价格；缺乏选矿试验数据，就不能进行方案计算。因此，选矿试验结果是正确评价矿床、判断开发效益的基础。

(2) 选矿试验研究是矿床综合开发利用的重要手段　矿产资源综合开发利用受自然条件、技术经济效益、市场需求等多种因素的影响和制约，并非所有矿产资源都能满足综合开发和回收利用的要求。当矿床开发建设条件确定后，除矿床自身资源条件外，其综合开发利用程度，主要取决于矿石的可选性。

(3) 选矿试验成败是后续试验研究的重要依据　按试验深度、广度和规模的综合概念，将矿石选矿试验划分为可选性试验、实验室流程试验、实验室扩大连续试验、半工业试验、工业试验。前一试验是后一试验的基础，后一试验是前一试验的验证和改进。没有前一试验，或前一试验未过关，则不能进行后一试验，所以各类试验必须循序渐进。

矿产勘查工作从预查、普查、详查到勘探这四个阶段的划分，反映了矿床研究和控制程度的逐渐深入，因而不同阶段对选矿试验的要求也各不相同。

(1) 预查阶段　依据区域地质和（或）物化探异常研究结果、初步野外观测、极少量工程验证结果，与地质特征相似的已知矿床类比、预测，提出可供普查的矿化潜力较大地区。有足够依据时可估算出预测的资源量，属于潜在矿产资源。

(2) 普查阶段　对可供普查的矿化潜力较大地区、物化探异常区，采用露头检查、地质填图、数量有限的取样工程及物化探方法开展综合找矿。通过概略研究，最终应提出是否有进一步详查的价值或圈定出详查区范围。由于该阶段只是对矿床的初步了解，无法采取有足够代表性的矿样，尚不具备对矿产进行可选性评价的条件，可利用少量物料进行一些探索性的选矿试验，没有必要进行专门的可选性试验研究，并根据矿石物质组成研究和已开发的同类矿产进行对比。

(3) 详查阶段　对普查圈出的详查区，采用大比例尺地质填图及综合方法和手段开展勘查工作，进行比普查阶段更密的系统取样，此时选矿试验必须确定矿石的加工工艺，推荐合理的工艺流程和技术经济指标，以便能够准确评价矿床的工业价值。选矿工作除了要对不同类型、不同品级的矿石分别进行试验外，通常还必须对混合试样进行研究，以便确定对各类矿石采用统一原则流程进行分选的可能性，以确定矿山的产品方案。

(4) 勘探阶段　对已知具有工业价值的矿床或经详查圈出的勘探区，采用通过大比例尺地质填图和加密各种取样工程，详细查明矿床地质、构造、矿床开采技术条件。对矿石的加工选冶技术性能进行类比或实验室流程试验研究，新类型矿石和难选矿石应作实验室扩大连续试验，必要时应进行半工业试验，为可行性研究或矿山建设设计提供依据。

1.1.2 选矿厂设计前的选矿试验

选矿厂设计建设的主要依据在于选矿试验，因此，在深度、广度、精度上都必须满足选矿厂设计的需求。要在选矿工艺、选矿药剂、生产条件等详细方案对比试验的基础上，不仅能提出最终推荐的选矿方法和工艺流程，而且也能基本确定选矿作业时间、选矿药剂的种类及用量、矿产资源综合利用的可能性及其工艺流程、产品产量、质量、除杂方案，进而可概算出合理的经济效益。

实际工作中，若建设任务紧，可将详查阶段的实验室试验和针对选矿厂设计而做的选矿试验结合起来进行考察。对于大型、复杂、难选的矿床，或实践经验不足的新工艺、新设备和新药剂，在实验室研究的基础上，一般还要求进一步的半工业试验或工业试验。

1.1.3 生产现厂的选矿试验

选矿厂建成投产之后，为了解决生产实践过程中出现的新问题，要求进行相应的选矿试验研究工作，以提高实际生产水平。

① 随着开采矿石性质的不断变化，现有的生产工艺条件必然会出现不能适应新矿石的选别要求，因此，研究或引用新的选矿工艺、设备或药剂显得特别重要，尤其是组合药剂的应用，以便提高现厂生产指标；

② 当前，矿产资源综合利用是我国一项重大的技术经济政策，涉及共、伴生矿产资源和"三废"的综合利用，开展资源综合利用的研究对缓解资源短缺、建设资源节约型社会具有十分重要的意义。

1.2 选矿试验研究的程序和阶段

不同区域、不同种类的矿石，性质差异较大，其选矿方法、工艺流程、技术工艺条件也各不相同，只有通过选矿试验研究才能确定最佳的工艺流程，确保后期选矿厂建设投资少、速度快、效益高。

选矿试验研究的基本程序如下：

① 由委托单位提出任务，说明试验具体要求，根据试验要求编制试验任务书。

② 在调查研究的基础上，初步拟定选矿试验工作计划，进行相关筹备工作，包括试验人员的组织和物质条件的准备，并配合地质部门和委托单位确定采样方案。

③ 采取和制备试样。根据选矿试验研究内容的不同，对试样的要求也不同。对矿样而言须具备重量和质量两个方面的要求，所取试样必须具有充分的代表性。取样时地质、采矿及选矿人员共同考察取样点，由负责选矿试验人员协助采样。

④ 进行矿石特性的研究，主要包括矿石的化学组成、矿物组成和矿石结构构造等，并据此拟订选矿试验方案和计划。

⑤ 按照委托单位提出的任务进行选矿试验研究。

⑥ 整理试验结果，编写试验报告。

选矿试验研究阶段，可划分为可选性试验、实验室小型流程试验、实验室扩大连续试验、半工业试验、工业试验和选矿单项技术试验六种。

（1）可选性试验 一般在矿床勘查初期进行，对于新矿种、新类型、矿石组分复杂的矿床在普查阶段就要进行可选性试验，对矿石的可选性能进行初步评价。其要求是：①进行矿石物质组成和化学成分的研究；②考察矿石中的有价组分及伴生组分的综合回收情况。该阶段的选矿试验着重研究和探索各种类型和品级矿石的性质与可选性差别，选矿方法与可能达到的选矿指标，有害杂质剔除的难易程度，伴生组分综合回收的可能性等。其研究内容和深度应能判定被勘探的矿床矿石的利用在技术上是否可行、经济上是否合理。

（2）实验室小型流程试验　实验室小型流程试验是在矿床地质勘探完成之后，可行性研究或初步设计之前进行。其要求满足以下几点。

① 详细研究矿石中的物质组成。查明矿石中的矿物组成、粒度大小、嵌布特性、结构关系、共生关系、有用元素和有害元素的赋存状态。确定各组成矿物的百分含量和矿石的氧化程度及含泥量。研究合理的综合利用和分离有害杂质的方法，并提交化学全分析、光谱分析、物相分析等。

② 提出较合理的选矿试验方案及试验流程。

③ 确定不同类型矿石的可选性。

④ 提出可供工业利用参考的选矿试验指标，伴生组分综合回收的评价资料。该阶段的选矿试验着重对矿物特征和选矿工艺特性、选矿方法、工艺流程、选矿指标、工艺条件及产品（包括某些中间产品）等进行试验研究和分析，并应进行两个以上方案的对比试验，主要是为了取得矿石可选性的详细资料。试验研究的内容和深度，一般应能满足设计工作中初步制订工艺流程和产品方案、选择主要工艺设备及进行设计方案比较的要求。由于试验是在小型非连续（或局部连续）试验设备上进行的，其模拟程度和试验结果的可靠性虽优于可选性试验，但不及实验室扩大连续试验。

（3）实验室扩大连续试验　实验室扩大连续试验是在小型流程试验完成之后，根据推荐的试验流程串联组成连续的、类似生产状态的操作条件，用实验室设备模拟工业生产过程的磨矿、选别乃至脱水作业的连续试验。试验是在"动态"中实现给料、供水、加药和产品数量、质量的平衡，试验因素和指标都是在"动态平衡"中反映出来的，其结果具有一定的可靠性。实验室扩大连续试验，对于一般矿石而言，在完成设计要求的各种参数测定后，连同试验资料可作为矿山设计的基本依据。对于难选矿石，其试验结果仅能作为矿床开发初步可行性研究和制定工业指标的基础资料和依据。各试验研究单位连续试验设备的能力不一致，一般为 $40 \sim 200 kg/h$。

（4）半工业试验　半工业试验主要针对选矿工艺流程复杂的矿石，在实验室试验中难以充分查明工艺特性及设备的某些关键环节，并且有可能会由于这些环节的可靠性影响到技术经济指标，需要提高试验的模拟程度而进行的一类选矿试验。它是在专门建立的半工业试验厂或车间进行的，是在生产型设备上，按"生产操作状态"所进行的试验，试验可以是全流程的连续，也可以是局部作业的连续或单机的半工业试验。试验的目的主要是验证实验室试验的工艺流程方案，并取得近似于生产的技术经济指标，为选矿厂设计提供可靠的依据或为进一步做工业试验打下基础。半工业试验所用的设备为小型工业设备，试验厂的规模尚无明确的规定，一般为 $1 \sim 5 t/h$。

（5）工业试验　工业试验是选矿厂建厂前期一项重要的准备工作，是在半工业试验或实验室试验的基础上进行的，主要针对矿床规模较大、性质复杂的矿石进行的选矿试验。它是在工业生产规模和条件下进行的选矿试验，以查明选矿技术工业化生产中的关键选矿指标及新设备、新技术的效果和可靠性，包括生产成本的考察。由于其设备、流程、技术条件与生产或后续的设计基本相同，故技术经济指标和参数比半工业试验更为可靠。若待建选矿厂包含多个平行系列，选矿试验可在其中一个系列中进行。

（6）选矿单项技术试验　选矿单项技术试验包括单项新技术试验和单项常规技术试验，其中单项新技术试验包括选矿新设备、新工艺、新药剂等。凡采用选矿新技术，必须取得试验技术资料后，并由设计单位认可，然后再进行设计。

1.3 选矿试验计划的拟订

为了确保能以较少的人力和财力投入达到选矿试验研究工作的目的，同时也为了整个试验工作的有序开展，在开展选矿试验工作之前，有必要先拟订选矿试验计划，明确研究任务和研究方法。

选矿试验研究计划一般包括以下内容：

① 试验研究的目的、任务和要求；

② 试验矿样代表性审查；

③ 试验技术方案、关键技术、问题及对策、预期结果；

④ 试验研究内容、工作量和试验进程表；

⑤ 试验人员组织和所需要的物质条件，包括试验仪器、试验设备和经费等；

⑥ 与之相关的其他专业人员配合进行的项目、工作量和进程表，如岩矿鉴定计划和化学分析计划等。

显然，试验研究计划的核心是试验方案的确定，试验方案确定后，才能估算出试验工作量和所需的人力、物力。

研究计划的制订，必须在调查研究的基础上进行。调查研究的内容包括以下几个方面：

① 了解委托方的要求，明确试验任务；

② 了解研究试样所在矿床的地质特征和矿石性质，以及过去所做研究工作的情况；

③ 了解矿区的自然环境、交通条件和经济状况，尤其是水、电和药剂等的供应情况，以及环境保护的具体要求；

④ 深入有关厂矿和科研设计单位，考察类似矿石的生产和科研现状；

⑤ 查阅文献资料，广泛地了解国内外有关科技动态，以便能在所研究的领域中，尽可能采用先进技术和装备。

在当今信息时代，要成为现代社会的新型人才，必须掌握信息技术检索的能力，才能适应科学技术、社会经济飞速发展的局面，才能利用信息为学习、工作和研究提供更多的服务。随着中国高等教育的改革和社会信息化环境的逐步形成，自学能力、独立研究能力、逻辑思维能力和创新能力的培养，已成为提高当代学生综合素质的重要途径之一。掌握一定的信息检索技术，可以提高学生对学习、工作方法的认识、提高学生搜集信息、运用信息的能力，尤其对毕业论文或课程设计的实践环节十分重要，这将有效提高学生利用相关信息获取所研究领域知识的能力，真正做到事半功倍。因此，必须要懂得如何搜集信息、运用信息，而文献检索正是必须要借助的工具。

我们阅读的科技文献、学习的教材内容，往往是几年、几十年、甚至上百年前的研究成果或发现，而这些成果对现在的研究往往有着不可忽视的作用。通过文献资料的查阅，继承前人的经验，使自己的研究成果始终建立在最新研究成果的基础之上。进行科研创新，无论是新课题还是老课题，就科学研究的全过程而言，在课题的确定、试验方案的制订、方案的取舍、难点的攻关，还有成果的鉴定和总结，都离不开文献检索。通过文献检索可以了解老课题的最新进展、新课题的进展程度，从而及时地了解学术前沿。

复习思考题

1. 选矿试验研究的目的和任务是什么？

2. 地质勘查工作与选矿试验研究之间的关系如何？

3. 选矿试验研究的程序的步骤是什么？

4. 如何制订选矿试验研究计划？

第 2 章

试样的采取和制备

选矿试验研究所用试样根据取样地点不同可以分为矿床试样和选矿厂试样。

矿床试样主要用于矿石可选性等问题的研究；选矿厂试样主要为选矿精矿产品、中间产品和尾矿产品；选矿厂取样的目的是确定选矿产品的质量和相应的工艺指标，以便及时优化选矿生产流程或调整药剂制度以提高选矿产品指标。

本章将主要从所采矿样的代表性、采样的要求、矿床取样、选矿厂取样，以及矿样的制备等几个方面具体介绍选矿试样地采取和制备的相关问题。

2.1 矿样的代表性和对采样的要求

2.1.1 矿样的代表性

试样的代表性是决定取样（或选矿试验研究）工作有无价值的关键。所谓矿样的代表性，简言之就是所取的矿样应当具有原物料所具有的一切特性。例如，对某一矿床采样拟进行选矿试验研究，为该矿床建立选矿厂提供设计依据，这就要求试样能代表所研究矿石的一切特性。

2.1.1.1 矿床取样的代表性

试样的代表性主要表现在以下三个方面：

（1）化学组成　指包括组成试样化学组成的种类及品位特征。地质部关于《选冶试验质量管理办法的规定》（1978）对试样中主要有用元素含量的允许误差的暂行规定如表 2-1 所示。假如某矿床铜的平均品位为 1%，可能会存在两种品位特征：一是矿床各段品位变化不大，例如大多数波动范围在 0.8%～1.2%；也有可能是各段品位变化很大，低品位段可能到 0.2%～0.3%，而高品位段可能高达 2%～3%。这两种情况的平均品位都可能是 1%。这就要求取样能够反映矿床品位的变化特性。

表 2-1　试样中主要有用元素允许误差　　　　　　　　　　单位:%

含量	允许相对误差	允许绝对误差
>20		1
20～10	5	
10～1	5～10	

含量	允许相对误差	允许绝对误差
1~0.005	10~20	
<0.005		0.001

(2) 矿物组成、结构构造及嵌布特性 矿石的矿物组成很多,取样时只能对主要的矿物提出要求。例如,矿石的氧化程度对许多金属矿石的可选性有较大影响,所以取样时对矿石氧化程度要提出要求。对于有色金属而言,影响回收效果的是氧化率,对于铁矿石则指全铁与亚铁的比例。然而有的矿石决定其可选性的难易程度不仅与氧化率有关,如铜矿石,结合氧化铜含量对可选性影响很大,这时对氧化率与结合率都要提出一定的要求。

(3) 矿石的物理、化学性质 包括矿石硬度、可磨度、温度、泥化程度、粒度组成、密度、比磁化系数、介电常数、溶解度或溶盐含量、pH 值等。在实际工作中根据具体需要提出相应要求。例如有用矿物的溶解度或悬浮液中溶盐含量对于重选过程并不重要,可是对于浮选及水冶则非常重要,必须保证具有代表性。

应该说明,并非要求所有的选矿试样都应同时具有上述三方面的代表性。如水分的测定,试样能代表整个物料的水分即可,即要根据实际需要来确定试样应具有哪方面的代表性。

2.1.1.2 选矿厂取样的代表性

选矿过程的取样与检测是选矿生产管理和技术管理的重要环节,对选矿厂完成各项技术经济指标起很重要的作用。通过对选矿过程的系统检查,取得各种生产数据,才能分析选矿工艺过程是否正常,评定选矿工作的效率。只有通过取样与检测才能查明影响工艺生产过程中的各种不利因素,采取有效措施改善工艺过程。因此,选矿厂各环节取样必须具有代表性,否则会直接影响到选矿工作者对选矿生产过程的正确判断,从而影响选矿生产指标。

在选矿生产流程中,取样分析数据是基础,样品数量和代表性会影响到整个选矿生产过程的各个方面。取样在选矿生产过程中起指导、监督的作用,是不可缺少的重要环节。通过取样可以得到矿石元素含量、矿石细度、矿浆浓度等相关数据,其中矿石中元素的含量和矿石细度是整个选矿生产流程中的核心数据。对于自动化程度相对较高的选矿厂而言,一般通过元素含量和矿石细度进行生产流程的调节,这就要求有代表性的取样和及时、准确的分析数据,从而达到选矿生产各环节及时调整的目的。

2.1.2 采样的要求

2.1.2.1 矿床采样的要求

固体矿床采样分析是矿产勘查中的一项极其重要的基础性、关键性工作,采样质量直接影响矿体圈定、资源储量估算、矿床评价和地质成果的真实性。就矿床采样一般要求而言,所选用的采样方案应符合矿山生产的实际情况。

① 所选采样地段应与矿山的开采顺序相符。当矿山生产前期和后期的矿石性质差别很大时,常需分别采样。选矿厂通常根据前期生产的矿石性质设计,但又要能预料到开采后期可能发生的变化。因而为选矿厂设计所采取的试样,应主要安排在该矿床前期开采地段采取,同时在后期开采地段采取少量试样供对比和验证试验用。所谓前期,对有色金属矿山是指投产后的前 3~5 年;对黑色金属矿山则是指前 5~10 年。矿床储量小、生产年限短的矿山,则一般不考虑分期采样问题。

② 设计用选矿试验样品的采矿方案,应与矿山生产时的产品方案一致。所谓矿山的产品方案,是指今后矿山生产时准备产几种原矿石分别送选矿厂处理。若进行选矿试验时,矿

山的产品方案已定，可按已定的产品方案采样；如果产品方案未定，就需由选矿、地质、采矿人员共同商定采样方案。首先，要根据矿石的性质和以往所做选矿试验结果，判断所研究矿床中不同工业品级、自然类型、块段的矿石是否需要采用不同的选矿方案；其次，要根据矿山开拓方案判断这些矿石是否有可能分采、分运；最后，还要根据选矿厂的建设规模和条件，判断今后是否有可能为这些矿石建设不同的选矿厂或不同的系列，以便分别采用不同的选矿方案处理。显然，只有那些在生产上需要分别处理，而又可能分采、分运、分选的品级、类型或块段，才有必要分别采样进行选矿试验，其他则应按照矿山的开拓方案（若开拓方案未定，则可按储量比例）配成组合试样进行选矿试验。但在产品方案未定时，最好仍先分别采样，留待试验时再配样，以便在矿山产品方案改变时，可不再重新采样。

③ 试样中配入的围岩和夹石的组成和性质，以及配入的比率，都应与矿山开采时的实际情况一致。若开采时有开采设计，根据开采设计提供的混入率来定配入的比例；在无开采设计时，一般当矿体具备露天开采条件，夹石与围岩样的总量为矿样总量的 $5\%\sim10\%$；当矿体需要井下开采时，夹石和围岩的总量为矿样总重量的 $10\%\sim25\%$。在特殊情况下（如矿体薄、夹层多或细脉状矿床等），夹石与围岩样的数量需根据具体情况确定，所采的夹石及围岩种类和比例，应与矿床相应范围内开采时混入矿石中的实际情况相近。

$$混入率 = \frac{混入废石量}{采出矿石总量} \times 100\%$$

矿山开采时废石（指围岩和夹石，但不包括储量计算时已划入工业矿体的那部分夹石）的混入率，取决于矿层或矿脉的厚度以及所采用的采矿方法。

废石混入后，将造成矿石的贫化，使采出矿石品位低于采区地质平均品位。矿石贫化率计算式如下：

$$贫化率 = \frac{采区矿石地质品位 - 采出矿石品位}{采区矿石地质品位 - 废石品位} \times 100\%$$

不同矿山矿石的贫化率数值，由矿山设计部门确定。采样时即可根据已定的混入率或贫化率计算废石的配入量。

2.1.2.2 不同性质的选矿试验对试样的不同要求

在矿床勘探前期的可选性试验中，对不同工业品级（如贫矿、富矿、表外矿等）的矿石应单独取样分别进行选矿试验，以此作为地质部门正式划分矿石类型和圈定工业矿体的依据，并初步估计这些不同品级和类型的矿石是否可采用统一的选矿原则流程。若要确立合理的边界品位时，则应单独采取系统的低品位矿样进行试验；当围岩和夹石中含有可供综合开采利用的稀有或稀贵元素时，在详细研究这些伴生成分赋存状态和走向分布的基础上，也应单独采取有代表性的试样进行选矿试验以便考虑稀有或稀贵元素的综合回收。

在矿床勘探后期的可选性试验中，要对不同类型矿石采取混合样进行选矿试验，以确定原则流程（是采用同一原则流程还是采用不同的原则流程），并作为矿山产品方案和选矿厂设计方案选取的依据。

在扩大连续性试验中，半工业试验（中间试验）和工业试验对试样具有不同的要求。规模不大的半工业试验（中间试验）样品的采样要求与实验室样品基本一致，若有可能，最好同时采取，确保其性质基本一致。而规模较大的中间试验（如选矿厂试验）和工业试验，由于其样品不可能与实验室同时采取，只能在采样设计时注意所选采样地段的矿石组成和赋存状态及其变化特征，要基本上能代表所研究的矿床。此外，实验室试验样品的粒度通常较小，工业试验样品则往往希望能保持矿石采出时的原始粒度。

2.1.3 试样的质量要求

矿石可选性研究用试样的质量，主要与矿石粒度、试验设备规格、选矿方法以及试验工作量等有关，而试验工作量则又取决于矿石性质的复杂程度和研究人员的经验及水平。

矿石可选性研究试验所需试样的质量，主要取决于如下几个方面的因素：矿石类型和性质、试验类型、规模和深度、选矿试验方法和工艺流程的复杂程度；试验设备的规格和能力；试验运转时间等。一般而言，试验矿样的数量应由试验研究单位提出，下面为试验矿量的一般要求。

浮选试验的目的主要在于寻找最优的浮选工艺条件，因而可根据选别循环数和每个循环所需考查工艺因素的数量来估算试验工作量。若为简单的单金属矿石，并采用单一的选矿流程方案，则应包括预先试验、条件试验和实验室流程试验，单元试验的个数一般不会超过100个。若所用浮选机规格为3L，则每一单元试验用样量一般为1kg，100个试验即需100kg试样；若改用1.5L的浮选槽（目前不倾向于采用更小号的浮选槽），试样量即可减半；反之，对于低品位的稀有金属矿石，为了保证能获得足够的精矿供化验用，每份单样质量常要增加到3kg，总试样量也就相应增加。双金属矿石，工作量至少增大一倍；采用多个流程方案时，工作量也要相应增加，但不一定成倍增加。所有试验条件一般都要考虑留存备样，因而单金属矿石浮选试验可只用200～300kg试样，而多金属矿石一般需500～1000kg。

重选试验方案主要是重选流程的确定。单一试验用样量与入选粒度、设备规格和流程的复杂程度相关。用小尺寸的实验室型设备时，每次流程试验需试样50～200kg；用半工业试验设备时，每次流程试验用样至少为500kg，流程复杂时，可达1～2t；若所得重选粗精矿尚需采用各种联合流程进行精选试验时，则还必须保证所得粗精矿质量足以满足下一步试验的需求。若需做粒度分析和重介质选矿试验时，则可根据最小质量公式单独计算所需试样的质量。

湿式磁选入选粒度与浮选相近，因而每一单元试验用样量也较少，由于试验工作量一般比浮选试验小，因而所需试样总量通常也比浮选少。干式磁选入选粒度较粗，为了保证试样的代表性，每一单元试验所需的试样量比湿式磁选大，试验工作量则与湿式磁选相近。

焙烧磁选试验用样量与浮选相近。

实验室连选试验或中间试验用试样量可根据试验规模和试验延续时间估算。试验延续时间则与试验方案数及其复杂程度有关。试样总量一般应相当于试验设备连续运转15～60个班所处理的矿量。工业试验试样量同样取决于试验规模和延续时间，试验延续时间随试验任务的不同而差别较大，并没有统一的规定。

不同选矿试验规模所需的试样质量可参考表2-2。

表 2-2　不同选矿试验规模所需的试样质量

试验类型	矿石种类	选矿方法	矿样质量/kg
可选性研究	单一磁铁矿	磁选	100～500
	赤铁矿、有色金属矿	浮选、焙烧磁选	100～300
	多金属矿	浮选、磁浮联合选	300～500
	含稀有、稀贵金属矿	浮选、浮重联合选	按稀有、贵重金属含量计算矿样质量
实验室小型流程试验	单一磁铁矿	磁选	200～400
	赤铁矿、有色金属矿石	浮选、焙烧磁选	500～1000
	赤铁矿、有色金属矿石	重选	2000～3000
	多金属矿	浮选、浮重联合选	1000～1500
	含稀有、稀贵金属矿	浮选、浮重联合选	按稀有、贵重金属含量计算矿样质量

2.2 采样设计的要求

采样设计的任务是选择和布置采样点，进行配样计算，并据此分配各个采样点的采样量。

2.2.1 采样点

在地质勘探工作中，为了查明矿石各化学组分的品位，并据此计算有用组分的储量，常需系统地采取化学分析试样。为了反映矿石品位的变化，要将所取试样划分为许多小的区段，每一个小的区段组成一个化学分析单样，或简称为"样品"，每一个样品的化验结果即代表该区段矿石各组分的品位，因而每一个样品所代表的区段即可看作一个采样点。例如，刻槽采样时，根据矿石类型和组分分布的均匀程度，可将每0.5~3m（常用1~2m）长的刻槽样作为一个样品，分别化验；钻探采样时，也可将每1~1.5m的岩心作为一个样品。

选矿试验样品的采取是在已有地质资料的基础上进行的，因而没有必要像地质化验样那样沿整个勘探工程系统地采取，而只是从中选取一部分有代表性的地点，作为采样点，但采样方法和采样长度不一定和地质采样时完全相同，一个采样点可不止包括一个地质化验单样。在有关地质采样方面的规程和报告中，谈到采样点数目时，有时是按地质化验单样计，有时则是按采样地点计，应注意区别。

2.2.2 采样点的正确布置

采样点的正确布置，是保证矿样具有代表性的关键。采样设计人员应在综合研究矿床地质条件的基础上，根据矿石性质的复杂程度，不同矿石类型和工业品级矿石的空间分布情况，以及矿山开采和选矿试验对矿样代表性、个数、粒度；质量的具体要求；结合采样施工条件等，合理地确定采样点数量和位置。一般应注意以下几点：

① 采样点应分布在矿体的各部位，不能过于集中。沿矿体走向的两端和中间以及沿倾斜方向的浅部和深部，都应布置采样点，同时也应照顾到主要储量分布地段。在不影响矿样代表性的情况下，采样点的布置，也可以以矿床前期开采地段为重点。

② 选择采样点时，应考虑到是否能代表不同矿石类型和工业品级，并照顾到各类型、各工业品级矿石的物质组成和矿石性质等方面的一般特征。同时，还应根据伴生组分的赋存状态，照顾到伴生组分的含量及矿物种类。

③ 采样点的数量，应尽可能多。对于品位变化复杂的矿床，有时还须考虑一定数量的备用采样点。

④ 应充分利用已有的勘探工程和采矿工程，选择其中对矿石类型和工业品级揭露最完全的工程点作为采样工程点。地表采样点应尽量布置在天然露头及保存完好或恢复工作量小的探槽、浅井等勘探工程中，深部采样点尽量布置在保留有矿（岩）芯的勘探钻孔内。当矿石质量变化较大，在已有工程中布置采样点受到局限，而难于保证试样的代表性，或者勘探阶段未施工坑道，需要采取数量较多的扩大连续试验、半工业试验和工业试验矿样时，则应结合探矿或开采，布置专门的采样工程点。

⑤ 矿体顶板和底板围岩采样点应布置在与矿体接触处和开采时围岩崩落厚度的范围内。

⑥ 在选择采样点时，应考虑施工和运输条件。在不影响矿样代表性的前提下，选择施工及运输条件较好的地点作为采样点。

⑦ 地质勘探时的钻孔矿芯样和岩芯样是很宝贵的地质勘探成果，应充分和有效地利用。

在配样计算和采样时，不允许将保存的钻孔矿芯样和岩芯样全部取走，只能劈取一半作试验矿样，其余一半应妥善保存，留作地质勘探、选矿试验、矿山生产时备查矿样。

2.2.3　配样计算

配样计算是采样设计的重要内容之一。具体选定采样点和各采样点采样重量的分配，都是通过配样计算进行的。配样计算包括反复增减计算和优化配样计算两种方法。

反复增减计算方法的一般程序如下：

(1) 确定采出矿样的采取个数。根据选矿试验对试验矿样个数的要求，确定采出矿样的个数。

(2) 确定采出矿样的重量。根据选矿试验要求的试验矿样重量，并考虑装运损失量、加工化验消耗量以及最终配样和缩分要求等因素所需要的量进行计算，确定采出矿样的重量。

试样最小必需量即为了保证一定粒度散粒物料试样代表性所必需取用的最小试样量。用国际单位制时，是最小必需的质量，按工程习惯，叫最小必需重量。

① 对于可选性试验应不少于具有代表性试样最小重量的 2 倍；

② 对于试验室流程试验，可按下式计算：

$$M_S = Kd^\alpha$$
$$q = Kd^\alpha$$

式中　M_S——试样最小质量，kg（按国际单位制）；

　　　q——试样最小重量，kg（按工程单位制）；

　　　d——试样中最大块的粒度，mm；

　　　α——M_S 同 d 之间函数关系特征的参数；

　　　K——经验系数，与矿石性质有关。

α 值理论上应为 3，实际取值范围为 1～3。选矿工艺上最常用的 α 值为 2。决定 K 值大小的因素包括以下几个方面：

① 矿石中有用矿物分布愈不均匀，K 值愈大；

② 矿石中有用矿物颗粒的嵌布粒度愈粗，K 值愈大；

③ 矿石中有用矿物含量愈高，K 值愈大；

④ 有用矿物密度愈大，K 值愈大；

⑤ 试样品位允许误差愈小，K 值愈大。

K 值一般通过类比法和试验法求得。

① 类比法。与已知 K 值的同类矿床对比。例如，铁锰矿石有用矿物含量通常较高，分布较均匀，K 值取 0.1～0.2；钨、锡、铜、铅锌和钼矿床有用矿物品位一般不高，大多分布不均匀，K 值取 0.1～0.5；金矿床 K 值取 0.2～1；金颗粒粒度小于 0.1mm 时取 0.2，粒度范围在 0.1～0.6mm 时取 0.4，粒度大于 0.6mm 时取 0.8～1。

② 试验法。平行取几份试样，按照不同的 K 值进行破碎、缩分，分别计算误差，选择其品位误差不超过允许范围的最小 K 值作为该矿石的 K 值。

不同质量法　取几份具有同一最大粒度的平行试样，缩分至不同质量，比较其品位误差，选择误差在允许范围内的最小质量，按 $K = M_S/d^2$ 算出 K 值。

不同粒度法　取几份平行试样，破碎至不同粒度后，分别缩分至同一质量，对比其品位误差，找出允许的最大粒度，再反算出 K 值。

常规矿石 K 值的参考数据见表 2-3。

表 2-3　常规矿石的 K 值

矿石种类	K 值	矿石种类	K 值	矿石种类	K 值
铁矿石	0.05~0.2	黄金(颗粒<0.6mm)	0.4	铝土矿(均匀)	0.1~0.3
锰矿石	0.1~0.2	黄金(颗粒>0.6mm)	0.8~1.0	铝土矿(非均匀)	0.3~0.5
铬矿石	<0.25~0.3	稀土矿	0.2	滑石矿	0.1~0.2
铜矿石	0.1~0.5	钽、铌矿	0.2	石墨矿	0.1~0.2
镍矿石(硫化矿)	0.2~0.5	锆、锂、铍、铯、铷、钪等矿	0.2	明矾矿	0.2
镍矿石(硅酸盐)	0.1~0.3	磷矿石	0.1~0.2	砷矿石	0.2
钴矿石	0.2~0.5	硫矿石	0.1~0.2	石膏矿	0.2
钼矿石	0.1~0.5	自然硫	0.05~0.3	重晶石(均匀)	0.1
铅、锌矿石	0.2	硼矿石	0.2	重晶石(非均匀)	0.2~0.5
锑矿石	>0.1~0.2	石灰石	0.05~0.1	石英	0.1~0.2
汞矿石	>0.1~0.2	白云石	0.05~0.1	长石	0.2
钨矿石	0.1~0.5	菱镁矿	0.05~0.1	蛇纹石	0.1~0.2
锡矿石	0.2	萤石矿	0.1~0.2	石棉矿	0.1~0.2
黄金(颗粒<0.1mm)	0.2	黏土矿	0.1~0.2	盐类矿石	0.1~0.2

③ 对于实验室扩大连续试验，应不少于试验矿样质量的 1.2 倍，并用上式进行验算。

④ 对于半工业试验和工业试验，应不少于试验矿样质量的 1.2 倍。

（3）确定采样需要控制的因素。根据同一矿样内各种矿石的工业品级、矿石类型、结构构造、嵌布粒度及特征、主要组分的平均品位及品位波动特性、伴生组分的含量及分布等不同特征，以及对选矿试验可能产生的影响，归纳出采取矿样时的控制因素，以便确定岩样的采取点。

（4）计算各采样点所采取的矿样质量。按采样控制因素统计各类矿石不同品位区间所占的储量比例，计算各采样点应采取的矿样质量。

（5）调整矿样主要组分的平均品位。根据不同品位区间初步选定各采样点及分配的矿样质量，用加权法计算全部矿样主要组分的平均品位。如果此品位与采样要求差距较大，可通过改变部分采样点位置或改变某些采样点的采取质量，重新计算调整。如此重复多次，直至矿样主要组分平均品位符合采样要求为止。

（6）调整矿样伴生组分的平均品位。根据上述确定的采样点和各采样点的采取质量，再根据各采样点的伴生有益、有害组分的品位，用加权法计算全部矿样伴生组分的平均品位。如果此品位与采样要求的品位差距较大，可适当地调整部分采样点的采取质量，以达到在保证矿样主要组分平均品位符合采样要求的前提下，尽量使有价伴生组分平均品位与采样范围内的伴生组分平均品位基本上相一致。采样设计和采样施工系统允许的品位波动范围参见表 2-4。

表 2-4　矿样中主要组分及伴生组分品位允许波动范围

组分品位/%	允许波动范围(±)	组分品位/%	允许波动范围(±)
>45	1.00	1~5	0.20
30~45	1.00	0.5~1	0.20
20~30	1.00	0.1~0.5	0.10
15~20	1.00	0.05~0.1	0.02~0.05
10~15	0.50	0.01~0.05	0.01
5~10	0.50	<0.01	0.002~0.005

前面已经讲到过，将各类型样配成组合样时，组合试样中各工业品级和自然类比矿石的比例应与矿山生产时的出矿比例基本一致，矿山开拓方案未定时，则可先按储量比例配矿。采样设计时，就应根据所要求的配样比例计算和分配各类型样的采样数量。

2.3 采样施工要求

采样施工要求主要是针对矿床采样而言的：

① 坑道采样时，不论采用何种采样方法，均应事先清理工作场地，并检查采样工作面矿体上有无风化现象。矿体表面有风化壳时应预先剥去。易氧化的矿石，应尽量避免在探槽或老窿中采样。

② 在采样、加工、运输过程中，都要注意防止样品的散失和污染，特别是要防止油质污染，对于易氧化变质的矿石，要注意防止水浸和雨淋。

③ 不同采样点采出的试样，应分装分运，包装箱要结实，做到不漏不潮，每个试样箱内外都要有说明卡片，最后还必须填写采样说明书，连同样品一起，送试验单位。采出的矿样，除运走的外，其余的矿样也需按采样点分别堆放，妥善保存，作为副样备用。

④ 采样的实际位置应与采样设计布置的位置一致，各采样点的矿样采出质量应与采样设计质量基本符合。在采样施工和矿样加工过程中，应防止任何杂物混入矿样，各采样点采出的矿样应分别堆放，不允许混杂，更不允许随意损失矿样。

⑤ 对未经过化学分析采取选矿试样时，要先进行化学分析，在确定了该点的代表性后再采取选矿试样；对已进行过化学分析的试样，也应取样分析，检验矿石品位是否符合采样设计要求。

⑥ 在采取选矿试样的同时，还要按矿石类型选取有代表性的矿石和围岩进行岩矿鉴定，与选矿试样同时交试验单位。标本规格一般为 100mm×70mm 左右，每套标本的总数应不少于 30 块。岩矿鉴定标本可不在选矿试样的采样点上采取，而在现有坑道内系统地按一定间距采取。

2.4 矿床矿样的采样方法

采样、加工、化验工作是指导地质找矿、勘探，确定矿床工业价值的重要手段。其目的是通过对试样的分析，确定矿石有用组分及有害杂质的含量，圈定矿石与岩石的界限，掌握矿石价值的资料；同时也可以了解矿体内部与矿体、围岩间化学成分变化的规律，为了解矿体成矿规律提供依据。正确地采取样品、合理地加工试样、精确地分析样品是完成找矿勘探任务的一项关键性工作，也是选矿试验研究取得成败的关键。当前在试样的采样和加工等工作中，由于缺乏经验和总结，尚未归纳出成套的成熟经验，今后有必要加强这方面新技术、新方法的探索。

2.4.1 影响采样方法的因素

采样方法，尤其是矿山地质工作中的采样方法，主要取决于地质因素与经济效果两方面。

(1) 地质因素 首先要考虑到所含主要有用组分矿物分布的均匀程度，同时兼顾有害组分矿物的分布状态。矿物的分布状态一般反映为各种不同的矿石结构和构造。若矿石结构、构造简单，矿石中有益、有害组分分布均匀，可选用连续拣块法；块状、细脉状矿石可选用小规格刻槽法或其他方法；组分分布不均匀时可采用方格法、剥层法或全巷法等取样面积较广的方法；而某些有用矿物颗粒较大且组分分布不均匀的矿石只宜采用全巷法。其次要考虑矿体的规模、产状，如矽卡岩中的白钨矿、基性岩中的镍矿等，宜用全巷法或剥层法。矿体厚度小于坑道断面时，剥层法比全巷法更为适宜，避免了围岩掺入试样内引起矿石贫化的问题。

（2）经济效果 在地质效果相同的前提下，尽量选择成本低、效率高、劳动强度较轻的简单采样方法。此外，找矿勘探各阶段中的目的要求和技术装备水平，也是选择采样方法时应予考虑的因素。当前分析技术正由化学分析逐步向仪器分析发展，对试样质量也由多减少，因此如何采用代表性强、方法简单的采样方法，是一个需要探索的新课题。

2.4.2 采样方法

在前节的采样要求中我们已经了解了关于采样的要求和注意事项，因此，本节将主要对矿床的取样方法进行介绍。选矿试验研究试样的采取方法主要包括刻槽法、剥层法、爆破法以及钻孔岩心劈取法等。

2.4.2.1 刻槽法

在矿体上开凿一定规格的槽子，将槽中凿下的全部矿石作为样品。槽的断面积较小时，可以人工凿取，断面积较大时，可先浅孔爆破崩矿，然后人工修整，使之达到设计要求的规格形状，然后再进行刻槽取样。刻槽应当在矿物组成变化最大的地方布置。刻槽的间距应保持一致，各槽的横截断面应相等。当矿物分布均匀时，多采取平行槽[见图2-1(a)]；若矿物分布不均匀，多采用螺旋形刻槽[见图2-1(b)]。

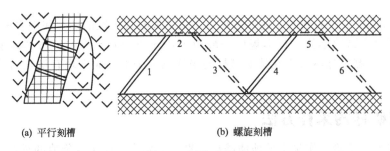

(a) 平行刻槽　　　　　　　　(b) 螺旋刻槽

图2-1 刻槽采样法

刻槽断面形状有矩形和三角形，但常用矩形，因为三角形断面施工比较麻烦。刻槽断面的规格一般用宽度×深度表示，如$10cm×3cm$。槽深一般为$1\sim10cm$，宽为$5\sim20cm$。

影响刻槽断面大小的因素包括：

① 矿化均匀程度。矿化愈均匀，刻槽断面愈大；反之愈小。

② 矿体厚度。矿体厚度愈大，刻槽断面愈小，因为小断面也可保证样品具有足够的质量。

③ 当有用矿物粒度较大，矿物较脆，矿石过于疏松时，应适当增大刻槽断面。

这几个因素要全面考虑，综合分析，不能根据一个因素决定刻槽断面大小。一般认为起主要作用的因素是矿化均匀程度和矿体厚度。

确定槽断面的方法有类比法和试验法两种。

（1）类比法 当两个矿床的地质特征类似时，它们的刻槽断面规格也可以相似。因此，一般作法是选定一个已经勘探的矿床，其取样方法证实是合理的，其地质特征与待勘探矿床的地质特征相似，则待勘探矿床也可以采用同样的取样方法和刻槽断面规格。为了工作方便，前人已按不同矿种总结出了一套适用的断面规格范围，见表 2-5。

表 2-5　主要金属、非金属矿产常用样槽断面规格

矿种	断面规格（宽×深）/cm	矿种	断面规格（宽×深）/cm
铁	(5×2)～(10×3)	硫（硫铁矿）	(10×5)～(5×3)
锰、铬	(5×2)～(10×5)	高岭土	(10×5)～(10×10)
铜、铅、锌、钼、硫化镍	(5×2)～(10×3)	石膏	10×5
铝土矿	(5×2)～(10×5)	盐类矿床	(10×5)～(7×3)
锑、汞、钨、锡	(5×3)～(10×5)	石灰岩	(5×3)～(10×5)
脉金	(10×3)～(20×5)	锰帽矿床用	(5×10)～(20×5)
铍	(10×3)～(20×5)	堆积、残积、淋滤矿床	(20×15)～(25×25)
铌、钽	(5×3)～(20×5)	硅酸镍	(5×3)～(10×5)
磷	(5×3)～(10×5)	自然硫	(10×5)～(8×3)

（2）试验法　在矿区内，选择矿体地质有代表性的地段布置不同断面规格的刻槽，分别采样化验，对比化验结果，以最大断面为对比标准，在允许的相对误差条件下，选用最小规格的断面，作为将要采用的正式刻槽断面。这种试验刻槽的布置方法有重叠刻槽法和并列刻槽法两种。

重叠刻槽法，也称共槽法。在选定的代表性地段，采 10 个样品（此数字不是绝对的，可以变动）。在每个采样点采取一组不同断面的样品，其断面规格包括 7cm×3cm、10cm×3cm、10cm×5cm，15cm×5cm 四种，刻槽的重叠方式见图 2-2。具体刻取步骤是：

① 先刻 7×3 规格的样槽，采取样品进行加工，一部分送化验，一部分保留。

② 把样槽宽度扩大 3cm，采下这部分样品进行加工。然后与 7cm×3cm 规格的样品的保留部分按断面面积比例合并，构成 10cm×3cm 规格的样品。取一部分送化验，其余保留。

③ 把上一规格的样槽在深度上加深到 5cm，用同样按比例合并的方法得到 10cm×5cm 规格的样品。

④ 把 10cm×5cm 规格的断面在宽度上扩大 5cm，用同样方法得到 15cm×5cm 规格的样品。

把同一断面规格的样品分析结果求出平均值，再把不同断面规格的样品平均值进行对比，对比时以最大断面规格样品的分析结果为标准。在允许误差范围内，取最小规格的断面作为生产所需的正式断面规格。

并列刻槽法，又称分槽法。本法与上述重叠刻槽法的差别在于样槽的布置是相互并列的，见图 2-3。把各种规格样槽内所采样品进行加工和化验，求出同规格样品化验结果的平均值。以最大规格的样品分析结果为标准，进行对比。在允许误差范围内，选取最小规格的断面为生产样槽的断面。

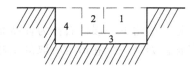

图 2-2　重叠刻槽示意
1—7×3；1+2—10×3；1+2+3—10×5；
1+2+3+4—15×5（单位：cm）

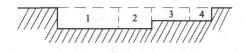

图 2-3　并列刻槽示意

上述两种方法，由于共槽法的样品在空间位置上是重叠包含的，可以减少矿体品位变化造成的影响，结果比较可靠，所以广为采用。

祁东铁矿某地表赤铁矿试样，是一个小断面刻槽采样的例子。采样的目的是进行实验室选矿试验，要求的采样量为 1500kg，布置在 14 个地表探槽中，用矩形断面连续刻槽采样。根据所需试样量算出的断面尺寸见表 2-6。

表 2-6　样槽尺寸与矿体厚度和矿化均匀程度的关系　　　　单位：cm

矿体厚度/m 均匀程度	2.5~2	2~0.8	0.8~0.5
矿化均匀	5×2	6×2	10×2
矿化不均匀	8×2.5	10×2.5	12×2.5
矿化极不均	10×3	12×3	15×3

云锡某网状脉锡矿试样，则是一个用大断面刻槽采样的实例。所采取的是选厂设计前（以重选为主的）选矿流程试验样品，因而所需试样量较大。上部试样和下部试样的采样质量均达十多吨（包括备样）。上部试样布置了 5 个采样点，下部试样则有 4 个采样点，均位于地下坑道内。要求试样最大粒度为 200mm。设计采用单壁大型刻槽采样，先用浅孔崩矿，再用人工修整。各点的取样规格和质量见表 2-7。

表 2-7　单壁大型刻槽采样实例

试样名称	采样点	设计 采样规格/m			质量/kg	设计 采样规格/m			质量/kg
		长	宽	深		长	宽	深	
上部试样	1	10	0.50	0.40	4586	8.92	0.60	0.41	5609
	2	7	0.65	0.40	4173	7.13	0.67	0.41	4362
	3	10	0.40	0.40	3669	10.06	0.44	0.40	4906
	4	10	0.40	0.40	3669	10.13	0.43	0.37	3832
	5	10	0.40	0.40	3669	9.20	0.42	0.38	3578
	小计				19766				22287
下部试样	6	6	0.50	0.40	2820	6.03	0.54	0.40	4113
	7	7	0.50	0.40	3290	7.03	0.53	0.40	3923
	8	7	0.50	0.40	3290	6.78	0.53	0.36	4127
	9	7	0.50	0.40	3290	7.01	0.42	0.50	4135
	小计				12690				16298

由以上实例可知，用刻槽法取得的样品质量，取决于采样点的数目以及各点样槽规格。若矿床地质条件和勘探工程的实际情况允许选用较多的采样点以及样槽较长时，样槽断面并不需要很大，即可满足对样品质量的要求；反之，则必须采用大断面刻槽。实际上，经常由于采样总长度有限而使刻槽采样法一般只能用于采取实验室试样，样品数量很大时需改用其他方法。在采样总长度受到限制，不得不大幅度增加样槽断面尺寸，断面宽度增加到与矿体暴露面同宽时，即转化为剥层法；深度再增加到一定程度，即为爆破法。

2.4.2.2　剥层法

剥层法，或称全面剥层法，是在矿体出露面上按一定规格凿下一层矿石作为样品而进行采样的方法，可用于矿层薄以及分布不均匀的矿床的采样。如果一个巷道内所取的试样质量很大，取样面积又很小时，可采用全面剥层取样法。

剥层法的规格用长、宽、深进行度量。在这三个度量指标中，剥层的长度一般是指矿层的厚度，剥层的宽度是指沿矿层走向剥取的长度，剥层的深度即样的厚度。剥层的宽度与深度构成了剥层的断面规格。

剥层宽度一般为 20~50cm，剥层深度则为 5~15cm。早在 1978 年，曾有人对一些非金属矿产剥层法断面规格进行总结，见表 2-8。

表 2-8　剥层法断面规格

矿种	样层断面规格（宽×深）/cm	备注
磷	(50~100)×(20~100)	
硫	(50~100)×(10~100)	用于结核状黄铁矿和矿化不均匀的自然硫
砷	(50~100)×(10~20)	
硼	(50~100)×(10~100)	呈结晶团块状沉积硼矿
菱镁矿	(50~100)×(10~50)	用于次生菱镁矿
重晶石	(50~100)×(20~50)	
萤石、滑石	(50~100)×(20~50)	

从断面规格来看，剥层相当于加宽了的样槽。剥层法采取的样品，质量可达几十到几百千克。

剥层法采样时，在层面宽度方向上的两边应平行，整个样层的深度要相等，不使矿石丢失或围岩加入，以保证不发生人为的富化或贫化。在互层状与条带状矿体上剥层时，要按层、带分别采样，各层、带长度应相等。

剥层法采样适用于厚度较小的矿体，以保证足够的样品重量，还适用于有用组分分布很不均匀至极不均匀的网状脉矿床；颗粒粗大的伟晶岩矿床、贵金属矿床等。本方法主要用于化学取样，有时用于技术取样和技术加工取样。其优点是精确度较高，因而可用于检查采样法的精度；缺点是采样工作量大、成本高、效率低。

2.4.2.3　爆破法

爆破采样法，一般是在勘探坑道内穿脉的两壁和顶板上（通常不取底板，必须采取时应预先仔细清理），按照预定的规格打眼放炮爆破，然后将爆破下的矿石全部或缩分出一部分作为样品。此法用于所要求采样量很大以及矿石品位分布不均匀的情况。采样规格视具体情况而定，但深度多数为 0.5~1.0m，长和宽则为 1m 左右，例如，广西某锡石多金属硫化矿某选矿试样，就是在穿脉坑道内用爆破法采取，共布置了 8 个采样点，采样规格为长×宽×深＝1m×1m×0.5m，矿石体重 2.9t/m³，实际采得质量为 13t 左右。

若在掘进坑道（为采取可选性试样而专门开凿的采样坑道或生产坑道）内采样，则可将一定进尺范围的全部矿石或缩取其中一部分矿石作为样品，故又称全巷采样法。实际就是在掌子面上爆破取样。在穿脉坑道中应连续采样，在沿脉坑道中则按一定的间距采样。需要注意的是，在打眼放炮前，要分段在掌子面上先用刻槽法采取化学分析试样，各段坑道内爆破下来的样品也要分别堆存，然后根据刻槽样品分析结果，结合矿石类型选定采样区段，再将选定区段的样品加工，按比例缩取部分矿石，混合成为样品。此法仅用于采取工业试验样品。但砂矿床从浅井全巷采样的方法也属于这个类型，其具体做法是，在开凿浅井时，把每掘进 1m 或 0.5m 的全部矿砂取出，在铁板上或胶布上进行缩分，得出样品。由于砂矿床浅井的开凿比较容易，因而此法不限于用来采取工业试验样品。

2.4.2.4　钻孔岩心劈取法

当用钻探为主要勘探手段时，将从钻探获得的岩心、岩屑、岩粉作为样品。常从岩心钻的钻孔岩心中劈取。劈取时是沿岩心中心线垂直劈取 1/2 或 1/4 作为样品，所取岩心应穿过矿体的全部厚度，并包括必须采取的围岩和夹石。由于地质勘探时已劈取一半岩心作为化验样品，取可选性研究试样时往往只能从剩下的一半中再劈取一半。劈取时要注意使两半矿化贫富相似，不能一半贫一半富。若必须将剩余岩心全部动用，则应经勘探、设计、试验及生产单位共同协商同意后才能动用，因为岩心是代表矿床地质特征的原始资料，不能轻易毁掉。有时为了避免动用保留岩心样，亦可将原岩心化验样品在加工过程中缩分剩余的副样供选矿试验用，但应尽量利用粗碎后缩分的副样，而不要用粉样。

岩心劈取法能取得的试样量有限，一般只能满足实验室试验的需要。全部用钻探法勘探的矿区，若收集的岩心样不能满足试验的需要，则尚须为采样掘进专门的坑道，这种坑道一般应垂直于矿体走向。

在各类金属矿床中，铁矿床多半矿体较大、形状较简单、矿化较连续、分布较均匀，因而采用钻探作为主要勘探手段的较多，相应的采样方法也是以岩心劈取法为主。例如，祁东铁矿选矿试验样品，除地表试样是在探槽中用刻槽法采取以外，其余基本都是岩心试样。

其余各种取样方法的适用范围、具体方法及规格见表2-9。

表 2-9 各种取样方法的适用范围、具体方法及规格

名称		方法	规格	适用范围
刻线法		在矿岩露头上刻一条或几条连续的或规则连续的线形样沟，收集凿下的全部矿岩作为样品	常用样沟规格宽×深为(1~3)cm×(1~3)cm，线距10~40cm	单线刻线法用于矿化均匀矿床；多线刻线法用于矿化不均匀矿床，常用于采场内取样
网格法		在矿岩露头上划出网格或铺上网绳，在网线的交点上或网格中心凿取大致相等的矿石碎块作为样品	网格总范围一般为1m²，单个网格边长10~25cm，一个样品由15~100个点合成，总重2~10kg	替代刻槽法
点线法		按刻槽法布置样线，在样长范围直线上等距离布置样点，各点凿取近似重量的矿岩碎块作为样品，矿化不均匀时可在2~3条直线上布置样点	点距一般为10cm，线距一般为10~50cm	一定程度上代替网格法，常用于矿化均匀的采场内取样
拣块法		从采下的矿(岩)石堆上，或装运矿石的车船皮带上，或成品矿堆上，按一定网距或点距捡取数量大致相等的碎块作为样品	矿堆上网点间距一般为0.2~0.5m；矿车上取样视矿化均匀程度与矿车大小，有3点法、5点法、8点法、9点法和12点法等	常用于确定采下矿石质量或运出成品矿石质量
打眼法	浅孔取样	用凿岩机钻凿浅眼的过程中，同时采集矿岩泥(粉)作为样品	常用深眼1~2m，一般不超过4m，由一个或几个炮眼所排出的矿岩泥(粉)组成	常用于矿体厚度2~5m，沿掘进时探明的矿体界线，代替短穿脉，以及浅眼回采的采场内确定残留矿体界线、质量
	深孔取样	用采矿凿岩设备进行深孔凿岩过程中，同时采集矿、岩、泥(粉)作为样品。有全孔取样、分段连续取样和孔底取样三种方法	露天深孔取样间距一般为(4m×4m)~(6m×8m)，地下深孔取样间距一般为4~8m或8m、12m	露天深孔取样(穿爆孔取样)结果是详细确定开采块段矿体边界、矿石质量、矿石类型(品级)，指挥生产等的主要依据；地下深孔取样主要用于详细确定回采块段矿岩边界和矿石质量，也可代替部分坑探或钻探工程取样
全巷法		在巷道掘进的一定范围内的全部或部分矿(岩)石作为样品	取样断面与井巷断面一致，样长一般为1~2m	主要用于检查其他化学取样方法精度以及矿化极不均匀矿床的化学取样

2.5 选矿厂取样

在选矿生产和可选性试验研究中，为检查和分析选矿工艺过程，为设计和生产提供可靠的试验数据，要对一系列选矿或辅助产品进行抽样检测。

由于试验过程中需要采样的样品数量和种类较多，如工业试验一般需要采集几十到几百个甚至上千个样品，要使如此多的样品精准采取，应先了解全部的采样工作。为此，在试验前，试验目的、要求和内容编制采样原则及取样点显得十分重要，以便在试验时按图表（或编号）统一采集试样。

2.5.1 取样原则

① 物料粒度越小，代表性试样越容易采集。因此，在满足工艺要求的前提下，应尽量将物料破碎到最小粒度后再进行取样。

② 若金属含量在各粒级物料和整个物料中分布不均，应增多取样点。

③ 若物料中所含有的较大块状矿石数量不多，如按采样重量公式计算试样量，势必会造成试样样量过多，为此，取样前可先将少数大块矿石粉碎。

④ 对流动矿浆取样应选择矿浆流有一定高差和流速不大的地方取样。

⑤ 对移动试样应在转动过程中取样。

⑥ 工业试验应根据生产现场条件，选择安全可靠的取样地点和方法进行取样。

2.5.2　选矿厂物料的取样

选矿厂取样由于取样对象不同，需要采用的取样方法也不尽相同。选矿厂取样依据物料所处的状态分为静置物料的取样和移动物料的取样。静置物料的取样又包括静置松散块状物料的取样和静置松散粉状物料的取样。

2.5.2.1　静置松散块状物料的取样

这种物料一般装在矿车（或运矿船）中或堆成矿堆，矿堆多在生产过程中逐渐形成。物料的性质在料堆长、宽、深等方向均不同，加上块度大，取样比较困难，一般采用点线法、采样井、表面攫取法和分层采样法进行取样。

（1）点线法　在整个矿堆表面上，划出一系列平行于堆底的相互距离为0.5m的横线（最底下一条线与堆底的距离为0.25m），然后在线上相隔0.5～2m处布置一个取样点。取样方法是用铁铲垂直于矿堆表面挖出深为0.5m的小坑，于坑底采集，各取样点采集的样品质量应正比于各点坑至堆底的垂距，各点所采样品组合即为该物料代表性样品。

（2）采样井　在矿石理化性质变化较大的矿堆上采样，应从矿堆上开凿采样井，该井要从堆顶直挖到底，井数及其排列应视矿石中金属含量的变化程度、采样目的等不同而定。在挖井时，每掘进一层（1～2m），须将挖出的矿石分别堆成一堆，依次挖得若干堆，再对每堆以攫取法采样，组合后即为该井综合样。对各个井的样品进行组合时，须按每一井的深度，按比例确定其应混的样品质量。

块、粉矿金属含量很不均匀时，在攫取前应事先筛出粉矿，求得其质量分数，然后再分别从块矿和粉矿中用攫取法采样，并将它们按所求得的比例组合为一个样品。

（3）表面攫取法　该法主要针对矿车取样。在矿车矿面上布置若干个取样点，各取样点可采用人工攫取，或者用铁铲掏出深0.25～0.5m的小坑作为样品，如果料堆是沿长度方向逐渐堆积时，只要合理布置取样点，就可以比较容易地取得具有代表性的试样。如果料堆是沿厚度方向堆积，物料组成沿厚度方向变化很大，挖取法则难于取得具有代表性的试样，此时应考虑采样井取样，各取样点样品组合在一起即为该车代表性样品。矿车表面攫取法取样布置形式见图2-4。

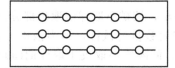

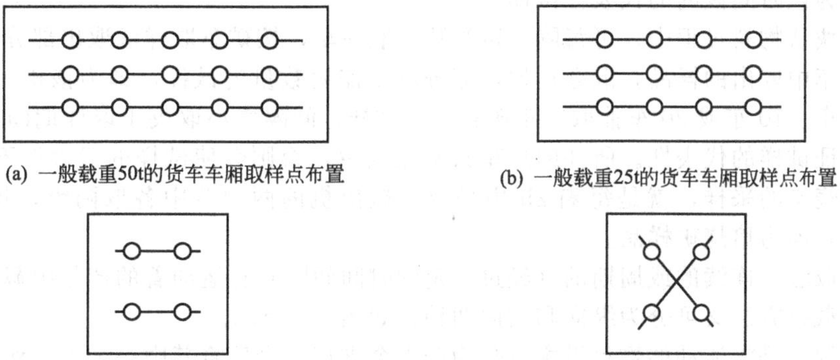

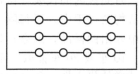

(a) 一般载重50t的货车车厢取样点布置　　(b) 一般载重25t的货车车厢取样点布置

(c) 一般载重5～10t的小矿车或汽车的取样点布置　　(d) 一般载重5～10t的小矿车或汽车的取样点布置

图2-4　矿车取样点布置图

（4）分层采样法　对于在矿车中分布极不均匀的矿石，应采用分层采样法取样，此法一般多在装车或卸车时进行，先将车厢1/6高度的表面一层去掉，然后用表面擂取法取样，接着再将车厢1/2高度的上部矿层去掉，也用表面擂取法取样。分层采样法一般分两层取样，将两层各取样点所采集的矿样混合即为该矿车代表性试样。

2.5.2.2　静置松散粉状物料的取样

静置松散粉状物料一般采用探管法取样。先将矿堆或矿车中细粉物料用上述块状物料同样方法划出若干个取样点，然后在各取样点上将探管从上至下缓缓插入底部，矿样即可进入探管内，然后拔出探管将样品倒出。为了保证试样的代表性，要考虑取样网密度，一般在整个物料表面均匀布置取样点，全深钻孔取样。探管形状如图2-5所示，探管是一个上端具有手柄的截锥形铁管，其长度应满足探取整个料堆的深度要求。

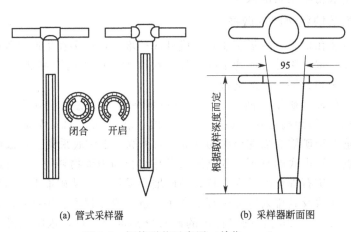

(a) 管式采样器　　　　　　　　(b) 采样器断面图

图 2-5　探管形状示意图（单位：cm）

2.5.2.3　移动物料的取样

所谓移动物料，是指运输过程中的物料，包括小矿车运输原矿、皮带运输机及其他运输设备的干矿、给矿机与溜槽的物料流以及流动中的矿浆。总的来说，移动物料的取样主要包括重点法和截取法。但常用横向截取法，即每隔一定时间，垂直于料流方向截取少量物料作为一份试样，然后把各个小份试样累积起来作为总试样。取样时要考虑料流组成变化及截取的频率对于试样代表性的影响。

（1）重点法　每隔一定时间，采出一定数量的矿石作为小样，经过一定时间，将所取各小样混合即为该时间段内的代表性试样。

在运输块状物料过程中，可每隔一定车数选取一车，按矿车取样法取出部分样品，依此方法将每班车中取出的样品，混合均匀，缩分取出需要数量的试样，即为该班代表性样品。一般每隔6车、10车或20车抽取一车矿石作为试样，间隔大小取决于取样期间来矿的总车数。为了保证试样的代表性。所抽的总车数不能太少，否则会使试样的代表性不足。例如，某厂竖炉焙烧矿的采样，就是每隔2h用平锹从搬出机的两边斗中各取两锹，每锹约1kg，混合制样后，即为焙烧矿样品。

（2）截取法　连续的或周期的（经过一定的时间间隔）自运动着的产品中截取一部分作为样品。按截取方法又可分为纵向和横向两种，如图2-6所示。

纵向截取法是将流动的物料沿主流分为若干个支流，最后将其中一个支流作为样品。此法只适于均匀物料，尤其是横断面的物料必须均匀。在选矿厂生产过程中，多用横向截取法取样，其方法是在相等的时间间隔内，从流动的物料中周期的沿整个物料流宽度截取相等的

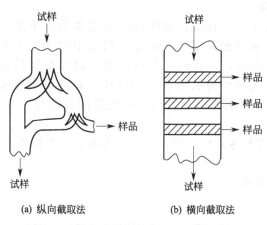

|(a) 纵向截取法|(b) 横向截取法|

图 2-6　截取法取样示意图

物料作为样品。

　　例如皮带运输机上取样，在选矿厂对于松散物料，如原矿石，多在皮带运输机上取样。常见的人工取样是在一定的长度上，每隔一定时间，垂直于物料流的方向，沿料层全宽与全厚刮取一份物料作为试样，刮取间隔时间为 15～30min。

　　再如矿浆取样，矿浆的取样包括原矿（一般取分级机溢流）、精矿、尾矿及中间产品。选矿厂生产现场一般多采用自动取样机取样，以供化学分析用。若采用人工取样，则一般使用取样壶或取样勺。

　　对选矿试验研究和生产过程中流动矿浆的取样，一般按断流截取法用人工采样工具进行取样。常用的人工采样工具主要有采样盒、采样壶及圆柱形样勺等。部分采样盒的构造如图 2-7 所示。

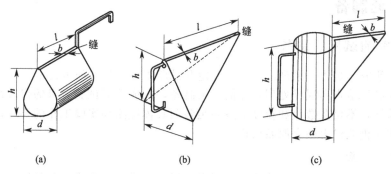

图 2-7　人工取样壶示意图

　　在制造采样盒和用采样盒采样时，应注意的事项：

　　① 采样盒开口宽度，应大于待采物料量大颗粒的 4～5 倍。

　　② 采样盒内壁要求光滑，且易于倒出物料。

　　③ 采样盒容积不能小于一次截取物料所需的容积。

　　④ 每个取样点应有一个专用的取样盒。

　　⑤ 为了保证能沿料流的全宽和全厚截取试样，取样点应选在矿浆转运处，如溢流堰口、溜槽口和管道口等，而不要直接在溜槽、管道或储存容器中取样。

　　⑥ 取样时，应将取样勺（口）长度方向顺着料流，以便保证料流中整个厚度的物料都能截取到；然后使取样勺垂直于料流运动方向均速往复截取几次，以保证料流中整个宽度的

物料都能均匀地被截取到。

⑦ 取样间隔一般为 15～30min，取样总时间至少为一个班。在采取大量代表性试样时，为了能反映三个班组的波动，取样总时间应不少于三个班。若物料储存过程中容易氧化，且对试验有影响，取样时间只好缩短。因而对容易氧化的硫化矿的浮选试验，一般不宜采用矿浆试样作为长期研究的试样。在现场实验室，为了考察和改进现有生产而必须采取矿浆试样做浮选试验时，只能是随取随用，并且只能采用湿法缩分，而不允许将试样烤干。

⑧ 所有为选矿试验单独采取的试样，均应与当班的生产检查样对照，核对其代表性是否充分。

⑨ 样品倒出后需用清水冲洗干净。

2.5.2.4 机械取样

除人工取样外，对经常取的物料，可采用取样机取样，取样机种类很多，根据物料粒度、形态和对样品要求，机械取样设备主要包括勺式取样机和往复式机械取样机。

勺式取样机是按顺流截取原理采样的。它是在转动轴上焊接一垂直拐臂，拐臂顶端持有一个样勺，样勺随传动轴转动，转动方向与胶带运输机运动方向相反，当样勺转到下部与物料接触时，将样品铲至勺内，当转到上部后样勺自动翻到，将样品卸入漏斗中，由漏斗口排出，转动轴借助胶带运输机运动形成的摩擦力而转动。勺式取样机的转速随胶带运输机的圆周速率而变，取样量可根据需要改变勺式取样机勺的宽度和勺数进行调节。

往复式机械取样机是按断流截取原理取样的。由电动机直接传动中心轴转动，并推动连接滑块作往复运动，滑块下面连接采样管进行自动采样，电动机的转向和转向时间通过安装在机体上的双接点开关控制。采样的间隔时间由时间继电器控制。往复式机械取样机一般用在溜槽上采取矿浆试样，矿浆中允许的最大颗粒粒度为 3mm。

2.6 矿样的制备

2.6.1 研究前试样的制备

选矿试验研究，是由一系列的分析、鉴定和试验组成。试验研究之前，对从矿山采来的原矿样，要先经过检查和混样处理，才能加工制备，配成选矿试验要求的代表性矿样。制备检测样和实验样，不仅在数量和粒度上应满足各项具体检测和实验工作的要求，还必须在物质组成特性方面仍能代表整个原始试样。

2.6.1.1 矿样检查

试验研究单位收到矿样后，按取样说明书对样品编号、矿石类型及品级等进行核对，查清各个样品，同时从样品中选取岩矿鉴定样品。按样品编号、矿石类型和品级检查无误后，分别采出一部分样品做化学分析样。若化学分析结果与采样说明书记载相差较大时，应查找原因。一般常见的原因有：

① 由于缩分方法选取不当或缩分操作不严产生的误差。此时必须要重新混匀、缩分，重新取样进行化学分析查证。

② 试验研究单位与地质部门或矿山所采用的化学分析方法不同产生的误差，此种误差一般具有系统差值，此时应校核分析方法或做分析仲裁。

③ 采样设计所依据的根据不够可靠产生的误差。

④ 采样施工中因某些条件掌握不严或方法不当产生的误差。

对后两种原因产生的误差，若相差较大，可做局部调整，不能及时纠正时，应要求取样单位补样或重新采取代表性试样。

2.6.1.2 地质取样混样

根据采样说明书和选矿试验要求，对预混矿样品位按来样类型、品级和围岩的查证品位进行计算，如结果符合入选品位要求，可采用采样说明书重量比例进行混样。否则应按各类型、各品级矿石和围岩特性进行调整，直至符合入选品位要求。

其计算方法如下：

对预混矿样的平均品位：

$$\alpha = \alpha_1 \gamma_1 + \alpha_2 \gamma_2 + \alpha_3 \gamma_3 + \cdots + \alpha_m \gamma_m + \alpha_n \gamma_n \qquad (2\text{-}1)$$

式中　　　　　α——预混矿样的平均品位，%；

$\alpha_1, \cdots, \alpha_m$ 和 α_n——各类矿样和围岩的品位，可按式(2-2)和式(2-3)求得，%；

$\gamma_1, \cdots, \gamma_m$ 和 γ_n——各类矿样和围岩的产率。

$$\left. \begin{array}{l} \alpha_1 = \alpha_1' \gamma_1' + \alpha_1'' \gamma_1'' + \cdots + \alpha_1^n \gamma_1^n \\ \cdots \\ \alpha_n = \alpha_n' \gamma_n' + \alpha_n'' \gamma_n'' + \cdots + \alpha_n^n \gamma_n^n \end{array} \right\} \qquad (2\text{-}2)$$

式中　$\alpha_n', \cdots, \alpha_1^n$——第一种类型矿石中各品级矿样的品位，%；

$\alpha_n', \cdots, \alpha_n^n$——第 n 种类型矿石中各品级矿样的品位，各品位皆为验证后的化学分析结果，%；

$\gamma_1', \cdots, \gamma_1^n$——第一种类型矿石中各品级矿样的产率；

$\gamma_n', \cdots, \gamma_n^n$——第 n 种类型矿石中各品级矿样的产率。

$$\alpha_m = \alpha_m' \gamma_m' + \alpha_m^n \gamma_m^n + \alpha_m^m \gamma_m^m \cdots \qquad (2\text{-}3)$$

式中　$\alpha_m', \alpha_m^n, \alpha_m^m$——顶板、底板和夹石样品的品位，为验证后的化学分析结果，%；

$\gamma_m', \gamma_m^n, \gamma_m^m$——顶板、底板和夹石样品的产率。

经上述计算后，用试验矿样的总质量分别乘以各类型矿石的产率，得出各类型矿石应混矿样质量。再将各类应混矿样质量分别与该类型矿石中各品级矿石产率相乘，得出各类型各品级矿石的应混矿样质量。围岩的混样质量计算方法与此相同。

某铁矿床混样实例：

该铁矿属沉积变质矿床，矿石中主要含铁矿物为磁铁矿，矿体顶板围岩为石榴石、黑云母和石英片岩；底板围岩为透辉石、大理岩，有轻微硅化现象。为单一的磁铁矿矿床，矿山规模属中小型。

采样工作由矿山、地质部门和试验研究三家单位共同进行，共采集六个岩心矿样，含铁品位为32.26%；采集顶板、底板和夹石的综合围岩样，含铁品位为4.1%。

根据矿区具体情况，设计采用地下开采，围岩混入率为10%。

由于矿石种类单一，故只按品位混成一个综合性的原矿样。但考虑到生产中采出样品位的波动，以及选矿工艺指标的可靠性，要求混合样品位比采出平均品位低1%左右。

采出矿石平均铁品位为：

$$\alpha = \alpha_1 \gamma_1 + \alpha_2 \gamma_2 \qquad (2\text{-}4)$$

式中　γ_1, γ_2——采出矿石和围岩的产率；

α_1, α_2——矿石和围岩所含的铁品位，%。

根据矿区钻孔样的配样质量，铁品位和各取样点产率进行计算的结果见表2-10。

表 2-10　矿区钻孔样配样计算表

取样点	取样质量/kg	产率/%	铁品位/%
1	33.0	38.60	38.00
2	13.5	15.79	33.90
3	17.0	19.88	31.90
4	7.0	8.19	21.10
5（围岩）	15.0	17.54	4.10
混合样	85.5	100.00	28.07

混合后的试验矿样铁品位为：

$$\alpha = \alpha_1\gamma_1 + \alpha_2\gamma_2 + \alpha_3\gamma_3 + \alpha_4\gamma_4 + \alpha_5\gamma_5 \qquad (2\text{-}5)$$

式中　$\alpha_1 \sim \alpha_5$——四个岩心矿样和围岩铁品位，%；

　　　$\gamma_1 \sim \gamma_5$——每个岩心矿样和围岩的产率。

则 $\alpha = 38.00 \times 0.3860 + 33.90 \times 0.1579 + 31.90 \times 0.1988 + 21.10 \times 0.0819 + 4.10 \times 0.1754 = 28.81\%$

2.6.1.3　选矿厂试样缩分流程的编制

编制试样缩分流程须注意以下几点：

① 首先要弄清本次试验一共需要哪些单份检测样和试验样，粒度应取多大、数量要多少合适。以便所制备的试样能满足全部检测和实验项目的需求，而不至于遗漏和弄错。

② 根据试样最小质量（重量）公式，算出在不同粒度下为保证试样的代表性所必需的最小质量（重量），并据此确定在什么情况下可以直接缩分，以及在什么情况下要破碎到较小粒度后才能缩分。

③ 尽可能在较粗粒度下分留出保留试样，以便在需要的情况下有可能再次制备出各种粒度的试样，并避免试样在储存过程中氧化变质。

前面已对试样最小质量的确定方法进行过论述，此处仅对各项检测和试验试样的粒度要求进行简单说明，然后再通过一个实例介绍编制试样缩分流程的基本方法。

矿石可选性研究前需要准备的样品主要有两大类；一类是物质组成特性研究试样；另一类是选矿工艺试验样品。

研究矿石中矿物嵌布特性用的岩矿鉴定标本，一般直接取自矿床，若因故未取，则只能从送来的原始试样中拣取。供显微镜定量、光谱分析、化学分析、试金分析和物相分析等用的试样，则从破碎到小于 $1 \sim 3\text{mm}$ 的样品中缩取。

洗矿和预选（手选或重介质选矿）试样，也直接从原始试样中缩取。

重选试样的粒度，取决于预定的入选粒度。若入选粒度不能预先确定，则可根据矿石中有用矿物的嵌布粒度，估计入选粒度的可能取值范围，制备几种具有不同粒度上限的试样，供选矿试验方案对比用。

实验室浮选试验和湿式磁选试样，均破碎到实验室磨矿机的给矿粒度，即一般小于 $1 \sim 3\text{mm}$。对于易氧化的硫化矿浮选试样，不能在一开始时就将所需的试样全部破碎到小于 $1 \sim 3\text{mm}$，而只能随着试验的进行，一次准备一批供短时间内使用的试样，其余则应在较粗粒度下保存。必要时还需定期检查其氧化率的变化情况。

试样缩分流程示例：

图 2-8 为某粗细不均匀嵌布白钨矿的试样缩分流程。原始质量 $Q_0 = 2000\text{kg}$，原始粒度 $d_0 = 50\text{mm}$。原矿品位 $\alpha = 0.5\%\text{WO}_3$，相当于 $0.653\%\text{CaWO}_4$。白钨矿基本完全单体解离，颗粒粒度为 $d_1 = 0.4\text{mm}$。可能采用的选矿方法有重选和浮选。利用经验公式计算试样最小质量，取 $K = 0.2$。

物质组成研究试样按一般要求准备，除大块的岩矿鉴定标本是从原样中拣取以外，其余分析试样均从破碎到−2mm的产品中缩取，其中光谱分析、化学分析、试金分析试样需磨细到−0.1mm。所有的分析试样都要保留副样。

原矿粒度分析和预选试样从未破碎的原样中直接缩取。

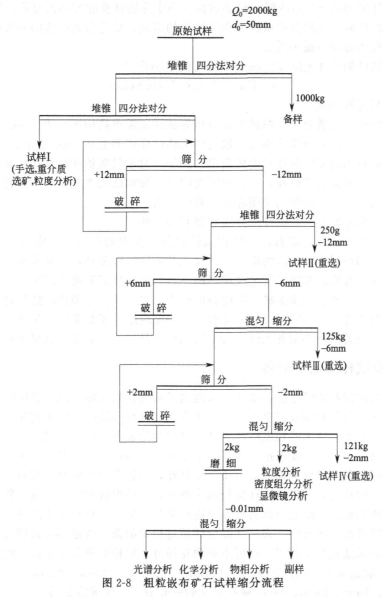

图 2-8　粗粒嵌布矿石试样缩分流程

从矿石中有用矿物嵌布特性判断，本试样破碎至12mm左右即有可能使部分有用矿物单体解离。因而重选的入选粒度估计为12~6mm左右，决定制备两种不同粒度上限的试样供试验对比，即图中的试样Ⅱ（12~0mm）和试样Ⅲ（6~0mm）；另准备一部分2~0mm的试样（Ⅳ）供直接浮选方案用。须注意的是，这三种试样虽然粒度不同，但都是从原矿中直接缩取的，因而都能代表原矿，平行用于不同方案的对比试验。决不可用由−12mm试样筛成的12~6mm、6~2mm、2~0mm三个不同粒级来代替上述三种试样，因为这三种粒级的物料都只能代表原矿中的一个组成部分，而不能代表整个原矿的性质。

在原始粒度 $d_0 = 50mm$ 条件下，为了保证试样的代表性，试样最小质量应为：

$$q = Kd^2 = 0.2 \times 50^2 = 500(\text{kg})$$

岩矿鉴定结果表明，入选粒度不会大于 12mm，因而可将此 500kg 试样直接破碎到小于 12mm，在此粒度下，试样最小重量为：

$$q = Kd^2 = 0.2 \times 12^2 = 28.8(\text{kg})$$

说明当试样破碎到－12mm 时，最小试样量小于选别试验的实际需要量，所取试样足可以代表所选矿样性质。流程图中试样Ⅱ和试样Ⅲ的重量，都是根据试验的需要确定的，远大于为保证代表性所必需的最小质量。

由于浮选试样的粒度上限 $d = 2\text{mm}$，必需的最小质量：

$$q = Kd^2 = 0.2 \times 2^2 = 0.8(\text{kg})$$

实际取样量可取 1kg。

由于化学分析、光谱分析、扫描电镜分析等试样所需重量均远小于 0.8kg，故必须细磨后再缩取取样。此外，分析操作本身一般也要求将试样细磨至 0.1mm 左右。

细粒嵌布矿石的试样缩分流程比较简单。例如，对于只准备进行浮选和湿式磁选试验的试样，除物质组成研究试样以外，一般只需要制备一种粒度的选矿试样，即符合实验室磨矿机给矿粒度的试样，只是备样仍希望在较粗粒时分出。

需洗矿或预选的矿石，其试样缩分流程稍复杂一些。

已确定需要洗矿的含泥矿石，一般在试样制备过程中须先洗矿。原因是含泥矿石黏度大，破碎和缩分都很困难。洗出的矿泥，若经化验证明可以废弃，即可单独储存，不再送下一步加工和试验；否则，必须同其他洗矿产品一起，分别按试验流程加工。

需要预选（手选或重介质选矿）抛废石的矿石，也必须首先预选，然后将抛废后的合格矿石按一般缩分流程加工。围岩可根据化验结果决定应废弃还是需进一步加工。预选时洗出的矿泥或细粒不能丢弃，必须并入到流程中的相应产品里去，必要时也可单独试验研究。

2.6.2　试验试样的加工制备

取出的原始试样都需经过进一步加工才能满足后续各段工序，试验试样的加工制备一般包括筛分、破碎、混匀和缩分四道工序。加工方法的选择取决于试样的用途，如试样需要进行筛析时，则必须保持原来的粒度组成，试样只需混匀和缩分即可。试样加工前，要根据其粒度、质量及制样的目的和要求拟订样品加工流程，然后进行加工制备。为了保证试样的代表性，在加工时必须严格而准确地进行每一项操作，现将各道工序的操作技术介绍如下：

（1）筛分　破碎前，首先对试样进行预先筛分，以减少破碎的工作量。物料在破碎的过程中，每次阶段性破碎磨矿之后都需要及时进行筛分，防止过粉碎现象的发生，未通过筛的矿物可根据需要进行再碎再磨，直到样品全部通过指定的筛子满足分析试样的需要为止。对于粗碎作业，如果细粒含量不多，也可不必预先筛分。粗粒筛分多用手筛，细粒筛分常用机械振动筛。一般选矿厂备有 150mm、100mm、70mm、50mm、35mm、25mm、18mm、12mm、6mm、3mm、2mm、1mm 筛孔尺寸的一套筛子，供试验选用。

（2）破碎　根据破碎粒度的不同可以分为粗碎、中碎、细碎、粉碎四个阶段。具体根据矿石的性质可以采用人工或是多种不同的机械方法进行逐步的破碎，直到矿物破碎至合格粒级。常用的破碎设备主要包括颚式破碎机、旋回破碎机、圆锥破碎机、锤式破碎机、辊式破碎机等。颚式破碎机和圆锥破碎机适合于破碎非常坚硬（抗压强度在 150~250MPa）的岩石块；旋回破碎机适合于破碎坚硬（抗压强度在 100MPa 以上）和中等硬度（抗压强度在 100MPa 左右）的岩石；锤式破碎机适合于破碎中等硬度的脆性岩石（极限抗压强度在 100MPa 以下）；辊式破碎机适合于破碎中等硬度的韧性岩石（极限抗压强度在 70MPa 左右）。

（3）混匀　破碎筛分之后的矿样，缩分前要将矿样混匀。只有混匀后的矿样才具有代表性，试验中必须避免试样的不均匀性，以免发生以偏概全的现象。

矿样混匀的方法较多，较为常用的有移锥法、环锥法和翻滚法三种方法。

① 移锥法　大量物料混匀时多用此法，移锥法主要用于试样粒度不大于 50～100mm、100～500kg 试样的混匀。移锥法即是通过工具（如铁铲）将平整干净的空地上的试样堆成锥状矿堆。具体的操作方法如下：将矿样以某一点为中心，分别把待混矿样缓慢且均匀地倒入中心点，形成第一次圆锥形的矿堆；从圆锥直径的两端用铲子由锥底，将矿样依次铲取，放在距离锥形堆距离较近的另外一个中心点，两侧以相同的速度沿着同一方向（顺时针或是逆时针）进行操作，将矿样又堆成一个新的矿堆，如此反复堆锥 3～5 次（单数次）。操作时物料必须从锥顶部向四周自然洒落，使样品充分混合均匀。

② 环锥法　环锥法跟移锥法类似，在堆成第一个圆锥之后，将其中心向四周耙成一个环形的矿料堆，再用制样铲将试样从环堆外部向环堆内部堆成为一个新的锥形矿料堆即可，如此重复 3～5 次，试样即可被混匀。

③ 翻滚法　当需要制备的试样较少或细粒试样的制备时可用此法。其操作方法是将试样放在较为光滑平整的胶布或塑料布上，依次提起布的每一角或相对的两个角，使试样翻滚从而达到混匀的目的。如此重复翻滚，一般 7～9 次才能混匀。需要注意的是，当矿样中有用成分颗粒粒度很大且含量较低时，有用成分将会被富集到矿样的底层。因此在下一步分样操作时注意。

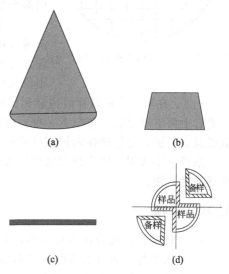

（4）缩分　混匀之后的试样在检测时所需的样品重量不同，因此需要进行进一步缩分，常用的缩分方法有以下几种：

图 2-9　堆锥四分法缩分示意图

① 堆锥四分法　堆锥四分法简称四分法。首先，将混匀的试样堆成圆锥，然后用平板将矿堆摊展、压平为饼状；然后，用十字板或普通木板、铁板等沿矿样的中心十字分割为四份，取对角两份合并为一份，如此可重复多次直至缩分后的矿样符合化验所需质量为止，见图 2-9。

② 分样器缩分法　分样器缩分法又称为二分法。分样器通常用白铁皮制成，其外形如图 2-10 和图 2-11 所示。它由多个向相反方向倾斜的料槽交叉排列组成，料槽倾角一般为 50°左右。料槽总数一般为 10～20 个，若料槽过少矿样不易混匀。此法主要用于缩分中等粒度的试样，缩分精度比堆锥四分法好，也可用于缩分矿浆试样。

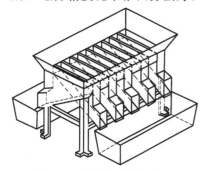

图 2-10　分样器缩分示意图

图 2-11　分样器样图

在使用分样器缩分试样时，需要将接矿的容器置于分样器两侧的下部，再将矿样沿着二分器上端的整个长度缓慢且均匀地往返倒下，使试料分成两份，根据需要可多次缩分，直至矿样达到所需质量。

③ 方格取样法　将混匀之后的试样在胶布或是制样台上摊为薄层，矿料薄层可为圆形或方形，然后划分为许多均匀的小方格，然后用小勺或是取样器逐格取样（图 2-12）。为了保证取样的准确性，需要注意以下几点：ⅰ. 所划方格需均匀；ⅱ. 取样时取样器应取到矿样薄层底部；ⅲ. 在每个方格所取矿样量应尽量相等。

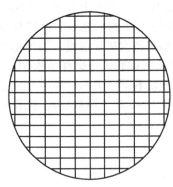

图 2-12　方格取样示意图

方格取样法多用于粒度较细试样的取样，可同时连续分出多个试样，因此常被应用于试样的制备。

④ 割环法　该法多用于试样量相对较小的浮选或湿式磁选等入选粒度较小试样的取样。其操作步骤是：把移锥法或环锥法充分混匀后的试样耙成圆环，沿着圆环矿堆依次割取小份试样。割取时应注意：ⅰ. 每份试样应取自环堆对角的两处；ⅱ. 在用取样铲取样时应铲到矿堆底部，从矿堆外侧铲到矿堆内侧；ⅲ. 每次铲取矿样要自上而下取完后，再取下一处。此外，环堆应尽量大些，环带尽量窄些，对角两处每处取样只取一铲，尽量确保两铲试样的质量加起来刚好为一份试样。

割环法不适用于矿物颗粒密度较大和矿物颗粒较粗的试样，相对于方格法取样，割环法取样速度更快。

复习思考题

1. 选矿试样的代表性体现在哪几个方面？
2. 矿床采样的方法有哪些，其影响因素是什么？
3. 选矿厂取样的方法有哪些？
4. 矿样制备过程主要包括哪些步骤，制样设备有哪些？
5. 简述选矿厂取样和矿床取样的异同点。
6. 试样最小必需量的含义是什么？

第**3**章

工艺矿物学研究及选矿试验方案的确定

　　工艺矿物学是服务于矿物加工基础理论研究和生产实践的一个矿物学分支，其任务是通过对矿石或产品中元素或矿物的状态和性质进行科学、系统的研究，阐明其行为规律，指导矿物加工研究和生产，实现矿物资源的综合利用。工艺矿物学主要研究矿石加工和选别过程中各产品的物料性质，确定矿物加工过程中矿物的行为规律，为工艺过程的分析、预测和控制提供理论依据。因此，其研究内容涉及选矿工艺学的基本方法和理论，如矿物的介电性质、磁学性质、溶解性、矿物可浮性等。随着现代工业技术水平的不断提升和矿产资源综合利用程度的不断深化，工艺矿物学的研究领域也将不断被丰富和拓宽。

　　选矿试验方案，即在试验中拟采用的矿石选别方案，包括试验方法、试验流程及试验设备等。试验方案的拟订需要对矿石性质进行全面和正确的把握，同时还需对经济、技术、政治等因素进行综合考虑，做出切实有效的决策。

3.1　矿石性质研究的内容和程序

　　矿石性质因矿床成因及产地不同差异很大，全面了解矿石性质是一项非常重要的工作。对矿样中金属元素的种类及含量、金属元素的赋存状态以及矿物的结构、构造、粒度分布特性等的了解，可以为试验方案的拟订提供重要依据，在综合考虑试样特性的基础上再对选矿试验研究方法、工艺流程、工艺条件等拟定具体的选矿试验研究方案，同时综合考虑经济、技术等因素。矿石性质研究内容极其广泛，所用方法多种多样，先进的矿石性质研究方法不断更新，微观与宏观检查相互配合，因而矿石性质的研究内容必须根据多方因素确定，以避免不必要的人力和物力开支。一般而言，矿石性质研究的具体内容与矿石自身的性质和开展研究工作的深度有关，就现阶段的生产技术而言，一般包括以下几个方面：

　　① 矿石的化学成分　工艺矿物学对矿石化学组成的研究，包括测定矿石中所含元素的种类及含量。元素种类的确定可以采用光谱半定量法、化学分析法，化学物相分析法可对矿石中元素及化合物的含量进行定量分析。

　　② 矿石的矿物组成　矿石矿物组成的研究内容主要包括矿石中所含矿物的种类、含量及

矿物中各种元素的赋存状态。确定矿物组成是选择合适选矿方法的重要依据，借助电子显微镜、电子探针、X 射线衍射仪等设备可对矿物种类进行分析，矿物含量采用工艺矿物学定量方法进行测定，如工艺矿物自动定量分析系统（MLA）能对矿石种类进行自动识别和全矿物的定量分析。

③ 矿物嵌布粒度　矿物的嵌布粒度可分为结晶粒度与工艺粒度。结晶粒度是指单个结晶体（晶质单体）的相对大小和由大到小的相应百分含量，结晶粒度主要用于矿物的成因研究。工艺粒度又叫嵌布粒度，是指某些矿物的集合体颗粒和单个晶体颗粒的相对大小。矿物的嵌布粒度是决定矿物单体解离度的重要因素，也是选择破碎、磨矿作业工艺参数的主要依据之一。工艺矿物学上一般将块矿磨制成薄片或光片，通过光电显微镜观察所含矿物的嵌布粒度。

④ 矿物嵌布特征　矿物之间的嵌布特征是有关矿物空间形态的综合概念，是指矿石中有用矿物的嵌布均匀性、连生矿物的镶嵌关系等。集中地体现了矿物形态对选矿，特别是矿物单体解离的影响，其中，又以有用矿物的嵌布粒度影响最大。在选矿过程中，它们联合一起同时作用于整个选矿工艺流程，其中又以碎矿和磨矿阶段的影响最为突出。碎矿与磨矿的目的是使有用矿物最大限度地与其他矿物单体解离，解离的好坏程度取决于矿石中矿物的嵌布特征。因此，对矿物的单体解离性或磨矿细度进行研究时，应对矿物的嵌布粒度、嵌布均匀性和连生矿物之间的嵌镶关系即矿物的嵌布特征等进行综合分析。通常在扫描电镜或光电显微镜下对矿物进行扫描和照相。

⑤ 元素赋存状态　矿石中有用和有害元素的赋存状态是拟订选矿试验方案的重要依据，元素赋存状态不同，矿石的回收处理方法和难易程度也不同。因此，研究元素的赋存状态是矿石物质组成特性研究中必不可少的一个组成部分，主要包括元素在矿石中的赋存状态及该元素在各相组分中的分配情况，一般根据矿物定量测定结果及单矿物化学分析结果对其进行考查，以此确定选矿回收的主要目的矿物及回收指标。

⑥ 矿物在选矿工艺过程的性状和行为　对选矿产品的矿物组成进行检测分析，确定选别过程中各种矿物的回收效果等。

在选矿试验工作开始前，需要对原矿样进行上述几个方面的了解，以便在对矿样各性质全面、准确把握的基础上拟订合理的选矿试验研究方案。同时，对选矿产品也要进行性质考察，其研究内容往往根据实际需要进行，涉及内容较少，但两者研究方法大致相同。

矿石性质的研究工作一般在矿床采样阶段就已经开始实施，除采取代表性矿样用以试验研究之外，还需对所研究矿床的相关资料进行系统收集和整理。虽然选矿试验工作是在地质部门已有的研究工作基础上进行，但还需对矿石性质做进一步研究，原因在于矿石在开采过程中，矿床自身性质会不断发生变化，需要对过去已研究的试样资料信息进行核对。同时，地质部门所做研究工作并不能完全满足选矿试验工作所需，需要对相关工作进行补充，如矿物嵌布粒度的测定、元素或矿物的赋存状态等。

矿石性质的研究需按照一定程序进行。对于简单矿石而言，根据现有经验及一般分析测试手段即可指导选矿试验，研究程序可参照图 3-1 进行。若矿石具有放射性，首先要对矿石进行放射性检测，再对放射性矿物的种类进行鉴别，最后分选取样进行化学分析及矿物鉴定等研究工作。

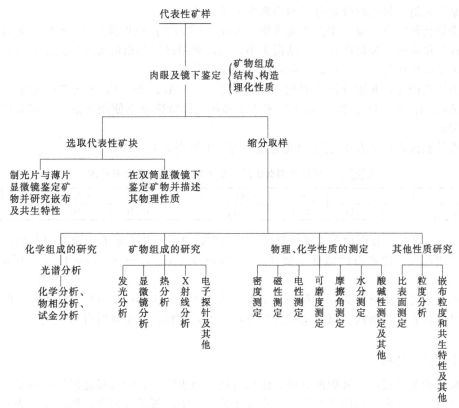

图 3-1 矿石性质研究的一般程序

3.2 矿石物质组成研究方法

矿石物质组成的研究是矿石化学组成和矿物组成研究工作的总称，研究手段包括元素分析和矿物分析两种。在对矿物进行分析之前，往往先借助粒度分析（水析或筛析）、手选、重选（重介质选、离心选、摇床选、溜槽选、跳汰选等）、浮选、静电分选、磁电分选等方法预先将物料分类，再进行分析研究。近年来随着选矿技术的快速发展，一些新的分离技术和分选设备也不断得到应用，如超声波分离法、电磁重液法、悬振锥面选矿机、高压辊磨机等。

3.2.1 元素分析

元素分析的目的是研究矿石的化学组成，查明矿石中所含元素的种类及含量，迅速全面地查明矿石中所含元素种类的大致含量范围，甚至不会遗漏矿石中所含的稀有、稀散和微量元素，确定有价元素。因此选矿试验中常用元素分析法对原矿样、中间产品和精矿、尾矿进行分析，查明化学元素后再做化学定量分析。

元素分析所采用的方法主要包括光谱分析和化学分析。

3.2.1.1 光谱分析

光谱分析是一种通过物质的光谱来鉴别元素种类，确定矿物的化学组成及相对含量的分析方法，其原理是矿石中的元素在某种能源作用下发射不同波长的光谱线，将摄谱仪记录到的信息与已知含量的谱线进行对比，从而确定矿石中元素种类。如红外光谱仪、原子吸收光谱仪、原子发射光谱仪等。根据分析原理，光谱分析可分为发射光谱分析与吸收光谱分析两种；根据被测成分的形态可分为原子光谱分析与分子光谱分析。光谱分析的被测成分是原子的称为原子光谱，被测成分是分子的则称为分子光谱。

光谱分析的特点主要在于分析速度快，能在 1～2min 内同时给出 20 多种元素的分析结构，而且操作简便、灵敏度高、样品损失小，只需利用已知图谱就可进行光谱分析，由于在做精确定量时操作复杂，因而多用在定性或半定量分析中。

值得注意的是，光谱分析不能用于卤族元素、S、Ac、Ra、Po 等元素的测定。有些元素，如 As、B、Sb、Hg、Na、K 等元素由于操作比较特殊也不使用光谱法，多采用化学分析进行测定。

云南某铜选矿厂矿石 X 射线荧光光谱分析结果见表 3-1。

表 3-1　云南某铜选矿厂矿石 X 射线荧光光谱分析结果

组分	Cu	S	Mn	CaO	Al_2O_3	MgO	SiO_2	Fe_2O_3	P_2O_5
含量/%	0.705	0.13	0.45	25.96	5.42	16.16	28.96	2.81	0.065

从表 3-1 可知，分析物多以氧化物的形式呈现，这并不代表矿石中都是氧化物，一般是以盐的形式存在。原矿石的碱度系数 $(CaO + MgO)/(Al_2O_3 + SiO_2) = 1.23$，为碱性脉石矿物。

该矿石主要有用成分为铜，脉石成分主要是 SiO_2、Al_2O_3、CaO、MgO 等，由此确定矿石中可能含有硅铝酸盐、碱性的钙镁化合物等不利矿物，初步判断有可能利用的矿物为含铜矿物。

3.2.1.2　化学分析

以物质的化学反应为基础的分析方法称为化学分析法。化学分析能准确地对矿石中各种元素的含量进行测定，据此判定哪些元素在选矿工艺中必须考虑回收，哪些元素为有害元素或杂质元素需将其分离，并对有用元素的回收进行可行性评估。根据操作方法的不同，化学分析分为滴定分析和质量分析，两者都是依据反应产物的量或药剂消耗量、样品的量及化学反应计量关系来推测待测组分的量。

化学全分析，顾名思义是指对矿石中所含全部物质成分含量的分析，即在光谱分析作用下能查出的除痕迹外的其他所有元素，都应作为化学全分析的分析项，并且所含项的总和应接近 100%。由于化学全分析需要花费大量的人力、物力，加之其分析内容涵盖该矿石所有物质，因此一般只针对性质不明的新矿床原样进行化学全分析，而单元试验产品则主要对各种元素进行化学分析，某些试样原矿或试验最终产品根据需要也可进行多元素分析。

化学多元素分析主要是对矿石中所含主要元素进行定量化学分析，包括有益元素、有害元素和造渣元素，如铜矿石的多元素分析包括 Cu、Pb、Zn、Fe、S、P、SiO_2、Al_2O_3、CaO、MgO 等；铁矿石可分析全铁、可溶性铁、氧化亚铁、S、P、F、Mn、Al_2O_3、SiO_2、MgO、CaO 等。

某铝土矿的原矿化学多元素分析结果见表 3-2。

表 3-2　某铝土矿的原矿化学多元素分析结果

组分	Al_2O_3	P	S	SiO_2	Al_2O_3	TiO_2	Fe
含量/%	63.07	0.77	1.03	13.47	4.39	2.99	0.90

表 3-2 多元素分析结果表明，该铝土矿 Al_2O_3 含量较高，但要确定 Al_2O_3 的赋存状态，还需进一步分析具体有哪些含铝矿物，如三水铝石、一水硬铝石、一水软铝石等；S 的含量较高，不利于后续的冶炼作业，应在选矿作业中尽量降低硫的含量；该矿石的主要脉石成分为 SiO_2、Al_2O_3、TiO_2 等。

贵金属如金、银等在天然原料及工业产品中的含量极低且分布不均，因此对于贵金属的精确分析一直以来都是人们关注的焦点。贵金属一般通过熔融、焙烧测定矿物中贵金属的含量，也称之为试金分析。随着分析测试手段的发展，贵金属的分析已由单一元素测定向多元素同时测定、连续精确测定方向发展。相关分析测试手段包括：

（1）等离子体质谱法（ICP-MS） ICP-MS 是 20 世纪 80 年代发展而来的多元素痕量测试法，该法综合了等离子体高离子化能力和质谱的高灵敏度、高分辨率、连续测定等优点，测定线性范围在 5～6 个数量级，最低检出限为 0.001～0.1ng/mL。

（2）中子活化分析法（NAA） 该法具有灵敏度高、准确度好、污染少等特点，尤其适用于地质样品、宇宙物质中超痕量贵金属的测定，对 Ir、Rh、Au 等元素分析灵敏度极高。但由于核辐射对人体有危害，使得该法难以全面普及。

（3）负离子热表面电离质谱法（NTIMS） NTIMS 是近年来发展的质谱技术，与 ICP-MS 不同，该法采用质谱技术对待测元素所含负离子进行测定，可以用于贵金属同位素地质年龄的研究。

除上述方法外，电感耦合等离子体原子发射光谱法（ICP-AES）、多道石墨炉原子吸收光谱（GFAAS）也常用于贵金属的分析，但这两种方法不能用于同位素的测定，并已逐渐被 ICP-MS 等测试手段所取代。

化学分析与光谱分析在矿物及各种产品的分析中均有应用，两者既有联系又有区别，表 3-3 是两种分析方法的优、缺点比较。

表 3-3　化学分析与光谱分析的比较

项目	优点	缺点
化学分析	① 各元素间的干扰较小,可采用化学试剂对元素之间的影响进行屏蔽,做到元素之间互不干扰,曲线可进行非线性回归,确保了检测的准确性 ② 取样过程采用深入采样中心和多点采集,更具有代表性,特别是对于不均匀性样品和表面处理后的样品可准确检测 ③ 可建立标准曲线进行测定,应用范围更广,局限性小 ④ 购买及维修成本低 ⑤ 属仲裁分析方法,准确度高	① 相比光谱分析而言,流程较多,工作量大 ② 不适于炉前快速分析 ③ 对于检测样品会因为取样过程遭到破坏
光谱分析	① 采样方式灵活,对于稀有、贵金属的分析和检测可以减少取样带来的损耗 ② 测试速率高,可设定多通道瞬间多点采集,并通过计算器实时输出 ③ 样品损失小,可进行无损检测 ④ 灵敏度高,可利用光谱法进行痕量分析 ⑤ 分析结果的准确性是建立在化学分析标样的基础上	① 对非金属及界于金属和非金属之间的元素很难做到准确测定 ② 易受光学系统参数等外部或内部因素的影响,经常出现非线性问题,对检测结果的准确性有较大影响 ③ 需要大量代表性样品进行化学分析建模,对于小批量样品检测不切实际 ④ 不是原始方法,不能作为仲裁分析方法,检测结果不能作为国家认证依据

3.2.2　矿物组成分析

光谱分析和化学分析主要是对矿石中所含元素的种类及含量进行测定，而矿物组成分析是利用矿物物理化学性质的差异，通过机械、仪器或试剂对相关元素的赋存状态、矿物含量、嵌布特性及共生关系等进行研究，其研究方法包括物相分析和岩矿鉴定，各种先进的检测手段，如 X 射线衍射物相分析（XRD）、电子探针 X 射线显微分析、拉曼光谱法等都可以检测矿物组成。通过矿物组成分析，可以阐明矿物的成因及其在不同地质作用下的富集规律。

（1）物相分析　矿石中各组分存在形态的分析方法，其原理是矿石中各种矿物在各种溶剂中的溶解度和溶解速度不同，采用不同浓度的各种溶剂在不同条件下处理所分析的矿样，即可使矿石中各种矿物分离出来，从而测出矿石中某种元素以何种矿物存在及含量。用于物相分析的样品一般从具有代表性的矿床中采集，样品数量应视矿床规模和物质成分复杂程度而定。如铁矿石物相分析中，一般将铁矿石中的含铁矿物分为磁性铁、硅酸铁、碳酸铁、硫化铁和赤（褐）铁；锰矿石中的含锰矿物分为碳酸锰、硅酸锰、氧化锰；铬铁矿石主要研究其中的伴生有益组分镍、钴和铂族元素（铂、钯、锇、铱、铑）等。

一般地，物相分析可对以下元素进行测定：

铜（Cu）、铅（Pb）、锌（Zn）、铁（Fe）、锰（Mn）、钨（W）、锡（Sn）、锑（Sb）、钴（Co）、镍（Ni）、钛（Ti）、铝（Al）、钼（Mo）、锗（Ge）、铟（In）、铍（Be）、铀（U）、镉（Cd）、砷（As）、汞（Hg）、硅（Si）、硫（S）、磷（P）等。

与其他分析方法相比，物相分析具有操作快、定量准确等特点，但该方法不能将所有矿物一一区分，对矿石在空间的分布规律及嵌布、嵌镶关系不能准确测定，因而该方法一般作为矿物物质组成研究的辅助方法，并不能完全替代岩矿鉴定。由于矿石性质的复杂性，部分矿石物相分析手段还不成熟，甚至仍处于研究阶段，因此，应结合物相分析、岩矿鉴定等测试手段综合考虑，才能得出准确的结论。云南某铜选矿厂的原矿铜物相分析结果见表 3-4。

表 3-4　云南某铜选矿厂的原矿铜物相分析结果

组分	黄铜矿	斑铜矿	辉铜矿	铜蓝	孔雀石	硅孔雀石	合计
Cu 含量/%	0.10	0.20	0.06	0.02	0.50	0.10	0.98
分布率/%	10.20	20.41	6.12	2.04	51.02	10.20	100.00

表 3-4 物相分析结果表明，该铜矿石中矿物组成比较复杂，除含有黄铜矿、斑铜矿和辉铜矿以外，还含有铜蓝、孔雀石和硅孔雀石等。由于各种铜矿物对各种溶剂的溶解度相差不大，因而分离效果不理想，结果可能存在偏高或偏低的情况。在这种情况下，就必须综合元素分析、物相分析、岩矿鉴定等方法，才能最终判定铜矿物的赋存状态。

选矿技术人员并不需要掌握物相分析的具体操作，但需了解物相分析可以测定的范围、元素的赋存状态及矿石的可选性等。以某钨矿石为例，光谱分析可以大致了解钨的含量，化学分析可以确定三氧化钨的准确含量，但钨究竟以白钨矿还是黑钨矿的形式存在，仅凭上述两种测试结果是不能确定的，必须对矿石进行物相分析或者岩矿鉴定；若矿石中的钨主要以白钨矿的形式存在，可根据其嵌布特性采用重选或浮选法进行回收；若矿石中的钨主要以黑钨矿的形式存在，一般采用重选法回收效果较好；若矿石中的钨以黑钨和白钨的形式共生，则可采用重-浮联合流程等方法进行处理。再如金在地壳中的平均含量仅为 3.5×10^{-9}，其工业矿物主要以自然金和化合物为主，如金银矿、银金矿等。金矿床中，98％以上的金呈共生、伴生状态，常与黄铜矿、黄铁矿、闪锌矿、方铅矿、辉锑矿、黝铜矿、毒砂等矿物共生，因此，对于金的物相分析并不是确定金的相态，而是查明金呈包裹体、裸露、半裸露形态的量。因此，只有在正确理解相关基本概念的基础上，才能根据光谱分析、物相分析、岩矿鉴定等信息资料，确定矿物的赋存状态，拟订合理的试验方案。

（2）岩矿鉴定　岩矿鉴定主要依据矿物学原理与方法，通过矿物的光、电、声、热、磁、重、硬度、气味以及主要的化学成分特征，对岩石、矿样、光（薄）片、砂片、碎屑、粉末进行观察，对不同种类的矿物进行区分，研究主要矿物的组成、矿物生成序列及结构构造等。通过岩矿鉴定可以准确了解元素的赋存状态；共、伴生关系，对选择合适的选矿方法具有十分重要的作用。其测定方法包括肉眼鉴定法和显微镜鉴定法。

肉眼鉴定法又称外表特征鉴定法，此方法简单易行，它主要是凭肉眼和一些简单的工具

（如小刀、钢针、放大镜、磁铁和条痕板等）来分辨矿物的外表特征（有时也借鉴一些简易的化学分析方法），从而对矿物进行粗略的鉴定。肉眼鉴定法主要包括以下内容：

① 矿物形态　在一定外界条件下，矿物单体总是趋向形成特定的晶体形态，如云母呈片状、石英晶体呈柱状、石榴子石呈四角八面体结构等。但在自然条件下，矿物呈单晶体的情况少见，多成为集合体形态产出，如呈松散粉末状集合体的高岭石、葡萄状集合体的硬锰矿等。

② 光学性质　光学性质是指自然光作用于矿物表面后，发生折射或吸收等光学效应所表现出来的性质，包括矿物的颜色、条痕、光泽等。

a. 颜色　矿物颜色的不同是对不同波长的自然光选择性吸收的结果，根据矿物表面颜色的差异即可对矿物进行大致区分，常见矿物的颜色见表 3-5。但需注意，矿物除在呈现自身固有颜色外，还会因外来杂质的浸染或表面发生氧化而产生其他颜色，前者称为他色，后者称为假色，如纯净石英为无色，由于杂质的浸入会变为紫色、烟灰色等；方解石、云母等氧化后其解离面上呈现虹彩的晕色。

b. 条痕　矿物条痕是矿物粉末的颜色，与矿物色相比，条痕色消除了假色的干扰，因而也更具鉴定意义。同时条痕色可与矿物色一致，也可不一致，如块状赤铁矿，其矿物颜色可为铁黑色，也可为红褐色，但条痕都是樱红色。

c. 光泽　光泽指的是矿物表面反射光波的能力。光泽按照反射光的强弱划分为四个等级：ⅰ. 金属光泽，如自然金、黄铁矿等；ⅱ. 半金属光泽，如磁铁矿；ⅲ. 金刚光泽，如如锡石、金刚石等；ⅳ. 玻璃光泽，如长石、石英等。

表 3-5　常见矿物颜色

矿石名称	颜色	矿石名称	颜色	矿石名称	颜色	矿石名称	颜色
自然铜	铜红色	斑铜矿	暗铜红色	磁铁矿	铁黑色	辉钼矿	铅灰色
自然金	金黄色	黄铜矿	铜黄色	黄铁矿	浅黄铜色	辉锑矿	铅灰色
自然银	银白色	蓝铜矿	蓝色	雄黄	橘红色	方解石	白色
自然硫	黄色	孔雀石	绿色	雌黄	黄色	黑电气石	黑色
石墨	黑灰色	褐铁矿	褐色	方铅矿	铅灰色	辰砂	红色

③ 力学性质　矿物力学性质是指矿物在外力如刻划、敲打作用下所表现的性质，如矿石的硬度、断口、解理等。

a. 硬度　对于矿物的硬度鉴别，可将欲测试矿物与标准矿物的硬度进行对比，即相互刻划进行确定。按硬度相对大小顺序将矿物硬度分成十个等级，从 1～10 硬度依次增强，见表 3-6。

b. 断口和解理　矿物在外力作用下，不具方向性的不规则破裂面称为断口。矿物晶体在外力作用下，沿一定结晶方向生成相互平行、平坦的光滑破裂面的性质称为解理。不同的晶质矿物，由于其内部构造不同，在受力作用后开裂的难易程度、解理数目以及解理面的完全程度也各不相同。根据解理出现方向的数目，有一个方向的解理，如云母等；有两个方向的解理，如长石等；有三个方向的解理，如方解石等。根据解理的完全程度，可将解理分为极完全解理极，完全解理，中等解理和不完全解理四种类型。矿物解理完全时不显断口，反之，矿物解理不完全或无解理时，断口显著。如不具解理的石英，则只呈现贝壳状的断口。

表 3-6　十种标准矿物相对硬度

硬度等级	1	2	3	4	5	6	7	8	9	10
代表矿物	滑石	石膏	方解石	萤石	磷灰石	正长石	石英	黄玉	刚玉	金刚石

④ 其他物理性质　其他物理性质如比重（相对密度）、弹性、磁性等在一定程度上也可

作为区分矿物的性质特征。

a. 比重（相对密度）　均匀、纯净的单矿物在空气中的质量与同体积纯水在 4℃时的质量之比。一般地，重矿物比重＞4，如重晶石、方铅矿等；中等矿物比重 2.5～4，如方解石、石英等；轻矿物比重＜2.5，如云母、石墨等。

b. 弹性　矿物在外力作用下发生形变，外力消失后又能恢复原状的性质，如云母等。

c. 磁性　矿物能被磁场吸引，或者本身能对铁屑产生吸引的性质，如磁铁矿等。

针对特征不明显或者微细粒矿物，肉眼观察难于鉴定，只有借助显微镜进行。地质工作者常借助偏光显微镜、反光显微镜、实体显微镜（双目显微镜）等仪器进行鉴定。

① 偏光显微镜　偏光显微镜可用于研究透明与不透明各向异性材料，凡具有双折射性（晶体的基本特征）的物质，都可利用偏光显微镜进行分辨。因此，偏光显微镜也广泛应用于矿物、化学、生物学等领域。

② 反光显微镜　反光显微镜是在光线垂直照射到试样磨光面上，利用反射产生的光学性质及有关特征来鉴定矿物，其构造大致和偏光显微镜一样，不同之处在于前者安装了垂直照明器。该类显微镜适用于不透明矿物，特别是金属矿的鉴定，对于反光性较好的非金属矿也适用。制片要求将矿石观察面磨制成光洁的平面。

③ 实体显微镜（双目显微镜）　实体显微镜是对物体的简单放大，其放大倍数在 10～150 倍。将矿石碎屑置于玻璃板上摊成薄层后直接观察，通过矿物的颜色、形态、光泽、解理等性质来鉴别矿物。

采用显微镜对矿石中矿物含量的测定，常用的方法有目估法、面测法、线测法、点测法。四种测量方法是对待测矿物所占面积、线段长度、点子数的百分率进行统计。以面测法为例，某矿物体积分数的计算方式为该矿物累计格子数（面积）与各矿物所占格子数总和（面积）的百分率。若试验过程中对精确度要求不高，可使用估算法，即采用十字丝或网格目镜等对视野中各矿物的相对含量百分比进行估算，经过多次观察也能得出较准确的矿物含量。上述各种方法在计算出矿物的体积含量后，乘以各矿物对应的相对密度值，即可换算出该矿物的百分数。

云南某铜选厂原矿样经抛光后制成光薄片，在 Olympus C-5060 偏反两用显微镜下的观察结果如下：

① 样品观察　样品呈土灰色，主要含铜矿物为黄铜矿、斑铜矿、辉铜矿、铜蓝、砷黝铜矿、硫砷铜矿、孔雀石、硅孔雀石、赤铜矿等，含部分脉石矿物。

② 主要矿物成分　为了考察主要含铜矿物在矿石中的赋存状态，对上述各含铜金属矿物进行了详细地分析。

a. 黄铜矿（$CuFeS_2$）　黄铜矿含量约占 0.1%，原生黄铜矿（图 3-2）多为不规则粒状分散体和集合块体，呈现于白云石间隙、石英间隙或石英白云石间隙，有的连续呈脉状产出。次生黄铜矿呈微细条片状及微粒集合体形成次生环带、次生反应边结构（图 3-3）。颗粒直径一般 0.006～0.002mm，最小 0.0006 mm。

b. 斑铜矿（Cu_5FeS_4）　斑铜矿含量约占 0.2%，原生斑铜矿与黄铜矿共生呈分散体和集合块体，呈脉状产出。次生斑铜矿呈细粒集合体沿原生黄铜矿块粒体边缘及裂隙裂缝处分布，二者常形成次生交代结构（图 3-3）。颗粒直径一般为 0.006～0.002mm，最小 0.001mm。

c. 辉铜矿（Cu_2S）　辉铜矿含量约为 0.06%。呈粒状、微粒状、碎布片状分散体及集合体，沿原生黄铜矿、斑铜矿块粒体的边缘、裂隙裂缝处分布，与原生黄铜矿、斑铜矿常形成氧化次生环带结构。颗粒直径一般为 0.04～0.003mm，最小为 0.001mm。

d. 孔雀石[$Cu_2(OH)_2CO_3$]　孔雀石含量约为 0.5%。呈纤维状针状集合体及粒状土状分散体或集合体，前者多呈现于围岩裂隙裂缝及层理中，形成细脉或薄膜，后者多呈现于白云石、石英、云母片颗粒间隙、晶粒界面间、解理、裂纹内，大部分孔雀石沿脉石解理充填交代形成细网脉（图3-4）、极细网脉及显微网脉状构造（网脉的宽度一般为0.002～0.001mm，窄的可达0.0006mm）。

e. 硅孔雀石（$CuSiO_2 \cdot 2H_2O$） 硅孔雀石含量约为0.1%。硅孔雀石为片状、细鳞片状聚集体及不规则块体，呈现于围岩裂隙裂缝及层理中或白云石、石英、绢云母片颗粒间隙、晶粒界间隙、解理、裂纹内（图3-5）。网脉宽一般为0.004～0.001mm，最窄处仅有0.0006mm。

图3-2 不规则粒状浸染分布的黄铜矿

图3-3 次生斑铜矿与原生黄铜矿形成次生反应边结构

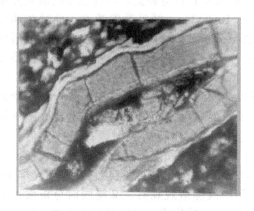

图3-4 表生胶状环带构造及针状结构的孔雀石

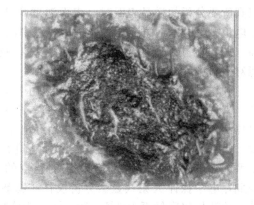

图3-5 黄铜矿氧化后形成的环状的硅孔雀石

3.2.3 矿石物质组成研究的其他方法

对矿石中元素赋存状态较简单的情况一般采用元素分析、光谱分析、化学分析、物相分析、岩矿鉴定等常规手段即可。对矿石中元素赋存状态较复杂的情况，往往还需采用某些特殊方法如热分析、电子显微镜、X射线衍射分析、电子探针、拉曼光谱、核磁共振波谱等进行深入研究。

对于矿石的矿物组成及赋存状态一般在什么情况下需要深入分析？结合上述分析方法或新方法进行简单说明：

① 对于之前从未发现过的新矿物，可采用电子探针、电子顺磁共振谱、X射线粉晶分析、穆斯鲍尔谱等多种分析手段进行确定。如我国发现的丹巴矿，汞铅矿、青河石、新安

石等。

② 在显微镜下难以辨别的矿物如菱铁矿和白云石，需在 X 射线衍射分析下作进一步分析。

③ 对于碳酸盐和黏土质矿物，在低温条件下较稳定，但加热后变化十分显著，如质量损失、热效应等。由于每种矿物均有特定的变化曲线，因此，可借助热谱分析、电子显微镜和 X 射线衍射等仪器进行分析。

④ 微量元素、分散元素在地壳中的含量普遍较低，如镉、铟、褐铁矿中的镓、闪锌矿中的锗等，其分析鉴定可采用电子探针、电渗析和极谱等。

⑤ 结晶粒度太细（如 $1\mu m$ 以下）的矿石，一般采用普通显微镜并不能准确确定其结晶粒度大小。对于这样的矿粒可借用电子探针、电子显微镜、离子探针等特殊方法进行测定。

⑥ 矿物赋存状态十分复杂，常规方法对于测定类质同象或吸附状态并不能有效解决，需借助电子探针、电子顺磁共振谱等方法。如甘肃某低品位金矿石的赋存状态较为复杂，经镜下鉴定、扫描电镜、X 射线衍射分析研究发现，矿石中载金矿物种类较多，如黄铜矿、黄铁矿等。部分金呈微细粒，微粒自然金或银金矿沿载金矿物的粒间、边缘及孔洞充填分布，部分呈包裹体嵌布在载金矿物内部，影响金矿物的富集回收；某碳质板岩中含浸染状硫化矿，经化学分析发现铜的品位较高，但显微镜下并未发现铜单矿物形态，经电子探针分析表明该矿中铜以浸染状的黄铜矿形式存在。

下面对几种新的分析方法作简单介绍。

① 激光显微光谱分析　激光显微光谱分析主要由显微镜、激光器、摄谱仪三部分组成，适用于细小颗粒的分析，是一种较为新型的微区分析方法，通过十几年的技术革新，该技术日趋成熟。其基本原理是利用激光方向性好、能量高及单色性等特点，当高能量的激光光束照到所要分析的样品表面时（表面温度高达 $5000\sim10000℃$），样品蒸发激发，此时在通过光电记录等技术对样品中的不同微米级别的微区进行分析。该法所需样品量少，绝对灵敏度高（$10^{-12}\sim10^{-10}g$），并可对各种样品（颗粒、光片等）直接进行显微分析，结合显微镜还能对矿石中元素的赋存状况进行分析。

② 电子探针　X 射线显微分析运用电子所形成的探测针（电子束）作为 X 射线的激发源，来进行显微 X 射线光谱分析。基本原理是电子束经过电子光学系统如静电或电磁透镜聚焦到样品中约 $1\mu m^2$ 的区域，样品经电子束的轰击，辐射出特征 X 射线；通过 X 射线谱仪，对待测元素 X 射线谱的波长和强度进行测量，逐点定性和定量分析。通过电子扫描同步系统和电子显示，可使样品中各种组成的分布情况，以放大的图像直接显示于荧光屏上。因此，电子探针 X 射线显微分析仪在矿物研究工作中既能微观观察，又能同时分析微区成分。该法检出限低至 $10^{-14}\sim10^{-15}g$，能分析直径为 $1\mu m$ 的物质；主要对岩石矿物进行深度分析、检测未知及难辨矿物，如钠沸石、片钠铝石等；若与扫面电镜结合，可测定样品表面 $1mm^2$ 到几平方毫米范围内元素的分布状况，所探测元素从原子序数 4 的铍到 92 的铀；能在薄片、光片、砂光片上测定矿物的化学组成，确定矿物中元素的赋存状态、类质同象组分的演变、矿物环带中成分的变化、固态显微包裹体的成分等。

③ 穆斯鲍尔光谱分析法　利用无反冲能量的 γ 射线共振吸收谱进行分析。原子核发射和吸收 γ 射线时，由于原子受晶格的束缚，在一定程度上总会牵动晶格，使得反冲动量由整个晶格承担。随着温度的下降，反冲动能大大降低。当反冲动能比自然线宽小时，此时可视为反冲动量无损失，此时发射线谱和吸收线谱可以很好的重叠，实现 γ 射线的共振吸收。穆斯鲍尔效应即原子核辐射过程中的无反冲动量共振吸收，主要用于研究矿物杂质铁的赋存状态、铁的百分含量、化学键特点、Fe^{2+} 与 Fe^{3+} 的比值及其在晶格中的分配情况等，同时还可对晶体的有序化程度、物理相变过程等进行分析。不同物质观察到的穆斯鲍尔效应所需温

度不同，一般在低温条件下才能观测到。

④ 核磁共振波谱法　原子核的自旋运动伴随有自旋角动量，对应的核磁矩在磁场中会有不同取向和不同的能量状态。当磁场变到使核磁能级差与入射电磁波频率相当时，产生核磁共振，称为核磁共振波谱法，其实质是通过原子探针的方式研究物质的晶体缺陷、晶体结构、晶体点阵的运动、扩散现象等。该法对研究矿物中水的存在状态效果较为明显，其测定对象包括具有磁量子的原子核，Li^6、B^{10}、N^{14} 及质量数为奇数的原子；同时也能提供玻璃和黏土矿物中的 B、Na、O、Si 和 Al 同位素结构环境的相关信息。

⑤ 拉曼光谱法　拉曼光谱是研究分子振动的一种光谱方法，主要以频率或波数发生改变的辐射散射光谱进行分析。当波数为 $\tilde{V}_0$ 进入液体或无尘透明气体中（或光学上完整透明的固体等系统）时，除一部分辐射受到散射外，大部分将毫无改变的透射过去。经散射作用后，辐射频率既出现与入射辐射相关的波数，也会出现 $\tilde{V}_0 = \tilde{V}_0 \pm \tilde{V}_m$ 的新波数对。与红外光谱相比，这种波数发生改变的辐射散射谱更易识别和解释有关现象，但对深色矿物的拉曼光谱难以确定，因此所测定样品一般都是透明或可以被激发型辐射所穿透的；此外，对金属、半导体、方解石、锡石、石英中微量元素赋存状态的测定也有应用。

⑥ 电子顺磁共振谱　与核磁共振相类似，电子磁矩在磁场中方向量子化，磁矩取向不同，能量不同，也就产生不同的磁能级。当外来电磁波频率与能级间隔相当时，电磁波被吸收，从而形成电子顺磁共振谱。其测定对象为不成对电子所产生的磁性，主要适用于过渡元素化合物晶格缺陷的研究，晶体中 Fe^{3+}、Mn^{2+} 等离子分布及其赋存形式的分析等。

⑦ 矿物单体解离度分析（MLA）　该系统是一个高速自动化的矿物参数自动定量分析系统，能对样品进行矿物物质组成、成分定量、矿物嵌布特征、矿物粒级分布、矿物解离度等重要参数进行自动定量分析。它采用 FEI Quanta 多用途扫描电镜，结合双探头高速、高能量 X 射线能谱仪作为系统的硬件支持。根据需要样品进行不同形式的矿物参数自动定量分析。分析速度快且精度高。对低品位稀有矿物元素样品的测定，效果十分明显。通过样品测量、图形处理、数据计算，该系统可提供的信息包括矿物样品图形信息、矿物颗粒参数、矿物相参数等。

3.3　矿石工艺性质的测定

选矿试验室和选矿厂各产品的粒度分析是开展选矿工作的一个基本组成部分，它对确定磨矿效率及有用矿物和脉石矿物在各粒级下的解离特性有十分重要的意义。在选别阶段，产品的粒度分析用于确定最佳给矿粒度及损失量的粒度范围，以便控制有用矿物的损失。由于粒度分析所用的试样较少，因此，所用分析试样必须具有代表性。

3.3.1　粒度分析

粒度分析作为矿石可选性研究工作中不可缺少的检测项目，已广泛应用于材料、能源、电子、机械、化工、医药等领域。粒度分析，即通过测定物料的粒度组成或比表面等来确定物料粒度特性。其中矿粒的大小称为粒度，将粒度不同的混合物按粒度划分成若干个级别，各级别叫做粒级，物料中各粒级的相对含量叫粒度组成（或粒度分布）。

物料粒度组成的测定根据其粒度的大小不同而采用不同的测定方法。大于 100mm 的物料通常采用直接测量法；对粗粒物料（100～6mm）一般用铁丝网编成的手筛测定；对细粒物料（6～0.075mm）采用套筛测定；对微细粒物料（小于 0.075mm）则采用水析或显微镜进行测定。

物料粒度测定的方法主要有四种类型，即筛析、水力沉降分析、测比表面法和计数法。对于不同粒度的物料往往同时采用几种方法进行测定，这是因为在测试方面还没有一种万能方法对任何物料粒度的测定均适用。表 3-7 列出的是不同粒度测定方法及其适用粒度范围。

表 3-7　不同粒度测定方法及其适用粒度范围

由于筛析适用的粒度范围非常广，工业应用价值大，加之筛分设备制作简单、操作容易，到目前为止，筛析仍然是最常用的粒度分析方法，但受颗粒形状影响较大。一般干筛可筛至 $100\mu m$，较细级别物料可用湿筛，小于 $40\sim60\mu m$ 物料多用水力沉降分析法，前者测得的是几何尺寸，后者测得的是具有相同沉降末速的当量直径。显微镜法能直观测出颗粒尺寸和形状，因此常用于校准其他测量方法，其最佳测量范围为 $0.5\sim20\mu m$，若颗粒粒度小于 $40\mu m$ 时误差较大。

本章节主要对应用较为广泛的筛分分析和水力沉降分析进行介绍。

3.3.1.1　筛析

筛分是指颗粒大小不同的混合物料通过单层或多层筛面按粒度分成若干个不同粒级的作业，n 层筛子可把物料分成 $n+1$ 个粒级，各粒级的上、下限粒度通常就取相应筛子的筛孔尺寸。物料中粒度大于筛孔尺寸的颗粒留在筛面上成为筛上物，物料中粒度小于筛孔尺寸的颗粒透过筛面成为筛下物。

由于筛网编织的不规则性，筛孔尺寸大小不可避免地会出现偏差，从而使筛分过程复杂。多数情况下，近筛孔尺寸颗粒的存在会使筛分过程变得十分复杂，它们会引起"塞孔"现象，尤其是采用干法筛分含有一定水分的原矿时此现象非常明显。此外，筛分时间对筛分效率的影响十分显著，这是因为只要筛分时间足够长，小颗粒一定可以从较大尺寸的筛孔通过。细粒透筛时，虽然颗粒都小于筛孔，但它们透筛的难易程度不同，经验得知，和筛孔相比，颗粒越小，透筛越易，和筛孔尺寸相近的颗粒，透筛就较难，透过筛面下层的大颗粒间隙就更难。

（1）手筛　手筛也称为非标准筛筛分，适合测量几毫米以上的粗粒级物料，一般用于原矿和破碎产品物料的粒级分析。手筛筛孔尺寸可以在 $1\sim150mm$ 的范围内变化，筛网一般采用金属丝或薄钢板，筛孔形式有圆形或正方形（见图3-6和图3-7），筛网可自行制作。

手筛的筛分过程十分简单，只要在筛分时确保料层松散，每次筛分操作的给料量适当，筛分时间足够长，筛下物（或筛上物）产率一般变化不大。

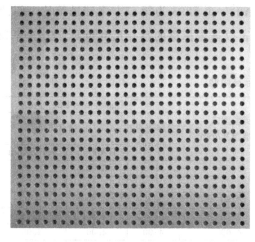

图 3-6　圆形筛孔图

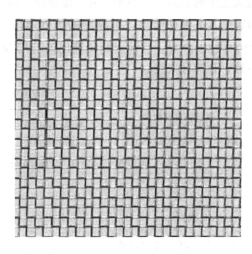

图 3-7　方形筛孔

（2）标准套筛　粒度在 $0.045\sim6mm$ 的物料一般采用标准筛进行筛析。标准筛是筛孔大小按一定比例、筛丝直径和筛孔宽度均按标准加工制造的筛子。筛面安装在圆筒形框架上，按照自上而下、由大到小的顺序排列。每组筛子与上盖、底盘组成套筛。套筛中，各筛子自上而下排列的顺序叫做筛序；同一筛序中，相邻筛面上筛孔尺寸的比值叫做筛比。常用的套筛标准有美国泰勒筛、美国标准筛、德国标准筛、英国标准筛、国际标准筛和中国标准筛等。

标准套筛筛分根据筛分操作不同可分为干法筛分、湿法筛分和干湿联合筛分。

① 干法筛分　干法筛分的步骤是先将标准筛按顺序套好，将样品放入最上层筛面，盖好上盖后置于振筛机上振动筛分 $10\sim15min$，筛分完毕后在光面纸或橡皮布上进行检查筛分。一般认为，若在1min内，筛下物料量小于筛上物料量的 $0.1\%\sim1\%$，则认为筛析完成，不满足则继续进行筛分。

② 湿法筛分　对于含泥多、含水多、易于黏结的样品，可采用湿法筛分。湿法筛分是提高筛分效率和精确度的有效措施。具体操作是：将样品倒入系列细筛中（底筛一般为 $0.075mm$ 的筛子），按照筛孔从大到小的顺序分别将样品置于水盆或其他容器中进行筛分，每间隔1min左右对水盆中的水进行更换，直到水不再浑浊或仅有极少数颗粒被筛出即可。筛下产物再经小一级别的筛孔筛分。筛分结束后，对各个级别的筛上物料进行烘干称重。

③ 干湿联合筛分　若采用干湿联合筛析，则对上述经湿筛后干燥的筛上物料（一般指 $0.075mm$ 筛面以上的物料）进行干法筛析。筛分结束后，底层筛面所得筛下物料与湿筛时的筛下部分合在一起，并对各粒级物料进行称重（精确度为 $0.01g$），筛分后的总质量与原样质量相比不超过即可。每次筛分时样品给入量以 $25\sim150g$ 为宜，若样品量较大，可分多次进行筛分；湿筛样品的量一般不宜超过 $50g$，以免损坏筛网，影响筛分效率。对于含粗颗粒的样品，可采用粗孔筛进行隔粗。

国际上常用标准筛制（见表3-8），我国尚未制定国家标准，在实际应用中多采用泰勒标准筛。原泰勒筛制以200目（0.075mm）筛为基筛，$\sqrt{2}=1.414$ 为主筛比，$\sqrt[4]{2}=1.189$ 为辅助筛比。法国、前苏联标准均以 1mm 筛作为基筛，$\sqrt[10]{10}=1.25$ 为主筛比，组成主序列 R10；现行美国标准（ANSI）经由美国材料与试验协会于 1970 年制定，实际尺寸已与 R40/3 序列一致；国际标准化组织是以 1mm 筛为基筛，$(\sqrt[20]{10})^3=1.12^3=1.414$ 为主筛比，组成主序列 R20/3，小于 32μm 部分以 $\sqrt[10]{10}=1.25$ 为主筛比，组成主序列 R10，$\sqrt[20]{10}=1.12$ 为第一方案辅助筛比，组成辅助序列 R20，$(\sqrt[40]{10})^3=1.1893$ 为第二方案辅助筛比，组成 R40/3 辅助序列。目前泰勒筛筛比仍沿用 $\sqrt{2}$、$\sqrt[4]{2}$，以毫米标称的筛孔尺寸也与 R40/3 序列一致，且筛号未变。

表 3-8　常见标准筛制

美国泰勒筛制			美国、加拿大国家标准		英国国家标准筛孔/mm	国际标准化组织		
筛号（网目）	筛孔尺寸/mm		网目	筛孔/mm		主序列 R20/3/mm	辅序列	
	现行标准	旧标准					R20/mm	R40/3/mm
2.5	8.00	7.925	5/16in	8.00	8.00	8.00	8.00	8.00
3	6.70	6.680	1/4in	6.70	6.70		6.30	6.70
3.5	5.60	5.613	3.5	5.60	5.60	5.6	5.60	5.60
4	4.75	4.699	4	4.75	4.75		4.50	4.75
5	4.00	3.962	5	4.00	4.00	4.00	4.00	4.00
6	3.35	3.327	6	3.35	3.35		3.35	3.35
7	2.80	2.794	7	2.80	2.80	2.80	2.80	2.80
8	2.36	2.362	8	2.36	2.36		2.24	2.36
9	2.00	1.981	10	2.00	2.00	2.00	2.00	2.00
10	1.70	1.651	12	1.7	1.7		1.60	1.7
12	1.40	1.397	14	1.4	1.4	1.40	1.40	1.4
14	1.18	1.168	16	1.18	1.18		1.12	1.18
16	1.00	0.991	18	1.00	1.00	1.00	1.00	1.00
20	0.850	0.833	20	0.850	0.850		0.800	0.850
24	0.710	0.701	25	0.710	0.710	0.710	0.710	0.710
28	0.600	0.589	30	0.600	0.600		0.560	0.600
32	0.500	0.495	35	0.500	0.500	0.500	0.500	0.500
35	0.425	0.417	40	0.425	0.425		0.400	0.425
42	0.355	0.351	45	0.355	0.355	0.355	0.355	0.355
48	0.300	0.295	50	0.300	0.300		0.280	0.300
60	0.250	0.246	60	0.250	0.250	0.250	0.250	0.250
65	0.212	0.208	70	0.212	0.212		0.200	0.212
80	0.180	0.175	80	0.180	0.180	0.180	0.180	0.180
100	0.150	0.147	100	0.150	0.150		0.140	0.150
115	0.125	0.124	120	0.125	0.125	0.125	0.125	0.125
150	0.106	0.104	140	0.106	0.106		0.100	0.106
170	0.090	0.088	170	0.090	0.090	0.090	0.090	0.090
200	0.075	0.074	200	0.075	0.075		0.71	0.075
250	0.063	0.063	230	0.063	0.063	0.063	0.063	0.063
270	0.053	0.053	270	0.053	0.053		0.050	0.053
325	0.045	0.044	325	0.045	0.045	0.045	0.045	0.045
400	0.033	0.037	400	0.038			0.036	0.038

注：1in＝0.0254m。

（3）**数据处理**　对于筛析试验数据，往往需要制成表格或曲线做进一步分析和研究。

对某铜矿的选矿工艺进行流程考察，其中分级溢流产品是了解磨矿效率和磨矿机排矿粒度组成的重要指标，为了考查分级溢流产品粒度组成情况，对此进行了粒度组成研究。

采用筛分法进行粒度组成研究，首先应了解矿石的物料性质。根据现场情况，发现铜矿产品粒度较细，而细粒级容易团聚，如果烘干后采用干式套筛，势必有部分颗粒结块，筛分结果不准确，如果单独采用湿式筛分，工作量较大，因此对该矿样一般采用干湿联合筛分。

操作和计算步骤如下：

a. 首先用−0.075mm的筛子进行湿式筛分。并将−0.075mm颗粒过滤烘干，称量、计算。

b. 将＋0.075mm的筛上物料烘干，进行干式套筛，得到相应粒级产品，称量、计算。

c. 按表3-9样式填写。

d. 绘制粒度组成特性图（图3-8），并对计算结果进行分析。

表 3-9　某矿样筛析结果

粒级 /mm	筛孔大小 /目	质量/g	产率/%		
			个别	筛上累积	筛下累积
＋0.85	＋20	0	0.0	0.0	100.0
＋0.60	＋28	10	5.0	5.0	95.0
＋0.425	＋35	12	6.0	11.0	89.0
＋0.300	＋48	15	7.5	13.5	86.5
＋0.212	＋65	17	8.5	27.0	73.0
＋0.15	＋100	18	9.0	36.0	64.0
＋0.106	＋150	25	12.5	48.5	51.5
＋0.075	＋200	25	12.5	61.0	39.0
−0.075	−200	78	39.0	100.0	0.0
合计		200	100.0		

表3-9为某矿样筛析试验结果，表中只反映了各粒级物料产率，为更好地观察各粒级物料分布规律，常将试验数据绘制成粒度特性曲线。常用的绘图方法包括简单坐标法、半对数坐标法和全对数坐标法等。

a. 简单坐标法　横坐标表示的是颗粒粒度，纵坐标表示的是小于某粒级或筛孔尺寸的累积产率。每一粒级的产率对应曲线的斜率，曲线越陡，说明该粒级的产率越大，反之越小。该法适用于粒度范围较窄的物料，对于粒度范围较宽的物料，由于细粒级易堆积而不易分辨。

为了直观反映试验结果，筛析结果往往要绘制成图。最常用的是绘制出筛下（或筛上）产品的累积产率对粒度的曲线［见图3-8（a）］。一般可采用方格纸进行手工绘制，但这种方法容易造成细筛区域各粒级过于密集。采用对数图可避免这一缺点。

b. 半对数坐标法　半对数法的横坐标按照粒度的对数值来划分刻度，但横坐标的实际标出仍按颗粒尺寸，纵坐标同简单坐标法一致，故称半对数坐标法。由于整套标准筛中，相邻筛子的筛孔尺寸具有一定比例，因此取对数值时，其间距是相同的。该法有效避免了细粒级物料各点过度集中的缺点，适用于宽级别物料曲线的绘制。图3-8（b）是以半对数坐标的方式表示表3-9所示的筛析试验结果。

c. 全对数坐标法　全对数法即横纵坐标均按照对数值划分刻度的方法。对于粒度组成较为均匀的物料，一般做出来的曲线是直线，因而可以利用延长直线的办法对更细级别物料的产率进行确定；同时，通过该直线的斜率还可判断该破碎机或磨矿机的工作情况和产品质量。直线的斜率越大，产品粒度范围越窄，物料出现过磨或泥化现象的可能性就越小。图3-8（c）是以全对数坐标的方式表示表3-9所示的筛析试验结果。

3.3.1.2　水力沉降分析

水力沉降分析依据的原理是通过测定颗粒在一定介质中的沉降速度来计算颗粒尺寸，多

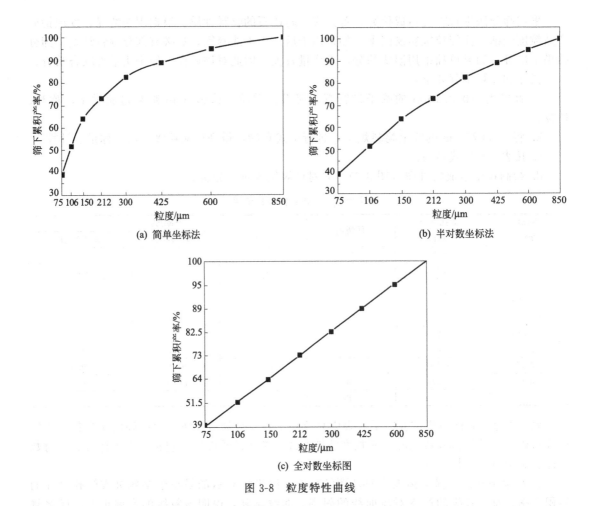

图 3-8　粒度特性曲线

用于 0.1mm 以下物料粒度的测定，主要方法有重力沉降法、离心沉降法和上升水流法。沉降分析一般在稀的悬浮液中进行，以确保固体颗粒能在测定条件下自由沉降、互不干涉。悬浮液的固体容积浓度小于 3%，可按照斯托克斯公式计算其沉降末速：

$$v = \frac{h}{t} = \frac{(\rho_s - \rho_f)g}{18\mu}d^2 \tag{3-1}$$

式中　v——颗粒沉降末速，m/s；

　　　h——沉降距离，m；

　　　t——沉降时间，s；

　　　ρ_f——流体密度，kg/m³；

　　　ρ_s——固体密度，kg/m³；

　　　μ——流体黏度 N·s/m²，其中，空气的黏度为 1.8×10^{-5} N·s/m²，在 20℃ 时，水的黏度为 0.001N·s/m²；

　　　g——重力加速度，取 9.81m/s²；

　　　d——球形固体颗粒直径，m。

若水为沉降介质，$\rho_f = 1 \times 10^3$ kg/m³，则

$$d = \sqrt{\frac{h}{545(\rho_s - 1000)t}} \tag{3-2}$$

对于值的选择，应根据颗粒的沉降时间 t 来定，时间不能太长也不能太短。如粗颗粒沉降速度快，则应大些；微细粒沉降速度慢，应小些，但最小不能低于在该容器中液固比为 6：1 时的高度，泥质物料则不应低于液固比为 10：1 时的高度。在实际应用中，还需参照相关表格（表 3-10）对计算所得的数据进行检验，以验证沉降时间是否准确。

表 3-10 不同密度的矿粒相应于不同沉降时间的粒度（沉降高度 $h=30cm$）单位：μm

沉降时间 /min	密度/（g/cm³）									
	2	2.5	3	3.5	4	4.5	5	5.5	6	7.5
1	95.78	78.20	67.73	60.58	55.30	51.20	47.89	45.16	42.84	37.76
2	67.72	55.30	47.89	42.84	39.10	36.20	33.86	31.93	30.30	26.58
3	55.30	45.16	39.10	34.98	31.93	29.56	27.66	26.07	24.73	21.70
4	47.90	39.10	33.86	30.29	27.85	25.60	23.94	22.58	21.42	18.78
5	42.84	34.98	30.29	27.10	24.74	22.90	21.42	20.20	19.16	16.80
7	36.20	29.56	25.60	22.90	20.90	19.35	18.10	17.07	16.19	14.20
10	30.30	24.73	21.42	19.16	17.49	16.19	15.14	14.28	13.55	11.88
15	24.74	20.19	17.49	15.64	14.28	13.22	12.37	11.66	11.06	9.70
20	21.42	17.49	15.14	13.55	12.37	11.45	10.71	10.10	9.58	8.40
30	17.49	14.28	12.37	11.06	10.10	9.35	8.74	8.24	7.82	6.86
60	12.39	10.10	8.74	7.82	7.14	6.61	6.18	5.83	5.53	4.86
120	8.74	7.14	6.18	5.53	5.05	4.67	4.37	4.12	3.91	3.44
180	7.14	5.83	5.01	4.52	4.12	3.82	3.57	3.37	3.19	2.88
240	6.18	5.05	4.37	3.91	3.57	3.31	3.09	2.91	2.77	2.42
300	5.53	4.52	3.91	3.50	3.19	2.96	2.77	2.61	2.47	2.18
360	5.05	4.12	3.57	3.19	2.92	2.70	2.32	2.38	2.26	1.98

上述公式适用于一定粒度范围内理想球形颗粒沉降时间的测定，对于非球形颗粒需要进行球形系数的校正，但为了操作简单，常以与试样颗粒具有相同沉降速度的球体的直径来代表颗粒的粒度，这一数值被称为等效直径或斯托克斯直径。

固体密度的准确确定比较复杂，这是因为实际矿样是由不同密度、不同种类的矿物组成，因此在确定其沉降速度时，原则上不能单用一种颗粒的密度来代替。但在实际计算中，对于原矿或尾矿，通常以其主要脉石矿物的密度作为整个矿样的固体密度。脉石矿物如石英的密度为 $2.65g/cm^3$，方解石的密度为 $2.7g/cm^3$，差别不大，一般以石英的密度为标准。精矿试样一般根据有用矿物密度计算（实测密度），若要计算各粒级回收率，仍按照原矿样进行处理，即以石英密度为计算标准。可以这样理解，该粒级的"粒度"是以具有相同沉降速度的球形石英颗粒的粒度来表示，但该"粒度"不代表试样中每一个具体颗粒的粒度，每一个具体颗粒粒度可按等落比进行换算。

（1）重力沉降法　重力沉降是一种使流体中的悬浮颗粒下沉从而与流体分离的过程，它是根据固体颗粒与流体之间密度的差异，通过地球引力场的作用使两者产生相对运动而分离。

淘析法是重力沉降法中比较简单、可靠的方法，其基本原理是通过逐步缩短沉降时间，

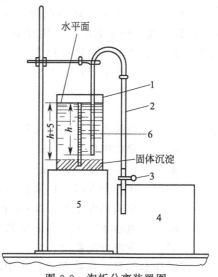

图 3-9　淘析分离装置图
1—玻璃杯；2—虹吸管；3—夹子；4—溢流收集器；5—底座；6—毫米刻度纸条

将各粒级物料由细至粗依次淘析出来。

淘析分离装置又称萨巴宁沉降分析仪（见图 3-9），其主要装置及连接关系为：底座上有一直径为 70～100mm、高度为 150～170mm 的玻璃杯，杯内有一直径为 6～10mm 的虹吸管。虹吸管的短管部分插入烧杯内，管口距另一端离固体沉淀面约 5mm 的距离，矿浆固体容积浓度不应大于 3%；虹吸管另一端带有管夹的插入溢流收集槽内。为避免沉降过程中颗粒之间彼此干扰，试验过程可添加分散剂如六偏磷酸钠、水玻璃、焦磷酸钠等；对于 10μm 以下微细粒物料的沉降，可添加适量明矾加速其沉淀，具体操作为：

称取 50～100g 试样于小烧杯中润湿，将固体物理中气泡赶走后，倒入玻璃杯 1 内，并加水至刻度 h 处，使用带有橡胶头的玻璃棒进行搅拌，使试样处于悬浮状态，然后停止搅拌，待液面恢复平静后用秒表开始计时，经 t 时间后打开管夹 3，h 高的矿浆则被吸出至容器 4 中。完毕后，重新加水至刻度 h 处后重复操作，多次加水、吸出，直至吸出的液体不再浑浊为止。将吸出的总产物沉淀、烘干、称重，计算该粒级产率。利用此方法，通过改变矿物的沉降时间 t（由长到短），进而对各个粒级（由细到粗）物料进行分离，从而算出相对应的产率。

设预定的分级粒度为 d，在水中的自由沉降速度为 v，则沉降 h 距离所需时间 t 为：

$$t = \frac{h}{v} = \frac{h\mu}{54.5\,d^2\,(\rho_s - \rho_f)} \qquad (3\text{-}3)$$

将每次吸出的矿浆收集烘干后，即为试料中全部小于分级粒度的粒级产物。把获得的细粒产物称重、化验后，即可确定该粒级在试样中的含量及其品位。若要求进行几个粒级的分析时，则需首先按预定的几个分级粒度分别算出沉降距离 h 所需的沉降时间 t，由细粒级到粗粒级依次进行上述操作，直到将各个粒级全部淘析完为止，即可以获得该试样的粒级组成。

淘析法测定微细粒物料粒度组成虽然比较简单、准确，但该种测定方法耗时、费工，因此，淘析法一般用来对其他水析法进行校核或没有连续水析仪时使用。

（2）离心沉降法　离心沉降法所用装置为串联旋流分级器，或称旋流水析器（图 3-10），其原理是利用离心力场代替重力场进行分级。在旋流装置中，物料分级速度取决于离心沉降速度的快慢。颗粒在离心场中的径向沉降速度可根据球体在旋转介质中所受离心力、径向介质阻力平衡的条件下求出：

$$v_r = \frac{d^2(\rho_s - \rho_f)u_t}{18\mu}\frac{u_t}{r} \qquad (3\text{-}4)$$

式中　v_r——颗粒在离心场中的径向沉降速度，m/s；

ρ_s——颗粒密度，kg/m³；

ρ_f——介质密度，kg/m³；

r——球体所在瞬间位置离回转轴的距离，m；

μ——介质黏度系数，N·s/m²；

u_t——离心场中半径为 r 的某点切向速度，m/s；

d——颗粒分离粒度，m。

需要注意的是，颗粒在离心场中的运动特性与在重力场中的运动特性有许多相似之处，因此串联旋流分级器的分离特性也遵循斯托克斯定律。

该装置由 5 个倒置的水力旋流器相互串联、平行排列而成，每个旋流器的溢流口都在下方，并作为下一个旋流器的进料口。旋流器的沉砂口与接料槽相通，试验时所有排料阀均处于关闭状态。水流在水泵 12 的作用下从水槽中抽出，控制转子流量计 9 使流量保持恒定，再打开流量控制阀 13 使流水进入到 1 号旋流器。因旋流器沉砂口排料阀处于关闭状态，因此底流存留在锥体底部，其溢流部分的水流则进入到 2 号旋流器中，以此类推。如果顺着流体方向的溢流口直径和下一阶段的进口面积逐渐减小，则对应旋流器的分离粒度下限也逐渐减小。因此，待物料分级完毕后，1 号旋流器的底流产品粒级是最粗的，5 号旋流器的溢流产品则是最细的。旋流器的最终溢流收集在一个大桶内。每次试验用量以小于 100g、粒度小于 75μm 为宜。试样从容器中给入到分级完毕大约需要 30min，取出存留在各旋流器内的底流产品，经过滤、烘干、称重和化验测定各粒级产率和含量。

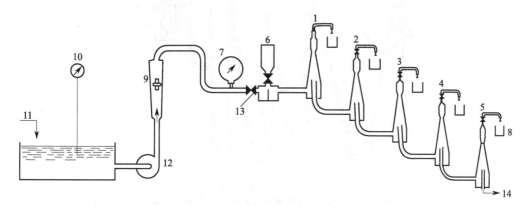

图 3-10　串联旋流分级器

1～5—旋流器；6—试样容器；7—压力表；8—烧杯；9—转子流量计；
10—温度计；11—主水管；12—水泵；13—流量控制阀；14—最终溢流

（3）上升水流法　上升水流法与淘析法大致相同，对于一定流速的流体，小于一定粒级的细粒物料会被流体带至向上运动，而粗颗粒则向下沉降。此流体可以是液态，也可以是气态。

该法典型的装置是连续水析器（图 3-11），其原理是利用相同的上升水量在不同直径的分级管中产生不同的上升水速，从而使粒度不同的颗粒因不同的沉降速度分成若干粒级。每一粒级产品的沉降速度是相等的，沉降速度常按石英的密度计算。该水析装置主要由给矿装置、给水装置、分级管等组成。分级管的直径由分级粒度和给水量确定。其中，分级管断面面积 A、给水量 Q、分级管内径 D 之间存在以下关系：

$$A = \frac{\pi}{4}D^2 = \frac{Q}{V_0} \tag{3-5}$$

式中，V_0 为水流速度。

在分级管中，若颗粒的沉降速度大于管内水流上升的速度，则颗粒下沉，反之颗粒则上升并被带至下一分级管中分级。分级管中保持悬浮颗粒的粒度是该分级管分级的临界粒度。每次水析试样取 50g 左右，若含有粗颗粒应预先用 75μm 筛子隔除，干试样应预先用水浸泡。给矿前各分级管、连续管内应充满水。打开管夹使矿浆流入各分级管内，并不断搅拌矿浆，调节流速，使整个给矿过程均匀、平稳。约 1.5h 后给矿结束，2h 后停止搅拌，大约 6h 后可停止给水（实际以溢流水是否清澈为准），结束分级过程，并用夹子夹住各分级管下端的软胶管，按粗到细的顺序将各粒级产品清洗后排出，并经澄清、过滤、烘干、称重和化验进行分析和计算。

上升水流法与淘析法相比，分级速度快、结果较稳定，但若搅拌过程不充分，很容易造成粗粒级产率偏大，且水析时间较长，若给矿速度过快或分级时水流中断，会引起装置堵塞等问题。

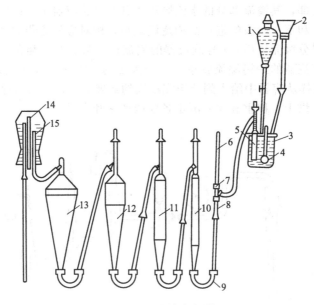

图 3-11　连续水析器

1—给矿瓶；2—给水和水玻璃容器漏斗；3—烧杯；4—搅拌器；
5，10—75μm 分级管；6—玻璃管；7—套管；8，9—软胶管；11—37μm 分
级管；12—19μm 分级管；13—10μm 分级管；14—空气管；15—溢流瓶

3.3.2　选矿物料水分的测定

选矿物料中的水分主要包括吸附水、结晶水、结构水、层间水和沸石水等。

① 吸附水是指被机械地吸附于矿物颗粒表面及裂隙中，或渗入矿物集合体中的中性水分子。吸附水不参与晶格的形成，因而不属于矿物的化学组成。矿物中吸附水的含量不固定，随环境温度和湿度的变化而变化。在标准大气压条件下，当温度超过 100℃ 时，吸附水一般会全部从矿物中逸出而不破坏晶体结构。

② 结晶水是指以中性水分子的形式存在于矿物晶格中固定位置上的水，它是矿物化学组成的一部分。水分子有确定的数量，它与矿物中其他组分的含量常成一定的比例关系。结晶水由于受到晶格的束缚，一般非常牢固，因而要使结晶水从晶格中逸出，一般需要加热至200～500℃。矿物脱水后，晶体结构完全被破坏，形成新的结构。

③ 结构水也称为化合水，是指以 OH^-、H^+、H_3O^+ 形式存在于矿物晶格中的一定配位位置上、并有确定含量比的"水"，其中以 OH^- 最为常见，主要存在于氢氧化物和层状结构的硅酸盐矿物中。结构水在晶体结构中与其他离子联结得非常牢固，只有在高温（一般在 600～1000℃）条件下其结构遭到破坏才能逸出。

④ 层间水是存在于一些层状硅酸盐（如黏土矿物）晶格结构层之间的中性水分子，它们主要与层间阳离子结合成水合离子。由于结构层本身的电价未达到平衡，其表面存在过剩的负电荷，可吸附其他金属阳离子，而后者又再吸附水分子，从而在相邻的结构层之间形成水分子层，即层间水。显然，层间水的含量随所吸附的阳离子的种类及环境的温度和湿度而异，其数量可在相当大的范围内变化。层间水较易失去，一般加热到几十摄氏度即开始逸出，标准大气压条件下加热至110℃左右大量逸出。

⑤ 沸石水是存在于沸石族矿物晶格宽大的空腔和通道的中性水分子，与其中的阳离子结合成水合离子。沸石水在晶格中占据一定的配位位置，水的含量随温度和湿度的变化而变

化，其上限值与矿物其他组分的含量有一定的比例关系。当温度达到 80℃ 时，沸石水开始逸出；当温度达到 400℃ 时，沸石水可以全部逸出，但并不会导致晶格的破坏，致使某些物理性质会随着沸石水的逸出而发生变化，如光泽度、折射率、相对密度会随失水量的增加而降低。失水后的沸石能够重新吸水，并恢复到原来的含水量，从而再现矿物原来的性质。

矿石或选矿产品的水分不仅对洗矿、破碎、筛分、脱水、贮矿等作业及设备的选择具有一定的影响，而且对矿石原料能否采用干式磁选、风力选别也有决定性的意义。水分的检测方法如下：

取 25g（水分不够的可取 50g）粒度在 1mm 以下的矿样，放在容积约为 100mL 的玻璃杯中，再在玻璃杯上面覆盖一块磨砂玻璃盖后称重，称量刻度精确至 0.01g。将上述玻璃杯置于温度在 105~110℃ 的干燥箱中干燥（时间应不少于 8h），并让玻璃盖处于斜开状态，烘干后将其移至干燥器中冷却约 0.5h，冷却后应迅速盖上盖子（以免矿物吸附空气中的水分），最后从干燥器中取出后进行称重，矿物水分含量的计算式为：

$$W = \frac{G_1 - G}{G_1} \times 100\% \tag{3-6}$$

式中　W——水分含量，%；

　　　G——干样重（指烘干样）；

　　　G_1——湿样重。

为提高测定结果的准确性，一般至少测定两组平行样，取其平均值，并精确到小数点后两位。

需要注意的是：

① 所用试样一般放置已久，表面水分大多已经风干，因此所测水分 W 多为吸附水含量。

② 为了准确测定试样含水量，需要及时采样和及时测定。对于大块物料一般只能就地测定，即先测湿重，然后测风干重（风干时间一般为几昼夜），最后测烘干重。

③ 若待测试样粒度大，试样量大，可先在采样点对矿样的外在水分进行测定，待风干后，经破碎、缩分，选取适量有代表性的矿样再对吸附水进行测定。

3.3.3　矿石可磨度的测定

磨矿工段在整个选厂中的投入，无论是在投资还是在经营方面，都占有很大比重，而磨矿细度对于后续生产作业又起到十分关键的作用。可磨度是衡量矿石在常规磨矿条件下抵抗外力作用被磨碎能力的特定指标，它主要用来计算不同规格磨矿机磨碎不同矿石时的处理能力。因此，矿石可磨度在选矿厂的设计中是一个很重要的原始数据，它反映了矿石的解理度、硬度、弹性、韧性和塑性等一系列综合效应。由于实验计算方法不同，选矿厂磨矿机的计算方法和矿石可磨度的评价，世界各国也不尽相同。

按照矿石可磨度度量标准的不同，其测定方法较多，但总的来说可以分为两大类：

第一类是用单位容积磨机的生产能力表示可磨度，一般是指单位时间的产量，但也有的是指磨矿机每转一转的产量；而生产量有的是指在指定给矿和产品粒度下处理的矿石量，有的是指新生 -200 目的产品量，有的则是指新生成表面积（即新生的总表面积＝比表面积×吨数）。

第二类是用单位矿石耗电量度量的可磨度，即在指定的给矿和产品粒度下，每磨 1t 矿石的耗电量（kW·h/t），或新生每吨 -200 目物料的耗电量 [kW·h/t（-200 目）]，或每吨矿石每新生 1000cm²/cm³ 比表面的耗电量 [kW·h/t(-1000² cm²/cm³)]。

不论是采用第一类或第二类表示方法，都可分为绝对法和相对法，绝对可磨度——功指数法，测出的是单位容积生产能力或单位耗电量的绝对值；相对可磨度——容积法或新生计算级别法，测出的是待磨矿石和标准矿石的单位容积产生能力或单位耗电量的比值。由于实验室磨矿机与工业磨矿机磨矿条件相差甚远，绝对值很难直接测定，因而目前都是测定相对可磨度。

按照磨矿试验方法的不同，可磨度的测定方法可分为开路磨矿测定法和闭路磨矿测定法两类。

3.3.3.1 单位容积生产能力法

① 开路磨矿测定法取 -3（-2）$+0.15mm$ 的矿样 $500g$/份或 $1000g$/份，并在相同磨矿条件下进行不同时间的磨矿，所得磨矿产品用 $75\mu m$ 标准筛或套筛进行筛析。根据试验结果绘制出磨矿时间与筛上产品（或筛下产品）累积产率的关系曲线，从而可依据关系曲线确定矿石磨至要求细度所需的磨矿时间。

绝对可磨度，即磨矿机单位容积生产能力，按给矿量的计算式：

$$q = \frac{60G}{VT} \tag{3-7}$$

式中　q——在指定给矿或产品粒度下的单位容积生产能力（按给矿量计算），$kg/(L \cdot h)$；

　　　G——试验原始质量，kg；

　　　V——试验用磨矿机容积，L；

　　　T——矿石磨至指定细度所需磨矿时间，min。

若按新生成 $-75\mu m$ 产品计算，则：

$$q^{-75} = \frac{60G\gamma^{-75}}{100VT} \tag{3-8}$$

式中　q^{-75}——按新生成 $-75\mu m$ 产品部分计算的单位容积生产能力，$kg/(L \cdot h)$；

　　　γ^{-75}——新生成 $-75\mu m$ 含量，%。

对相对可磨度的测定，1932 年哈格乐夫推荐用于测定煤的可磨度试验。采用标准的给矿粒度范围和给料量来确定所产生的试验粒度的物料量和输入能量，测定结果用哈格乐夫可磨性指数 HGI 表示。按照规定的程序，HGI 可近似地按下式计算：

$$HGI = 13 + 6.93W \tag{3-9}$$

式中　W—— $-70\mu m$ 产品的质量，g。

此种测定方法的优点是比较简单，并且可以根据试验用的磨机形式，按照比例放大。

1934 年马克逊等提出用特定的试验筛孔与球磨机、管磨机和砾磨机在类似的条件下，测定矿石的相对可磨度。通过对几种矿石（作业数据如给矿、产品的筛析结果、功耗和磨机能力已知）的可磨度试验，作为标准，对任意的未知矿石做试验，计算未知矿石的磨矿特性，此法适用于闭路湿式磨矿。

1961 年邦德用经验公式把试验结果变为功指数：

$$B = \frac{44.5}{S^{0.23}g^{0.82}(10/P^{0.5} - 10/F^{0.5})} \tag{3-10}$$

式中　B——邦德球磨功指数，$kW \cdot h$/短吨（1 短吨=$0.907t$）；

　　　S——试验筛孔尺寸；

　　　g——球磨机每一转新产生的试验筛孔以下粒级的物料的质量；

　　　P——产品中 80% 物料通过的粒度尺寸；

　　　F——给矿中 80% 物料通过的粒度尺寸。

邦德可磨度试验是测定当采用标准的给矿粒度范围和标准体积的给料产生出比规定粒度细的物料量所需要的能量，用邦德功指数表示，即将 1 短吨物料从理论上无限大的粒度破碎到 80% 通过 $10\mu m$ 筛时，所需能量的参数（用 $kW \cdot h/$短吨表示）。

1966 年，贝勒和布鲁斯在邦德功指数经验公式的基础上，提出确定矿石可磨度的比较法。将功指数已知的标准矿石和未知矿石进行比较，就可以用邦德公式计算未知矿石的功指数，此法适用范围较窄。

1975 年纳拉耶内等提出一种采用超声波技术测定矿石浸蚀速率，从而确定邦德功指数的方法。通过对十种工业矿石的标准邦德可磨度试验和测定浸蚀速率（mg/min），建立了功指数与浸蚀速率的关系，以简化试验程序，当邦德试验采用 100 目筛孔时得到下式：

$$W_i = \frac{K}{E^x} \tag{3-11}$$

式中　W_i——邦德功指数；

　K 和 x——常数；

　　　E——浸蚀速率常数。

当 $E < 0.77$ 时，K 和 x 分别为 9.0 和 0.44；当 $E > 0.77$ 时，K 和 x 分别为 13.3 和 1.96。

1976 年，霍斯特和巴萨里尔提出的比较法认为：并不要求两种矿石的给矿粒度分布必须接近。应用一段粉碎速率方程，粒度为 i 的物料在磨矿过程中的消失速率与磨机中存在的物料量成正比，即：

$$\frac{\mathrm{d}C_i}{\mathrm{d}t} = -K_i C_i \tag{3-12}$$

式中　C_i——i 粒级的物料瞬时质量分数；

　K_i——粉碎系数；

　　t——时间。

首先由试验结果用最小二乘法计算粉碎系数，在相同的条件下根据计算出的粉碎系数、标准矿石的给矿粒度分布和磨矿时间，计算出未知矿石的产品粒度分布；然后由给矿和产品粒度分布曲线，可求出未知矿石的功指数。

此法简化了测量具体矿石的邦德功指数和标准程序，对于生产设备中经常遇到的给矿粒度变化、可磨度变化的情况，也能有效地对设备性能和作业情况作出评价。

目前相对可磨度的测定一般参照标准矿石来进行，即在相同条件下，将标准矿石磨至同一细度的时间为绝对可磨度，则相对可磨度定义为：

$$K = \frac{q}{q_0} \text{或} \frac{q^{-75}}{q_0^{-75}} \tag{3-13}$$

由于待测矿石与标准矿石的 G、V、γ^{-75} 均相同，因此无论按给矿还是新生成 $-75\mu m$ 产品（一般此法用得多）得出的生产能力，相对可磨度均可进一步推算为：

$$K = \frac{T_0}{T} \tag{3-14}$$

因此，试验目的即求出 T_0、T。

相对可磨度测定曲线见图 3-12。

② 闭路磨矿测定将一定数量粒度为 $-3mm$ 的原矿筛分，筛除指定粒级的合格产品后，不合格产品进入磨矿机进行不同时间的磨矿，同时对筛除部分用原矿进行补充，确保每次进入磨机中的矿石总量保持不变。按照规定时间磨完后，再次对磨矿产品进行筛分，并重复上述步骤。随着闭路次数的不断增加，产品中合格产量逐渐增加，但增幅较缓。经过约 10 次闭路试验后，过程基本稳定。用最后两次的试验数据计算循环负荷及可磨度指标。

循环负荷 C 的计算：

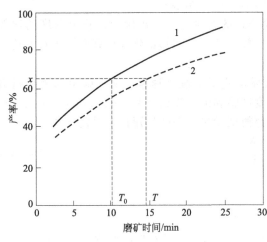

图 3-12　相对可磨度测定曲线

$$C=\frac{100-\gamma}{\gamma}\times100\%　　(3-15)$$

式中　γ——最后两次磨矿产品中合格产品的平均产率，%。

磨矿机单位生产能力［kg/(L·h)］的计算：

$$q=\frac{60G\gamma}{100VT}　　(3-16)$$

式中字母含义同上。

相对可磨度 K 的计算：

$$K=\frac{q}{q_0}=\frac{\gamma T_0}{\gamma_0 T}=\frac{\gamma}{\gamma_0}　　(3-17)$$

式中　q,q_0——待测矿石、标准矿石的绝对可磨度，即单位容积生产能力，kg/(L·h)；

γ,γ_0——待测矿石、标准矿石经闭路磨矿 T （$T=T_0$）时间后，最后两次磨矿产品中合格产品的平均产率，%。

磨矿时间的不同会影响磨矿产品中合格粒级的量，可根据实际生产资料，确定适宜的返砂量，然后根据返砂量确定磨矿时间，并计算该磨矿时间下对应的可磨度。

3.3.3.2　单位耗电量法

单位耗电量法也称单位功率法，即在指定给矿或产品粒度条件下处理 1t 原矿石的耗电量（若按新生成 $-75\mu m$ 产品量或表面积计算单位耗电量，情况也一样）。再根据设计磨矿机的处理量即可得到所需磨机的总功率。

可磨度的计算以破碎第三定律为基础，方程表达式为：

$$W=\omega\left(\frac{10}{\sqrt{P}}-\frac{10}{\sqrt{F}}\right)　　(3-18)$$

式中　W——单位耗电量，kW·h/t；

ω——功指数（绝对可磨度），单位同 W；

P——产品粒度，μm；

F——给矿粒度，μm。

相对可磨度指标准矿石与待测矿石功指数的比值，相关等式表示为：

$$K=\frac{\omega_0}{\omega}=\frac{W_0}{W}\frac{\dfrac{10}{\sqrt{P}}-\dfrac{10}{\sqrt{F}}}{\dfrac{10}{\sqrt{P_0}}-\dfrac{10}{\sqrt{F_0}}}　　(3-19)$$

式中字母含义同前，其中，带足标"0"的均指标准矿石，不带足标的指待测矿石。此式侧重于对两种矿石可磨度的比较，其实质是假定两种相同重量的矿样，在给矿粒度、磨矿时间、矿浆浓度、磨机装球量、磨机转速均相同的条件下，在同一磨机中进行磨矿时，其输入功率（或功）是相同的，其操作步骤如下：

① 将一定数量的标准矿石与待测矿石磨至 $-1.70mm$。

② 对上述矿石进行缩分，标准矿石缩分出 2 个 2000g 矿样，待测矿石缩分出 6 个 2000g 样。

③ 从标准矿石和待测矿石中各取 2000g 矿样作为给矿筛析样，每个矿样重复做 3 次筛析，从 1.70～75μm，每个有代表性筛析样约重 250g。

④ 3 次所得筛析结果求取平均值、列表，并用双对数坐标绘制粒度与筛下产物百分数的关系曲线。

⑤ 若要计算相应磨矿粒度（−75μm 含量占 60%、70%、80% 等）下的功指数，则逐渐增加待测矿样的磨矿时间，直至所得筛析结果符合磨矿粒度要求，记下该磨矿时间，并将标准矿石在相同磨矿条件和磨矿时间下进行磨矿。

⑥ 将磨细矿样烘干，缩分出 3 份矿样（每份约 250g），并进行筛分细度达到 −75μm 的筛析试验。若矿石粒度较细，可采用微粒分级法，利用超微粒空气分级器还可对 −75mm 占 80% 以上的点进行补充绘制。

⑦ 将上述筛析结果取平均值后、列表、绘图（采用双对数坐标）。

⑧ 从图中找出给矿或产品中小于该粒度的粒级占 80% 的点，即分别对应给矿的 "F" 和产品的 "P" 点，将有关数据代入邦德第三定律公式中即可推算出功指数。求出功指数后，可进一步算出功率，根据相应数据选择合适的磨机规格。

上述测定可磨度方法的试验装置简单，只需一套标准筛、一台筛分设备、一台分批操作式试验用磨矿机，但要求待测矿石与标准矿石的磨矿特性大致相似，因此此法对了解同一矿山不同时期的矿石可磨度或比较类似矿石的可磨性具有重要意义。

目前国内外测定矿石可磨度仍采用邦德功指数法，但该法耗费时间，也没有考虑矿石的具体条件对可磨度的影响，因此许多学者也对其进行了改进。相关研究可概括为：

（1）简测法　包括贝-布法（Berry-Brule）、霍-伯法（Horst-Bassarear）和阿纳康达法（Anaconela）。其中阿纳康达法是在理想条件下，任意试验定型分批磨矿，磨机的操作功指数 W_{IO} 与标准程序下测定的邦德功指数 W_I 成比例，即：

$$W_I = \alpha \, W_{IO} \tag{3-20}$$

操作功指数：

$$W_{IO} = \bar{E}\left(\frac{10}{\sqrt{P}} - \frac{10}{\sqrt{F}}\right) \tag{3-21}$$

式中，W_{IO} 单位为 $kW \cdot h/t$；$\bar{E}$ 为分批磨矿的净单位耗电量。令 $A = \dfrac{\alpha \bar{E}}{10}$，则功指数 W_I 可进一步表示为：

$$W_I = A \Big/ \left(\frac{1}{\sqrt{P}} - \frac{1}{\sqrt{F}}\right) \tag{3-22}$$

A 为试验磨机的功率常数，利用某一指定磨机在特定条件下进行磨矿试验，同时测定出磨矿输入功，通过上述等式换算即可得到该磨机的功率常数 A。在上述基础上，利用该方法对任意矿石进行磨矿试验时，确定磨矿条件不变，即可求出该物料的 P、F、W_I 值。

（2）替代法　包括哈格乐夫法和超声波法。哈格乐夫法主要用于测定煤的可磨度，通过采用标准的给矿粒度范围和给料量来确定试验粒度的物料量和输入能量，缺点是所测可模性指数可能偏高，矿样在破碎过程中因分级的可能会使试样松散度失去代表性；超声波法是利用超声波技术测定矿石侵蚀率，通过测定十种工业矿石的侵蚀速率和标准邦德可磨度试验来建立功指数和侵蚀率的关系，从而对后续试验程序进行简化。

（3）模拟计算法　包括卡雷（Karra）法、卡普尔（Kapur）法和总体平衡动力学法。总体平衡动力学依据邦德球磨可磨度试验系统的特点和分批磨矿的一阶动力学方程，建立相应的分批磨矿模型，再通过计算机的模拟计算出邦德功指数。

可磨度测定时的几点注意：

① 对矿石进行相对可磨度测定时，通常应选取矿石性质稳定、操作正常、生产数据真实、稳定、可靠，而且矿石性质与待测矿石性质较接近的矿石作为标准样。专业试验研究单位应常储备有足量的同样标准的矿样，不要时常更换。

② 相对可磨度的测定与磨矿细度相关，因此矿石磨矿细度的确定必须参照设计要求，但若磨矿细度未能确定，则必须按几个可能的粒度分别进行可磨度的计算，并绘制相关关系曲线供有关技术人员参考。

③ 实验室磨矿无论采用湿磨还是干磨，应与工业生产保持一致。返砂量大小也应与生产实际相符。

④ 实验室可磨度测定结果不能用作自磨机的设计原始数据。

3.3.4 矿石密度和堆密度的测定

单位体积物料的质量叫做密度，一般用 ρ 表示，其单位按照国际单位制为 kg/m^3 或 g/cm^3；物料密度与参比物质密度之比为相对密度，用 d 表示，若参比物质是水，在工程上习惯将它称为比重，用 δ 表示。为了确定固体物料的比重，通常是用 4℃ 纯水作参比物质，4℃ 纯水的密度为 $1g/cm^3$，因而若采用厘米·克·秒制，比重和密度的数值相等，但量纲不同。

3.3.4.1 固体块状物料密度的测定

大块固体物料的密度可以通过称量法测定。其测量原理为：先将固体物料在空气中称重，再浸入水中称量，然后算出相对密度。称量可在精度为 $0.01\sim0.02g$ 的普通天平上进行，也可在专测密度用的密度天平上进行。

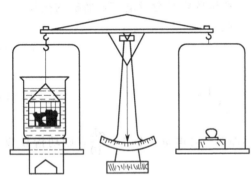

图 3-13　普通天平

① 普通天平法　为了测定大块不规则形状的物体的密度，首先要测物体的干重，然后用细金属丝做一个圈套，将物体挂在灵敏的工业天平或分析天平横梁的一端，再将一盛水的容器放在一个桥形的小台上，小台应不会碰到秤盘，并使物体完全浸入水中而不致碰到容器。由于金属丝很难将物块套稳，因而最好用金属丝做一个小笼子，将待测物块放在笼内，如图3-13所示，笼子用一根尽可能细的金属丝做成的钩子挂在天平梁上，首先测笼子在水中的质量，然后测笼子同物体在水中的质量。这里没有考虑连接物体和天平梁的那根金属丝，由于金属丝很细，浸入水中部分的长度变化引起浮力发生的变化很小，误差也很小，故可忽略。

测量步骤如下：

a. 称量金属丝笼子在空气中的质量 G_1；

b. 将笼子浸入水中，称量笼子在水中的质量 G_2；

c. 称量物料和金属丝一起在空气中的质量 G_3；

d. 将笼子和物料一起浸入水中，称量其质量 G_4。

设固体矿块的密度为 δ，介质的密度为 Δ，则固体矿块的密度为：

$$\delta = \frac{G_3 - G_1}{(G_3 - G_1) - (G_4 - G_2)}\Delta \tag{3-23}$$

式中　δ——固体矿块的密度，g/cm^3；

Δ——介质密度，g/cm^3。

由于矿块结构不均匀，为减小测定误差，应重复进行多次，取其平均值作为最终数据。

② 密度天平法　密度天平法和普通天平法原理相似，可以直接读出固体矿块密度数值。国产的矿石密度计（WMGI-62 型，北京地质仪器厂制造）的测量范围为 $1\sim7.5g/cm^3$。其测量步骤如下：

a. 用细线将样品挂在左臂的挂钩上；

b. 在右边的秤盘内加砝码和片码，直到指针刚好指在刻度盘中央为止；

c. 把样品浸入盛水的容器中，使其全部浸入水中，但又不得碰到容器的底和壁，此时指针偏转角度的读数即所测得的密度值。

3.3.4.2　粉状物料密度的测定

粉状物料密度的测定，可根据试验精确度和试样质量选用量筒法、比重瓶法和显微比重法。量筒法测定物料密度具有方法简单、省时省力的特点，但测量误差较大；比重瓶法精确度较高，选矿试验中常用此方法；显微比重法简单，测量样品量较少，取样的代表性对测量结果的影响非常大。

① 量筒法　量筒法测量粉状物料的步骤如下：

a. 调节好的天平测出矿石的质量 m；

b. 向量筒中倒进适量的水，测出水的体积 V_1；

c. 根据密度的公式，求出矿石的密度 δ；

d. 将矿石浸没在量筒内的水中，测出矿石和水的总体积 V_2。

则粉状物料的密度为：

$$\delta = \frac{m}{V} = \frac{m}{V_1 - V_2} \tag{3-24}$$

式中　δ——粉状物料的密度，g/cm^3。

② 比重瓶法　比重瓶法包括煮沸法、抽真空法和抽真空与煮沸法相结合的方法，三者的差别仅仅是除去气泡的方法不同，其他操作程序均一样。

主要仪器设备包括烧杯、滴管、温度计、漏斗、烘箱、干燥箱、分析天平、比重瓶、真空抽气装置、水浴锅等。

试验步骤：

a. 称取烘干试样 15g，用漏斗倾倒入洗净的比重瓶内；

b. 向比重瓶中注入蒸馏水，确保试样粉末全部浸没在蒸馏水中，摇动比重瓶使试样充分分散，将瓶和用于试验的蒸馏水同时置于真空抽气缸中进形抽气，抽气时间不得低于 1h，关闭电动机，由三通阀放入空气；

c. 将经抽气的蒸馏水注入比重瓶至近满，放比重瓶于恒温水槽内，待比重瓶内浸液温度稳定，通过温度计读出水的温度；

d. 将比重瓶的瓶塞塞好，使多余的水自瓶塞毛细管中溢出，擦干瓶外的水分后，称量瓶、水和试样总重 G_2；

e. 将样品倒出，洗净比重瓶，注入经抽气后的蒸馏水至比重瓶近满，塞好瓶塞，擦干瓶外水分，称量瓶、水总重 G_1；

f. 记录测定结果，按式(3-25)计算粉状物料密度。

$$\delta = \frac{G\Delta}{G_1 + G - G_2} \tag{3-25}$$

式中　δ——粉状物料的密度，g/cm^3；

　　　G——粉状物料干重，g；

Δ——水（介质）的密度，g/cm^3；

G_1——瓶、水总重，g；

G_2——瓶、水、试样总重，g。

采用比重瓶测定粉状物料需要注意的事项：

ⅰ．比重瓶法测定粉状物料密度需平行做两次或两次以上，求其算术平均值，平行差值不得大于 0.02；

ⅱ．比重瓶要清洁、干燥，测定时瓶内不能有气泡产生；

ⅲ．调节温度时不要低于天平室内的温度，否则样品向外溢；

ⅳ．若水温为 4℃，而不是 20℃时，测得值要乘一个校正系数 0.99823（密度），其他温度下水的密度可查表 3-11。

表 3-11　不同温度下水的密度

t/℃	密度/(g/cm³)	t/℃	密度/(g/cm³)	t/℃	密度/(g/cm³)	t/℃	密度/(g/cm³)
0	0.999868	9	0.999809	18	0.998623	27	0.996542
1	0.999927	10	0.999728	19	0.998433	28	0.996262
2	0.999968	11	0.999623	20	0.998232	29	0.995973
3	0.999992	12	0.999525	21	0.998021	30	0.995676
4	1.000000	13	0.999404	22	0.997799	31	0.995369
5	0.999992	14	0.999271	23	0.997567	32	0.995054
6	0.999968	15	0.999126	24	0.997326	33	0.994731
7	0.999929	16	0.998970	25	0.997074	34	0.994399
8	0.999876	17	0.998802	26	0.996813	35	0.994059

③ 显微比重法　显微比重法适用于微量试样密度的测定。即用一特制显微比重管或选取内径均匀的化学移液管来制作量器，用带测微尺的显微镜代替肉眼观测试样的排液体积，即可求出矿物密度。介质一般采用酒精或二甲苯。精确度可达 ±0.02%。

3.3.4.3　堆密度的测定

堆密度（堆比重）是指松散物料在自然状态下堆积时单位体积的质量（包括孔隙），常用的单位是 t/m^3。需要说明的是，此处所计算的体积包括了松散物料（或矿块）间的空隙，因而也可将堆密度称为假比重。测定堆密度的主要目的是为设计矿仓等贮矿设施和运输设备提供依据。原矿、粗碎和中碎产品，因其粒度大，其堆密度一般应在现场测定；细碎和选矿产品的堆密度，因其粒度小，可在实验室进行测定。

具体测量方法如下：取经过校准的容器，其容积为 V，质量为 G_0，盛满矿样并刮平，然后称量为 G_1。其堆密度和空隙度分别计算如下：

$$\delta_d = \frac{\gamma_d}{\gamma_w} = \frac{G_1 - G_0}{\gamma_w V} = \frac{G_1 - G_0}{V} \tag{3-26}$$

$$e = \frac{\gamma_s - \gamma_d}{\gamma_s} = \frac{\delta_s - \delta_d}{\delta_s} \tag{3-27}$$

式中　G_0，G_1——容器装矿前和装矿后的质量，kg；

　　　　V——容器的容积，L；

　　　　γ_d，δ_d——矿样的堆重度（kg/L）和堆密度；

　　　　γ_s，δ_s——矿样的重度（kg/L）和密度；

　　　　γ_w——水的重度（kg/L），$\gamma_w = 1$；

　　　　e——空隙度，空隙体积占容器总容积的分数，以小数计。

测定过程中应注意：

① 测定容器不应过小，否则准确性较差。若矿块过大，容器的边长最小也要比最大矿块尺寸大 5 倍以上。

② 为减小误差，应重复测定多次，取其平均值为最终数据。

③ 若要求测定压实状态下的碎散物料堆密度，则在物料装入容器后可利用振动的方法使其自然压实，然后再进行测定。

3.3.5 摩擦角和堆积角的测定

摩擦角和堆积角测定的主要目的是为设计原矿仓和中间矿仓提供原始数据。

3.3.5.1 摩擦角的测定原理

摩擦角的测定可以在摩擦角测定仪上进行。摩擦角测定仪的构造是将平板一端铰链固定，而另一端则可借助细绳牵引自由升降，见图 3-14。

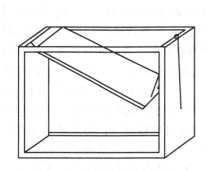

图 3-14 摩擦角测定仪

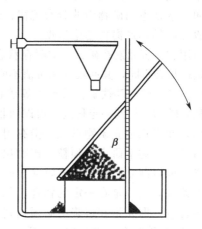

图 3-15 朗氏法测定堆积角的装置

摩擦角的测量步骤如下：

① 在水平台上摆好摩擦角测定仪，将平板水平放置。

② 将被测物料置于平板中心部分。

③ 将牵引绳缓缓放松，使平板缓慢下降，直至物料开始滑动时为止（物料不得出现翻滚状态），将平板位置固定。

④ 用测量工具测定此时的倾角，即为摩擦角。

⑤ 重复以上步骤 3～5 次，取其平均值作为最终的测定值。

应当指出，摩擦角测定仪的倾斜平板可以采用木板、钢板或其他材质的板，形状以长方形最佳，其宽度不应小于被测物料最大粒度的 5～10 倍，板的长宽比为 2∶1 或 3∶1，由于倾斜平板的材质不同，因而测得的摩擦角也不同，故在选择倾斜平板的材质时，应力求接近生产实际。

3.3.5.2 堆积角的测定原理

物料（矿石）自然堆积时料堆的坡度（即料堆与地面夹角）称堆积角，又称安息角。在静止状态时的堆积角称为静态（自然）堆积角，在运动状态时（如运动中皮带运输机上的矿石）的堆积角称为动堆积角。一般动堆积角的大小为静态堆积角大小的 70%。

堆积角的测定有自然堆积法和朗氏法。自然堆积法较简单，可在比较平坦的地面或地板上进行测定，将欲测物料通过漏斗落到地面或地板上自然堆积成锥体，直至试验物料沿料堆的各边都同等的下滑为止。然后将一长木板放在锥体的斜面上，再将倾斜仪置于木板上，此时测出的角度即为被测试样的堆积角（安息角）。朗氏法测定堆积角的装置如图 3-15 所示，将待测定的物料由漏斗落至圆台上，形成料堆，直至物料从圆台周围滑下为止。转动一根活动的直尺，即可测出堆积角。

3.4　元素的赋存状态与可选性的关系

人类对矿石的利用，除极少数单体矿物之外，多数是从矿石中获取某种有用元素，直接将矿物进行利用的情况较少。另外，元素在矿石中多数都不是以单质的形式存在。最主要的存在方式是几种元素结合成某种矿物，或者以"共生"的方式存在于某种矿物之中。因而，为了使有用元素利用充分，就必须掌握有用元素在矿石中的存在形式。所以查清有用元素在矿石中的存在形式和分布规律，对后续的选矿作业至关重要，这也是工艺矿物学必须要回答的基本问题之一。元素赋存状态研究的主要内容包括：①查明有用、有害元素的存在形式；②查明元素在不同矿物中的分布规律；③根据元素的赋存状态，为目的矿物和有价元素富集和回收方法的选择提供理论依据。

有用和有害元素在矿石中的赋存状态主要有三种形式：独立矿物、类质同象、吸附形式。元素赋存状态不同，其回收利用价值不同。例如，铁在铁矿石中的赋存状态可能包括磁铁矿、褐铁矿、赤铁矿、菱铁矿、黄铁矿等矿物形式，也可能包括以类质同象存在的硅酸铁和碳酸铁，独立矿物富集到一定程度后可以回收利用，类质同象存在的含铁矿物目前尚无法利用。

（1）元素以独立矿物形式　指有用和有害元素组成独立矿物存在于矿石中，能够用肉眼或仪器进行矿物学研究的颗粒，矿物颗粒粒径一般大于 0.001mm，是元素的集中赋存状态，即元素组成独立矿物的形式赋存于矿石中。若矿物以独立矿物的形式存在，一般应具备两个基本条件，其一是在一定的物理、化学条件下，具有相对的稳定性；其二是必须具备一定的元素含量，即元素在熔浆中必须达到足以形成独立矿物的浓度。包括以下三种情况：

① 呈单质矿物形式存在　单质矿物是指同种元素自相结合所成的自然元素矿物。如自然金、自然铜、自然银、自然铋、硫黄等。

② 呈化合物形式存在矿石中　自然界的地质条件较为复杂、呈完好晶形以单体产出的矿物较少，绝大多数矿物都是以多个单质矿物聚合在一起产出。这是金属元素赋存的主要形式，也是选矿的主要对象，如铁和氧组成磁铁矿和赤铁矿；铅和硫组成方铅矿；铜、铁、硫组成黄铜矿等。

③ 呈胶状沉积的细分散状态存在于矿石中　胶体是一种高度细分散的物质，带有相同的电荷，所以能以悬浮状态存在于胶体溶液中。由于自然界的胶体溶液中总是存有多重胶体物质，因此当胶体溶液产生沉淀时，在一种主要胶体物质中，总伴随有其他胶体物质，某些有益和有害组分也随之混入，形成像褐铁矿、硬锰矿等胶体矿物。一部分铁、锰、磷等矿石就是由胶体沉淀而富集的。由于胶体带有电荷，沉淀时往往伴有吸附现象。这种状态存在的有用成分，一般不易选别回收；以这种状态混进的有害成分，一般也不易以机械的方式去除。

（2）元素以微细粒包裹体形式　存在微细粒包裹体是指某种独立矿物粒度微细，包含于其他矿物之中，经磨矿不易达到解离的矿物颗粒，如闪锌矿中常含乳滴状黄铜矿包裹体，磁铁矿中包含锌铁尖晶石、锡石等微细粒包裹体。微细粒包裹体本身也是一种独立矿物，只是粒度微细，一般小于 $10\mu m$，不能在磨矿过程中获得解离，将随客体矿物进入选矿流程中。如包含于磁铁矿中的锌铁尖晶石和锡石包裹体在弱磁选工艺过程将随磁铁矿进入铁精矿中；包含于方铅矿的银矿物（如螺状硫银矿、硫银铋矿等）微细包裹体在浮选过程中随方铅矿进入铅精矿，方铅矿中的银矿物包裹体为有用杂质，可在铅冶炼过程中加以回收。

（3）类质同象形式　物质结晶时，结构中某种质点（原子、离子、络阴离子或分子）的位置被性质相似的质点所占据，随着这些质点间相对量的改变只引起晶格参数及物理、化学性质的规律变化，但不引起晶格类型（键性及结构形式）发生质变的现象，叫做类质同象，质点间的类质同象关系习惯上称为"代替"或"置换"。混合晶体中，代替某一元素的另外一些元素称为类质同象混入物，有类质同象混入物的晶体称为混合晶体，简称"混晶"。从不同的角度出发，根据不同的分类标准可将类质同象划分为不同的类型。通常包括两种：

① 根据组分能否在晶格中以任意地互相代替，将类质同象分为完全类质同象和不完全类质同象（或连续与不连续类质同象）。

a. 当组分之间可以任意量相互代替组成混晶时，从而形成连续的类质同象系列，称为完全类质同象。如菱镁铁矿，矿物的结构形式相同，只是晶格常数略有变化。

$$菱镁矿 \longrightarrow 含铁菱镁矿 \longrightarrow 含镁菱铁矿 \longrightarrow 菱铁矿$$
$$MgCO_3 \longrightarrow (Mg,Fe)CO_3 \longrightarrow (Fe,Mg)CO_3 \longrightarrow FeCO_3$$

又如斜长石，是由钠长石（$NaAlSi_3O_8$）和钙长石（$CaAl_2Si_2O_3$）两种组分以任何比例混溶而成的，如表 3-12 所示。

表 3-12　斜长石的类质同象

名称	$NaAlSi_3O_8$含量/%	$CaAl_2Si_2O_3$含量/%
钠长石	90~100	10~0
更长石	70~90	30~10
中长石	50~70	50~30
拉长石	30~50	70~50
培长石	10~30	90~70
钙长石	0~10	100~90

在矿物学中，将完全类质同象系列的两端、基本上由一种组分（称端员组分）组成的矿物，称为端员矿物。如钨铁矿 $Fe(WO_4)$ 和钨锰矿 $Mn(WO_4)$ 等。

b. 有限类质同象指两种组分不能以任何比例相互混溶，即两种组分之间的代替量有一定限度。例如闪锌矿（ZnS）中的 Zn^{2+} 可被 Fe^{2+} 替换，Fe^{2+} 代替 Zn^{2+} 的量一般为 Zn 原子数的 $26\%~30\%$，否则闪锌矿固有的晶格类型就不能得以保持。

② 根据晶格中相互代替的离子电价是否相等，类质同象可分为等价类质同象和异价类质同象。

a. 等价类质同象是指晶格中相互代替的离子电价相同。如上述的 Mg^{2+} 与 Fe^{2+}，Fe^{2+} 与 Zn^{2+} 之间的代替。

b. 异价类质同象是指相互代替的两种离子电价不同。如斜长石中，Ca^{2+} 与 Na^+，Al^{3+} 与 Si^{4+}，它们彼此间的电价都是不相等的。但是在异价类质同象代替时，为了保持晶格中电价平衡，相互替代的离子总电荷必须保持相等。

实现电荷平衡的方式主要包括：

① 两对异价离子同时代替。如斜长石中，$Ca^{2+} \rightarrow Na^+$，$Al^{3+} \rightarrow Si^{4+}$；

② 电价较高的离子与数量较多的低价离子相互代替；

③ 较高价阳离子代替较低价阳离子时，过剩的正电荷为较高价的阴离子代替较低价的阴离子后而多余的负电荷所补偿。

某些稀有元素，尤其是分散元素，本身不形成独立矿物，只能以类质同象混入物的状态分散在其他矿物中，如闪锌矿中的镓、辉钼矿中的铼、黄铁矿中的钴等，由于这些元素含量通常极少，因而一般在化学式中不表现出来。这些稀散元素一般用冶金方法进行回收。

（4）吸附形式　矿石中的组成矿物在风化作用下，会释放一些元素，这些元素总是会以离子状态或化合物分子形式吸附在矿物颗粒表面、矿物晶面或解离面，为非独立化合物，由于电荷不平衡而呈现出吸附异性离子的性能。元素以离子状态或单独分子状态存在，又不参加寄生矿物的晶格构造，因此是一种结合力较弱，易于交换和分离的赋存状态。若有用元素以这种形式存在，则用一般的物相分析和肉眼鉴定方法查定是无能为力的，一般采用 X 射线衍射分析、差热分析或电子探针分析才能确定元素的存在状态。

例如我国某地一重稀土风化矿床，其中的重稀土元素以阳离子状态吸附于黏土矿物中。该矿床由白云母花岗岩经风化作用形成。其组成矿物在风化作用下，长石、云母等演变成以高岭土为主的黏土矿物。同时稀土元素矿物和含稀土元素的载体矿物，由于遭破坏将稀土元素释放出来。这些释放出来的稀土元素，即是呈阳离子状态被吸附于黏土矿物表面的。

(5) 与有机质结合的形式　生物和各种有机质除集中了亲生物元素，如碳、氢、氧、氮、硫、磷、钙等外，还吸收大量金属和非金属元素，构成其次要的或微量的元素组分。这些元素在有机质体系中的存在，无论对有机质的性质和它们的生物功能，以及对元素本身的迁移活动和富集分散都有极重要的影响。元素在凝固相中的赋存状态主要包括金属有机化合物、金属有机络合物或螯合物以及有机胶体吸附态离子等。当元素处于流体相迁移时，其活动形式有气体状态、溶解状态、熔融状态、各种胶体态、悬浮态等。例如 Pb 由于所处的地球化学环境不同，具有不同的赋存形式，主要包括独立矿物、类质同象、超显微非结构混入物、胶体吸附及有机质结合形式等。

元素的赋存状态不同，处理方法及其难易程度都不一样。矿石中的元素呈独立矿物存在时，一般用机械选矿方法回收。除此以外，按目前选矿技术水平都存在不同程度的困难。如铁元素呈磁铁矿独立矿物存在，采用磁选法易于回收；呈类质同象存在于硅酸铁中的铁，通常采用机械选矿的方法是无法回收的，只能用直接还原等冶金方法加以回收。

3.5　矿石的结构构造与可选性的关系

矿石的结构和构造是在一定的地质、物理化学条件下形成的，它能反映矿石的成因以及矿石中各组分的分布规律、矿物粒度、形态和嵌布特征等。它也是矿石破碎、磨矿和选矿工艺过程必须考虑的因素之一。矿石结构和构造的研究对评价矿石的工业价值和选择最有效而经济的矿物加工方法提供了重要依据。

3.5.1　矿石的结构

矿石结构指矿石中矿物颗粒的特点，即矿物颗粒的结晶程度、形状、大小及其空间相互结合的关系等所反映的形态特征；这些因素直接影响着选矿效果。矿石结构常用光片、薄片在显微镜下进行研究。

常见的矿石结构主要有他形结构、自形结构、包含结构、固溶体分解结构、交代结构、填隙结构、脉状结构和网状结构等。

(1) 自形结构　矿物颗粒在结晶充分的条件下，按其生长习性形成相对完整的晶体形态，矿物呈独立的颗粒嵌布在矿石中，这种矿物颗粒可以是等粒的或不等粒的，可成自形、半自形甚至他形晶。如图 3-16 所示。

(2) 他形结构　矿物颗粒在结晶条件较差条件下或受到外部条件干扰，不能按其结晶习性生长，呈不规则状或异常晶体形态出现。如图 3-17 所示。

(3) 包含结构　一种矿物全部被包含在另一种矿物之中。如图 3-18 所示。

(4) 固溶体分解结构　是指晶体化学性质相似的矿物在高温时均匀地混溶在一起，形成固溶体，当温度下降到分解点时，固溶体发生不混溶而分解，形成两种或两种以上矿物连晶；当温度下降较快时，分解成排列不规则的乳浊状分散物，称乳浊状结构，若温度缓慢下降，乳浊物沿主矿物解理等聚集成定向排列，可形成叶片状、格状等结构。如图 3-19 所示。

（5）交代结构　是指早期结晶出的矿物受残余热液的溶蚀，为后期结晶出的矿物所交代，其残余形成形状复杂而不规则的结构，如岛状、骸晶等。如图 3-20 所示。

图 3-16　自形粒状结构

[铬铁矿（白色）自熔体中结晶]

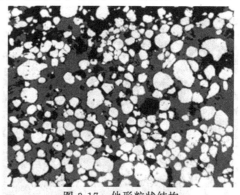

图 3-17　他形粒状结构

[黄铁矿（白色）颗粒呈他形粒状分布于透明矿物中]

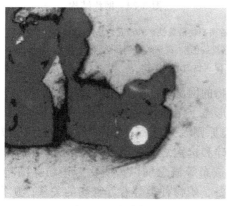

图 3-18　包含结构

[自然金被包裹于石英（黑灰色）
中，灰白色为辉锑矿]

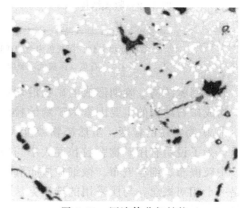

图 3-19　固溶体分解结构

[黄铜矿（黄色）呈乳滴状
分布于闪锌矿（灰色）]

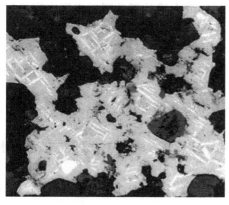

图 3-20　交代结构

（斑铜矿与黄铜矿被铜蓝和褐铁矿交代）

[黄铜矿（铜黄色）沿早期形成的石英颗
粒（深灰色）间隙充填交代]

图 3-21　填隙结构

（6）填隙结构　晚期形成的矿物沿早期形成矿物的粒间或晶体内部的裂隙充填，呈不规则状分布（有别于他形结构），如图 3-21 所示。

（7）脉状结构 晚期形成的矿物切穿矿物的裂隙充填，形成穿插矿物的细脉（与填隙结构有别），如图 3-22 所示。

图 3-22　脉状结构　　　　　　　　　　　　　　　图 3-23　网状结构

赤铁矿（灰色）柱状晶体，沿裂隙穿插铜蓝及透明矿物沿黄铁矿（浅黄色）网状
裂隙充填交代。深灰色为透明矿物黄铁矿（浅黄色）、黄铜矿（铜黄色）、
石英（深灰色）裂隙充填交代。深灰色为透明矿物

（8）网状结构 晚期形成的矿物沿切穿早期矿物的网脉分布。如图 3-23 所示。

构成矿石结构的主要因素为矿物的粒度、晶粒形态（结晶程度）和嵌镶方式等。

① 矿物颗粒的粒度 虽然矿物粒度大小的分类原则及划分标准不一致，但是在选矿工艺上，为了说明有用矿物颗粒粒度大小与破碎、磨碎和选别之间的重要关系，常采用粗粒嵌布、中粒嵌布、细粒嵌布、微细粒嵌布和极微细粒嵌布等概念加以说明，至于粗、细粒级，它是一个相对概念，与所采用的选矿方法、选矿设备、矿物种类等有着密切的关系。矿物嵌布粒度可分为：

a. 粗粒嵌布 矿物颗粒的尺寸为 20～2mm，可用肉眼看出或测定。这类矿石可用重介质选矿、跳汰选矿或干式磁选法进行分选。

b. 中粒嵌布 矿物颗粒的尺寸为 2～0.2mm，可在放大镜的帮助下用肉眼观察或测量。这类矿石可用摇床、磁选、电选、重介质选矿、表层浮选等方法进行分选。

c. 细粒嵌布 矿物颗粒尺寸为 0.2～0.02mm，需要在放大镜或显微镜下才能辨认，并且只有在显微镜下才能测定其尺寸。这类矿石可用摇床、溜槽、浮选、湿式磁选、电选等方法进行选别。若矿石性质复杂，需借助化学方法进行处理。

d. 微细粒嵌布 矿物颗粒尺寸为 20～2μm，只能在显微镜下观测。这类矿石可用浮选、湿法冶金等方法进行处理。

e. 次显微嵌布 矿物颗粒尺寸为 2～0.2μm，需采用特殊方法观测。这类矿石可用水冶方法处理。

f. 胶体分布 矿物颗粒尺寸在 0.2μm 以下，需采用特殊方法（如电子显微镜）观测。这类矿石一般可用水冶或火法冶金处理。

② 晶粒形态及嵌镶特性 矿物晶粒形态和嵌镶特性与选矿之间有着十分重要的关系，矿物颗粒结晶完整，将有利于破碎、磨矿和选别。反之，若矿物无完整晶形或晶面，对选矿极其不利。根据矿物颗粒结晶的完整程度可分为：a. 自形晶——晶粒的晶形完整；b. 半自形晶——晶粒的部分晶面残缺；c. 他形晶——晶粒的晶形全不完整。

矿石常见的结构类型包括：

a. 自形晶粒状结构　矿物结晶颗粒具有完好的结晶外形。一般是结晶生长力较强的矿物晶粒，如铬铁矿、磁铁矿、黄铁矿、毒砂等。

b. 半自形晶粒状结构　由两种或两种以上的矿物晶粒组成，其中一种晶粒是各种不同自形程度的结晶颗粒，后形成的颗粒往往是他形晶粒，并溶蚀先前形成的矿物颗粒。如较先形成的各种不同程度自形结晶的黄铁矿颗粒与后形成的他形结晶的方铅矿、方解石所构成的半自形晶粒状结构。

c. 他形晶粒状结构　由一种或数种呈他形结晶颗粒的矿物集合体组成。晶粒不具晶面，常位于自形晶粒的窄隙间，其外形决定于空隙形状。

d. 斑状结构和包含结构　斑状结构的特点是矿物在较细粒的基质中呈巨大的斑晶，这些斑晶具有一定程度的自形，而被溶蚀的现象不显著，如某多金属矿石中有黄铁矿斑晶在闪锌矿基质中构成斑状结构。包含结构是指矿石成分中有一部分巨大的晶粒，其中包含有大量细小晶体，这些细小晶体毫无规律。

e. 交代溶蚀及交代残余结构　先结晶的矿物被后生成的矿物溶蚀交代而形成交代溶蚀结构，若交代以后，在一种矿物的集合体中还残留有不规则状、破布状或岛屿状先生成的矿物颗粒，则为残余结构。

f. 乳浊状结构　指一种矿物的细小颗粒呈珠滴状分布在另一种矿物中。如某方铅矿滴状小点在闪锌矿中形成乳浊状。

g. 格状结构　在主矿物内，具有几个不同的结晶体方向同时又分布着另一种矿物的晶体，呈现格子状。

h. 结状结构　是一种较粗大的他形晶矿物颗粒被另一种较细粒的他形晶矿物集合体所包围的结构。

i. 交织结构和放射状结构　片状矿物或柱状矿物颗粒交错地嵌镶在一起，构成交织结构。若片状或柱状矿物成放射状嵌镶时，则称为放射状结构。

j. 海绵陨铁结构　是基性侵入岩的典型结构，早期的硅酸盐矿物，晶形比较完整，金属矿物（如磁铁矿、钛铁矿等）大多充填在硅酸盐矿物（较常见的为橄榄石、辉石等）晶粒间呈他形胶结状产出而形成的结构，又称陨石结构。

k. 柔皱结构　具有柔性和延展性矿物所特具的结构。特征是具有各种塑性变形而成的弯曲的柔皱花纹。如辉铜矿（可塑性矿物）受力后产生形变，也可形成柔皱状。

l. 压碎结构　为脆硬矿物所特有。例如黄铁矿、毒砂、锡石、铬铁矿等。在矿石中非常普遍，在受压的矿物中呈现裂缝和尖角的碎片。

矿物的各种结构类型对选矿工艺会产生不同的影响，如呈交代溶蚀状、残余状、结状等交代结构的矿石，选矿要彻底分离它们是比较困难的。而压碎状矿石一般对磨矿及单体解离有利。格状等固溶体分离结构，由于接触边界平滑，也比较容易分离，但对于呈细小乳滴状的矿物颗粒，要分离出来就非常困难。其他如粒状（自形晶、半自形晶、他形晶）、交织状、海绵陨铁状等结构，除矿物成分复杂、结晶颗粒细小以外，一般比较容易选别。

3.5.2　矿石的构造

矿石构造是指组成矿石的矿物集合体的特点，即矿物集合体的形态、相对大小及其空间相互关系等所反映出来的形态特征，也包括矿物颗粒与矿物集合体的结合关系所反映的形态特征。矿石构造除用显微镜观察外，可用肉眼对露头、岩心、标本和磨光面上进行研究。矿石的构造主要有块状构造、浸染状构造、斑点状构造、鲕状构造和条带状构造等。

① 块状构造是指有用矿物大致均匀地、无定向地紧密连生在一起，有用矿物含量在

80%以上；例如由磁铁矿和钛铁矿（含量＞80％）及少量硅酸盐矿物组成的矿石，矿物集合体致密无空洞，分布无方向性。如图3-24所示。

② 浸染状构造是指在脉石矿物基质中有30％以下矿物集合体，粒径一般小于0.5cm，有用矿物呈星散状分布在矿石中，按浸染状矿物的数量多少，可分为稀疏浸染、中等浸染、稠密浸染构造等；当矿物含量大于30％时称稠密浸染状构造。例如铬铁矿集合体（黑色）形态极不规则，颗粒粒径一般小于0.3cm，含量一般小于30％，呈星散状较均匀地分布于蛇纹石化的橄榄石中。如图3-25所示。

③ 斑点状构造是指矿物集合体呈近等粒状斑点，斑点大小较均匀，粒径多数可达0.5cm，分布较均匀且无方向性。若斑点形状不规则、大小不一、分布不均匀时，称斑杂状构造。如图3-26所示。

④ 条带状构造是指不同成分或成分相同而颜色不同、或结构不同的矿物集合体在一个方向，彼此相间分布构成条带。如磁铁矿的条带状构造见图3-27。

⑤ 角砾状构造是指一种或多种矿物集合体构成角砾，被一种或多种矿物集合体胶结。如图3-28所示。

⑥ 鲕状构造是指以某种碎屑为核心，物质绕这个核心不断凝聚而形成浑圆的外形。如图3-29所示。

⑦ 脉状及网状构造是指一种矿物集合体的裂隙内，有另一种矿物集合体穿插成脉状或网状。如图3-30或图3-31所示。

图 3-24　块状构造

（磁铁矿和钛铁矿与硅酸盐矿物组成）

图 3-25　浸染状构造

（铬铁矿呈星散状分布于橄榄石中）

图 3-26　斑点状构造

（辉钼矿呈斑点状分布）

图 3-27　条带状构造

（铬铁矿呈星散状分布于橄榄石中）

图 3-28　角砾状构造
（围岩的破碎角砾被方解石和石英胶结）

图 3-29　鲕状构造
（具有鲕状构造的赤铁矿）

图 3-30　脉状构造

图 3-31　网状构造

3.5.3　矿石结构、构造与可选性的关系

元素赋存状态对资源的开发利用具有十分重要的指导意义，而矿石的结构、矿物的嵌布粒度特性同样与矿石的可选性息息相关，其中有用矿物颗粒形状、大小和相互结合的关系直接决定着破碎、磨矿时有用矿物单体解离的难易程度以及连生体的特性。为了查明不同矿物嵌布粒度特性与矿石可选性之间的关系，在进行选矿试验前一般须查明矿物的嵌布粒度特性，生产实践中将矿石的嵌布粒度特性分为四种类型。

① 有用矿物颗粒具有大致相近的粒度，称为等粒嵌布矿石，这类矿石最简单，选别前可将矿石一直磨细到有用矿物颗粒基本完全解离为止，然后进行选别，其选别方法和难易程度则主要取决于矿物颗粒粒度的大小。

② 粗粒占优势的矿石，矿物主要以粗粒嵌布为主，其余嵌布为辅，一般可采用阶段破碎磨碎、阶段选别流程。

③ 细粒占优势的矿石，矿物以细粒嵌布为主，选择何种富集方法，一般须通过技术经济对比之后，才能决定是否需要特殊的选矿方法进行分选，如阶段破碎磨碎、阶段选别等流程。

④ 矿物颗粒均匀分布在各个粒级中，即所谓极不等粒嵌布矿石，这种矿石较难分选，通常需采用多段破碎、多段磨碎以及多段选别的工艺流程。

由此可见，矿石中有用矿物颗粒的粒度和粒度分布特性，决定着选矿方法和选矿工艺流程的选择，以及可能达到的选别指标，因而，在矿石可选性研究工作中矿石嵌布特性的研究通常具有十分重要的意义。

还须注意的是，选矿工艺上常用的矿石"嵌布特性"一词的含义，除了指矿石中矿物颗粒的粒度特性以外，有时还包括一些有用的矿物颗粒在矿石中的散布是否均匀等方面的性质，分布均匀的，称为均匀嵌布矿石，分布不均匀的，称为不均匀嵌布矿石。矿物颗粒很小时（如胶体矿物），不均匀分布的矿物反而有利于选别。若多种有用矿物颗粒相互毗连，紧密共生，形成较粗的集合体分布于脉石中，则称为集合体嵌布，这类矿石往往可在粗磨条件下丢出贫矿石，然后将粗精矿再磨再选，可显著节省磨矿费用，减少下一步选别作业的处理量。

3.6 选矿产品的考察

3.6.1 选矿产品考察的目的和方法

（1）碎矿产品的考察　在常规的破碎、磨矿流程中，碎矿的能耗较小，而磨矿的能耗较大。据统计，碎矿能耗仅为磨矿能耗的12%～25%，加之碎矿效率高于磨矿。因此，在碎矿和磨矿系统中，应尽量降低碎矿产品粒度，从而通过发挥破碎机的最大作用来提高磨矿机的处理能力，符合矿石的"多碎少磨"现象。

矿石最终破碎产品粒度与选矿厂的规模相关，见表3-13。

表 3-13 选矿厂的生产能力与球磨机给矿的合理粒度范围

选矿的生产能力/(t/d)	球磨机给矿最佳粒度范围/mm	选矿的生产能力/(t/d)	球磨机给矿最佳粒度范围/mm
0～500	10～15	1000～2500	5～10
500～1000	6～12	2500～4000	4～8

选矿厂的规模越大，缩小磨矿给矿粒度的经济效果也越显著。例如，对于规模为1000万吨/a的选矿厂，当碎矿的最终粒度由20～0mm降低至12～0mm时，虽然破碎的生产能力下降了1/3，但球磨机的能力可提高到16%左右，设备投资可节约105万元左右，装机功率降低3850kW左右，节省电耗约3058kW·h。

当然，表3-12中的数据不能机械照搬，还需考虑其他因素。如设备因素，若有一段为短头圆锥破碎机时，破碎产物的最终粒度实际上不能小于6～8mm。为了避免闭路工作时所发生的困难，常将矿石最终粒度定为8～10mm，甚至还要大些，有时放宽到10～15mm。如果安装对辊机，虽然可以得到4～5mm的最终粒度，但要考虑配置和管理方面的因素。在设计时应该保证各段破碎机的排矿口适当，不得超过允许的最小排矿口宽度。以便在设备能正常工作的条件下获得最小的破碎产品粒度。最适宜的破碎产品粒度与破碎流程有很大的关系，见表3-14。

表 3-14 采用不同破碎流程破碎中等可碎性矿石时破碎产品的适宜粒度

序号	破碎流程	选厂规模	露天开采适宜粒度/mm	地下开采适宜的粒度/mm	最后一段破碎设备
1	二段开路流程	小型	—	25～30	标准型圆锥破碎机
2	二段闭路流程	中型	—	10～15	短头型或标准型圆锥破碎机
3	三段开路流程	中型	25～30	20～25	短头型圆锥破碎机
4	三段闭路流程	中型和大型	8～15	8～10	短头型圆锥破碎机

综上所述，若要确定合适的入磨给料粒度，主要与选矿厂的规模大小、所采用的破碎设备以及所使用的破碎流程等因素有关。根据"多碎少磨"原则，应该考虑获得最小的破碎产

品粒度。

（2）磨矿产品的考察　考察磨矿产品中各种有用矿物的单体解离情况、磨矿产品的粒度特性以及各化学组分在各粒级中的分布情况，为选矿方法的选择奠定基础。

（3）精矿产品的考察

① 研究目的矿物的回收情况及精矿中杂质的赋存状态、探明精矿品质不高的主要原因，从而找到合适的选别方法和工艺参数。例如某锌精矿要求杂质含量为：含铜小于0.8%，含铅小于1.0%，含铁小于6%，含砷小于0.2%，含二氧化硅小于4%。分析查明铅含量为2.57%，工艺矿物学分析发现铅的主要存在形式仍为方铅矿，通过浮选方铅矿后，锌精矿含铅可降至标准以内。

② 查明稀贵和分散金属富集在何种矿物内（对多金属矿而言），为化学选矿提供依据。如某多金属矿石中含有镉和银，通过考察查明镉主要富集在锌精矿内，银主要富集在铜精矿中，据此可采用适当的化学处理方法加以回收。

（4）中矿产品考察

① 研究中矿矿物的组成和共生关系，确定中矿的处理方法，如中矿返回再选、中矿再磨再选等。

② 考察中矿单体解离情况。若中矿中的目的矿物大部分呈单体解离状态即可返回前面作业再选，反之，则应再磨再选或单独处理。

（5）尾矿产品考察　考察尾矿中有用成分存在的形态和粒度分布，探究有用成分损失的原因。

表3-15所列为某铜矿选矿厂的尾矿水析试验结果。由表中数据可以看出，铜品位最高的粒级是$-10\mu m$，但该粒级产率并不大，因而铜在其中的分布率亦不大；铜品位占第二位的为$+53\mu m$粒级，该粒级产率较大，因而算得的分布率为30.56%，是造成铜损失于尾矿的主要粒级之一。至于$-30\mu m+10\mu m$粒级，虽然铜分布率为34.82%，但这是由于产率大所引起的，铜品位却是最低的，不能把该粒级看作是造成损失的主要原因。再从物相分析结果看，细粒级中次生硫化铜和氧化铜矿物比较多，粗粒级主要是原生硫化铜矿物，说明氧化铜和次生硫化铜矿物较软，在碎磨时存在过粉碎现象，而原生硫化铜矿物可能还没有充分单体解离，故铜主要损失于粗粒级中。这在选矿工艺上是常见的"两头难"情况。从铜的分布率来看，主要矛盾可能还在粗粒级，适当细磨后回收率可能会有所提高。

表 3-15　某铜矿选矿厂尾矿水析结果

粒级/μm	产率/%	铜化学分析/%		铜物相分析/%			
		品位	分布率	氧化铜	次生硫化铜	原生硫化铜	共计
+53	26.93	0.240	30.56	6.25	25.00	68.75	100.00
−53+40	8.30	0.222	8.70	3.15	22.54	74.31	100.00
−40+30	15.97	0.197	14.90	5.08	22.84	72.08	100.00
−30+10	42.03	0.175	34.82	12.57	40.00	47.43	100.00
−10	6.77	0.345	11.02	15.06	53.64	31.30	100.00
合计	100.00	0.211	100.00	—	—	—	—

从表3-15中数据亦可知，铜主要呈粗粒的原生硫化铜矿物损失于尾矿中。为了进一步考察粗粒级原生硫化铜矿物损失的原因，对上述试验结果进行了镜下鉴定，其结果见表3-16，考察结果基本上证实了原来的推断。粗粒级中的铜矿物主要以连生体形式存在，表明细磨对矿物的单体解离有利。细粒级矿物中铜矿物尚有大量单体未浮起，表明在细磨的同时必须强化药剂制度，改善细粒浮选条件。除此以外还需注意到，连生体中铜矿物所占的比率较小，细磨后是否能增加更多的单体矿物，还需通过试验证明。

表 3-16 某铜矿选矿厂尾矿镜下鉴定结果

	粒级/μm	+75	−75+53	−53+30	−30+10	−10
	单体黄铜矿/%	9.1	15.4	27.5	65.6	大部分
连生体	黄铜矿和黄铁矿毗连/%	51.0	30.4	27.0	8.5	个别
	黄铜矿在黄铁矿中呈包裹体/%	32.8	34.5	28.0	9.0	个别
	铜蓝和黄铁矿/%	0.5	9.5	3.5	1.0	个别
	其他%	6.6	9.2	14.0	15.9	—
铜矿物在连生体中的粒度和分布/%	−10μm	52.3	43.1	85.0	89.3	—
	−20μm+10μm	47.7	56.9	15.0	10.7	—

尾矿中所含连生体里，黄铜矿和黄铁矿毗连形式有利于再磨使其单体分离。而被黄铁矿包裹的连生体再磨时单体解离较难，这将对浮选指标有较大影响。

由上可知，选矿产品考察的方法仍然是对产品进行筛析和水析。根据需要分别测定各粒级的化学组成和矿物组成，测定各种矿物颗粒的单体解离度，并考察其中连生体的特性等。

3.6.2 选矿产品单体解离度的测定

选矿产品单体解离度的测定用以检查选矿产品（主要指磨矿产品、精矿、中矿和尾矿等）中有用矿物解离成单体的程度，作为确定磨矿粒度和进一步提高选别指标可能性的依据。

一般把有用矿物的单体含量与该矿物的总含量的百分比率称为单体解离度。计算公式如下：

$$F = \frac{f}{f + f_i} \times 100 \tag{3-28}$$

式中　F——某种有用矿物的单体解离度，%；

　　　f——该矿物的单体含量；

　　　f_i——该矿物在连生体中的含量。

测定方法是首先采取代表性试样，进行筛分分级，75μm 以下须事先水析，再在每个粒级中取少量代表性样品，一般 10～20g，制成光片置于显微镜下观察，一般是将该产品筛析后再在各粒级中分析统计其中单体颗粒数与其余矿物连生体颗粒数，然后按照连生颗位中有用矿物所占的比例——连生比（如 50：50、60：40、80：20）来计算其中矿物的单体解离度。在相同的磨矿条件下，若矿物的单体解离度越高，则磨矿效果越好。

如筛析后粒级为 −0.075mm+0.053mm 的某铁精矿的单体解离度的测定，其结果见表 3-17。

表 3-17 某铁矿石磨碎至 −0.075mm+0.053mm 粒级产品颗粒分析数据表

矿物 \ 数据 \ 颗粒类型	单体数/颗	连生体数/颗		
		50：50	60：40	80：20
磁铁矿	225			
磁铁矿-赤铁矿		6	10	35
磁铁矿-脉石矿物		2	5	15
赤铁矿	38			
赤铁矿-脉石矿物		4	5	10

按照上述公式，磁铁矿的单体解离度（f_M）为：

$$f_M = \frac{225}{225 + \left(6 \times \frac{1}{2} + 10 \times \frac{3}{5} + 35 \times \frac{4}{5}\right) + \left(2 \times \frac{1}{2} + 5 \times \frac{3}{5} + 15 \times \frac{4}{5}\right)} \times 100\% = 80.94\%$$

赤铁矿的单体解离度（f_H）为：

$$f_H = \frac{38}{38 + \left(6 \times \frac{1}{2} + 10 \times \frac{2}{5} + 35 \times \frac{1}{5}\right) + \left(4 \times \frac{1}{2} + 5 \times \frac{3}{5} + 10 \times \frac{4}{5}\right)} \times 100\% = 58.46\%$$

对于全部铁矿物来说，应将磁铁矿-赤铁矿连生体看作铁矿物单体（有 51 颗），铁矿物的单体解离度（f_{M+H}）为：

$$f_{M+H} = \frac{225 + 38 + 51}{(225 + 38 + 51) + \left(2 \times \frac{1}{2} + 5 \times \frac{3}{5} + 15 \times \frac{4}{5}\right) + \left(4 \times \frac{1}{2} + 5 \times \frac{3}{5} + 10 \times \frac{4}{5}\right)} \times 100\% = 91.55\%$$

以上计算的是某一粒级的单体解离度。关于整个产品的有用矿物单体解离度，则须将各粒级中有用矿物单体的含量和连生体中的含量分别累积计算，即：

$$全产品中某矿物的单体解离度 = \frac{各粒级中某矿物单体含量的总和}{各粒级中单体及连生体中某矿物含量的总和} \tag{3-29}$$

根据高登（Gaudin, 1939）的研究结论可知，矿物的解离方式分为粉碎解离和脱离解离两大类。脱离解离，指在外力作用下连生体各组成矿物沿着公共边界相互分离的过程，由于只需消耗不多的能量即可实现矿物解离，所以是矿物加工过程中最理想的解离方式；粉碎解离，指粒度较粗的矿物连生体颗粒，破碎、磨成粒度小于其组成矿物晶体（工艺）粒度的细粒时，由于颗粒减小使得该组成矿物部分地解离成单体的过程，不同矿物间结合力未遭受破坏，因而导致矿物颗粒粒度下降的破裂面常穿切界面。

3.6.3 选矿产品中连生体特性的研究

考察选矿产品时，除了检查矿物颗粒的单体解离程度以外，还常需研究产品中连生体的连生特性。

由表 3-15 尾矿产品显微镜考察示例可知，连生体的特性影响着它的选矿行为和后续的处理方法。例如，在重选和磁选过程中，连生体的选矿行为主要取决于有用矿物在连生体中所占的比例。在浮选过程中，浮选行为与有用矿物和脉石矿物（或伴生矿物）的连生特征有关，若有用矿物被脉石包裹，则很难被浮起；若有用矿物与脉石毗连，可浮性取决于相互的比例；若有用矿物以乳浊状包裹体形式高度分散在脉石中（或相反），就很难分选，因为即使细磨也难以解离。由此可知，研究连生体特征时应对如下三方面进行较详细的考察。

（1）连生体的类型　应考察有用矿物与何种矿物连生，是和有用矿物连生，还是和脉石矿物连生，或者与多种矿物连生。应考察清楚。

（2）各类连生体的数量　考察有用矿物在每一种连生体中的相对含量（通常用有用矿物在连生体中所占的面积份数来表示），各类连生体的数量及其在各粒级中的差异。

（3）连生体的结构特征　主要研究不同矿物之间的镶嵌关系。主要有三种镶嵌关系。

① 包裹连生　一种矿物颗粒被包裹在另一种矿物颗粒内部。如自然金作为机械包裹物嵌镶在黄铁矿中（图 3-32），B 矿物作为固溶体分解物嵌镶在众矿物中（图 3-33）。

② 穿插连生　此类连生体通常是一种矿物（多为有用矿物）呈脉状贯穿于含量较高的另一种矿物中，只有当粉碎颗粒粒度明显小于脉状矿物的脉宽时，该脉状矿物才有可能从连生体中解离出（图 3-34）。

③ 毗邻连生　根据连生矿物的相对粒度大小又可分为"等粒毗邻连生"（图 3-35 中 A 矿物与 B 矿物）和"不等粒毗邻连生"（图 3-35 中 A 矿物与 D 矿物，B 矿物与 C 矿物）。就连接界面（连接面和接触面）来看，图 3-35 中 A 矿物与 B 矿物为平直的接触，称为"规则毗邻连生"，A 矿物与 D 矿物、B 矿物与 C 矿物为港湾状、波状接触，称为"不规则毗邻连生"。

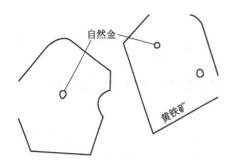

图 3-32　矿物包裹连生关系

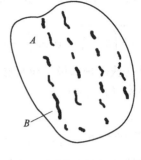

图 3-33　固溶体分解物嵌镶关系

图 3-34　细脉状贯穿连生关系

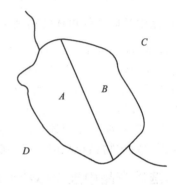

图 3-35　等（不等）粒毗邻连生关系

在穿插和包裹连生体中，要注意区别有用矿物穿插或被包裹在其他矿物颗粒内或是相反的情况。不同矿物颗粒相互接触界线是平直的还是圆滑的，或者是比较曲折的；矿物或连生体的形态是粒状还是片状、磨圆程度如何，这些都会影响矿石的可选性。

矿物嵌布粒度和矿物解离的测定方法除传统方法外，比表面法、自动图像分析、显微辐射照相、中子活化法、X 射线摄影法、X 射线体视法、重液梯度分离法及磨矿功函数、显微热电动势、声发射参数、外电子发射、显微硬度以及位错显示等方法的应用都是今后测试的重要发展方向。此外，在光片上测定矿物解离数据的校正和连生体系数、可选性解离以及根据现代体视学对二元矿物连生体出现的概率进行电算模拟与数模分析，给出各种立体转换系数，以提高测定精度。

3.6.4　浮选工艺流程控制

在浮选过程中，影响浮选工艺的因素很多，归纳起来可分为两大类：一类是不可调节因素，即是矿石自身因素；另一类是可调节因素，即因变因素，它可以随外界条件的改变而发生变化。浮选过程的不可调节因素主要包括原矿的矿物组成和含量、矿物的氧化和原生泥化含量程度（称为原矿性质）和浮选水质等。浮选可调节因素包括磨矿细度、矿浆浓度、浮选时间、药剂制度、矿浆温度、浮选流程、浮选设备等。

生产实践表明，浮选工艺必须根据矿石自身的特点，通过试验研究确定最终的工艺参数，生产实践中，由于矿石性质的复杂多变，经常需要试验人员及时地对可调节因素进行调整，才能获得最佳的技术经济指标。

3.6.4.1　粗粒浮选的工艺措施

在确保目的矿物单体解离的前提下，粗磨可以大大节省磨矿费用，降低生产成本。在处理不均匀嵌布矿石时，有粗磨后进行浮选的发展趋势。加之较粗的矿粒较重，在浮选机中不易悬浮，与气泡碰撞概率减小，附着气泡后因脱落力大，易于脱落。因此，较粗矿粒在一般浮选工艺条件下，效果较差，为了改善粗矿粒的浮选，可采用如下工艺条件：

① 浮选机的选择和调整。实践证明，机械搅拌式浮选机内矿浆的强烈湍流运动，是促使矿粒从气泡上脱落的主要因素。因此，降低矿浆运动的湍流强度是保证粗粒浮选的根本措施。为此，可根据具体情况采取相应措施：选择适宜于浮选粗粒的专用浮选机，如射流式浮选机、斯凯纳尔型浮选机等；改进和调节常规浮选机的结构和操作，如适当降低槽深，缩短矿化气泡的浮升回路，以避免矿粒脱落；叶轮盖板上方添加絮流板，减弱矿浆湍流强度，保持浮选泡沫区泡沫层稳定；增大充其量，采用加充气式浮选机，形成较多的大气泡，有利于形成气泡和矿粒组成的"聚团"，将粗颗粒"哄抬"上浮；调节刮板转速，使气泡形成后迅速刮出，避免泡沫层的泡沫破裂。

② 适当增加矿浆浓度，确保浮选过程在高浓度条件下进行。

③ 采用强力捕收剂并适当增加捕收剂的有效浓度，目的在于增强矿物与气泡的附着能力，加快浮选过程。

3.6.4.2 细粒浮选的工艺措施

细粒通常是指小于 $18\mu m$ 或小于 $10\mu m$ 的矿泥。按其来源可将矿泥分为两种：一种是在矿床内部由于地质作用产生的"原生矿泥"，如高岭土、绢云母、褐铁矿等；另一种是开采出来的矿石在磨矿、碎矿等过程中产生的"次生矿泥"。矿泥越多对浮选的影响越大，提高选别最有效的方法是尽量减少次生矿泥的产生。随着富矿资源的日益减少，贫、细、杂以及高氧化率、高结合率矿石逐渐增加，因而细磨矿甚至超细磨矿必然会成为改善浮选指标的重要举措，势必会导致矿泥含量的大量增加，从选矿经济技术指标分析，矿泥必须进行回收。

① 细粒浮选困难的原因　由于细粒具有质量小、比表面积大等特点，从而引起微粒在矿浆中的一系列特殊行为。

a. 细粒比表面积大，表面能显著增加。在一定条件下，一方面不同矿物的表面间容易发生非选择性的互相凝结。另一方面，也是由于细粒表面能大，虽然对药剂具有较高的吸附力，但选择吸附性差，这都使得细粒难以进行选择性分离。

b. 细粒体积小，与气泡碰撞的可能性小。细粒质量小，与气泡碰撞时，不易克服矿粒与气泡之间水化层的阻力，难以附着于气泡上。

c. 细粒矿粒溶解度大，矿浆中难免离子增多，使矿物与浮选药剂作用的选择性比较差。

上述因素均是导致细粒浮选指标低的主要原因。

② 细粒浮选的工艺措施

a. 消除和防止矿泥对浮选影响的主要措施：

ⅰ. 分级脱泥是最常用的消除矿泥影响的一种方法。如在浮选前用水力旋流器分出某一粒级的矿泥，或将其抛尾，或将矿泥与粗砂分开处理，即泥沙分选。若矿泥易浮，可在浮选前添加一定量的起泡剂后进行浮选脱除。

ⅱ. 添加矿泥分散剂将矿泥充分分散，可大大减少矿泥"罩盖"现象，削弱微粒间发生的无选择互凝影响。工业上常用的矿泥分散剂主要包括六偏磷酸钠、水玻璃、碳酸钠等。

ⅲ. 分段、分点加药将捕收剂分段、分点的添加，可维持浮选过程中矿浆药剂的有效浓度，确保药剂的捕收性和选择性。

ⅳ. 适当降低浮选矿浆浓度一方面能够避免矿泥影响精矿指标；另一方面也能够降低矿浆黏度，尽量减少夹带现象。

b. 选择对微细粒矿物具有化学吸附或螯合作用的捕收剂，以利于提高浮选过程的选择性。

c. 应用物理或化学的方法，增大微细粒矿物的粒径，提高药剂对待分选矿物的选择性。目前根据这一方法发展起来的工艺主要包括：

ⅰ. 选择性絮凝浮选　采用絮凝剂选择性地絮凝目的矿物微粒或脉石细泥，然后用浮选分离。

ⅱ. 载体浮选　利用一般浮选粒级的矿粒作载体，使目的矿物细粒罩盖在载体上上浮。载体可以用同类矿物，也可以用异类矿物。例如，可以用黄铁矿作载体浮选细粒金。用方解石作载体浮去高岭土中的微细粒铁、钛杂质。

ⅲ. 团聚浮选（乳化浮选）　细粒矿物经捕收剂处理后，在中性油的作用下，形成带矿的油状泡沫。可以将捕收剂与中性油先配成乳浊液再加到矿浆中。也可以在高质量分数（固体含量达 70%）矿浆中分别加入中性油和捕收剂，强烈搅拌，控制时间，然后刮出上层泡沫。此法已用于细粒锰矿、钛铁矿和磷灰石等。

ⅳ. 微泡浮选　在一定条件下，减小气泡粒径，不仅可以增加气液界面，同时可增加微粒的碰撞概率和黏附概率，有利于微粒矿物的浮选。主要的工艺包括：

真空浮选　借助外部设备采用抽真空的方式，从溶液中析出微泡的浮选方法。气泡粒径一般为 0.1~0.5mm。研究证明，从水中析出微泡浮选细粒的重晶石、萤石、石英等是有效的。

电解浮选　利用电解水的方法获得微泡，一般气泡粒径为 0.02~0.06mm。曾有人将此方法用于细粒锡石的浮选，采用电解所产生的气泡进行浮选，试验结果表明：粗选回收率由原来的 35.5% 提高到微泡浮选的 79.5%，同时品位也有所提高。

此外，近年来还开展了其他许多新工艺的研究，如控制分散浮选、分支浮选等。

③ 矿浆浓度对浮选的影响　在浮选过程中，矿浆浓度的大小不仅影响精矿品位与回收率，而且影响到药剂消耗及水电消耗等诸多方面，主要包括：

a. 矿浆浓度对浮选时间的影响　在一定矿浆浓度下，若磨机的处理能力和矿浆流量不变。由于各个作业的浮选机台数一定，因此，各个作业的浮选时间也是一定的。但当矿浆浓度增大或降低时，矿浆流量也随之减小或增大，矿浆在浮选机中停留的时间（浮选时间）就要相应延长或缩短，而浮选时间的长短会直接影响精矿的品质。

b. 矿浆浓度对药剂用量的影响　浮选过程中，药剂浓度会随着矿浆浓度的增大而增大，或随矿浆浓度的降低而降低，若要浮选的矿物保持在较佳的药剂浓度状态，那么矿浆浓度的变化必然会使药剂用量出现"过量"或"不足"的状态，从而造成不利的浮选条件。

c. 矿浆浓度对气泡分散性的影响　矿浆浓度过大或过小，都会影响矿浆对气泡的分散性。气泡的分散性的好坏会直接影响浮选时间。一般而言，分散均匀的气泡可以得到较好的浮选指标。

d. 矿浆浓度对精矿指标的影响　矿浆浓度与浮选精矿的指标有直接的关系。当矿浆较低时，精矿回收率较低。适当提高矿浆浓度，不但可以节约浮选药剂和用水，而且可以提高回收率。但若矿浆浓度过高，会使浮选精矿指标明显下降。一般以较稀的矿浆浮选时，精矿质量较高，而以较浓的矿浆浮选时，精矿质量则会降低。

e. 矿浆浓度对能耗的影响　矿浆浓度越低，处理每吨矿石的水电消耗越高；反之较低。

矿浆浮选浓度的高低，须根据矿石性质与浮选条件来决定。一般原则是：当矿石密度较大，物料粒度较粗时，粗选与扫选作业宜用较大的矿浆浓度。反之，矿石密度较小、矿石粒度较细或含泥量较高时，宜采用较低的矿浆浓度浮选。在生产实践中，浮选浓度的一般要求为：粗选为 25%~45%，多数为 28%~30%；精选 10%~20%；扫选 20%~40%。

④ 矿浆酸碱度对浮选的影响　各种矿物的浮选在一定条件下存在着一个合适的 pH 值，因为矿浆的 pH 值往往直接或间接地影响到矿物的可浮性。但临界 pH 值会随着浮选条件的改变而改变，如果使用不同的捕收剂或改变其浓度，此时矿物的临界 pH 值也将发生变化。

例如用黄药做捕收剂时，黄药阴离子（$ROCSS^-$）在矿物表面的吸附程度，就与黄药阴离子的浓度和氢氧离子浓度的比值（$[ROCSS^-]/[OH^-]$）相关，pH 值越高，黄药在矿物表面的吸附量越少。

a. pH 值对矿物颗粒表面亲水性及电性的影响　矿浆在 pH 值较大的情况下，由于矿浆中的 OH^- 较多，矿物表面吸附大量的 OH^-，会使矿物颗粒表面亲水性增大并阻碍捕收剂阴离子的吸附。同时，矿浆酸碱度也影响到矿粒表面的电性，矿粒表面 ξ 电位会随 pH 值的变化而改变，从而影响其可浮性。尤其是氧化矿的浮选，由于 pH 值的不同，所用的浮选药剂也不尽相同。

b. pH 值与浮选药剂有效离子之间的关系　绝大多数的浮选药剂是以离子型的形式与矿物表面起作用的，就是说药剂要解离成为离子以后，才能与矿物表面发生作用。药剂解离成为有效离子的多少，与 pH 值有很大关系。若药剂的有效离子为阴离子 X^- 时，就要在碱性矿浆（pH>7）的条件下，才能产生更多的有效离子 X^-。因为 $X^- + H_2O \rightleftharpoons XH + OH^-$，此过程可逆，只有在 $[OH^-]$ 浓度增大的条件下，反应才会向左进行，从而产生更多的 X^-。比如，要在矿浆为碱性的条件下，黄药才能解离更多的阴离子 $ROCSS^-$，脂肪酸解离成 $RCOO^-$，氰化物解离成 CN^-。

当药剂的有效离子为阳离子时，只有在低 pH 值的矿浆中才能解离出更多的阳离子。如胺类捕收剂的有效离子为 RNH_3^+，其水解反应式为：

$$RNH_2 + H_2O \rightleftharpoons RNH_3^+ + OH^-$$

上述过程要在较小的 pH 值条件下，反应才能向右进行。

因此，任何一种矿物的浮选，在一定的浮选条件下，存在着一个比较适宜的 pH 值，只有在适宜的矿浆 pH 值条件下，才能取得较好的选别指标。

⑤ 矿浆温度对浮选的影响　浮选过程与很多物理化学过程相同，温度升高不但可加快浮选过程，还可改善浮选指标。但目前大多数的浮选厂仍在常温下进行操作，只有在特殊工艺要求或者药剂对温度有要求的情况下才进行加温浮选。矿浆温度对浮选过程的影响主要包括以下两个方面：

a. 矿浆温度对浮选药剂用量和浮选指标的影响　氧化矿的浮选通常采用脂肪酸类捕收剂，一般将矿浆温度控制在 $20 \sim 30 ℃$，然后进行分选。这样可以有效提高脂肪酸类捕收剂的分散度，降低浮选药剂的用量。例如萤石浮选时，用癸脂做捕收剂试验表明：提高矿浆温度，在相同的捕收剂用量条件下可使分选指标明显改善，如想达到相同的浮选指标，若矿浆温度增高，可以大大降低捕收剂的用量。

b. 矿浆温度对已经吸附捕收剂薄膜的影响　对已经吸附黄药的硫化矿物表面，采用"石灰—加温搅拌—抑制剂"的工艺过程，可实现多金属矿的有效分离。若单独对矿浆加温，可根据矿物表面捕收剂薄膜吸解程度的不同，对矿物进行有效分离。

3.7 有色金属硫化矿选矿试验方案示例

3.7.1 硫化矿选矿试验研究

3.7.1.1 磨矿流程的选择

磨矿流程的选择通常根据矿石中各种矿物之间的关系以及它们与脉石矿物的共生关系和浸染粒度决定。当矿床中的金属矿物与脉石矿物之间的共生关系不复杂，有用矿物浸染粒度比较均匀或呈粗粒不均匀嵌布时，一般采用一段磨矿流程。当矿床中的有用矿物与脉石矿物的共生关系复杂，有用矿物呈不均匀嵌布时，就应采用多段磨矿，多段磨矿既可以使粗粒嵌布的有用矿物充分单体解离而不过粉碎，又可以使细粒或微细粒嵌布的有用矿物得到充分单体解离，有利于有用矿物的回收。多段磨矿一般在尾矿再磨流程、粗精矿再磨流程或中矿单独处理流程中使用。

根据矿石性质的不同，磨矿流程多种多样。一般可分为以下几种类型：

① 按照磨矿回路的特点可分为开路磨矿（图 3-36 和图 3-37）和闭路磨矿（图 3-38 和图 3-39）两种。由于球磨机自身难以准确控制排矿粒度，因此，采用球磨机时通常要与分级机进行闭路磨矿。若一段磨矿采用棒磨机粗磨时，可采用开路磨矿。

② 按照磨矿段数可分为一段磨矿、二段磨矿或多段磨矿。磨矿段数确定的主要依据是有用矿物的嵌布粒度和解离特性，有用矿物嵌布粒度粗、易于单体解离的矿石通常采用一段磨矿；对于细粒浸染、难以解离的矿石一般采用二段磨矿或多段磨矿。

③ 按照磨矿与选别作业的关系可分为连续磨矿流程和阶段磨矿阶段选别流程。所谓连续磨矿流程，是指磨矿过程中没有选别作业，连续磨矿（可采用一段、二段或多段磨矿流程）至少所需要的磨矿细度。而阶段磨矿阶段选别流程是在第一段磨矿作业后进行预选，抛除部分合格尾矿；预选后的粗精矿再进行磨矿和选别，以进一步提高精矿品位。对于有用矿物呈粗细不均匀嵌布或细粒嵌布的矿石，大型选厂常常采用预选，即在粗磨作业之后进行粗粒抛尾，因而采用阶段磨矿阶段选别流程。

④ 按照磨矿设备的种类可分为球磨流程、自磨-球磨流程、棒磨-球磨流程等。在铁矿选矿厂中前两种应用最广。全部采用球磨机磨矿时，要求的给料粒度较小，一般在 20mm 以下，因此，矿石的破碎需采用常规二段或三段的碎矿流程，破碎流程的配置较为复杂。自磨-球磨流程的特点为：自磨机的给料粒度大，一般可达到 200～350mm，因此，可大大简化破碎流程，一般仅需要一段粗碎即可；另外，自磨机对含泥、含水较高的矿石适应性强，当矿石中矿泥含量较多或含水较高、难以采用常规破碎流程处理时，通常采用自磨-球磨流程。

图 3-36　一段开路磨矿流程

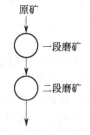

图 3-37　二段开路磨矿流程

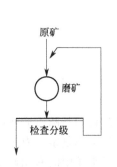

图 3-38　一段闭路磨矿流程

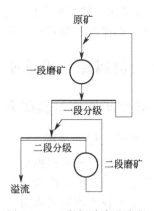

图 3-39　二段闭路磨矿流程

事实上，磨矿流程最常用的就是一段闭路磨矿及二段闭路磨矿流程，三段磨矿流程很少采用。因此，对于矿石性质的种种要求也只能在磨矿工艺条件上进行调整和满足。此外，磨矿流程的选择还与选矿厂规模、基建投资的大小等因素有关。大型选厂为了取得更好的经济技术效益，可以通过多方案的比较来确定最佳的磨矿流程，必要时可采用二段或多段磨矿流程。而对于小型选矿厂，有时从经济角度考虑，常常采用简单的一般磨矿流程，以便简化操作和管理，从而降低基建投资和生产成本。

因此，影响磨矿流程选择的主要因素包括矿石的可磨性和矿物的嵌布特性、磨矿机的给料粒度及产品粒度、选矿厂的生产规模以及进行阶段选别的必要性等。从生产实践来看，采用一段或二段磨矿流程，在绝大多数情况下可以经济地把矿石磨到选别所要求的粒度，而不必采用更多的磨矿段数。磨矿段数增加到二段以上，通常是由进行阶段选别的要求决定的。

3.7.1.2　浮选流程的选择

浮选原则流程的选择，在于解决浮选流程的段数和有用矿物的浮选顺序等问题。实践生产中，结合磨矿段数与浮选作业来划分浮选的段数。一般可以分为一段浮选流程和阶段磨矿阶段选别流程。将矿石一次磨到（磨矿可以是一段或连续几段）选别所需要的粒度，然后经浮选得到最终精矿的浮选流程，称为一段浮选流程（图3-40）。阶段磨矿、阶段选别则是根据先粗后细的顺序，经磨矿逐段解离出不同嵌布粒度的有用矿物、并逐段选出已经解离出来的有用矿物的流程。阶段磨矿、阶段浮选流程又可分为三种情况：①尾矿再磨再选流程（图3-41）；②粗精矿再磨再

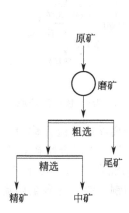

图 3-40　一段浮选流程

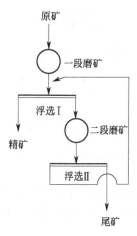

图 3-41　尾矿再磨再选流程

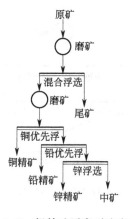

图 3-42　粗精矿再磨再选流程

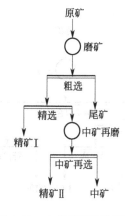

图 3-43　中矿再磨再选流程

选流程（图 3-42）；③中矿再磨再选流程（图 3-43）。

多金属矿石（如含铜、铅、锌的多金属硫化矿石）的浮选原则流程，一般可以分为优先浮选、混合-优先浮选、部分混合浮选、等可浮浮选。

按矿石中铜、锌等硫化矿物的可浮性，依次从矿浆中分别浮选出来，得到精矿和尾矿的流程称为优先浮选流程（图 3-44）。优先浮选流程适用于矿石组成简单、原矿品位较高，有用矿物可浮性差异较大、嵌布粒度较粗的矿石。

把全部硫化矿物选到混合精矿中，然后对混合精矿再进行分离的流程称混合-优先浮选流程（图 3-45）。这种流程适用于处理有用矿物呈不均匀嵌布或彼此致密共生，或一种有用矿物在另一种矿物中呈细粒嵌布，而它们的连生体，较粗的嵌布在脉石中的多金属或较贫的多金属矿。我国青城子铅锌选厂、小铁山铜矿选厂生产流程亦属此类。

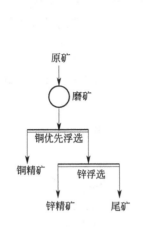

图 3-44　优先浮选原则流程

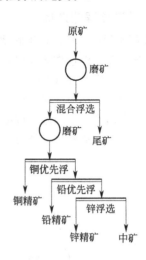

图 3-45　混合-优先浮选原则流程

把可浮性相近的有用矿物选到混合精矿中，然后进行分离浮选的流程称为部分混合浮选流程（图 3-46），也就是把可浮性相近的硫化铜、铅矿物选为一个混合精矿，再进行铜、铅分离，浮选尾矿再活化选锌，这种工艺流程兼有优先浮选和混合浮选两种工艺流程的优点，浮选分离的工艺条件易于控制。因此，这种流程在国内外的铜、铅、锌多金属硫化矿选矿实

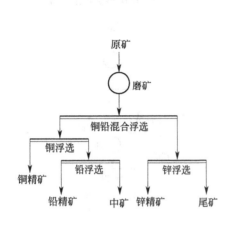

图 3-46　部分混合浮选原则流程

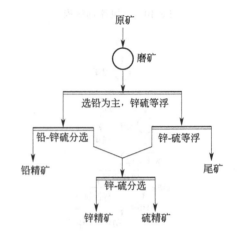

图 3-47　等可浮浮选原则流程

践中得到了广泛的应用。我国的桃林、桓仁、天宝山、河三、张公岭、八家子等铜、铅、锌选厂均采用此类流程。

等可浮流程不是完全按矿物的种类来划分浮选顺序的。它是按矿物可浮性的等同性或相似性将欲回收的矿物分成易浮和难浮的两部分，按先易后难的顺序浮出后再分离。即使是同一种矿物，如果可浮性存在较大差异，也应分批浮出。这种流程适合于处理同一种矿物，包括易浮和难浮两部分的复杂多金属硫化矿石。例如，某硫化矿石，有用矿物如方铅矿、闪锌矿、黄铁矿等。其中，闪锌矿中有较易浮的和较难浮的两种，这种矿石则可采用等可浮流程（图 3-47）。易浮的闪锌矿与方铅矿一起浮，难浮的闪锌矿与黄铁矿一起浮，然后再分离。等可浮流程与混合浮选相比，优点是可降低药剂用量，消除过剩药剂对浮选的影响，有利于提高选别指标。缺点是比混合浮选多用设备。

为了适应矿石向"贫、细、杂"转化的趋势，世界各国大多数选矿厂的浮选流程均在发生变革，即在保证高质量指标的同时，把提高矿石综合利用率作为改革工艺流程的重点。流程结构的变革主要体现在：

（1）磨矿阶段选别流程　又称为"L-S（Cleaner-Scavenger）流程"（图 3-48），现已成为处理大型含钼斑岩铜矿选矿的典型流程。由于它能促使贫矿床投入开采，并使已开采矿山的中、低品位矿石得到利用，故对于扩大铜钼工业的原料基地起了积极的作用。

"L-S流程"实质是混合-优先流程。它具有以下优点：

① 工艺、设备及设计布局均不复杂，由于采用了闭路调节，可保证自动控制可靠、生产稳定；

② 各选矿阶段中，磨矿和浮选的控制以及条件（矿粒粒度、矿浆浓度、药剂制度、处理时间等）的调节十分有利而且是独特的；

③ 选矿第一阶段的磨机和浮选机的生产率高，投资和经营费用最低，而所得工艺指标高；

④ 生产过程中排出的大量废弃尾矿的粒度较粗，便于堆置，后续可在建筑等行业加以利用，也可作为地下开采的充填料使用。

上述优点对选厂的经济效益和生产稳定都十分重要。

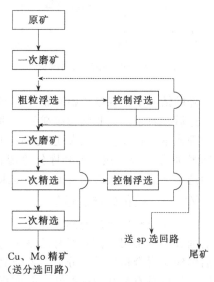

图 3-48　L-S 分段选矿流程
（sp—回路系统中控制器的给定值）

（2）分粒级浮选及中间浮选流程　在处理浸染粒度细、易泥化、含泥多的矿石时，为了扩大细粒矿物回收粒度的下限、降低矿泥的干扰、合理用药，分粒级浮选和泥沙分选流程作为一项提高分选效率的新工艺被应用和发展，如澳大利亚的摩根山铜矿选厂、日本松峰选厂均在采用泥沙分选流程后，工艺指标获得大幅度提高。

中间浮选是在粗磨矿条件下，确保矿物单体解离，降低矿物泥化的有效措施。生产实践表明，粗磨矿后大多数有用矿物处于粗粒级中，粗粒呈单体解离状态，因其粒度粗而不能随旋流器溢流进入浮选回路，在浮选前又无需再磨，为此设计了中间浮选及时回收已解离的粗颗粒，其尾矿再送分级作业或返回磨矿（图 3-49），因此，过磨现象明显减轻，有用矿物在细磨中的损失量明显下降。近些年来，芬兰奥托昆普公司研制的粗粒浮选槽和闪速浮选法，将使中间浮选工艺更为完善和实用。

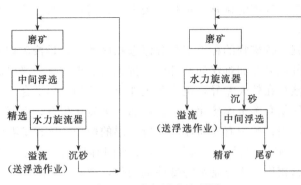

图 3-49　中间浮选流程图

（3）分支浮选原则流程　如图 3-50 所示，它对矿浆中的难选、细粒部分可以以前一支浮选产品（泡沫）作为载体而被背负；也可以借助前一支泡沫产品中剩余药剂而达到降低药耗，这些优点都被认为是有利于提高选矿指标的良好条件。我国银山铅锌矿选厂，在工艺流程的技术改造中应用了该工艺，取得了良好的效果。

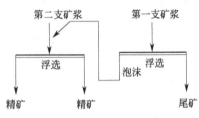

图 3-50　分支浮选原则流程

（4）重介质预选-浮选联合流程　铅锌矿石浮选之前如果进行了重介质预选，可以大幅度抛废（抛废量达 35％～40％），提高矿石的入选品位。在矿石品位逐渐下降的情况下，保证或提高铅锌的回收率。如原苏联列宁诺戈尔斯克选矿厂在原矿经重介质预选后，将重产品和细粒级矿石分别处理，使金属回收率提高 2％～2.5％，同时还降低了处理成本。再如美国巴布-巴恩斯、日本细仑、加拿大苏利万、西德海根、意大利玛苏阿的阿米-萨尔达以及波兰喔列库什等硫化矿、氧化矿和混合铅锌矿选厂均成功地采用了重介质预选工艺，我国柴河铅锌矿选厂也采用了此工艺。

3.7.1.3　硫化矿选矿药剂

对铜铅锌硫化矿的浮选，优先浮铜铅，铜铅多金属硫化矿的浮选应尽可能采用选择性强的捕收剂，常用的捕收剂有乙基黄药，因乙基黄药的选择性好，能减弱闪锌矿的浮选，且使后续铜铅混合精矿易于分离。乙硫氮对铜铅等硫化矿捕收力强，对黄铁矿和磁黄铁矿捕收力弱，所以具有良好的选择性，是实现无氰浮选、综合回收伴生金银的良好捕收剂。浮选铜铅锌多金属硫化矿，因铜与铅矿物可浮性相近，所以无论全混合或部分混合浮选流程，通常总是把铜与铅矿物选为铜铅混合精矿。因此，在多金属硫化矿浮选中，除了优先浮选外，都有一个铜铅分离问题，这也是选别这类矿石的关键性问题。

在铜铅混合精矿中，铜铅分离工艺比较复杂、影响因素较多，对于铜铅分离的方法也不少，主要有抑铅浮铜和抑铜浮铅等方法。由于在铜铅混合精矿中存在着大量的剩余浮选药剂，对分选效果往往产生不良影响，所以在混合精矿分选之前必须先脱药，脱除矿浆和矿物表面吸附的药剂。常见脱药的方法有三种：机械脱药法、化学及物理脱药法、特殊脱药法，但常用硫化钠及活性炭脱药，这是由于活性炭本身具有巨大的吸附性能，能够脱出矿物表面及矿浆中的过剩药剂。

3.7.2　某铜铅锌硫化矿分选方案

3.7.2.1　矿石性质及设计指标

初步设计硫化矿年处理量 30 万吨，以选别铜精矿为主，铅锌矿为辅。经过分析，该矿石铜含量为 2.13％，铅含量为 1.5％，锌含量为 0.68％。

通过浮选分离与富集，最终获得铜含量为 30％ 的铜精矿、铅含量为 55％ 的铅精矿、锌含量为 53％ 的锌精矿。

3.7.2.2 铜铅锌精矿质量标准

铜铅锌精矿质量标准见表 3-18～表 3-20。

表 3-18 铜精矿质量标准（GB/T 3884.1～3884.10—2000）

品　　级	化学成分/%							
	Cu,不小于	杂质含量,不大于						
		As	Pb + Zn	MgO	Bi + Sb	Hg	F	Cd
一级品	32	0.10	2	1	0.10	0.02	0.03	0.05
二级品	25	0.20	5	3	0.30	0.02	0.05	0.05
三级品	20	0.20	8	4	0.40	0.02	0.05	0.05
四级品	16	0.30	10	5	0.50	0.02	0.08	0.05
五级品	13	0.40	12	5	0.60	0.02	0.10	0.05

表 3-19 铅精矿质量标准（GB/T 8152）

品　　级	化学成分 / %					
	Pb,不小于	杂质含量,不大于				
		Cu	Zn	As	MgO	Al$_2$O$_3$
一级品	65	1.2	4.0	0.3	1.0	2.0
二级品	60	1.5	5.0	0.4	1.5	2.5
三级品	55	2.0	6.0	0.5	1.5	3.0
四级品	45	2.5	7.0	0.7	2.0	4.0

表 3-20 锌精矿质量标准（GB 8151.1～8151.12）

品　　级	化学成分/%					
	Zn,不小于	杂质含量,不大于				
		Cu	Pb	Fe	As	SiO$_2$
一级品	55	0.8	1.0	6	0.2	4.0
二级品	50	1.0	1.5	8	0.4	5.0
三级品	45	1.0	2.0	12	0.5	5.5
四级品	40	1.5	2.5	14	0.6	6.0

3.7.2.3 选别方案

选矿按设备的性能分为破碎段、磨矿段、选铜作业、选铅作业、选锌作业几部分。

原矿给入原矿仓后，先进入两段破碎阶段，即经过一级破碎（粗碎）后通过胶带运输机送到二级破碎（细碎），使矿石破碎到适合球磨机给矿粒度以下，进入粉矿仓，作为磨矿段的给料。

磨矿段　粉矿仓将破碎后的物料经胶带运输机先给入湿式球磨机进行磨矿，磨矿产品自流进入螺旋分级机进行粗、细粒分级，粗粒沉砂返回湿式球磨机再磨，螺旋分级机的溢流产品进入下一作业。

铜铅锌浮选工艺流程见图 3-51。

选铜作业段　达到磨矿细度要求的矿浆经过搅拌桶调浆搅匀后，进入选铜作业段，矿浆经过与捕收剂作用，在浮选机内形成矿化泡沫，把铜矿从脉石与经过抑制的铅锌矿中分离开来，经多次浮选得到合格的铜精矿，铜浮选作业为"一粗二精三扫"流程。

选铅作业段　选铜后的矿浆进入二次搅拌设备，进入铅浮选作业段，将被抑制的铅进行活化，再加入捕收剂和起泡剂，使矿浆在浮选机内形成铅的矿化泡沫，经过浮选选出合格的铅精矿。铅浮选作业为"一粗三精三扫"流程。

选锌作业段　选铅后的矿浆再进行三次搅拌机，进入锌浮选作业段，将被抑制的锌进行活化，再加入捕收剂和起泡剂，使矿浆在浮选机内形成成锌的矿化泡沫，经过浮选选出合格的锌精矿，锌浮选作业为"一粗三精三扫"流程。

产品段　经过铜、铅、锌三段浮选作业选出铜、铅、锌单一精矿后，排出的矿浆为尾矿，将其输送至尾矿库储存或做进一步研究。铜精矿、铅精矿和锌精矿分别进入相应精矿池，经脱水、过滤后装袋送到冶炼厂进行下一步处理，或者以产品形式外销。选矿废水经沉淀后循环利用。

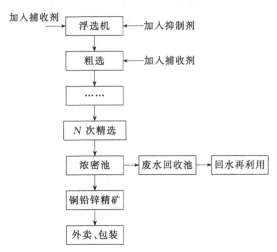

图 3-51　铜铅锌选别工艺流程图

3.7.3　其他有色金属硫化矿选矿试验方案

有色金属硫化矿绝大部分用浮选法处理，但若有用矿物密度较大、嵌布较粗，也可考虑采用重浮联合流程。因而进行选矿试验时首先要根据矿物的密度和嵌布粒度，必要时通过重液分离试验来判断采用重选的可能性，然后根据矿物组成和有关物理化学性质选择浮选流程的药剂制度。

3.7.3.1　硫化铜矿石

目前，世界上 60% 左右的铜来自于斑岩铜矿。我国铜矿石的主要工业类型包括层状铜矿、细脉浸染型铜矿、矽卡岩型铜矿、黄铁矿型铜矿和斑岩铜矿五大类。

硫化铜一般指氧化率低于 10% 的铜矿石，该类矿石的选别方法基本上采用浮选方案。硫化铜矿石分离的难易程度和矿石中硫化铁的含量有密切关系。按矿石中硫化铁含量的多少，可将硫化铜矿石分为两类：一类是致密块状铜矿石；另一类是浸染状铜矿石。前者矿石中黄铁矿的含量较高，最高可达 80%～85%，脉石含量较少，硫化铜和硫化铁矿物致密共生。这类矿石在选出硫化铜矿物后剩下的尾矿即为硫化铁精矿。如果脉石含量较高，则需对黄铁矿进行浮选分选，提纯后得到黄铁矿精矿。后者主要以脉石矿物为主，硫化铜和硫化铁含量均较低，并以浸染状分布于脉石中。我国绝大多数铜选厂所处理的矿石均属于此类矿石。

我国最常见的硫化铜矿物主要是黄铜矿，其次是辉铜矿、铜蓝、斑铜矿。就矿物可浮性而言，辉铜矿和铜蓝最易浮选。它们都是次生铜矿，硬度较低，易泥化。黄铜矿是分布最广的原生铜矿物，可浮性也较好。斑铜矿的可浮性介于辉铜矿与黄铜矿之间。

硫化铜矿石的可浮性规律主要包括以下几个方面：

① 对不含铁的铜矿物，如辉铜矿、铜蓝等，可浮性较好，通常情况下浮选回收率较高。

② 对含铁的铜矿物，如黄铜矿、斑铜矿等，在碱性介质中浮选时易受氰化物或石灰的影响。

③ 用黄药类捕收剂浮选硫化铜矿时，其上浮顺序为辉铜矿＞铜蓝＞斑铜矿＞黄铜矿。

④ 矿石氧化率越高，分选难度越大。这不仅会降低铜矿物的浮选回收率，而且也会造成精矿不纯。

⑤ 矿物嵌布粒度越粗，矿泥含量越少，浮选越容易，并可得到较好的浮选指标。

⑥ 次生铜矿物的泥化程度越高，越容易造成细粒级铜矿物的损失，并使得浮选难度增加。

⑦ 矿石中含有滑石、高岭土、绢云母等脉石时，难以得到高品质的精矿。

3.7.3.2 硫化铜锌矿石

黄铜矿通常呈细粒浸染或乳浊状固溶体存在于闪锌矿中，不易单体解离，即使达到了单体解离，微小的颗粒（常在0.005mm以下）分离也很困难。大多数情况是闪锌矿受矿石中共生铜矿物（特别是次生硫化铜矿物）中铜离子的活化，使闪锌矿不同程度地显示出类似于铜矿物的可浮性；有的闪锌矿其可浮性比黄铜矿还好。因此，硫化铜锌矿石的分选是比较困难的。

硫化铜锌矿的浮选分离方法：

（1）硫化铜锌矿浮选的原则流程 常用的流程主要包括优先浮选、半优先（易浮铜矿物）混合（难浮铜和锌矿物）分离浮选、部分混合浮选、等可浮选等几种，其中半优先混合分离浮选和等可浮选流程更能适应铜或锌矿物本身可浮性差异大的矿石。就磨浮段数而言，对于致密共生难以分离的铜锌矿石多采用混合精矿再磨、粗精矿再磨或中矿再磨的阶段磨浮流程。

（2）铜锌分离方法 铜锌混合精矿的分离难度较大。在分离之前通常都要采用活性炭和硫化钠等脱药，实践证明，最好的方法是脱药后再进行脱水重新调浆进行分离。

铜锌分离流程主要包括浮铜抑锌和浮锌抑铜两种，具体采用何种流程主要根据矿石（或混合精矿）中铜锌含量比例、矿物可浮性差异以及药剂来源和使用情况而定，尤其要根据获得的最终指标来决定。

若采用浮铜抑锌的分离方案。当铜矿物大部分为原生铜矿物时，最广泛使用的无氰分离方法为石灰＋硫化钠＋硫酸锌、石灰＋硫酸锌＋二氧化硫（或亚硫酸钠）法，而石灰＋氰化物法使用较少。当铜矿物主要为次生硫化铜时，在苏打介质中以铁氰化物3～6kg/t抑铜浮锌，也可以将混合精矿氧化、加温矿浆以抑制次生铜矿物浮锌。

硫化铜锌矿石中通常会含有硫化铁矿物。浮选的主要任务是解决铜、锌、硫的分离，尤其是铜锌的分离问题。

浮选流程需要通过对比试验，但可根据组成进行初步判断。硫化物含量高时应先考虑优先浮选或铜锌混合浮选后再浮硫的部分混合浮选流程；反之，则可考虑全浮选或优先浮铜后锌硫混合浮选。

3.8 氧化铅锌矿选矿方案示例

3.8.1 氧化铅锌矿

根据矿石的氧化程度，可将铅锌矿分为硫化铅锌矿、氧化铅锌矿和混合铅锌矿三大类。

硫化铅锌矿石和混合铅锌矿石主要采用浮选法，而氧化铅锌矿由于氧化率高、含泥多，很多又常与褐铁矿等氧化铁矿物致密共生，故较难选别，除采用浮选法外，一般难选的需采用选矿-冶金或单一冶金法处理。

3.8.1.1 氧化铅锌矿难选的原因

① 氧化铅锌矿的物质组成特别复杂，既有大量的可溶性盐，如碳酸盐、硫酸盐、硅酸盐、砷酸盐等氧化物，又有在氧化过程中产生的大量易泥化的褐土、铅矾，使浮选作业控制困难。可溶盐不仅凝聚矿泥且能与碳酸根离子作用生成碳酸钙沉淀，覆盖在矿物表面，影响氧化铅锌矿的浮选。

② 氧化铅锌矿结构、构造复杂，多呈粒状、束状、放射状、球粒状、胶状、交代、包裹、乳滴状固溶结构。有用矿物嵌布粒度大小不一，嵌布关系也较复杂，铅、锌氧化物中，异极矿、菱锌矿、白铅矿、铅矾等与脉石矿物呈错综复杂的毗连镶嵌，相互穿切、包裹、交代。

③ 氧化铅锌矿矿石泥化严重，它们的存在对氧化铅锌矿浮选技术指标造成严重的影响。由于矿泥质量小、比表面积大、表面未饱和键力大、电荷多，形成的表面水化膜厚，导致细粒目的矿物亲水性较强，难以回收，从而降低了浮选指标。

3.8.1.2 氧化铅锌矿浮选原则流程

迄今为止，处理氧化铅锌矿的方法有硫化浮选法、阴离子捕收剂直接浮选法、螯合剂-中性油浮选法、浸出-浮选法等，其中硫化浮选法是主要的。由于铅、锌矿床常常同时存在硫化矿、硫化氧化混合矿和氧化矿，随着选矿技术的迅速发展，多金属氧化矿浮选常使用的原则流程如下：①先铅后锌的优先浮选（其选别顺序是硫化铅—氧化铅—硫化锌—氧化锌）；②先选硫化矿后选氧化矿的分段浮选（其选别顺序是硫化铅—硫化锌—氧化铅—氧化锌）；③先浮易浮矿后浮难浮矿的等可浮原则流程。

第一种流程药剂制度控制严格，且药剂用量较大，浮选指标不高，只适用于处理原矿品位较高、氧化率不高的矿石。第二种流程适用性较好，它具有如下特点：硫化锌在氧化铅之前浮出，与先浮选氧化铅、后浮选硫化锌流程相比，可以避免活化氧化铅时，硫化钠的强烈抑制，硫化锌浮选的活化较容易，利于提高锌精矿的品位和回收率；再浮选氧化铅矿时，又不受硫化锌的干扰，利于降低氧化铅精矿中的含锌量，提高铅的回收率。但当铅的氧化率过高时，由于一部分易浮氧化铅矿物在浮硫化锌时上浮，不利于降低锌精矿中的含铅量。此类流程适用于处理原矿品位较低、氧化率不太高的矿石。第三种流程不仅具有第二种流程的优点，而且还解决了易浮氧化铅在选硫化锌时部分上浮的问题。因此，它是比较合理的选别流程，其选别指标较高，但药剂用量较大。

3.8.1.3 氧化铅锌矿常用的浮选药剂

(1) 捕收剂　黄药类捕收剂主要包括黄药、黄药酯等。

① 硫氮类，如乙硫氮，其捕收能力较黄药强。它对方铅矿、黄铜矿的捕收能力强，对黄铁矿捕收能力较弱、选择性好、浮选速度较快、用途比黄药少。对硫化矿的粗粒连生体有较强的捕收比。它用于铜铅硫比矿分选时，能够得到比黄药更好的分选效果。

② 黑药类，黑药是硫化矿的有效捕收剂，其捕收能力较黄药弱，同一金属离子的二烃基二硫代磷酸盐的溶度积均较相应离子的黄原酸盐大。黑药具有起泡性。工业常用黑药有25号黑药、丁铵黑药、环烷黑药。其中丁铵黑药（二丁基二硫代磷酸铵）为白色粉末，易溶于水，潮解后变黑，有一定起泡性，适用于铜、铅、锌、镍等硫化矿的浮选。弱碱性矿浆中对黄铁矿和磁黄铁矿的捕收能力较弱，对方铅矿的捕收能力较强。

(2) 调整剂　调整剂按其在浮选过程中的作用可分为抑制剂、活化剂、介质pH调节剂、矿泥分散剂、凝结剂和续凝剂。调整剂包括各种无机化合物（如盐、碱和酸）、有机化合物。同一种药剂，在不同的浮选条件下，往往起不同的作用。氧化铅锌矿浮选常用的抑制剂主要包括石灰（有效成分 CaO）、氰化物（NaCN、KCN）、硫酸锌（$ZnSO_4$）、亚硫酸（H_2SO_3）、亚硫酸盐（如 Na_2SO_3）、硫酸铜（$CuSO_4$）等。

3.8.2 混合铅锌矿的选矿案例

以四川某铅锌选矿厂为例进行选矿技术方案的介绍。

3.8.2.1 矿石的构造

矿石呈现灰色、土黄色、黄褐色、红褐色。在部分灰色矿石中可见白云石集合体，部分灰色和红褐色矿石中的矿石集合体无方向性，但分布均匀，具有块状构造。土黄色矿石通常呈土状、多孔状，大多数方铅矿颗粒呈不均匀浸染状分布其中，铅锌矿主要富集以此类构造存在。闪锌矿、黄铁矿通常呈星散状、稀疏浸染状赋存于灰色矿物之中，矿石主要以氧化铅锌为主，硫化铅锌为辅。

3.8.2.2 矿石的结构

借助扫描电镜及 X 衍射等分析发现，该铅锌矿石主要结构包括泥-微晶结构、粉-细晶结构、细-中晶结构、交代残余结构、变余泥质结构、氧化（蚀变）结构、氧化残余结构、半自形-自形-他形粒状结构、假象结构等。

① 泥晶-微晶结构　矿石的主要结构，矿石中大部分白云石、菱锌矿、方解石粒度均在 0.004～0.03mm，与铁、泥质混杂分布，镜下观察呈浑浊状，泥质菱锌矿与泥质白云石、方解石无明显直接关系，泥质菱锌矿与针铁矿关系密切，呈现泥晶-微晶状与白铅矿、方铅矿混杂分布。

② 粉晶-细晶结构　该结构的矿物，粒度一般在 0.03～0.2mm，多见于矿石孔洞边缘的菱锌矿。此外，方铅矿周边氧化蚀变的白铅矿也具有此种结构。

③ 细晶-中晶结构　矿石的主要结构之一，粒度一般在 0.06～0.5mm，通常由白云石组成，白云石呈他形粒状，颗粒之间彼此紧密镶嵌。

④ 交代残余结构　主要见于土黄色、灰色及黄褐色的矿石中，由粒度小于 0.004mm 的钙镁质及铁质组成，白云石沿其裂隙及边缘充填交代。在土黄色、灰色矿石中，闪锌矿呈稀疏浸染状分布于结晶白云石集合体中。

⑤ 变余泥质结构　矿石主要由粒度小于 0.004mm 的钙镁质及铁泥质组成，因变质交代作用，部分钙镁质矿物被富含碳酸盐的热液交代为方解石和白云石，白云石呈菱面体状，其中包有大量残余的铁泥质矿石。

⑥ 氧化（蚀变）结构　方铅矿沿其颗粒边缘氧化蚀变呈氧化态。氧化边缘主要由粒度为 0.02～0.1mm 的白铅矿集合体组成，白铅矿集合体呈胶态环带状围绕方铅矿，白铅矿单体粒度一般在 0.002mm 以下，呈微晶-泥晶状。

⑦ 氧化残余结构　矿石中可见残余黄铁矿分布于褐（针）铁矿中，残余方铅矿分布于白铅矿中。

⑧ 半自形-自形-他形粒状结构　矿石中闪锌矿、方铅矿、部分黄铁矿呈他形粒状，部分黄铁矿呈半自形-自形粒状，呈稀疏浸染状分布于矿石中。

⑨ 假象结构　矿石中部分褐（针）铁矿呈假象状、稀疏浸染状分布。

3.8.2.3 矿石性质

矿石光谱分析、化学多元素分析、铅锌物相分析结果分别见表 3-21～表 3-24。

表 3-21　某铅锌矿光谱分析结果

元素	Ba	Be	As	Si	Sb	Ge	Mn	Mg
含量/%	0.03	<0.0001	<0.01	0.1	<0.01	<0.001	2.0	5.0
元素	Pb	Sn	W	Ga	Cr	Bi	Al	Mo
含量/%	>3	<0.001	<0.01	<0.001	<0.01	<0.001	1.0	<0.001
元素	V	Ti	Li	Cd	Ca	Cu	Zn	Ni
含量/%	<0.001	<0.001	<0.001	0.05	>5	<0.005	>3	0.001
元素	Co	Fe	Y	Yb	La	Nb	Zr	Sr
含量/%	0.001	>10	<0.001	<0.003	<0.001	<0.001	<0.001	<0.01
元素	K	Na	Ag	Sc	P	B		
含量/%	<1	<0.01	0.01	<0.001	<0.1	<0.01		

表 3-22　某铅锌矿多元素分析结果

元素	S	Ca	TFe	Al	SiO$_2$	Mg	Zn	Pb
含量/%	0.52	9.38	18.26	0.68	0.82	3.70	11.55	8.96

表 3-23　矿石中锌的物相分析结果

物　相	菱锌矿中的锌	硫酸锌中的锌	闪锌矿中的锌	合计
锌的含量/%	10.10	0.001	1.21	11.311
分布率/%	89.29	0.01	10.70	100.00

表 3-24　矿石中铅的物相分析结果

物　相	白铅矿中的铅	铅矾中的铅	鳞氯铅矿中的铅	方铅矿中的铅	合计
铅的含量/%	5.76	0.38	0.35	2.24	8.73
分布率/%	65.98	4.35	4.01	25.66	100.00

根据表中结果可知，主要回收对象为铅和锌，其他元素在目前技术经济条件下无工业价值。铅、锌主要以方铅矿、白铅矿、闪锌矿和菱锌矿形式存在，铅、锌氧化率较高，均在30％以上，属高氧化率难处理铅锌矿石。

3.8.2.4　矿物的嵌布特征

① 菱锌矿（ZnCO$_3$）　矿石中锌的主要存在形式，含量约 19.4％，镜下观察约 80％的菱锌矿呈泥晶-微晶状，粒度一般在 0.004～0.03mm，与泥晶-微晶褐（针）铁矿混杂分布，约 15％的菱锌矿呈粉晶-细晶状，粒度在 0.03～0.2mm，产于矿石的孔洞中，这部分菱锌矿晶体洁净明亮，呈他形粒状，颗粒之间彼此紧密镶嵌，含量约 5％的菱锌矿次生重结晶，粒度在 0.004～0.2mm，晶体浑浊，包裹很多点状褐（针）铁矿；菱锌矿与方铅矿、白铅矿、褐（针）铁矿关系紧密，常与褐（针）铁矿混杂形成矿石，方铅矿、白铅矿呈浸染状分布其中，双目显微镜下呈白色-无色、玻璃光泽，染铁质后显土黄褐色。就成因而言，菱锌矿从原闪锌矿风化蚀变而来，同时又在富含碳酸根溶液的作用下形成，风化蚀变强烈的原结构已破坏，元素迁移，最后形成和白云石共生的菱锌矿。部分风化相对较弱，元素没有迁移或迁移不远的菱锌矿和风化残余（铁泥质）共生，铁质部分来自原蚀变前的铁闪锌矿中的铁，部分具有原闪锌矿的假象，由于该部分的菱锌矿常和铁泥质相互浸染，表面活性有所改变，对选矿不利。

② 闪锌矿（ZnS）　矿石中含量较低，约为 1.76％，主要见于土黄色、灰色的矿石中，与白云石关系极为密切；镜下呈他形粒状，呈星散浸染状分布于细晶白云石中；双目镜下呈黑褐色，金刚光泽，粒度一般在 0.02～1.0mm，其工艺粒度测量结果见表 3-25。闪锌矿形成时间相对较早，形成于富含碳酸根热液作用的中早期，常和白云石等碳酸盐共生。

表 3-25 闪锌矿的工艺粒度测量结果表（横尺面测法）

序号	粒级范围/mm	比粒度		颗粒数	面积含量分布	含量分布	累积含量
		d	d^2		nd^2	nd^2/%	$\sum nd^2$/%
1	$-1.472+0.736$	64	4096	3	12288	19.3	19.3
2	$-0.736+0.368$	32	1024	34	34876	54.7	74.0
3	$-0.368+0.184$	16	256	47	12032	18.9	92.9
4	$-0.184+0.092$	8	64	57	3648	5.7	98.6
5	$-0.092+0.046$	4	16	40	640	1.0	99.6
6	$-0.046+0.023$	2	4	46	184	0.3	99.9
7	-0.023	1	1	44	44	0.1	100
合计	—			271	63652	100.0	—

③ 白铅矿（$PbCO_3$）　矿石中铅的主要存在形式，含量约7.43%，双目显微镜下呈乳黄色、草黄色，它形粒状，油脂光泽；主要见于土黄色多孔状矿石中，多产于方铅矿的边缘，呈氧化边状或方铅矿的假象状，是方铅矿氧化蚀变的产物，粒度一般在0.02~0.1mm，集合体粒度一般0.1~2.0mm，方铅矿边缘的白铅矿集合体呈胶态环带状；与菱锌矿、褐（针）铁矿关系密切，呈稀疏浸染状产于泥晶-微晶菱锌矿、褐（针）铁矿之间。白铅矿的成因类似菱锌矿，风化相对较弱，没有迁移或迁移不远的白铅矿常形成方铅矿的蚀变边。以类质同象形式赋存于原方铅矿中的银，在方铅矿中蚀变呈氧化银的形式，粉末浸染状分布。

④ 方铅矿（PbS）　方铅矿的含量约为2.59%，铅灰色，强金属光泽，同白铅矿一样，产于多孔矿石中，他形粒状，粒度一般在0.006~7.0mm，大颗粒边缘常氧化为白铅矿，局部残余赋存于白铅矿中，部分颗粒的方铅矿已完全氧化为白铅矿，与菱锌矿及褐（针）铁矿关系密切，呈稀疏浸染状产于泥晶-微晶菱锌矿及褐（针）铁矿之间。

⑤ 白云石［$CaMg(CO_3)_2$］　矿石中的主要脉石矿物之一，含量约为29.4%。镜下呈灰白色，他形粒状，染铁质者呈褐黄色，在矿石中有五种存在形式：a. 以白云质岩屑的形式存在，呈细砾状、滚圆状；b. 以填隙物（胶结物）的形式存在于白云质岩屑间，颗粒之间常有铁质伴生；c. 以泥晶的形式存在于钙镁质泥岩中，这部分白云石常与泥晶方解石、褐（针）铁矿混杂分布，显微镜下难以区分，经X衍射分析，这一类矿石由白云石、方解石及褐（针）铁矿组成；d. 以细晶-中晶形式存在于细晶-中晶的白云岩中，这一部分矿石呈灰白色，白云石在其中呈他形粒状，颗粒之间彼此紧密镶嵌；e. 是以变晶的形式存在，这部分白云石常充填交代钙镁质泥岩，与锌关系密切，闪锌矿多稀疏浸染状分布其中，粒度一般在0.004~2.0mm。

⑥ 褐（针）铁矿（FeOOH）　矿石中主要的脉石矿物之一，含量约为27.45%，黄褐色至黑褐色，土状-半金属光泽，它形粒状或为黄铁矿的假象状。粒度一般在0.004~1.2mm。在矿石中有两种存在形态：一种呈他形粒状、细网脉状、尘点状分布于各种矿物之间，常将白云石、方解石、菱锌矿等染成褐黄色；另一种呈黄铁矿的假象状，这一类褐（针）铁矿一般呈稀疏浸染状分布于钙镁质泥岩中，呈泥晶状、细网脉状，褐（针）铁矿与菱锌矿的关系密切，常与菱锌矿混杂分布。

⑦ 方解石（$CaCO_3$）　矿石中次要的脉石矿物，含量约为7.5%，常与白云石、褐（针）铁矿混杂分布，镜下观察浑浊难辨，经X射线衍射分析主要矿物为白云石、方解石和褐（针）铁矿，与铅锌关系不明显。粒度一般在0.004~0.02mm。

⑧ 绢云母（$K\{Al_2[AlSi_3O_{10}](OH)_2\}$）　矿石中少量的脉石矿物，含量约为3.3%，矿石中与泥晶-微晶白云石、方解石及褐（针）铁矿混杂分布，呈细小鳞片状，粒度一般小

于 0.006mm。

⑨ 石英（SiO₂） 铅锌矿中含量较少的脉石矿物之一，含量约为 0.3%，仅在砾状构造的矿石中可见，呈碎屑状，粒度一般在 0.02～0.2mm。

⑩ 黄铁矿（FeS₂） 矿石中少量的金属矿物，在矿石中多呈他形粒状，部分呈半自形-自形粒状、星散浸染状分布于矿石中，偶见残余状分布于褐（针）铁矿中，粒度一般在0.002～0.5mm。

3.8.2.5 矿石生产实践

（1）试验方案的选择 处理高氧化率铅锌矿石一般采用三种浮选方法，即：①脂肪酸及其皂类捕收剂浮选；②含长链—CH 和—SH 基捕收剂直接浮选；③硫化后用黄药或胺类捕收剂浮选。采用脂肪酸或皂类直接浮选，由于氧化铅、锌所伴生的碱性脉石矿物易浮，从而造成浮选指标较低；用长链—CH 基和—SH 基作捕收剂，20 世纪 70 年代在工业实践中尚未得到稳定的结果，目前，采取预先硫化、黄药浮选是在工业条件下从原矿石中高效回收氧化铅矿物的有效浮选方法。对氧化锌矿物而言，采用硫化后的胺法浮选，则是目前回收氧化锌矿物的主要方法。尽管如此，在处理铅、锌氧化矿和混合矿时，由于矿石成分的复杂和不稳定、采用的浮选工艺和药剂制度不够完善等原因，选别效果往往并不理想。本研究采用第三种试验方案进行处理。

（2）试验流程 铅锌矿浮选试验流程见图 3-52。

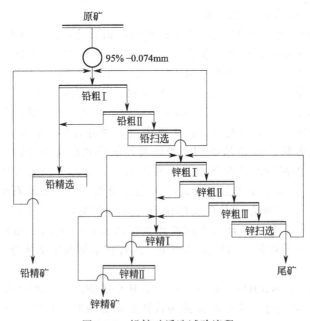

图 3-52 铅锌矿浮选试验流程

（3）浮选药剂制度 铅锌浮选闭路试验药剂制度如表 3-26 所示。

表 3-26 铅锌浮选闭路试验药剂制度 单位：g/t

作业名称	Na₂S	ZnSO₄	CuSO₄	腐殖酸钠	Na₂SiO₃	六偏磷酸钠	异丁基黄药	十二胺	2# 油
铅粗Ⅰ	1600	600		80	1600		150		80
铅粗Ⅱ	800	300		80	1600		75		40
铅精选				40	400		50		20
铅扫选	400	150		40	800		50		20

作业名称	Na₂S	ZnSO₄	CuSO₄	腐殖酸钠	Na₂SiO₃	六偏磷酸钠	异丁基黄药	十二胺	2# 油
锌粗Ⅰ	3200		400	160	800	80		150	
锌粗Ⅱ	1600		200	80	400	40		100	
锌粗Ⅲ	800		100	40	200	40		75	
锌扫选	400				200	20		50	
锌精Ⅰ					300				
锌精Ⅱ					150				
合计	8800	1050	700	520	6450	180	325	375	160

（4）全流程闭路试验结果　全流程闭路试验结果如表 3-27 所示。

表 3-27　全流程闭路试验结果

试验流程	产品名称	产率/%	品位/%		回收率/%	
			Pb	Zn	Pb	Zn
选铅：两粗一精一扫	铅精矿	12.77	66.10	2.87	88.27	3.12
	锌精矿	21.06	1.62	48.78	3.57	87.57
选锌：三粗两精一扫	尾矿	66.17	1.18	1.65	8.16	9.31
	给矿	100.00	9.56	11.73	100.00	100.00

（5）试验结论

① 对于本实例中的铅浮选，采用硫化-黄药浮选法是可行的。浮选过程中依据先硫后氧的原则，即添加硫化钠硫化其中的氧化铅，与易浮的硫化铅一起进行浮选，获得铅粗精矿，再对粗精矿进行精选获得最终的铅精矿。

② 对于本实例中的锌浮选，采用常温硫化-胺浮选法。浮选过程中不单独浮选闪锌矿，而是与氧化锌一起混合浮选，浮选时添加硫化钠硫化其中的氧化锌，从而获得锌粗精矿，再对粗精矿进行精选获得最终的锌精矿。

3.8.3　氧化铅锌矿的选矿方案

迄今为止，处理氧化铅锌矿的方法有硫化浮选法、阴离子捕收剂直接浮选法、螯合剂-中性油浮选法、浸出-浮选法等，其中硫化浮选法是主要的。由于铅、锌矿床常常同时存在硫化矿、硫化氧化混合矿和氧化矿，因此就单一浮选流程而言，又分先铅后锌的优先浮选（其选别顺序是硫化铅—氧化铅—硫化锌—氧化锌）、先选硫化矿后选氧化矿的混合浮选（其选别顺序是硫化铅—硫化锌—氧化铅—氧化锌）、先浮易浮矿后浮难浮矿的等可浮等原则流程。

氧化铅矿的常规回收方法是硫化后用黄药捕收，硫化后用伯胺类捕收剂捕收是回收氧化锌矿的主要方法。

针对目前国内的中低品位氧化铅锌矿资源，研究重点倾向于选冶联合工艺流程，也就是选矿采用浮选的技术方案，生产出选冶联合技术要求的氧化铅锌精矿，但不一定是国标要求的高品位铅锌精矿；冶金可以采用硫酸完成浸、净化等一系列过程得到相应金属。如浮选—水冶联合工艺。

复杂的氧化铅锌矿石，一般需采用浮选—水冶联合方法，才能大量地回收金属，如苏联选矿厂设计院乌拉尔分院，采用浮选—水冶联合流程处理多金属氧化铅锌矿，结果获得较高的金属回收率。该矿石中金属矿物包括白铅矿、铅矾、铅铁矾、菱锌矿、少量的方铅矿、闪锌矿、孔雀石、赤铜矿、褐铁矿、氢氧化铁、黄铁矿、磁黄铁矿等，非金属矿物有石英、绢云母、黑云母等；原矿品位：铅 2.74%、铜 0.46%、锌 1.54%；矿石氧化率：铅 94.9%、锌 74.7%、铜 54.3%。该矿石的特点是矿物组成复杂，有价成分几乎完全是氧化矿，并存在大量的氢氧化铁，该矿石属难选氧化铅锌矿。

若只应用单一浮选法进行处理，只能得到 Pb 品位 39.95% 的铅精矿，回收率仅有 68.8%，铜和锌无工业回收价值。后来用水冶法处理铅浮选尾矿，21.4% 的铅、60.0% 的铜和 84.3% 的锌得到了有效回收。将此思想应用于工业实践，即采用"浮选-水冶联合流程"，最终达到铅 90%、铜 60%、锌 84.3% 的回收指标。工艺流程见图 3-53。

前苏联曾有人用单一浮选法从某氧化铅锌矿中回收铅和锌，其浮选回收率分别为 76.9% 和 63%～66%。若采用浮选-水冶法处理，在确保铅回收率相同的前提下，铅的品位提高约 10 个百分点；锌的回收率从 63%～66% 提高到 69.7%；此外，还回收了 43.4% 的铜。

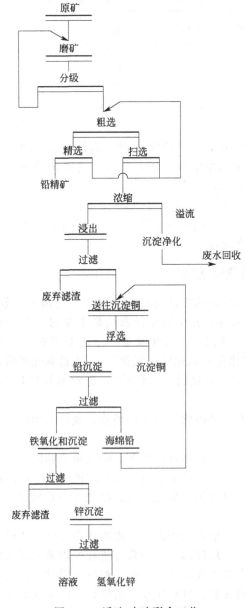

图 3-53　浮选-水冶联合工艺

复习思考题

1. 矿石性质研究的内容涉及哪些方面？
2. 阐述矿石性质研究对选矿试验研究的重要性。
3. 有用元素和有害元素的赋存状态与矿石的可选性有何关系？
4. 矿物的嵌布粒度特性与矿石的可选性有何关系？
5. 说明选矿产品考察的内容和方法。
6. 绘制粒度组成特性图有哪些方法？试用课本中表 3-9 数据绘制粒度特性曲线。
7. 什么是摩擦角和堆积角？如何测量？
8. 连生体有哪些类型？分别简述其结构特征。
9. 简述影响浮选工艺的因素。

第 **4** 章

重 选 试 验

4.1 概述

重选是主要的选矿方法之一，是基于矿石中不同粒度间存在的密度差（或粒度差），借助流体作用和一些机械力作用，提供适宜的松散分层和分离条件，从而得到不同密度（或粒度）产品的生产过程。重选过程都是在运动的介质中进行，常用的介质有空气、水及密度大于水的重介质，其中应用较多的是水介质。

同其他选矿方法相比，重选过程成本较低，对环境污染少，因而在可选性研究工作中，凡是有可能用重选法选别的矿石，都应首先考虑做重选试验。

在各种湿法选别过程中，重选所处理的物料相对较粗，粒度范围相对较宽，不同粒度物料所要求的重选设备不同，即使可以采用同一类设备处理的物料也常需分级选别，为了避免过粉碎对重选的不利影响，也需采用阶段选别流程，从而使得重选流程一般比较复杂，所用设备类型较多，因而在进行重选试验时，必须首先考虑试验流程和所选用的设备。

重选设备的操作相对简单，只要其入选原料的密度组成和粒度组成基本相同，选别条件也基本相同，重选过程中所发生的一些物理现象比较宏观，大多可以凭肉眼直接观察判断，因而在重选研究中，为寻找最佳工艺参数所需安排的条件试验数量一般不多。

根据介质的种类和作业的目的，重选可分为以下几种工艺方法：分级、重介质选矿、跳汰选矿、摇床选矿、溜槽选矿和洗矿。其中分级和洗矿是按粒度分离的作业，其他的均属按密度分选的作业。

4.2 重选可选性

利用重选方法对物料进行分选的难易程度可简易地用待分离物料的密度差判定，如式（4-1）所示。

$$E=\frac{\delta_2-\rho}{\delta_1-\rho} \tag{4-1}$$

式中　E——重选可选性判断准则；

　　　δ_1——轻物料密度；

δ_2——重物料密度；

ρ——介质密度。

一般认为，当 $E>5$ 时，属极易重选的矿石，除极细（小于 $5\sim10\mu m$）的细泥以外，各种粒度的物料都可用重选法选别；

当 $2.5<E<5$ 时，属易选矿石，按目前重选技术水平，有效选别粒度下线有可能达到 $19\mu m$，但 $38\sim19\mu m$ 级的分选效率已较低；

当 $1.75<E<2.5$ 时，属较易选矿石，目前有效选别粒度下限有可能达到 $38\mu m$ 左右，但 $75\sim38\mu m$ 级的选别已较困难；

当 $1.5<E<1.75$ 时，属较难选矿石，有效选别粒度下限一般为 $0.5mm$ 左右；

当 $1.25<E<1.5$ 时，属难选矿石，重选法只能处理不小于数毫米的物料，且分选效率一般不高；

当 $E<1.25$ 时，属极难选矿石，不宜采用重选法选别。

重介质选矿过程中，若取 $\rho\approx\delta_1$，则 E 将趋向无穷大，表明重介质选矿法原则上可用来分选密度差极小的矿物，理论上选别粒度应该可以很小，但由于技术上和经济上的原因，目前只能用来处理不小于 $0.5\sim3mm$ 的物料。

大部分金属矿物同脉石矿物的密度差均不小，用重选法都不难分选，但共生矿物相互间的分离则比较困难。例如，白钨矿与石英分离的 E 值为 3.1，与辉锑矿分离时 E 值则仅为 1.4。又如，锡石与石英：$E=3.8$，而锡石与辉铋矿：$E=1.05$，锡石与黄铁矿：$E=1.56$。

分选的难易程度与颗粒粒度也有关系，通常是物料的粒度愈细愈难选。一般来说，$-0.075mm$ 粒级的物料用常规的重选法进行处理就比较困难。即使是密度差很大的矿物，细级别的选别效率也总不及粗级别。

除了有用矿物和脉石的密度差以外，有用矿物在矿石中的嵌布特性是决定矿石能否采用重选的另一主要因素，只有在较粗破碎粒度下能使有用矿物大部解离的矿石，用重选法选别才能得到满意的结果。重选试验，通常就是从研究有用矿物在不同粒级、不同密度部分中的分布特性着手，并据此判断可能的入选粒度和选别指标。

4.3 重选试验方法及工作原理

重选试验研究的主要内容包括：重选矿石性质研究、重选设备及流程试验研究、重选操作参数优化试验研究及分选工艺对比性试验研究等内容。

4.3.1 试样的准备

试样的准备根据试验目的的不同而有所不同。如只考察矿石采用重介质选别的可能性时，$0.5\sim3mm$ 的物料通常不需进行研究；全面考察矿石重选的可能性时，研究内容包括试样上、下限粒度的确定；分级比的确定和所需原矿试样质量的确定，然后根据要求的粒度，将试样破碎、缩分和分级。

考查矿石的入选粒度，可将试样缩分为几份，分别破碎到不同粒度进行试验。例如，可将试样缩分为四份，分别破碎到 25mm、18mm、12(10)mm、6mm，筛出不拟入选的细粒，洗涤脱泥，晾干后分别进行试验；筛出的细粒（包括矿泥）烘干、称量，并取样进行化学分析，以便编制金属平衡。入选粒度上限可根据原矿鉴定报告中的矿物嵌布粒度大小确定，从粗级别开始试验，若在粗级别能得到满意的分离指标，则不必再对较细的试样试验，否则，应逐步降低入选粒度，直至得出满意的分离指标为止。

在目前重介质选矿技术水平下，重介质只能处理不小于 3～0.5mm 的物料，仅仅是为了考查矿石用重介质选别的可选性时，小于 3～0.5mm 的物料通常不进行研究。若需全面地考查矿石的重选可选性，则可根据选别的下限粒度确定研究的下限。

在试验的最初阶段，通常是将试样筛分成窄级别，洗去矿泥并晾干后，分别进行试验，然后再按照选定的粒度范围，用宽级别物料校核试验。窄级别试样的分级比，一般大致为 $\sqrt{2}～2$。

原始试样的总质量随物料粒度上限而异，应能满足试样最小质量 $q = Kd^2$ 的关系。例如对于 $-25mm$ 的试样，若 $K = 0.1～0.2kg/mm^2$，按 $q = Kd^2$ 的关系，最小质量为 62.5～125kg，而实际工作中只取 25～30kg。逐块测密度法分离块矿时，则一般要求各级的矿块数不小于 200 块，但在用宽级别试样进行重介质选矿的正式试验时，原始试样的质量必须满足 $q \geqslant Kd^2$ 的关系。

试样必须按正规的缩分方法进行缩分，试样质量或块数只要大致符合要求即可。

4.3.2 试验方法及原理

4.3.2.1 密度组分分析

密度组分分析是对物料进行筛分、重力分离、化学分析，其实质是在接近理想的条件下，将矿粒分离为不同密度组分，根据各部分的产率和品位，算出有用和有害成分的分布率。

在矿石可选性研究中，密度组分分析可以解决下列问题：

① 密度组分分析是实验室确定矿石重介质选矿可选性研究的基本方法。通过密度组分分析，可以确定该矿石采用重介质选矿的可能性、适宜的入选密度和分选密度，以及可能达到的选别指标，作为下阶段半工业试验的依据。对于组成简单的煤，可直接根据煤的密度组成以及所用选别设备的密度分配曲线推算实际可能达到的选别指标，并直接作为设计的依据。

② 对于需要采用其他重选方法选别的矿石，可根据不同粒级试样不同密度组分中金属分布的规律，判断该矿石的可选性，估计必需的入选粒度以及可能达到的最高指标。

③ 由密度分析结果间接地判断有用矿物在不同破碎粒度下单体解离的情况，并可估计必需的破碎粒度和可能达到的选别指标。

4.3.2.2 试验方法

矿石不同密度部分的分离，常用方法有三种：重液分离法、重悬浮液分离法及逐块测密度法。前两种又称为浮沉试验法，是重选试验最基本的方法。

(1) 重液分离法　重液分离是矿物分析和测定矿石中有用矿物浸染粒度最常用的方法之一。

在重介质选矿试验中，重液分离法是作为预先试验的方法，目的是确定重介质选矿过程的理论指标。其分离过程是将矿块置于一定密度的重液中时，密度大于重液的矿块将下沉，小于重液的矿块将浮到液面，与重液相近的则处于悬浮状态。据此可配制一套密度不同的重液，分离出矿石中各个密度不同的部分。

重液通常是指密度大于水的液体或高密度盐类的水溶液，包括有机重液、无机盐溶液和熔盐。液体密度受温度影响较大，因而有关密度数据均须注明温度，如相对密度 2.90(25/4℃) 表示 25℃时该液体同 4℃时纯水的密度比为 2.90，也可写作相对密度 $d_4^{25} = 2.90$。常用的有机重液主要是各种卤代烷，若欲分离更大密度的矿物，需利用各种易熔盐类，密度大于 $4g/cm^3$ 的易熔盐类有硝酸银、氯化铅和硝酸亚汞等。

① 测定金属矿石常用的重液

a. 杜列液，即碘化钾与二碘化汞按 1：1.24 的比例配成的水溶液，是矿石密度组分分析工作中最常用的无机重液，黄色透明，可与任何比例的水混合，最高密度 $3.17\sim3.19g/cm^3$。在工作中有时会析出游离碘而使颜色变暗，此时可加入金属汞 1 滴，置于水浴上蒸发并不时搅拌，即可恢复到正常状态。溶液易吸水，因而在使用过程中密度可能变化，必须经常检查。产品上带出的重液可用水洗回收。稀溶液则可用蒸发的办法浓缩再生。由于杜列液有毒，会腐蚀皮肤，会同金属及金属硫化物反应，故应用受到限制。

b. 三溴甲烷（$CHBr_3$）是无色重质液体，有氯仿气味，密度 $2.887g/cm^3$（25℃）、$2.891g/cm^3$（20℃）、黏度 $0.0018Pa \cdot s$（25℃）、沸点 149.5℃（$1.01325 \times 10^5 Pa$）、凝固点 8℃。不会使矿物分解，也不腐蚀橡胶，能与醇、苯、甲苯、氯仿醚、石油醚、丙酮和油类等任意混合，难溶于水。但受高热时易分解产生有毒的溴化物气体，随着储存时间的增长将逐渐分解为黄色液体，空气和光可加速其分解，应避光密闭保存，为使其稳定，可向其中加入 3%～4% 乙醇，同时其密度则降低到 $2.6\sim2.7g/cm^3$。

c. 四溴乙烷（$C_2H_2Br_4$）也是无色重质液体，密度 $2.953g/cm^3$（25℃）、$2.968g/cm^3$（20℃）、黏度 $0.0096Pa \cdot s$（25℃）、沸点 243.5℃（$1.01325 \times 10^5 Pa$）、凝固点 0.1℃。化学性质很不活泼。

d. 二碘甲烷（CH_2I_2）无色至亮黄色，密度 $3.308g/cm^3$（25℃）、$3.321g/cm^3$（20℃）、黏度 $0.0026Pa \cdot s$（25℃）、沸点 182℃（$1.01325 \times 10^5 Pa$）、凝固点 6.1℃。在阳光下极不稳定，有硫化矿存在时容易分解，分解后因碘的析出而使颜色变暗，变暗后的二碘甲烷密度将下降。为防止二碘甲烷分解可加入几片金属铜。二碘甲烷有毒，使用时应注意安全。

e. 克列里奇液，是甲酸铊和丙二酸铊配成的水溶液，淡黄色，25℃时饱和溶液密度 $4.3g/cm^3$，黏度 $0.031Pa \cdot s$，惰性溶液，可与任何比例的水混合而配成的重液。克列里奇液是已知的天然重液中密度最高者，但非常稀贵，对皮肤腐蚀性极强。

f. 硝酸盐

ⅰ. 硝酸银（$AgNO_3$），相对密度 4.1，熔点 198℃。

ⅱ. 硝酸银和碘化银合金，碘化银（AgI）密度 $6g/cm^3$，熔点 552℃。硝酸银和碘化银按不同比例混合可得密度为 $4.1\sim6.0g/cm^3$ 的熔融体，而熔点下降为 65～70℃，当 2 份碘化银同 3 份硝酸银混合可获得密度为 $5g/cm^3$ 的熔融体。

ⅲ. 硝酸亚汞（$HgNO_3 \cdot H_2O$），密度 $4.3g/cm^3$，熔点 70℃。

ⅳ. 氯化铅（$PbCl_2$），密度 $5.0 g/cm^3$，熔点 468℃。

② 重液分离操作技术　重液分离的操作方法根据试样的粒度、质量和重液的类型来选择。重力沉降分离的粒度下限与矿粒的相对密度和重液的黏度有关，一般为 $0.1\sim0.075mm$，粒度过小沉降时间过长，矿粒密度小特别是重液黏度大时沉降更慢。在离心力场中分离时，离心加速度可大到为重力加速度的 1000 倍以上，因而粒度下限可大大降低，但对小于 10～5 μm 的矿泥，一般不要求进行重液分离试验。

a. 块状和粗粒（大于 1～0.5mm）物料的分离试验　通常在容积大于 250mL 的烧杯、玻璃缸、白铁筒等普通筒形容器中进行。首先将不同密度的重液按要求配好，分别置于不同容器中；然后将洗净的试样分小批给入重液中，搅拌后静置分层；用带孔的瓢分别将浮物和沉物捞出，待全部试样分离完毕后再依次转入下一个密度较大或较小的重液中再次进行分离，直至将试样全部按要求分离为不同密度组分时为止。例如，先用相对密度 2.6 的重液分离出浮物和沉物，浮物作为最终产品，沉物再用相对密度 2.7 的重液分离，如此类推，最后将试样分成−2.6、−2.7～+2.6、−2.8～+2.7、−2.9～+2.8、−3.0～+2.9、+3.0 等不同相对密度的产物，但若发现某一个密度的产物其产率甚大，也可增加一个分离密度，将该部分再分成两个部分。将所得各个密度组分的产品分别洗涤、烘干、称重、并磨细、取样、送化学分析；洗下的重液可再生使用。

b. 中粒（小于 1～0.5mm 而大于 0.1～0.075mm）物料的分离试验　一般应采用带玻璃旋塞的玻璃分液漏斗，无专门分液漏斗时也可用带胶皮管的普通漏斗，但碘化汞和碘化钾溶液对橡胶有腐蚀作用，不能采用带胶皮管的漏斗。分离时先向漏斗中注入重液，然后给入试样，用玻璃棒搅拌数次，静置分层，不搅拌时要盖上漏斗盖或表面皿，以防重液挥发。分层完毕后打开旋塞或夹子将沉物和浮物分别放到带滤纸的过滤漏斗上，过滤、洗涤、烘干、称重、取样、送化学分析；滤出和洗下的重液可再生使用。

c. 细粒（小于 0.1～0.075mm）物料的分离试验　利用离心试管作分离容器，在手摇或电动离心机中分离。市售普通电动离心机所附离心试管强度往往不够，此时需要专门定制高强度的离心试管供重液分离试验用。为了便于使浮物和沉物分离，也可使用特制的带塞子的泰勒式离心试管［图 4-1(a)］或带旋塞的斯列德离心试管［图 4-1(b)］作分离容器。

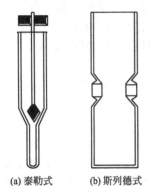

(a) 泰勒式　(b) 斯列德式

图 4-1　重液分离用离心试管

操作时，离心机中位于对称位置的两个试管所装的试样质量要相近，否则高速旋转时玻璃管会破裂，在离心机位于对称位置的两个试管中装入质量相等的物料（否则高速旋转时试管会破裂）；离心机转速应渐增，一般最高 3000～4000r/min，持续 3～5min，再逐渐减速停止；离心试管上层浮物用玻璃棒拨出或用小网勺捞出；下层沉物则随同重液一起倒出；分别过滤、洗涤、烘干、称重、送化学分析；重液再生回收。

d. 物料在熔盐中的分离试验　将试样倒入试管中，加入所选用的易熔盐类，加热至所要求的温度，使介质熔融呈液态；在重力场或离心力场中让轻、重矿物分离；分离完全后让熔融体冷却凝固；用锉刀或电流将试管在适当地方截断，即可将轻、重矿物分别取出；根据易熔盐的性质选用适当的溶剂，如热水或酸溶液将介质溶解，试样经洗涤干燥后送去加工。

(2) 重悬浮液分离法　重悬浮液是由密度大的固体微粒分散在水中构成的非均质两相介质。因黏度小、稳定性好、易于回收，故目前生产上重介质选矿多数采用重悬浮液作为介质。对于重介质选矿作业，重液分离只能算做预先试验，最后还需在实际悬浮液中进行正式分离试验。有时由于重液缺乏、物料粒度粗、试样多或矿石松散，可不经重液分离而直接用悬浮液分离法进行分离试验。由于细粒物料与介质混杂后难以分离，因此，重悬浮液分离法不适于处理细粒物料。

① 加重剂　重悬浮液分离试验中常用的介质加重剂见表 4-1。由于悬浮液的最大密度

表 4-1　常用加重剂

加重剂	加重剂密度/(g/cm³)	可能达到的悬浮液最大密度/(g/cm³)	莫氏硬度
重晶石(BaSO₄)	4.4	2.2	3.0～3.5
磁黄铁矿(FeₙSₙ₊₁)	4.6	2.3	3.5～4.5
黄铁矿(FeS₂)	5.0	2.5	6.0～6.5
磁铁矿(Fe₃O₄)	5.0	2.5	5.5～6.5
砷黄铁矿(FeAsS)	6.0	2.8	5.5～6.0
细磨硅铁(85%Fe、15%Si)	6.9	3.1	7.0
粒状硅铁(90%为球形颗粒)(85%Fe、15%Si)	6.9	3.5～3.8	7.3～7.6
方铅矿(PbS)	7.5	3.3	2.5～2.75

很难超过加重剂密度的 50%，在矿石的密度组分分析试验中，主要采用硅铁、方铅矿等密度大的加重剂。在重介质悬流器中分离时，由于实际分离密度将大于悬浮液密度，故可使用密度较低的物料做加重剂，如砷黄铁矿、磁铁矿、黄铁矿、磁黄铁矿以及轧钢皮等介质。在实验室研究阶段，通常是利用挑选的大块纯矿物粉碎后制成介质，因而实际密度可接近于表列密度；在半工业和工业试验阶段，则一般只能使用相应的选矿产品代替，例如，用浮选铅精矿代替纯方铅矿，因而其密度将小于表列密度。

方铅矿通常磨到 $-45\mu m$ 占 70%～80%，易磨，能得到比较稳定的悬浮液，可用浮选法回收再用。但其硬度低、易泥化，配制的悬浮液黏度高，且易损失，因此，现已逐渐少用。

硅铁通常需磨到 $-45\mu m$ 占 60%～65%，硬度大、难磨，在给入磨矿机前应尽可能地破碎到较小粒度，磨碎时间很长，要用淘析的方法周期地取出细粒，潮湿的硅粒应保存在水中，否则会迅速氧化。硅铁含硅量一般为 13%～18%，当含硅量低于 13% 时磁性增加，但硬度增大，难以磨碎，且在水中易于氧化；含硅超过 18% 时，磁性减弱，磁选回收困难。

按规定的重介悬浮液密度配制一定体积的悬浮液，所需加重剂的质量可按式（4-2）计算。

$$m = \frac{V\rho_s(\rho_p - \rho_1)}{\rho_s - \rho_1} \tag{4-2}$$

式中　　m——悬浮液中固体（加重质）的质量，kg；

　　　　V——重介质悬浮液的体积，m^3；

　　　　ρ_p——重介质悬浮液的密度，kg/m^3；

　　　　ρ_1——水的密度，kg/m^3；

　　　　ρ_s——加重剂的密度，kg/m^3。

② 重悬浮液分离操作技术　　分离操作可在直径和高均为 200～300mm 的圆筒或倒截锥形容器中进行，并在里面再套一个带漏底（筛网）的内筒，如图 4-2(a) 所示，以便于取出沉物。操作方法与重液分离试验类似，主要差别是悬浮液为非均匀介质，静置时会分层，必须不断搅拌才能保持密度的稳定。

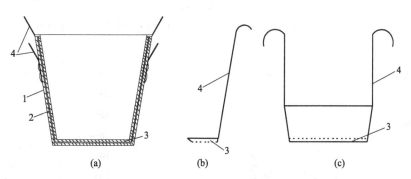

图 4-2　重悬浮液分离试验设备
1—外筒；2—内筒；3—筛网；4—漏勺

将配好的悬浮液注入分离容器，不断搅拌，测定并调节介质密度，调至要求数值后，一边缓慢搅拌，另一边加入预先用同样悬浮液浸湿的试样。停止搅拌后静置 5～10min，用漏勺 [图 4-2(b)] 将悬浮液表面（插入深度约相当于一块最大矿块的尺寸）的浮物捞出，然后再取出沉物。除浮物和沉物外，如还有大量密度与悬浮液相近的矿块处于不浮不沉状态，则应单独收集。取出的产物分别置筛子上用水冲洗，必要时再利用带筛网的盛器 [图 4-2(c)] 置于清水桶中淘洗，待完全洗净黏附于其上的悬浮质后，分别烘干、称重、磨细、取样、送化学分析。若有必要，洗下的悬浮质可用选矿的方法再生后回收再用。

（3）逐块测密度法　常用的重液价格较高，且大多有毒或有腐蚀性，处理块状（＞10mm）物料时可采用逐块测密度的方法来分离矿块。测定前先将试样筛分成窄级别，用四分法从每个粒级中缩分出约200个矿块作为试样，分别用水冲洗、晾干，然后用比重天平逐块测定其密度。

将测定过密度的矿块，按一定的密度间隔分为几堆（即不同的密度组分），分别称重、破碎磨细、取样、送化学分析。划分密度间隔的原则是，靠近分离密度的地方间隔取窄些，高密度范围间隔取宽些，且要保证每一密度组分的矿块数均不致过少，因此，可以多分几堆，然后根据各堆的质量适当合并，最后有五六个不同密度的组分即可。

4.3.2.3　可选性曲线

密度组分分析试验得到的原始数据是密度级别、质量和品位，需进一步计算各级别的产率和金属分布率，对于金属矿可用迈尔曲线（简称M曲线）表示。对于分离指标与分离密度间的关系可用重悬浮液选矿可选性曲线表示。

迈尔曲线是用矢量图解法绘制的、表示矿石可选性的一种曲线，矢量的投影代表产品的产率，矢量的方向代表某一成分的含量，适用于确定矿石的密度组成或嵌布特征。绘制该曲线时，只需矿石浮沉试验数据中的重产物累计产率和金属量两组数据。精矿品位 β 可根据M曲线的斜率求出，因此M曲线表达了精矿产率、精矿品位和金属回收率的关系。为了求任一产率下的精矿品位，可用解析法，也可用图解法。

图4-3是某锰矿石的M曲线，曲线上 b 点处，其产率等于 Ob 在横坐标上的投影 Oa，金属量等于 Ob 在左侧纵坐标上的投影 Oc，品位见式(4-3)。

$$\beta = \frac{ab}{Oa} = \frac{Oc}{Oa} \tag{4-3}$$

若用图解法，则可由坐标原点 O 引直线经 b 点交于右侧纵坐标 d 点，根据相似三角形对应边成比例的原理，则可得式(4-4)。

$$\beta = \frac{ab}{Oa} = \frac{ed}{Oe} \tag{4-4}$$

由于线段 Oe 代表 $\gamma = 100\%$，故线段 ed 的长度即代表品位，其数值是对应的金属量值的 1/100。

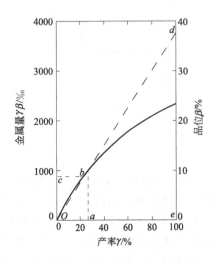

图4-3　某锰矿石的M曲线

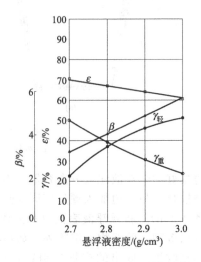

图4-4　重悬浮液选矿可选性曲线

图 4-4 即为重悬浮液选矿可选性曲线，可用于直接表达重产物产率、品位、回收率，以及轻产物产率等分离指标同分离密度间的关系，适用于确定重介质选矿法的指标。

4.4 重选试验设备及操作

4.4.1 重选试验设备

重选处理的物料粒度相对较粗，粒度范围也宽，不同物料需选用不同的设备进行选别，即使可以采用同一类设备处理的物料也常分级选别。为了避免过粉碎对重选的不利影响，常采用阶段选别流程，因而流程组合复杂，设备类型也较多。在实验室试验中采用生产过程中设备的模型化设备，并严格地按照相似原理进行模型试验，从而正确地判断和预测生产设备的生产能力、操作参数和选别指标。

原型和模型的比例不能过大，即试验设备的规格不能过小，比例过大时将无法满足实际上所要求的相似条件。对于为选矿厂设计提供依据的重选流程试验，目前一般倾向于采用半工业型的试验设备。

以下为重选试验过程中常用的设备。

4.4.1.1 洗矿设备

在实验室试验过程中主要采用人工筛洗法及逐块刷洗进行洗矿，这实际上是在理想状态下将矿块（或矿砂）同矿泥分开，所得到的有关产品的产率、品位和金属分布率等指标只能看作是理论指标。

4.4.1.2 筛分、分级和脱泥

筛分、分级和脱泥都是按粒度进行分离，可统称为分级。一般大于 $2\sim0.5$mm 时采用筛分的方法，小于此值时用水力分级。

（1）筛分　在实验室试验中大块物料通常采用人工进行筛分，细粒可采用人工筛分或振动筛进行筛分。

（2）分级（$-2\sim+0.075$mm）　对于量大的试样的分级，可采用实验室型机械搅拌式分级机，其操作条件与生产设备相近，处理能力约 100kg/h，可分出 4 个沉砂产品。

对于量少试样的分级，采用自由沉降式分级箱，分为单室分级箱（缝隙式分级箱）和多室分级箱两种，分别如图 4-5 和图 4-6 所示。

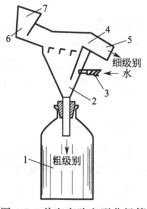

图 4-5　单室实验室型分级箱

1—沉砂收集瓶；2—分级箱；3—胶皮管；4—挡板；
5—溢流槽；6—给矿槽；7—给矿

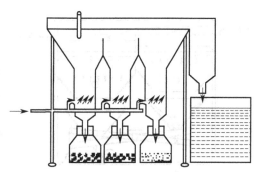

图 4-6　多室实验室型
水力分级箱

采用单室分级箱进行分级时，需先根据分离粒度计算分界粒子的自由沉降末速 v_0，并按式(4-5)计算用水量：

$$W = Fv_0 \tag{4-5}$$

式中　W——用水量，m^3/s；

　　　F——分级箱中缝隙总面积，m^2；

　　　v_0——分界粒子的自由沉降末速，m/s。

若一次需要分成好几个级别，且试样较多，可采用多室实验室型自由沉降式分级箱，各室的分级面积是由粗向细逐渐增大，制作时需根据惯用的分级比分别设计各室的尺寸。

（3）脱泥（−0.2mm）　试样量小的脱泥和细级别物料的分级，可采用淘析法。

试样量较大时，采用水力旋流器，实验室所用旋流器一般为 25～125mm。由于旋流器的给料必须连续、恒压给入，因而旋流器试验装置必须附有给矿斗、砂泵、压力计等系列配套装置和仪表。

4.4.1.3　重介质选矿设备

重介质选矿试验，通常是从比重组分分析（主要是重液和重悬液分离试验）开始，为了提供正式的设计依据，还必须进一步在模拟生产设备结构形式的连续性试验装置上进行正式试验。

常用的重介质选矿设备有重介质振动溜槽、圆筒形（鼓形）和锥形重介质选矿机以及重介质旋流器等。它们的连续试验装置的组成是类似的，即包括矿仓、给矿机、悬浮液搅拌桶、分选机、脱介质筛和冲洗筛、砂泵，以及其他运输和贮存装置等一整套设备，但振动溜槽以及圆筒形和锥形选矿机的给矿均可利用给矿机自然给入，重介质旋流器则必须用砂泵或恒压槽在一定压力下给矿。

试验中所用的重介质旋流器规格不一，但均主要取决于试料粒度，若入选粒度在 20mm 以上，旋流器的直径一般不小于 300mm；若入选粒度为 13mm 左右，旋流器直径可减小到 150mm 左右。为了减少给矿口和沉砂口间的压差，控制矿浆从沉砂口的排出速度，重介质旋流器通常都是倾斜安装的，同水平的倾角一般为 $18°\sim20°$。

在试验过程中涡流分选器正在逐步代替普通旋流器作为重介质选矿设备。涡流分选器是一个倒置的旋流器，但在沉砂排出口的中心位置插入了一根与外界空气相通的空气导管，使旋流器内形成正压分选。此外，涡流分选器的角锥比（沉砂口与溢流口直径的比值）较大，近于 1。同普通重介质旋流器相比，涡流分选器分选精度高，稳定性好，可处理物料的粒度上限较大。

当入选粒度为 50～75mm 时，试验用振动槽的规格一般为宽×长＝(200～300)mm×(3000～5000)mm。当入选粒度为 25mm 时，锥形重介质选矿机的直径为 500mm（或角锥边长）左右，圆筒形（鼓形）重介质选矿机的尺寸为 400mm 左右。

4.4.1.4　中粗粒重选设备

（1）跳汰机　跳汰机主要用于选别 20～0.5mm 的粗粒，其结构示意图见图 4-7。

实验室用跳汰机主要有 50mm×50mm、75mm×130mm、100mm×150mm 和 200mm×300mm 的隔膜跳汰机，150mm×150mm 和 300mm×200mm 的活塞跳汰机，以及较大尺寸

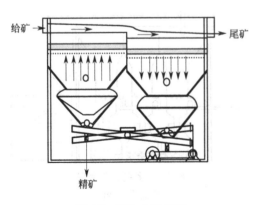

图 4-7　跳汰机示意图

的300mm×300mm 下动型圆锥隔膜跳汰机和 450mm×300mm 的上动型隔膜跳汰机。小规格的设备用于可选性评价试验或精选试验，大规格的设备用于实验室流程试验或半工业试验。

（2）螺旋选矿机（螺旋溜槽）　螺旋选矿机的有效选矿粒度为 1～0.075mm，但在处理砂矿时由于砂矿中粗粒级的金属分布率不高，故实际给矿粒度允许达到数毫米，见图 4-8。

生产上使用的螺旋选矿机直径为 600～1000mm，制造材料有汽车轮胎、铸铁、胶衬铸铁、胶衬塑料等。目前轮胎制螺旋选矿机已较少用，因其断面形状受到限制，设备尺寸现倾向于较小，一般为 600～750mm，具有 3～6 圈螺旋。

实验室使用的可以是小尺寸（ϕ600mm）的工业设备，或比工业设备稍小（ϕ500mm）的。试验装置的附属设备为恒量给矿装置和循环矿浆用的砂泵等。

螺旋选矿机结构简单，不需动力，单位占地面积生产能力比摇床大 10 倍左右，但选别效率低，不易获得高质量精矿，故主要用作（特别是砂矿）粗选设备、粗精矿需用摇床精选。

（3）扇形溜槽（尖缩溜槽）　扇形溜槽单体尺寸不大，实验室和工业生产所使用的扇形溜槽单体尺寸相同，其结构示意图见图 4-9。常用扇形溜槽单体长 600～1200mm，给矿端宽 150～300mm，尖缩比（给矿端同排矿端的宽度比）20 左右，倾角 15°～19°。实验室试验阶段一般一个作业只用一个单体，试验装置包括一个可调节溜槽坡度的支承架，2～4 个单体（分别用于粗、精、扫选）、恒量给矿装置、截取产品的装置和循环矿浆用的砂泵等。

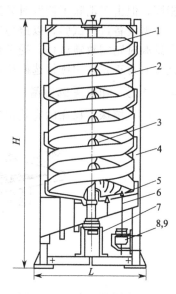

图 4-8　螺旋选矿机示意图

1—给矿槽；2—螺旋槽；3—中心轴；
4—机架；5—截取器；6—接矿斗；
7—V带轮；8,9—变速器和电动机

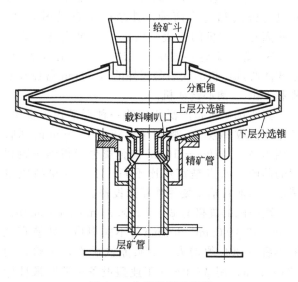

图 4-9　尖缩溜槽示意图

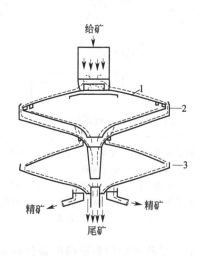

图 4-10　圆锥选矿机示意图

1—分配锥；2—双层分选锥；3—单层分选锥

（4）圆锥选矿机　圆锥选矿机是由扇形溜槽发展而成的，其结构示意见图 4-10。将一组扇形溜槽沿圆周向中心排列，去掉侧壁，就成了圆锥选矿机。因而其应用范围与扇形溜槽相同，但由于消除了侧壁对矿浆流的干扰选别效果有所改善。可选性研究时，一般直接采用工业型设备进行试验，以避免因设备规格不同引起偏差。初步试验时可只用几千克试样，最终试验时则需数吨试样。受条件限制时也可在实验室试验阶段先用普通扇形溜槽代替，扩大试验时再正式采用圆锥选矿机试验。

4.4.1.5 细粒重选设备

（1）摇床　摇床的有效选别粒度范围为 2～0.038mm，其结构示意见图 4-11。

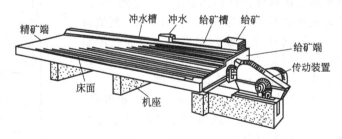

图 4-11　摇床示意图

试验用摇床的规格大致可分三类：①长 1m 左右、宽 0.5m 左右的实验室型摇床，如 1100mm×500mm、1000mm×450mm 等；②长 2m 左右、宽近 1m 的半工业型摇床，如 1750mm×750mm、1975mm×900mm、2100mm×1050mm 等；③长 4.5m 左右、宽 1.8m 左右的工业型摇床，如 1330mm×1810mm、4516mm×1823mm、4500mm×1800mm 等。

如果不是进行专门的设备试验，则不论采用哪一种床头都是可以的。

床面形式与生产设备类似，即粗粒用复杂的床面（又可分为粗砂型和细砂型），细粒用刻槽床面。

（2）离心选矿机（离心溜槽）　常见的离心选矿机有卧式和立式两种，其结构示意见图 4-12，卧式离心选矿机的代表是国内的云锡式离心选矿机、SL 型射流离心选矿机、Slon 型离心选矿机，立式离心选矿机的代表是国外的 Knelson 离心选矿机和 Falcon 离心选矿机。

离心选矿机是广泛使用的一种泥矿选矿设备，其作业回收率较高，特别是 $-38～+19\mu m$ 的回收率相当高，$-19～+10\mu m$ 的金属也能得到一定程度的回收。缺点是富集比不高，不易获得高质量精矿，因而目前主要用作粗选设备。

离心机的规格有 $\phi380mm×400mm$、$\phi340mm×340mm$ 和 $\phi400mm×300mm$ 等不同规格。转鼓直径缩小后转速必须增大，如某赤铁矿选矿试验，用

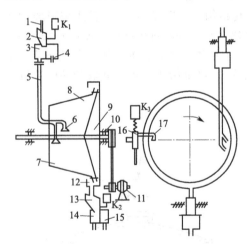

图 4-12　离心选矿机示意图

1—给矿管；2—给矿分配器；3—给矿槽；4—回浆槽；
5—给矿导管；6—给矿嘴；7—转鼓；8—底盘；
9—转动轴；10—滚动轴承；11—电动机；
12—接矿槽；13—排矿分配器；14—尾矿槽；
15—精矿槽；16—高压水阀门；17—冲洗水鸭嘴；
K_1、K_2、K_3—控制机

$\phi380mm$ 实验室型设备试验时最佳转速为 700r/min，用 $\phi800mm$ 工业型设备试验时最佳转速则为 310～350r/min，其他操作参数可通过实验确定，目前尚无一定的规律可循。为提供设计资料一般都要求采用工业性设备进行试验。

同其他重选试验设备一样，离心选矿机的试验装置必须附有恒量给矿和矿浆循环系统，并需备有可更换的具有不同倾角的转鼓，转鼓的转速也必须是可以调节的。

（3）悬振锥面选矿机　悬振锥面选矿机是依据拜格诺剪切松散理论和流膜选矿原理研制的新型微细粒重选设备，其结构示意图如图4-13所示。特别适用于$-37\sim+19\mu m$范围内的微细粒矿物的选别，如钨、锡、钽、铌、铅、锌、钛等有色金属和黑色金属铁、锰、铬，富集比高。在实际生产中可用于各种新、老尾矿，回收有价金属矿物。

（4）自动溜槽和普通平面溜槽　主要用于选别$75\sim19\mu m$的矿泥，但对于$-38\mu m$的细泥选别效果一般不如离心选矿机。工业型自动溜槽的规格为$1.8m\times1.8m$五层溜槽，实验室内可先用长1.8m、宽0.15m的手动溜槽代替，间歇操作，定时翻转（成$45°$）冲洗排精矿，扩大试验时再采用工业型设备校核。

自动溜槽也是一种粗选设备，溜槽粗精矿一般用刻槽摇床精选。

（5）皮带溜槽　皮带溜槽主要用作矿泥精选设备，常与离心选矿机配合使用。

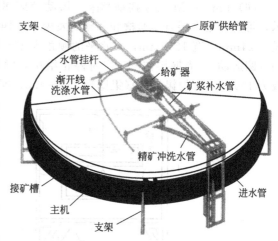

图4-13　悬振锥面选矿机示意图

工业型皮带溜槽宽1m、长3m；实验室型皮带溜槽仅宽度缩小到$0.3\sim0.5m$，长度不变，因此二者选别效果相近，仅处理量按槽宽的缩小比例相应减小。实验室型设备的试验结果不必再用工业型设备校核，无小型设备时也可直接用工业型设备试验。

振摆皮带溜槽（其结构示意见图4-14），是根据重砂淘洗原理，结合摇床的振动松散、皮带溜槽的连续排矿带有综合运动的细泥选矿设备，规格为宽800mm，长2500mm，有单层和双层两种。振摆皮带溜槽可使微细粒在多种力的作用下有效地分选，选矿回收率和富集比均比摇床和普通皮带溜槽高，特别是对于$-40\mu m$的物料效果较显著。有效选别粒度下限为$20\mu m$。

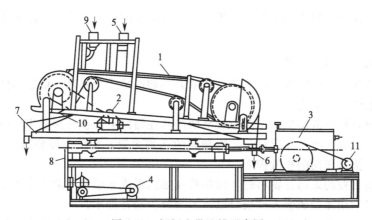

图4-14　振摆皮带溜槽示意图

1—选别皮带；2—皮带传动电动机；3—摇床头；4—摆动用电动机；
5—给矿装置；6—尾矿排出管；7—精矿槽；8—摆动机构；9—给水斗；
10—喷水管；11—振动用电动机

横流皮带溜槽是一种与摇动翻床配套使用的矿泥精选设备，该设备的结构颇似平的皮带溜槽与摇床的组合。是利用剪切原理分选矿物的一种新型细粒、微粒设备，给矿和冲洗水是沿皮带横向即垂直于皮带运动方向给入，尾矿和中矿也沿横向排出，精矿则沿纵向在运动皮带端部排出。实验室型设备规格为 700mm×1200mm，最有效的选别粒度为 40～20μm，作业回收率可达 70% 以上，富集比 20 以上；5～10μm 粒级回收率可达 50% 左右，适于作精选设备。

(6) Bartles-Mozley 摇动翻床　摇动翻床属流膜型选矿设备，其结构示意如图 4-15 所示，可看作是多层自动溜槽和翻床的发展，由四十层自由悬挂的玻璃钢床面组成，每个床面长 1524mm、宽 1219mm，对水平的倾角为 1°～3°。由一旋转的不平衡重块使床面作平面摇动（圆运动），周期操作——定时停止给矿，倾斜至 45° 冲洗排矿。该设备能有效地回收粒级为 100～5μm 的锡石，富集比为 2.5～4.5，回收率为 60%～85%，处理能力大。

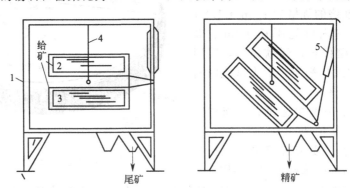

图 4-15　摇动翻床示意图
1—机架；2，3—上下两组床面；4—悬挂用钢丝绳；5—翻转床面汽缸

近年来，有关细粒矿物的重选设备研究很多，总的趋向是：①将设备多层组合，以解决细粒重选设备生产能力低、占地面积大的矛盾；②用离心力代替重力或使多种力综合作用以提高选别效率。

4.4.2　重选设备的操作

重选工艺的操作控制主要体现在对各种设备的操作控制上，为此，这里重点介绍主要重选工艺设备的操作。

4.4.2.1　跳汰机的操作要点

(1) 筛下补加水　根据所处理的矿石粒度大小和产品质量要求，依靠水流对矿砂的松散和吸入作用，加强精选能力。

处理物料粗且粒级范围窄时，因粒级窄的产品在筛网上堆积所形成床层的间隙小于重矿物颗粒的直径，此时，吸入作用对重矿物颗粒的选别无效，相反会使分选时间延长，此时，应多加补加水，提高床层的松散程度。

处理粗粒或细粒的未筛分物料时，因粗粒或细粒形成床层的间隙均会大于重矿物颗粒的直径，此时，可利用强、弱吸入形成分层，不加或少加补加水。

处理已分级的产品，如果重矿物颗粒直径小于床层间隙，则需要吸入作用，不加或少加补加水。

处理粗中粒的产品，应该保证供给足够的补加水量和水压，以抵消向下的水流作用。补加水量也应适当，补加水量不足会使精矿的产率增大，品位就会下降。反之，补加水量过大会造成金属流失，降低回收率。正常操作时，补加水量不应超过隔膜上升时从跳汰区吸出的水量。

检查补加水量是否适当，可用手插入矿层或用一块木条插入 1/2 来观察跳动情况，或从尾矿量观察，积累经验后就能快速判断出水量和水压是否合适。

（2）给矿水　给矿水与给矿浓度有关。一般要求尽量少用水，只要能均匀地将矿石送入跳汰机就可以。过大的给矿水不但使耗水量增加，而且会使矿石借水流作用而快速通过跳汰机，就缩短了跳汰机的分选时间，影响分选指标。

（3）精矿层厚度　与矿物颗粒大小和密度有关。若有用矿物与脉石矿物的密度差较大，精矿层厚度可以薄一些，相反则精矿层应厚一些，否则会影响精矿品位。一般处理粗粒时的精矿层要比细粒时的精矿层厚度大些。

调节精矿层厚度主要是通过控制给矿速度（量）来实现的。对产品质量要求高时，精矿层要厚些，但不宜过厚，以免损失回收率。精矿层过薄，虽可得到较高的回收率，但会降低精矿品位和设备处理能力，为此，精矿层厚度应根据产品质量和回收率的要求确定。

跳汰机内整个矿石层的厚度称为矿层厚度，矿层厚度薄时，回收率降低，过厚时则会影响整个矿层的松散。

（4）床层　床层的厚度及密度与矿石性质相关，床层的密度最好与精矿相同。若床层太重，必须加强上升水推力，结果会使上层矿砂产生"沸腾"现象。若床层太轻，易被水流冲乱或冲走，失去床层的作用。

床层颗粒的大小决定了床层间隙的大小，影响水流作用和吸入强弱。一般其粒径大小为筛孔的 1.5～2 倍或给矿中最大颗粒的 3～6 倍。粗而均匀的床层颗粒一般用于最后槽室的筛子上，以减少尾矿中金属的损失。常用的床层可由铁球、铅球、黄铁矿及所选出的精矿等组成。

床层对筛下排矿尤其重要，如果是难选的矿砂（轻重矿物密度差小）或产品品位要求很高时，床层要厚些，同时应选用混合大小的床层颗粒。床层越厚，其有效密度就越大，矿粒通过就越困难，因而就能获得较好的分选效果和较高的精矿品位。反之，对易选矿砂（轻重矿物密度差大）或产品品位要求低时，应采用薄床层。

用精矿做床层时称为"自然床层"或"精矿层"。这虽能满足密度相同的要求，但由于某些精矿产品易磨损而不适合作为床层，因此，采用耐磨的"人工床层"还是有必要的。

处理细粒物料时，由于矿物颗粒小于筛孔尺寸，因此必须设置"人工床层"才能实现跳汰过程。细粒精矿穿过人工床层的缝隙再透过筛孔而排出就称为"透筛排料"。

（5）冲程和冲次　冲程长度必须具备冲起整个矿层的能力，同时冲次也要充足，否则不仅会失去跳汰作用，还会降低生产率。生产过程中，二者应该具备适当的组合。一般处理量大、床层厚、粒度粗和密度大的矿石时，冲程要长，冲次要少。处理细粒、薄床层时，冲程要短，冲次要多。

（6）筛板落差　筛板落差指两槽室间尾板的高度。为了使矿石向机尾流动，每个槽的筛子高度是顺次降低的，而矿流速度大小完全是由落差来决定的。落差越大，矿粒移动的速度就越快，停留在筛面上受分选的时间就越短。因而，易选矿石的落差要大些，难选矿石的落差宜小些，一般为 25～75mm。

（7）给矿　给矿量尽量保持均匀（指矿量、品位及进入跳汰机的时间分布），给矿槽的坡度不宜太大，以免物料进入跳汰机时产生过大的冲击力而影响分选效果。

（8）排矿　从筛上排出精矿时，可采用间断或连续式排矿。连续排矿要求一定的均匀性，即给矿速度要均匀、给矿品位要均匀、给矿粒度要均匀等。当采用中心管排矿法排出筛上重产物时，内外筒直径比例要适当，外套筒底缘与筛板的间隙也要适当，才能保证均匀连续地排矿。

4.4.2.2　摇床的操作要点

摇床的安装要求平整，运转时不应有不正常的跳动，纵向一般为水平的，但处理粗粒矿石时，精矿端应提高 0.5°，以提高精选效果。处理细泥的摇床，精矿端应降低 0.5°，以便于细粒精矿的纵向前移。

（1）适宜的冲程和冲次　主要与入选的矿石粒度有关，其次与摇床负荷和矿石密度有关。当处理粒度大、床层厚的物料时，应采用大冲程和小冲次。处理细砂和矿泥时，则应采用小冲程和大冲次。当床面的负荷量增大，或者对较大密度的物料进行精选时，可采用较大的冲程和冲次。适当的冲程和冲次值，应在生产实践中针对不同入选物料逐步总结分析得出。

（2）适宜的床面横向坡度　增大横向坡度，矿粒下滑的作用增强，尾矿排出速度增大，导致精选区的分带变窄。一般处理粗粒物料时，横向坡度应增大些。处理细粒物料时，横向坡度应小些。粗砂、细砂和矿泥摇床的横向坡度的调节范围分别为 2.5°～4.5°、1.5°～3.5° 和 1°～2°，此外，摇床横向坡度还要与横向水流大小相适应，才能得到好的选别指标。

（3）冲洗水大小　冲洗水包括给矿水和洗涤水两部分。冲洗水在床面上要均匀分布，大小适当。冲洗水大时，得到的精矿品位就变高，但回收率降低。一般处理粗粒物料或精选作业时，采用的冲洗水要大些。

（4）给矿量　给矿量的大小与入选物料粒度有关。粒度越粗，给矿量就应适当增大。对某一特定入选物料，给矿量应控制在床面利用率大、分带明显、尾矿品位在允许范围内。给矿量过大，回收率会显著降低。此外，给矿量一旦确定，就必须保持给矿的持续和均匀，否则会导致分带不稳定，引起选别指标的波动。

（5）给矿浓度　一般给矿浓度范围在 15%～30%，选别粗粒物料时，浓度可低一些，细粒物料则要求浓度高一些。给矿中的水大部分沿尾矿带横向流走，细泥容易被冲走，造成细粒级别的金属流失。

（6）物料入选前的准备　摇床入选粒度上限为 2～3mm，下限为 0.038mm。因粒度对选别指标的影响很大，所以入选前应对物料进行必要的分级。若物料中含有大量的微细级别，不仅难于回收，而且会导致矿浆黏度增大，降低重矿物的沉降速度，造成重矿物的损失，此时，应预先脱泥。

（7）分带和产品的截取　在摇床操作稳定和正常的时候，床面上的分带是非常明显的。分带是按照粒度的粗细和矿物组成来形成的，一般细粒较纯的重矿物富集在最前的分带，其后是粗粒的重矿物带，再后是密度较小的矿物富集带、中矿带、尾矿带和溢流带等。

摇床产品是按照床面的分带和要求的选别指标来截取的。一般可截取 2～4 种产品。分选矿物组成较简单的物料（如锡石、钨矿与石英的分选）时，可截取精矿、中矿和尾矿 3 个产品。处理高硫化矿的钨锡矿石，至少应截取富精矿、高硫精矿、中矿和尾矿 4 种产品，中矿产品一般还需要进行再选。

当操作条件发生变化后，分带的情况也会随之变化，此时截取的位置也应随之调整，才能保证指标的稳定，此时需密切观察分带的变化，随时做出调整。

4.4.2.3　螺旋选矿机操作要点

螺旋选矿机的给料不需进行严格的预先分级，给矿量和给矿浓度在一定范围内的波动对选别指标的影响也不会太大。因而，螺旋选矿机多用于处理粗细粒级砂矿的粗选或扫选作业。

（1）给矿粒度　给矿的最大粒度不能超过 6mm，若给矿中存在过大矿块时，会对矿流产生扰动作用，还会堵塞精矿排出管，片状的大块脉石矿物对选别过程也不利，因此，给矿前应采用格筛隔除过大块矿和杂物。

给矿中的细粒级矿泥含量多时，也会影响螺旋选矿机的分选效果，因此，对矿泥含量高的给矿应采取预先脱泥。

（2）给矿浓度　当给矿浓度在一定范围内（12%～30%）波动时，对选别指标的影响不会太大。

（3）给矿量　对处理含泥多且精矿粒度细的矿石，给矿量应适当减小。精矿粒度粗且含泥量少时，给矿量可适当增大。

（4）洗涤水　洗涤水应该从内圈分散供给，以免冲乱矿流。洗涤水量大时，精矿产品品位提高，但精矿产率下降，回收率降低。洗涤水小时，对提高回收率有利。洗涤水由上至下应逐步增大，具体水量应结合选别指标来确定。

（5）精矿截取　精矿的截取量是通过转动截取器的活动刮板来控制的。精矿截取的原则是，当精矿量增加，而回收率增加很少时，就不应该继续增大精矿截取量。适当的精矿截取量和截取器活动刮板的位置应该通过取样分析来确定。

4.4.2.4　离心选矿机操作要点

（1）给矿粒度　离心选矿机合适的给矿粒度范围是 0.075～0.010mm，大于 0.075mm 的粗粒和小于 0.010mm 的细粒矿泥太多时，均会影响选别指标，因此，入选的物料应该采取预先分级，去除粗粒及细粒矿泥。

（2）给矿　离心选矿机的给矿矿浆体积要保持适当，给矿矿浆体积决定了矿浆流速和流膜的厚度。一般给矿矿浆体积大，设备处理能力大，精矿品位上升。但精矿产率和回收率会降低，当给矿矿浆体积过大时，还会出现无精矿的现象。适宜的给矿矿浆体积和流膜厚度，应该在试验过程中针对特定的物料进行反复的调整、取样分析得出。

（3）矿浆浓度　矿浆浓度越高，矿浆黏度越大，流动性就会变差。此时，尾矿量减少，精矿量增加，精矿品位下降。矿浆浓度过大，会导致离心机内无法产生分层，失去分选作用。合适的给矿浓度与转鼓的长度和坡度有关。

（4）经常检查　经常检查离心选矿机的控制机构是否灵活，分矿、断矿、冲水、排矿等是否准确，特别是要防止给矿管和冲矿管的堵塞，发现问题应及时停车处理。

4.4.2.5　重介质工艺操作要点

① 入选前要把矿石破碎到重介质选别所要求的粒度范围。由于重介质对细粒级的选别效果很差，同时矿泥对重介质分选干扰大，因而，入选前应该筛除细粒级并脱除矿泥。

② 加重质应磨到所要求的细度，并按照要求的悬浮液密度加水配制成重悬浮液。

③ 用重介质选矿机进行分选时，应该保持给矿量的稳定和悬浮液密度的稳定，尤其是悬浮液的密度波动范围不应超过 $\pm 0.02 kg/m^3$。因此，需要经常取样检测悬浮液密度，并采取自动控制装置调节悬浮液密度。

④ 加重质的回收和再生是重介质工艺的关键作业。由分选设备排出的轻重产物均带有大量的重悬浮液，最简单的方法是采用振动筛分离重介质，一般采用两段筛分，第一段筛分得到的重介质与原重介质性质相近，可直接返回使用；第二段筛分需采用冲洗水才能清洗干净矿粒黏附的加重质，此时重介质的密度会改变，且会受到污染，根据加重质的性质，可采用磁选、浮选、重选等方法进行提纯，然后采用水力旋流器、倾斜板浓缩箱等设备进行脱水，再重新配置重悬浮液返回流程中使用。

4.5　重选工艺因素考察

重选试验时，在进行系统的流程试验之前，需进行条件试验，以考察、调节影响各项设备选别效率的工艺因素，找出其最适宜的工艺条件。

4.5.1 考察内容

虽然各类重选设备工作原理各有不同，但也有许多共性，因而将需考察的工艺因素概括如下：

（1）负荷（给料）　主要指给矿量（以干矿量计）、给矿浓度及体积负荷（给入矿浆体积）。三个参数相关联，已知任何两个参数，均可以得出第三个参数。对于不同的设备，考察的重点也不一样，对于跳汰机和洗矿设备等主要是控制干矿量，而流膜选矿设备则主要控制体积负荷。对于旋流器，不仅要考察负荷量，还必须考察所给矿浆压力，给浆压力是影响旋流器工作的最重要因素之一。

（2）水量　在重选工艺中水量也是一个重要的考察因素，除了与负荷量有关的给矿水以外，还有各种补充水，包括跳汰机和重介质振动槽的筛下补充水，流膜选矿过程中所用的冲洗水。

（3）介质和床层　在湿法重选过程中，最基本的选别介质是水以及水同固体物料的悬浮液。重悬浮液选矿时首先要确定悬浮液的密度，然后选择加重剂的品种和粒度组成以及悬浮液中加重剂的固体含量。

跳汰选矿过程，床层也是一种介质。细粒跳汰时，除了由所选物料所形成的自然床层以外，还要添加人工床层。（自然）床层厚度、人工床层厚度、床层材料和粒度等都是可能影响跳汰选别效果的因素。

重介质振动槽中，重介质层就是床层。

（4）设备结构参数　摇床、平面溜槽和皮带溜槽等在重力场中选别的普通流膜选矿设备，需要调节的结构参数主要是坡度（倾角），尖缩溜槽有时需要调节尖缩比；跳汰机，在可选性试验过程中一般不调节结构参数；在离心力场中分离时，如旋流器，几乎全部结构参数是可以调节的；离心选矿机也主要是调坡度；螺旋选矿机的结构参数——螺距和断面形状，有时是可调节的，有时则是不必调节的。

（5）设备运动参数　对于往复运动的设备，如跳汰机和摇床以及重介质振动槽，指的是冲程（振幅）和冲次（振次）；对于回转运动的设备，则是指转速，如离心选矿机的转鼓转速。

（6）作业时间　对于间歇给矿和操作的设备，需考察作业时间的影响，如离心选矿机和自动溜槽的给矿和冲洗时间周期。

4.5.2 考察方法

在重选过程中，上述影响因素大多都可以通过直观观察，即可判断其选别效果的好坏。如不能直观观察作出判断时，则需做条件试验。

最典型的是摇床，其分选效果完全可以通过对矿粒分带情况直观观察作出判断，因而在试验过程中摇床的操作条件都是在正式试验前利用少量的试验临时调节，很少安排在专门的条件试验。

采用跳汰机选别时，可根据床层分散程度做出初步判断。当条件恰当时，跳汰机水面起伏平稳，若以手探测床层，则会感受到一种间歇而均匀的抽吸作用，手掌不可能一下子插到底，但可随着床层的一松一紧，逐渐插至底部，在此情况下，有用矿物和脉石将迅速分层。

部分重选设备，虽不能根据直观观察直接选定操作条件，但可根据宏观现象作出某些初步判断，例如，各类溜槽，特别是离心溜槽，若矿层分布不均匀，出现"拉沟"现象，即可断定其选别效果不好，则不必取样化验。

由于重选现象比较宏观，因而条件试验的工作量较小，并不是所有的设备都需要安排专门的条件试验。需要做条件试验的设备，也不是每项因素都需要安排专门的试验进行考察。

例如，采用跳汰机进行选别时，首先应调节冲程，其次是人工床层厚度和筛下水量。采用摇床时，主要调节冲程、冲洗水量和床面坡度，其体积负荷虽然是一个重要因素，但常是按定额选取。对于其他因素，一般均有规律可循，无需每次试验时都全部系统地考察，也没有必要在操作中随时调节。如摇床的冲次，可根据试样粒度预先选定，操作中不再调节。

4.5.3 操作方法

重选试验过程的操作主要包括给矿、接矿及产品的计量和取样。

4.5.3.1 给矿和接矿

给矿方法有间断（分批）给矿和连续给矿两种。间断给矿方法是将试样一次给入或分批给入，等一批试样处理完后，才给入第二批。在重选可选性研究中应用不多，仅在探索性试验时考察某些工艺操作条件时用，如实验室重液或重悬浮液分离试验，在小型单室跳汰机中对少量试样进行预先试验或精选试验。

在多数情况下，重选试验都是采用连续给矿的方式。在连续给矿时，负荷的稳定，对于重选设备的正常工作是一个极为重要的前提。因此各种重选试验设备，最好附有专门的机械给矿装置。对于细粒和泥矿的选别，不仅要求给入的干矿量恒定，还要求浓度和体积负荷恒定，因而还必须附有搅拌桶和湿式给料装置。常用的干式给料机为各种小型的带式、槽式（振动）和圆盘给矿机。湿式给料时搅拌桶往往兼起调浆和贮存双重作用，故容积不能太小，一般直径为 0.5~1m。给料装置可以是一个简单的给料斗（锥形容器），也可以是容积为10L 至数十升的小型搅拌桶，有时候，贮浆和给料可采用同一设备，即直接从贮浆搅拌槽中给料。

如果要求给浆具有一定压力，如旋流器的给矿，就需要配备砂泵和高位恒压给矿槽（斗）。即使是在自然压力下给矿，为了保持矿浆量稳定，最好也配有高位恒压给矿槽（斗）。不同的是前者给矿槽与选别设备之间的高度差必须大到能形成足够的进浆压力，后者高度差不要很大，只要便于配置和操作即可。

重选试验时，矿浆产品的接取，通常都必须备有一批大容量的桶或缸。此外，在预先试验时，为了节省试祥，常需将产品混合后循环再用，因而连续装置通常都设有矿浆循环管道。可以用砂泵将产品扬送到原给矿搅拌桶或给矿斗中。

如何确定精矿截取量在试验工作中也是经常会碰到的一个问题。在不能直接根据选分现象进行判断的情况下，可先多接几个产品，分别计量和取样化验，并绘制品位、回收率等指标和产率的关系曲线，据此可确定适宜的产品截取量。其做法与密度组分分析时绘制可选性曲线的方法类似，但它不是理论可选性曲线，而是实际选别结果曲线，习惯上也叫做可选性曲线。

为了绘制可选性曲线，分批截取产品的方法如下：

（1）跳汰 若试样少，可一次给矿，待跳汰分层后，将跳汰室中的试样逐层刮出。若跳汰室连同筛网是可以拆卸的，可将其一起拆下，用活塞顶住床层顶部，然后将跳汰室连同其中的物料一起翻转过来，取下筛网，用活塞由下向上将已分层的物料逐层顶出，分别收集、称重、取样化验。

若试样量大，可连续给矿。筛上排矿时，可先将排矿端的挡板放到最低位置，以便获得富精矿；然后逐渐加高挡板，让尾矿反复再次通过跳汰箱，得出第二份和第三份……应注意再次跳汰时物料密度已变化，跳汰条件也应相应改变。

筛下排矿时，可先在最厚的床层下跳汰，以得出第一份富精矿，然后逐渐减薄床层，重新跳汰前次的尾矿，依次得出各个较贫的产品。

（2）摇床　可沿精矿端和尾矿端分割产品，分别截取后分别称重并取样化验。

（3）溜槽　普通斜面溜槽可沿长度分割沉下的重产品。可以自动排矿的溜槽则可通过变动操作条件改变排矿量，或通过调节截矿器位置调节产品截取量。

4.5.3.2　计量和取样

重选试验所用试样量大、流程长，因而计量和取样工作也必须特别注意，要求所取样品具有代表性，计量要准确，否则会造成很大的误差。

（1）计量　计量总的原则是，最终产品应尽可能直接称量，如不能全部直接称量，至少应将精矿直接称量。

粗粒产品，如跳汰和重介质选矿产品的收集、脱水和烘干都比较容易，因而一般都是将全部产品都收集起来，脱水称重后直接称量。

细粒和矿泥产品，若原始重量不是很大，需全部收集，脱水烘干后称重。若产品量很大，可采用下列两个方法：一是先将全部产品都收集起来，然后直接称量矿浆的湿重，并取样测定其浓度，据此推算矿浆的干重；二是待矿浆流量稳定后，用截流法测量单位时间内流过的矿浆量，同时测定其浓度，据此算出单位时间内处理或得出的干矿。第二种方法的实质是取样计量，而不是全量计量，因而取样的准确与否将直接决定着计量的精确度，在实际工作中应特别注意掌握以下几点：①矿浆流量必须稳定；②截流计量次数不能太少，每次的截流时间也不能太短；③试验的总时间和截流时间均必须及时准确地记录下来。

在重选试验中，某些产品（矿泥以及细粒和泥状尾矿）容易流失而造成计量的不准确，而原矿或作业给矿却常是干矿，容易计量，因而原矿和作业给矿都必须计量。在全流程试验时，在中间产品的质量原则上可以根据最终产品的质量反推，但对于一些关键性的产品，只要计量工作不影响下一步试验，最好也计量，特别是在试验流程中部有缩分作业时，更应注意这点。

（2）取样　块状和粗粒产品的取样，通常是在全部产品脱水、烘干并计量后，用堆锥四分法等干式缩分方法缩分取样。

细粒和矿泥产品，若产品量不大，也可采用烘干后缩分的方法。产品量大时，则采用截流取样法。特别是尾矿产品，多数都是采用截流取样法。取样的工具与方法与现场生产检查时所用者相同，即利用扁嘴的样勺，定时沿矿流横向截流取样。矿浆的缩分可利用多槽式分样器或矿浆缩分器。

对于一些周期性的作业，例如离心选矿机，若试验时间仅仅是一个周期，就可让精矿留在锥体上，待设备停稳后，用特制的槽形取样器，在锥面上沿轴线方向全长及沿矿层厚，刮取一条沉积的矿砂作为试样。一般要在锥面上刻取两条样槽，它们应位于锥体圆周上两相对的位置，即各相距180°。

4.5.4　测定方法

4.5.4.1　冲程的测定

将设备的冲程调节到一定大小后，在待测部件上，垂直于部件运动平面，固定一支铅笔，再在铅笔笔尖下方放一纸片，然后以手转动皮带轮，使待测部件做往复运动，铅笔也跟着做往复运动，纸片则应使其固定不动，此时铅笔就在纸上划出线条，其长度就等于冲程长度。一般应重复测定几次，取其平均值。

振次（频率）超过960次时，可利用视觉残余现象测定冲程长度。利用毫米坐标纸在纸上绘一底边为一定长度，例如10mm（此值应明显大于设备的最大冲程长度）的三角形，然后沿高度用水平线条将三角形十等分，并将不同高度处三角形两侧边间的水平距离注在相应高度处的水平线条旁。然后将指示纸贴到待测的运动部件上，使三角底边与运动方向一致。开动设备，使待测部件按规定的振次振动。若三角形在往复运动中的两极端位置为 abc 和 $a'b'c'$，则由于视觉残余的作用，在整个 $b'c'c$ 的范围内将出现阴影，但两个三角形重叠的部分，将显出一个颜色较深的小三角形，即 $a'bo$，对应于小三角形顶点高度位置上大三角形两侧边间的距离，即为往复运动的冲程（如图 4-16 中为 5mm）。

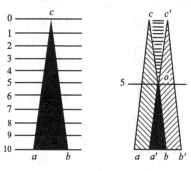

图 4-16　冲程指示纸

4.5.4.2　冲次和转速的测定

往复运动的冲次，亦可通过测定偏心轮转速的方法测定。回转部件的转速，可利用转速表测定。

4.5.4.3　坡度（倾角）的测定

流膜选矿设备，通常需测量床（槽）面的倾角，可直接利用倾斜仪测定。如没有倾斜仪，可利用量角器测量。如机架或地板表面不水平，需在斜面的上端悬挂一根带重物的细绳，代表铅垂线，然后测定斜面与铅垂线的夹角 β，其余角 $\alpha = 90° - \beta$ 就是所求的倾角。如倾角太小时，用量角器则不易量准，此时可测量斜面两端的高差，然后利用三角函数关系算出倾角。

4.5.4.4　流量的测定

由于水量对重选效果影响大，不能直接利用自来水管的水，需安装恒压水箱、流量计和水压表。在实验室进行试验时，水量可直接用量筒测定，即测定一定时间内流出的水量，然后换算成单位时间内的流量。流量的大小，可通过闸门或止水夹等控制。

4.5.4.5　重液和重悬浮液物理性质的测定

（1）重液和重悬浮液密度的测定　选矿工艺上测定重液和重悬浮液密度的方法通常有下列四类：①比重瓶法；②浮子法；③压差法；④放射性同位素法。

（2）重液和悬浮液黏度的测定　用于测量黏度的仪器按其原理可分为：①毛细管黏度计，根据液体流过毛细管的压力和流量测定其黏度；②同心圆筒仪，根据环形空间中液体的剪应力和流速梯度计算其黏度；③落体式黏度计，根据物体在液体中自由下落的速度与该液体的黏度成反比的关系测定黏度；④振动式黏度计，它主要根据声振动体或超声振动体受液体阻尼作用产生衰减的原理工作。悬浮液黏度的测定比普通均质液体困难，为了防止固体的沉积在黏度计中须安装搅拌装置，但须避免由于搅拌而影响到测定的可靠性。

以上各种黏度计均可在较广阔的流速梯度范围内使用，当流速梯度很小时，同心圆筒黏度计的误差较大，因为此时所需的拖动重量太小，易受仪器传动部分摩擦力的影响而造成误差，此时可用带有扭秤的毛细管黏度计。落体式黏度计流速梯度的下限则取决于保证悬浮液中固体不致沉淀所需的最低循环速度。

各种同心筒式黏度计，当试验液体处于层流状态时，均可直接根据试验数据，利用已知公式算出黏度和极限剪应力的数值。而有关的仪器常数，则可利用已知黏度的液体予以预先标定。但选矿实践中碰到的大都是属于由层流到紊流的过渡范围，此时仪器的标定和测量数据处理工作都比较繁杂，实际使用时需参考仪器说明书或有关著作。

（3）悬浮液稳定性的测定　在不同高度的层位上，保持其密度恒定的性质，称为悬浮液的稳定性，因而通常可用单位时间内密度变化的幅度作为度量稳定性的数量指标。由于不同层位上密度的变化是悬浮液中固体颗粒的沉降所引起的，因而也可用沉降速度作为度量悬浮液稳定性的指标。

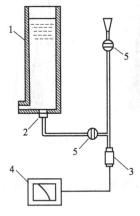

图 4-17　沉降仪
1—沉降管；2—玻璃砂滤器；
3—转换器；4—记录器；
5—旋塞

测定悬浮液稳定性的方法有下列几种：

① 直接测定悬浮液的沉降速度　此法的实质是直接用悬浮液沉降速度度量其稳定性。

② 测定悬浮液中浮子的沉降速度　将密度与悬浮液相同的浮子，置于悬浮液中。随着悬浮液密度的变化，浮子将逐渐下沉，测定浮子的下沉速度，就可判断悬浮液的稳定性。测定需要一套不同密度的浮子，浮子密度可用添加或减少铅砂等的方法进行调节。

（4）单位时间内悬浮液相对密度变化百分率的测定　可用自动记录沉降仪测定单位时间内悬浮液相对密度变化的百分率，其工作原理如图 4-17 所示。

基本部件为沉降管，底部与压力转换器相连。为了防止沉下的固体进入管内，中间采用能将固体颗粒阻留而不致影响静水压强的传递的玻璃砂滤器隔开。悬浮液的静水压由压力转换器转换为信号输出，送至记录器随时记录，自动记录相对密度随时间的变化关系，这样可避免人为的测量误差。沉降试验结果用每秒钟相对密度变化百分率表示。例如，某相对密度为 1.5 的悬浮液，若其沉积速率为 2%，指每秒钟相对密度降低

$$(1.5-1.0) \times \frac{2}{100} = 0.01$$

即沉积 1min 后，相对密度将由 1.5 降至 1.49。从 1.5 降至 1.0，则共需 50min。悬浮液的稳定性若能达到每秒 0.2%，即可用于工业生产。

复习思考题

1. 简述重力选矿的基本原理。
2. 如何评价矿石按密度分选的难易程度以及重选的分选特点？
3. 根据重选设备，重选方法主要有哪几种？
4. 简述摇床选矿的分选过程，影响因素以及优缺点。
5. 简述水力旋流器的工作原理。
6. 选择重介质要注意哪些问题？
7. 重选法主要适用于什么类型的矿石？
8. 最新的重力选矿技术有哪些？

第 **5** 章

浮 选 试 验

5.1 概述

浮选是根据各种矿物表面物理化学性质差异而分离矿物的一种方法,是细粒和极细粒物料分选过程中,应用最广泛的一种选矿方法,特别是在选别有色金属和稀有金属的过程中,若物料密度小、粒度细,用重力方法很难回收;且其电性质和磁性质差别不大,则用电选和磁选的方法也很难将其分离,此时,根据其表面性质的差异,可以采用浮选法将其分离。

5.1.1 浮选的发展

中国古代曾利用矿物表面的天然疏水性来净化朱砂、滑石等矿质药物,使矿物细粉漂浮于水面,而无用的废石颗粒沉下去。在淘洗砂金时,用羽毛蘸油粘捕亲油疏水的金、银细粒,当时称为鹅毛刮金。明宋应星《天工开物》中记载,金银作坊回收废弃器皿上和尘土中的金、银粉末时"滴清油数点,伴落聚底"。这就是浮选法选金的最初应用。

18 世纪人们已知道固体粒子黏附在气泡上能升至水面的现象。随着人们对金属需求量的增加,急于找到一种方法回收矿石中细粒金属。19 世纪末,随着人们对矿物表面性质的认识深化,出现了薄膜浮选法和全油浮选法。20 世纪初,泡沫浮选法应用选别有色金属和黄金矿。

今天所应用的泡沫浮选大概起源于一个世纪以前的澳大利亚,到 20 世纪初应用泡沫浮选法,即按矿粒对水中气泡亲和程度不同进行选别。1922 年用氰化物抑制闪锌矿和黄铁矿,发展了优先浮选工艺,1925 年使用以黄药为代表的合成浮选药剂,药剂用量由全油浮选时矿石量的 1%～10% 降至矿石量的万分之几,使浮选得到了重大发展,并广泛应用于工业生产。同时,浮选理论的研究也迅速发展,例如 1932 年美国高登著《浮选》、1933 年苏联列宾捷尔著《浮选过程的物理化学》、1938 年澳大利亚瓦克著《浮选原理》等。

由于世界范围内几乎有 20 亿吨矿石是经过浮选处理的,因此泡沫浮选显然是表面化学在工艺中最重要的应用之一,尤其是用于控制液-固界面。成功的浮选分离取决于在液体介质中固体颗粒与气泡间的相互反应。通过添加适宜的浮选药剂和 pH 调整剂来改进水分子与矿物表面间相互反应是实现从大量的复杂矿石(我国的矿物资源)中选择性地分离有用矿物的关键。

泡沫浮选法并不是起源于理论研究,而是 20 世纪经验积累的结果。尽管不是所有的理论研究，至少也是大多数理论研究用来解释现有工艺的良好性能。大多数选矿和冶金基础研究带有事后检查研究性质，如弗莱明和凯彻内尔精辟的描述，它是一门"追踪科学"。

浮选基础研究始于20世纪30年代，美国的Taggart及苏联的Plaksins等先后提出了捕收剂的化学反应假说和溶度积假说，以解释重金属硫化矿的可浮性顺序。美国的Gaudin、苏联的Bogdanov及澳洲的Wark等较多地研究了矿物的润湿性与可浮性的关系、浮选剂的吸附作用机理、浮选的活化等。美国的Fuerstenau等系统地研究了矿物表面电性与可浮性的关系。

浮选法的产生和发展也促进了黄金选矿业的发展，特别是对脉金矿的利用和在有色金属矿石中综合回收黄金创造了条件。目前，浮选法已成为处理金矿石生产黄金的重要工艺。中国许多脉金矿山选矿厂是以浮选工艺为主或以单一浮选工艺装备起来的。浮选厂的金回收率达到90%以上且可综合回收以金为主的低品位多金属。

1949年以前中国只有几座浮选厂，1949年以后建成了几百座处理各种矿石的现代浮选厂。在多金属矿石的分离浮选、复杂矿石的综合利用、铁矿石浮选以及非金属矿石与煤的浮选等领域内，均取得了成就。

小于$10\mu m$细颗粒金是很难用重选法回收的，浮选利用矿物表面物理化学性质的差异可以选别细粒，甚至微细粒矿物。超细粒浮选、载体浮选和离子浮选可以回收微细粒金。

浮选的发展经历了表层浮选、全油浮选、泡沫浮选三个主要阶段，其中泡沫浮选是现代浮选的雏形。相比于前两种浮选方法，后者因为具有更大的气液分选界面，因此具有处理能力大、浮选效率高等优点，广泛应用于工业生产实践，也是目前实验室浮选通常采用的方法。

5.1.2　浮选的目的

利用矿物表面的物理化学性质差异选别矿物颗粒的过程，是应用最广泛的选矿方法。几乎所有矿石都可以采用浮选分选，如金矿、银矿、方铅矿、闪锌矿、黄铜矿、辉铜矿和辉钼矿等硫化矿物；孔雀石、白铅矿、异极矿和赤铁矿、锡石、黑钨矿、锂辉石和稀土金属矿物等氧化矿物；非金属矿、硅酸盐矿物、非金属盐类矿物以及可溶性盐类矿物。

浮选适于处理细粒及微细粒物料，用其他矿物方法难以回收小于10um的微细矿粒，也能用浮选法处理。一些专门处理极细粒的浮选技术，可回收的粒度下限更低，超细浮选和离子浮选技术能回收从胶体颗粒到呈分子、离子状态的各种物质。浮选还可选别火法冶金的中间产品、挥发物及炉渣中的有用成分、处理湿法冶金浸出渣和置换的沉淀产物、回收化工产品以及废水中的无机物和有机物。

实验室浮选试验的主要目的有通过试验确定选别流程、分析影响浮选指标的因素，并通过试验获得最佳浮选条件、确定最终浮选指标，为工业试验提供依据。

5.1.3　浮选的分类

按浮出产品分类，可以将浮选分为正浮选和反浮选。正浮选是将有用矿物浮入泡沫产品中，而将脉石矿物留在矿浆中；反浮选则是将脉石矿物浮入泡沫产品中，而将有用矿物留在矿浆中，反浮选通常应用于脉石矿物少而有用矿物较多的浮选过程中，如精矿的提质等。

根据泡沫可将浮选分为常规泡沫浮选和无泡沫浮选。

（1）常规泡沫浮选　适于选别$0.5\sim5\mu m$的矿粒，具体的粒限视矿种而定。当入选的粒度小于$5\mu m$时需采用特殊的浮选方法。如絮凝-浮选是用絮凝剂使细粒的有用矿物絮凝成较大颗粒，脱出脉石细泥后再浮去粗粒脉石。载体浮选是用粒度适于浮选的矿粒作载体，使微细矿粒黏附于载体表面并随之上浮分选。还有用油类使细矿粒团聚进行浮选的油团聚浮选和乳化浮选；以及利用高温化学反应使矿石中金属矿物转化为金属后再浮选的离析浮选等。用泡沫浮选回收水溶液中的金属离子时，先用化学方法将其沉淀或用离子交换树脂吸附，然后再浮选沉淀物或树脂颗粒。

处理呈分子、离子及胶体大小的物料，采用浮沫分离。其特点是利用某些物料的疏水性，缓慢搅拌及少量充气，使其成浮沫聚集于水面上刮出。如从水中回收油脂、蛋白质、纸浆以及化工产品等。离子浮选是在能与离子发生沉淀或络合的表面活性剂的作用下，使反应生成物进入浮沫，完成分选。

（2）无泡沫浮选 是使浮选物料在水-气、有机液-水、水-油界面（或表面）萃取聚集后分离。例如早期使用的薄膜浮选、全油浮选，以及正在发展中的液-液萃取浮选等。油球团筛分是用油将已疏水化了的有用矿物颗粒形成选择性球团后，再行筛分。浮选所需的气泡最早由煮沸矿浆或化学反应产生；目前常用机械搅拌以吸入空气或导入压缩空气起泡，减压或加压后再减压起泡以及电解起泡等。与浮选效果有关的因素很多，除矿石性质外以浮选药剂、浮选机和浮选流程最为重要。

若矿石中含有两种或者两种以上的有用矿物时，可以采用优先浮选流程、混合浮选流程、部分混合优先浮选流程、等可浮浮选流程，具体采用哪种试验流程需根据矿石性质决定。

（1）优先浮选流程 即每次仅浮选一种矿物，抑制其他矿物，然后每次活化一种矿物而抑制其他矿物，逐次回收矿石中的有用矿物。如图 5-1(a) 所示，在铅锌矿浮选过程中，先浮选铅，而将锌抑制，在浮选完铅的矿浆中将锌矿物活化，再将锌矿物浮选出。

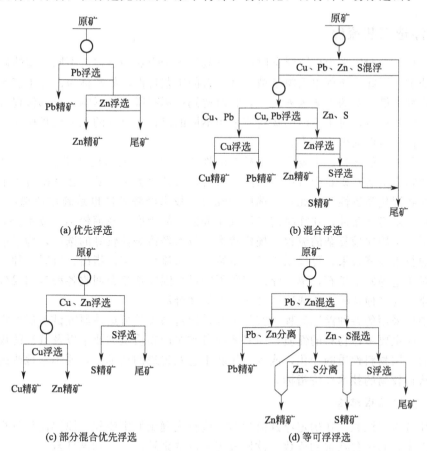

图 5-1 常见的浮选原则流程

（2）混合浮选流程　即将矿石中几种有用矿物同时浮出，然后再进行分离，分别获得精矿的流程。如图 5-1（b）所示，这种试验流程适合矿物嵌布粒度粗，连生体较多，各有用矿物可浮性接近，通过混合浮选，在较低的磨矿细度下，就可以抛弃矿石中的脉石矿物，达到节省能耗的目的，但是其缺点是矿物间的分离较难。

如铜铅锌多金属硫化矿的浮选，可以先将所有硫化矿物浮出，所得的混合精矿经过磨矿，使矿物进一步解离后，采用抑制锌硫，浮选铜铅的流程，分别获得次级混合精矿，然后再抑制一种矿物，浮选出其他矿物，分别获得铜、铅、锌、硫精矿。

（3）部分混合优先浮选流程　当矿石中有几种矿物时，优先浮选出某几种矿物，抑制其余矿物，然后再将矿物活化并浮选，而所得的混合精矿再分离浮选，分别获得合格精矿的流程。这种试验流程通常应用于几种有用矿物可浮性接近，而其余矿物可浮性又不同的矿石中。

如图 5-1（c）所示，在铜锌硫矿石的浮选过程中，即可采用先将铜锌浮出，所得精矿再磨再选，分别获得铜精矿和锌精矿；而从尾矿中浮选硫，获得硫精矿的流程。

（4）等可浮浮选流程　此流程应用于同一种矿物有不同可浮性的矿石中，其分选过程不是按矿物进行，而是将有相同可浮性的矿物浮出，获得同一矿物的不同精矿，如图 5-1（d）所示。该流程可避免强抑制、强活化带来的分离困难以及分离次数多的问题。

如铜铋多金属硫化矿的分选过程中，可以先将部分铋与铜混合浮选，其余铋与硫混合浮选，再分别分离，获得铜精矿、铋精矿 1、铋精矿 2 以及硫精矿，将两种铋精矿混合即为最终铋精矿。

5.1.4　浮选工艺流程

浮选流程，一般定义为矿石浮选时，矿浆流经各个作业的总称。不同类型的矿石应用不同的流程处理，因此，流程也反映了被处理矿石的工艺特性，故常称为浮选工艺流程。

浮选流程是最重要的工艺因素之一，它对选别指标有很大的影响，浮选流程必须与所处理物料的性质相适应，对于不同的物料应采用不同的流程。合理的工艺流程应保证能获得最佳的选别指标和最低的生产成本。

浮选工艺流程的选择，主要取决于矿石的性质及对精矿质量的要求。矿石性质主要是：原矿品位和物质组成；矿石中有用矿物的嵌布特性及共生关系；矿石在磨矿过程中的泥化情况；矿物的物理化学特性等。此外，选厂的规模、技术经济条件也是确定浮选流程的依据。不同规模和技术经济条件，往往决定了浮选流程的繁简程度。规模较小，技术经济条件较差的选厂，不宜采用比较复杂的流程；规模较大，技术经济条件较好的选厂，为了最大限度地获得较好的技术经济效果，可以采用较为复杂的浮选流程。应该指出，有时多种有用矿物紧密共生，对于这种复杂矿石，单一浮选流程不能最大限度地综合回收各种有用成分时，往往还需采用浮选与其他选矿方法或冶金方法结合的联合流程。

生产中所采用的各种浮选流程，实际上都是通过系统的可选性研究试验后确定的。在确定流程时，应主要考虑物料的性质，同时还应考虑对产物质量的要求以及选厂的规模等。当选厂投产后，因物料性质的变化，或因采用新工艺及先进的技术等，要不断地改进与完善原流程，以获得较高的技术经济指标。

5.1.4.1　浮选流程结构

（1）浮选流程段数　在确定浮选流程时，应首先确定原则流程。原则流程只指出分选工艺的原则方案，其中包括选别段数、欲回收组分的选别顺序和选别循环数。

浮选流程的段数，就是处理的物料经磨碎—浮选，再磨碎—再浮选的次数，即磨碎作业与选别作业结合的次数。浮选流程的段数，主要是根据欲回收组分的嵌布粒度及物料在磨碎过程中泥化情况而选定的。生产实践中所用的浮选过程有一段、二段和三段之分，三段以上流程则很少见到。

磨一次（粒度变化一次），接着进行浮选即称为一段。矿石中常不止一种矿物，有时一次磨矿后要分出几种矿物，这还称一段，只是有几个循环而已。一段流程适于处理粒度嵌布较均匀、粒度相对较粗且不易泥化的矿石。

（2）阶段磨矿阶段浮选　阶段浮选流程又称阶段磨-浮流程，是指两段及两段以上的浮选流程，也就是将第一段浮选的产物进行再磨-再浮选的流程。这种浮选流程的优点是可以避免物料过粉碎，其具体操作是在第一段粗磨的条件下，分出大部分欲抛弃的组分，对得到的疏水性产物或中间产物进行再磨-再选。用这种流程处理欲回收组分嵌布较复杂的物料时，不仅可以节省磨碎费用，而且可改善浮选指标，所以在国内外均广为应用。

阶段浮选流程种类较多，如何选择与应用主要由矿物的粒度嵌布和泥化特性决定。以两段流程为例，可能的方案有三种：精矿再磨、尾矿再磨和中矿再磨，如图 5-2 所示。

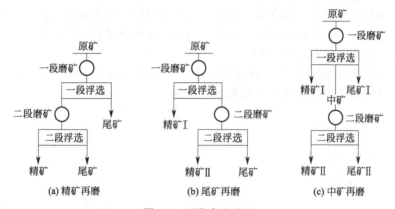

图 5-2　两段磨选流程

精矿再磨流程适用于有用矿物嵌布粒度较细而集合体又较粗的矿石，粗磨条件下集合体就能与脉石分离，并选出粗精矿和废弃尾矿，第二段对少量精矿再磨再选，这种流程在多金属矿浮选时较常见；尾矿再磨流程适用于有用矿物嵌布很不均匀，或容易氧化和泥化的矿石，一段在粗磨条件下分出一部分合格精矿，二段将含有细粒矿物的尾矿再磨再选；中矿再磨流程适用于矿物以细粒浸染为主，一段浮选能得到部分合格精矿和尾矿，但中矿含有大量连生体，故需对中矿进行再磨再选。

（3）粗精扫选次数确定　粗选是对原矿浆进行浮选；精选是对粗选精矿再次浮选，精选主要的目的是提高精矿品位；扫选是对粗选尾矿再次浮选，主要目的是提高回收率。粗选一般都是一次，只有在少数情况下，有两次或两次以上，如异步浮选。精选和扫选的次数较多、变化较大，这与物料性质、对产品质量的要求以及欲回收组分的价值等密切相关。

当原矿中欲回收组分的含量较高、但其可浮性较差时，如对产物质量的要求不是很高，就应加强扫选，以保证有足够高的回收率，且应在粗选的基础上直接出精矿，精选作业应少，甚至不精选，如图 5-3 所示。

当原矿中欲回收组分的含量低、有用矿物可浮性较好，而对产物的精矿质量要求较高时，就要加强精选，减少扫选，有时精选次数超过 10 次，甚至在精选过程中还需要结合再磨，比如萤石、石墨等，其流程如图 5-4 所示。

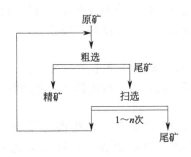

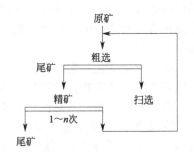

图 5-3　多次扫选流程图　　　　　　　　　　图 5-4　多次精选流程图

当原矿中两种矿物的可浮性差别较大时，亲水性矿物基本不浮，对这种矿石的浮选，精选次数可以减少。

在实际生产中，大多数矿石的分选既包括精选又包括扫选的流程，如图 5-5 所示。精、扫选次数由试验确定，并在生产实践中调整优化。

（4）中矿处理方式　流程中精选作业的尾矿和扫选作业的精矿一般统称为中矿。对它们的处理方法要根据其中的连生体含量、有用矿物的可浮性、组成情况、药剂含量及对精矿质量的要求等来决定。中矿处理的原则：中矿返回至矿浆性质接近的作业。

中矿的处理方法通常有以下几种：

① 中矿依次返回到前一作业，或送到浮选过程的适当地点，如图 5-6 所示。有用矿物基本解离的中矿可采用这一方式，可简化中矿运输。

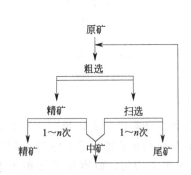

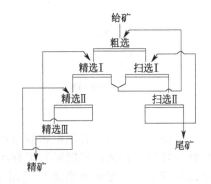

图 5-5　常见浮选流程图　　　　　　　　　　图 5-6　常见中矿返回流程图

② 中矿合一返回粗选或磨矿作业。当有用矿物可浮性良好，对精矿质量要求高时中矿合一返回粗选；当含较多连生体颗粒时可合一返回磨矿，再磨也可以单独进行。

③ 中矿单独处理。当中矿的性质比较特殊、直接或再磨后返回前面的作业会影响矿石的分选，则需要对其进行单独浮选或返回主回路处理；在浮选困难时，可采用湿法或火法冶金方法进行单独处理，或不处理直接作低品位精矿销售。

总之，在浮选厂的生产实践中，中矿如何处理，是一个比较复杂的问题，由于中矿对选别指标影响较大，所以需要经常对它们的性质进行分析研究，以确定合适的处理方案。

5.1.4.2　实验室浮选试验

实验室浮选试验是半工业试验和工业试验的基础，实验室的浮选试验通常按照以下流程进行：拟订试验方案、准备试验、探索试验、条件试验、闭路试验。

（1）拟订试验方案　根据矿石性质的不同，结合文献资料和生产实践，拟定初步试验方案。可选方案如上所述，可以采用正浮选或者反浮选，优先浮选、混合浮选或者其他浮选方法。

(2) 准备试验　该过程包括矿样的制备、浮选设备及其他配套设备的检修等。

(3) 探索试验　探索试验是条件试验和闭路试验的基础，根据初步拟定的试验方案分别进行试验，确定最佳试验方案，获得可能达到的试验指标，同时确定选别的条件，探索矿石的可选性，确定浮选指标的各种因素，为条件试验提供基础。

(4) 条件试验　针对探索试验确定的影响浮选指标的因素分别进行试验，可以采用多因素正交试验或者单因素试验确定最佳浮选条件。

(5) 闭路试验　根据条件试验确定的各因素最佳条件，在不连续的设备上模仿连续生产，其实质是将上一试验的中矿加入到下一试验的相应位置，目的是考查中矿对浮选的影响，并获得最终的浮选指标。闭路试验是半工业试验和工业试验的基础。

5.2　纯矿物浮选实验

5.2.1　纯矿物试样的制备

在浮选的基础理论研究中，通常采用天然纯矿物或者由化学纯试剂合成的人工矿石作为试样。天然纯矿物和人造纯矿物各有优势：人工合成的矿物完全没有杂质，减少了其他元素对试验结果的影响，可以揭露浮选的本质，但是人工合成的矿物粒度较细，难以满足浮选试验研究的要求，而且人工合成矿物与天然矿物在晶体结构上存在差异，试验结果未必能反映实际矿物的浮选性质，与浮选实践相差甚远。因此目前大多数纯矿物试验仍然采用天然矿石作为原料，除了极少数的试验采用人工合成的矿物。

纯矿物试样的制备有两种形式：一种是采用抛光的大块矿物标本表面作为试样，用作接触角测量或者电极；另一种是用磨好的特定粒级矿粒作为试样，通常用于研究药剂与矿石之间的作用原理、纯矿物的可浮性试验等。

用于接触角测量的大块纯矿物制备方法与制备岩矿鉴定标本的方法相同，但选矿用的样品在抛光时应注意油污染，避免磨料与其他杂质的污染，通常在抛光后要用蒸馏水或者酸清洗表面，从而获得纯净的矿物表面。

纯矿物一般是从矿石中挑拣最富矿块，用铁锤或者破碎机破碎，为了防止污染，通常先用镊子或带上橡胶手套进行挑拣。再采用放大镜或者其他对矿物性质没有影响的方法进一步提高试样品位。选出高纯的试样后，为了避免钢球对试样的污染，采用研钵或者瓷球磨机对矿样进行磨碎，通常将试样粒度控制在 0.2mm 以下，采用淘析法或者湿式筛分分级脱泥，烘干后，进行筛分分级。若是两种矿物组成混合矿进行分离试验，则可以让两种矿物具有不同的粒度。干燥的试样贮存在带盖的塑料瓶中。

纯矿物的制备、清洗与贮存的方法强烈地影响纯矿物的表面性质。因此在纯矿物的制备过程中应注意，磨矿应在对试样无污染的设备中进行；清洗矿物表面时，盐酸与氢氟酸作用太强，应避免使用它们作为清洗剂，而硝酸根离子不吸附于矿物表面，因此使用硝酸清洗能使矿物的污染物减小到最低程度。纯矿物会在水介质中老化，会影响矿物的表面性质，因此试样必须在接近零电点的 pH 条件下进行搅拌和老化，在此 pH 下离子的选择性溶解最小。

5.2.2　矿物与水溶液界面性质的测定

矿物的浮选分离是复杂的物理和化学的过程，矿物表面和各种浮选药剂的相互作用使矿物表面性质发生变化，疏水性矿物颗粒附着于气泡上而上浮，亲水性矿物沉于浮选槽，从而达到有用矿物与脉石矿物分离的目的。因此了解和测定矿物-水界面的吸附成分和性质以及矿物表面的润湿性和疏水性是非常必要的。

5.2.2.1 矿物与水溶液界面吸附成分和性质的测定

矿物与水溶液界面的吸附成分和性质测定包括反应程度和反应速度、反应生成物的性质和形态、药剂在矿物表面的吸附状态及取向等。

（1）界面反应的间接测定

① 残余溶液浓度的测定　根据矿物与溶液的接触方式不同，残余溶液浓度的测定方法分为接触搅拌法和固定层法。接触法是在烧杯等容器中置入药剂溶液及矿样，搅拌至反应达到平衡后，取澄清液，测量药剂的残余浓度；固定层法又称吸附柱法，在玻璃柱内或特制的反应器内填入矿样成固定层，然后将药剂溶液通过矿物层，测量流出液的残余浓度。

对微量浮选药剂的分析方法包括仪器分析和化学分析。其中仪器分析法又包括电位分析、电导分析、电流滴定法、极谱分析、原子吸收光谱和紫外分光光度法等。

② 反应热测定　药剂溶液与矿物表面相互作用存在反应热，用标准的微型量热计可以测量药剂与矿物表面的反应热，用此结果与同类药剂和同种表面成分试样的反应热进行比较，以此确定在矿物表面出现的特定反应。

③ 表面反应产物的萃取和分析　在某些情况下，药剂与矿物表面作用生成的反应产物，用能选择性溶解反应物的溶剂进行萃取，然后用适当的方法进行鉴定，与已知化合物的标准曲线作比较，从而确定反应物的组成、性质和含量，通常采用有机溶剂萃取，用分光光度法测定萃取物。

（2）界面反应的直接测定　界面反应的直接测定通常采用现代表面分析技术，诸如红外光谱、X射线光电子能谱、俄歇电子能谱、显微自射线显影技术、电化学技术和界面电性质测定等。

① 红外光谱　红外光谱是分子内原子振动和转动能级跃迁产生的分子吸收光谱，通常出现在红外区。将透过物质的连续红外辐射经色散，按波长依次排列，记录不同波长处的辐射强度，就得到了红外光谱。人们可以根据光谱中吸收峰的强度来测定混合物中各组分的含量。将记录浮选药剂处理过的试样的红外光谱与药剂、矿样本身的光谱和预计可能在矿物表面形成的反应物的光谱进行比较，便可以确定矿物表面形成的化合物。

② X射线光电子能谱　通常称为化学分析电子光谱。让高能X射线照射在固体表面，然后测量发射出的光电子能量。该过程的能量符合爱因斯坦的光电子能量方程。该方法主要用于鉴定硫化矿表面暴露于空气、氧气和水溶液之后的变化，以及与捕收剂和抑制剂等作用后的反应物的化学状态。

③ 俄歇电子能谱　入射电子具有足够高能量与固体表面原子相互作用，使原子内层能级K上的电子受激而逸出，使原子处于一次离化激发态，称为动态。通常采用俄歇电子能谱鉴定固体表面的化学元素、原子价态及结合状态。

④ 显微自射线显影技术　利用显微自射线显影技术可以确定捕收剂在矿物表面的吸附状态，可以确定矿物表面反应物分布是否均匀。

⑤ 电化学技术　电化学技术可以研究捕收剂与矿物的相互作用日益增强，简单的残余电位测量是鉴定不同捕收剂与硫化矿表面作用生成的反应物性质的有效方法。

⑥ 界面电性质测定　在水溶液中，由于矿物晶格离子的优先溶解；矿物表面组分的水解和水解组分的分解；溶液中各种离子在矿物表面上的吸附；晶格中一种离子被另一种离子所取代等原因，固体表面均能获得电荷，产生相对于溶液的电位。固体表面与溶液之间的电位差为表面电位。测量矿物的零电点或者等电点，对研究、控制和改善浮选、絮凝和凝聚等工艺过程也是非常重要的。

5.2.2.2 矿物表面润湿性和疏水性

对于大块矿物采用接触角直接研究表面润湿性；而对于细颗粒矿物，通常采用单泡管、真空浮选或者小型浮选槽测量其可浮性。

测量接触角是测量矿物表面润湿性应用最广泛的方法，其具体测量方法较多，可以采用气泡压入法或者滴水法。为了避免矿物表面被污染，多数采用向矿物下部引入自由气泡的测量方法。

5.2.3 纯矿物浮选设备及操作

5.2.3.1 无泡沫浮选试验

该浮选方法是浮选过程中不添加起泡剂，不形成泡沫层的试验方法，它适用于研究药剂对矿物可浮性的作用。其优点是需要纯矿物量较少，浮选时药剂浓度和溶液的容积恒定，能精确控制操作变量。通常采用哈里蒙德管（单泡管）进行试验，每次浮选时采用 2g 左右试样加入烧杯中，并加水和浮选药剂一起搅拌，然后将试样和溶液一起转移至浮选管中，开动电磁搅拌器，搅拌 5min，使矿物呈悬浮状态。然后通入恒速的空气或者氮气，矿粒随着气泡上升后，浮出可浮矿粒，收集产品后烘干、称重并计算回收率。无泡沫试验通常需要矿样粒级为 $-150\sim75\mu m$。

5.2.3.2 泡拣法试验

该方法是在一根能够产生单个气泡的玻璃管中进行试验，试验时将 0.5g 试样和 200mL 调好 pH 及药剂浓度的溶液置于烧杯中，用玻璃棒或者电磁搅拌器进行搅拌，然后采用装置产生气泡，并使气泡和矿粒接触。矿粒在药剂的作用下，附着在气泡表面，把附有矿粒的气泡提起，并将矿粒吸入玻璃管中，移至表面皿上。因试验的重复性较差，通常试验需要重复 3~4 次，采用平均值作为最终结果。

5.2.3.3 真空浮选试验

真空浮选器是一硬质玻璃瓶的茄形瓶，该试验是基于溶液中溶解的气体，在负压条件下析出形成气泡的原理进行浮选。试验时，将 1g 矿样装入浮选器中，再加入一定量的水和药剂溶液，轻轻振荡数分钟，使矿粒与药剂发生作用，同时逐出矿粒表面附着的空气，依次连接试验设备，使之与干燥瓶和真空泵或水流泵相连。浮选时逐渐降低压力，此时在浮选器底部的矿粒表面上开始析出气泡，矿粒随气泡漂浮至液面，获得精矿产品。将所得产品烘干、称重，并计算回收率。试验时不需要将所有的矿物全部浮出，只需计算出在一定抽气时间内的回收率。条件试验需要确保在同一真空度下进行试验。

5.2.3.4 小型浮选槽浮选试验

用小型浮选机浮选纯矿物时，其操作和进行矿石可选性研究时基本一致，但是矿量更少，因此要求加药量更准确，对于难溶性油类药剂，必须配成水溶液或者配成乳浊液使用。

纯矿物浮选，一般不进行化学分析，而只是称量各产物的重量来评定浮选效果。对于某些人工混合矿样的试验，有时需要化学分析。用于纯矿物的矿样需要经过脱泥和分级，为排除其他离子的干扰，矿物表面通常用酸、碱或者其他对矿样性质没有影响的试剂处理，这样得出的结论更与实际相吻合。在浮选时，一般使用去离子水浮选，以排除难免离子对试验结果的影响。

5.3 浮选试验设备及操作

实验室浮选通常是小规模试验，一般都是用天然矿石作为原矿，而在研究浮选机理以及探索新药剂时，通常采用纯矿物进行试验。进行浮选试验，除了需要浮选机外，还需要试验制备装置，如破碎机、磨矿机等。

5.3.1 浮选试验准备

（1）破碎和缩分　通常在兼顾小型磨机效率和试验代表性的基础上，进入磨机的矿样要求粒度小于 2mm，在破碎矿样时，为防止污染，可以先用少量待破碎的矿样"清洗"破碎机，破碎的试样分别装袋贮存，每份试样约重 0.5kg，破碎的矿样经过 3～5 次堆锥混匀，采用方格法或者多槽分样器对物料进行缩分。

（2）矿样的贮存　由于氧化作用对硫化矿的影响很大，从而对浮选试验结果产生影响。因此对这类易氧化的矿石，可以在较粗粒度下贮存，每次试验再制备试样，设置对照试验；而对于不易氧化的矿样，需注意防止污染，其他矿物以及油类或者药剂的混入，会严重影响试验结果。

（3）磨矿　实验室常用的筒形球磨机尺寸为 $\phi200mm \times 200mm$、$\phi160mm \times 180mm$，采用的锥形球磨机尺寸为 $\phi240mm \times 90mm$，通常进入球磨机的粒度要求小于 2mm；而在实验室对中矿和精矿的再磨，通常采用 $\phi160mm \times 160mm$ 的筒形球磨机。

球磨机的介质一般采用大、中、小三种钢球，对不同磨机，要求钢球直径不一样，如 $\phi160mm \times 180mm$ 型球磨机，可以采用直径为 25mm、20mm、15mm 的钢球；而对于尺寸更大的磨机，则可以采用直径更大的钢球。棒磨机的磨矿介质一般为钢棒，其直径介于 10～25mm。而对于质量要求较高的物料，为避免污染，可以采用以陶瓷球作为磨矿介质的陶瓷球磨机，或者三头玛瑙磨机，但其效率均较低，需要更长的磨矿时间，通常应用于纯矿物的磨矿。

磨矿介质的充填率是影响磨矿效率的重要因素，通过试验测得磨机的最佳充填率为 45%，过高或过低的充填率均会影响磨矿效率，对于转速偏高和直径较大的磨机，其充填率可以相应低一些。

磨矿浓度是影响磨矿效率的另一个重要因素，对于不同矿石性质、产品粒度的矿样，其磨矿浓度各不相同。在通常情况下，磨矿浓度提高，磨矿细度也提高，大颗粒含量较少，磨矿效率得到提高，但要求更多的大直径钢球。在试验时，对于原矿含泥多、密度小、产品黏、对粒度要求较细，可以采用较低的磨矿浓度；而对于原矿粒度粗、质地硬、产品粒度不均匀，则可以采用提高磨矿浓度的方法。

常用的磨矿浓度有 50%、67%、75% 三种，设磨矿浓度为 $C(\%)$，所需水量为 $W(L)$，矿样重量为 $M(kg)$，则其浓度可表示为：

$$C = \frac{M}{M+W} \times 100 \tag{5-1}$$

整理上式，可得：

$$W = \frac{100-C}{C} \times M \tag{5-2}$$

根据式（5-2），可计算在不同磨矿浓度下，以及不同质量矿样下所需的水量。

在磨矿之前，为避免污染，通常用清水空磨一阵，除去铁锈，然后加入少量待磨矿样清洗磨机，再用清水冲洗干净。磨矿时，通常先加水加药，最后加矿样，或者留出部分水最后添加。磨机开机时，应置于水平位置，磨矿时注意转速是否正常，并且控制好磨矿时间。磨好后将磨机倾斜，矿浆倒入接矿容器中，用喷壶或者洗瓶将磨机内的矿浆冲洗出，期间可以间断开车搅拌冲洗，直至冲洗干净为止。需要指出的是，清洗磨机的时候必须严格控制用水量，特别是对于需要在磨机中加药的矿样，若水量过多，后续浮选槽难以容纳，此时需要待矿浆澄清后，用注射器或者洗耳球吸出上层清水，作为浮选作业时的补加水。磨矿作业完成后，需要用清水将磨机封存，减小钢球的氧化作用。

而对于易过磨、易泥化的物料，可以采用仿闭路磨矿方法。即原矿磨到一定时间后，筛出指定粒级的产品，筛上产品返回再磨，再磨的水量根据筛上产品重量及公式(5-2)添加，仿闭路磨矿的总时间等于开路磨矿至指定粒级所需的时间。

5.3.2　浮选试验

5.3.2.1　浮选设备选择

实验室所用的浮选机有单槽式、挂槽式和多槽式，其主体部分是充气搅拌装置和槽体，型号和规格也是根据这两部分的差别区分的。

单槽式浮选机由水轮、盖板、十字格板、竖轴、充气管等部件组成，由充气调节阀控制充气量，并带有自动刮泡装置。其规格型号主要以 0.5L、0.75L、1L、1.5L、3L 和 8L 六种为主，对于纯矿物浮选，则需更小规格的浮选槽，除了 3L 和 8L 浮选槽是金属浮选槽外，其余均为有机玻璃槽。

挂槽式浮选机的搅拌装置为装在实心轴上的搅拌叶片，空气则由搅拌形成的漩涡吸入，吸入空气量由叶片与槽体距离控制，因此试验时，一旦确定叶片与槽体的距离，在接下来的试验中，均应按照此距离进行试验。挂槽浮选机的槽体的材质同样为有机玻璃，其规格 5g～1kg 均有。

而对于一些结果要求较高的试验，可以采用一些自动化程度较高的浮选机，比如采用有无级变速、可以调节液位、充气量、酸度、转速等的浮选机。

5.3.2.2　影响浮选指标的因素

影响浮选试验的因素有很多，比如调浆时间、泡沫层厚度、水质、刮泡速度、药剂制度等。

(1) 调浆　调浆的目的是使矿物处于悬浮状态，提高药剂的作用效果，同时让气泡矿化。浮选调浆介于充气之前和加入药剂之后，目的是使药剂分散并与矿物作用，并达到平衡；有时为扩大矿物可浮性，也可预先充气调浆。调浆时间因不同物料性质而异，时间可长可短。需要指出的是：加入一类药剂后，调浆一定的时间再加入另一类药剂，加药顺序一般为 pH 调整剂、抑制剂或者活化剂、捕收剂、起泡剂。

(2) 浮选泡沫　泡沫产生的方式有压入空气、溶液中析出、电解产生、搅拌吸入等。浮选时根据泡沫的变化，通过调节浮选药剂、充气量、液面高度等操作，达到控制泡沫质量和精矿产品的目的。需要指出的是，充气量、转速等其他因素被确定后，就应该保持不变，控制好其他变量，避免影响试验结果。浮选时，泡沫层的厚度为 20～50mm，不能出现"跑槽"现象，以免影响精矿质量。由于泡沫的不断刮出，为保持液面的稳定，需要不间断的向浮选槽中加水，对 pH 有要求的矿浆，需要事先配好与矿浆 pH 值相同的补加水。刮泡速度和深度应该保持稳定，刮泡过程中应该将附着于槽壁上的泡沫冲入浮选槽中，浮选结束后，记录浮选试验条件，并将尾矿烘干、称重，将浮选机用清水冲洗干净。

(3) 药剂制度　浮选过程中加入药剂的种类和数量、加药地点和加药方式称为药剂制度。在试验之前，应该准备足量的浮选药剂，并检查是否过期，以及纯度。

水溶液的药剂，可以配成溶液添加，所需量很小时，可以配成质量分数为 0.5% 的水溶液，用量比较大的药剂可以配成 5% 或者 10% 的浓度，对于水溶性较好的药剂也可以采用直接添加的方法或采用注射器进行添加。在配制溶液时，通常为了计算方便，将 1g 药剂加水溶解成溶液总量为 10mL，实际浓度为 "1g/10mL"，因为溶液浓度较低，仍称其浓度为

10%，二者差别不大。

令单位药剂用量为 $q(g/t)$；添加溶液体积为 $V(mL)$；药剂浓度为 $C(\%)$；试验的矿石重量为 $Q(kg)$，则单位药剂用量计算公式为：

$$q = \frac{VC \times 10^{-2}}{Q \times 10^{-3}} \tag{5-3}$$

整理，可得所需添加的药剂体积 V 为：

$$V = \frac{qQ}{10C} \tag{5-4}$$

对于非水溶性药剂，如黑药类、油脂类等，可以采用注射器直接添加，但须测定每滴药剂的质量，可以通过多滴药剂然后求平均质量的方法；也可以将其溶解于对浮选无影响的有机溶剂中，按式(5-4)添加；对于油类药剂也可以采用乳化的方法，如油酸中加入少量的氢氧化钠，将其乳化。若所需药剂量较少，可以将一滴已知质量的药剂滴于滤纸上，然后根据用量等分滤纸，将含有药剂的滤纸直接加入浮选槽中。

难溶于水的药剂，或者脱药剂，如石灰、硫化钠、活性炭等可以直接加入磨机中，作用效果更好。对于易潮解、变质的药剂，需要现配现用，不能搁置太久。

（4）水质和温度　水质、温度影响浮选药剂的用量和浮选结果，同一个试验用不同硬度的水，其结果可能不一样；同样的试验在夏天和冬天做，也有可能产生不同的试验效果。浮选用水不能含有大量悬浮颗粒，也不能含有大量与矿物或药剂作用的可溶性物质或者微生物。在使用脂肪酸类捕收剂时，水的硬度对药剂的用量影响很大。

浮选的温度通常是常温。当使用脂肪酸类捕收剂时，为保证药剂的活性，一般在 $25 \sim 35℃$ 下进行，对于混合精矿的分离，对矿浆进行加温可以取得较好的分离效果。

（5）浮选产品的处理　对于粗粒产品可以直接过滤，若产品较细，可以将矿浆倒入另一容器中，若过滤仍有问题，可以放在铁盆中直接放入烘箱或加热板上蒸发；或加入少量絮凝剂，待沉淀后，抽出上清液。对于硫化矿等易氧化的矿物，烘箱温度应控制在 $100℃$ 以下，温度过高会导致试样氧化，从而影响品位。烘干后的试样，经过称重后，进行缩分、研磨，使其粒度小于 $0.15mm$ 以供化学分析用。

5.4　浮选条件试验

在探索试验基础上，对影响浮选指标的因素进行系统考察，确定各因素对浮选指标的影响，并找出最佳浮选条件，该过程称为浮选条件试验。条件试验需要考察的因素通常有磨矿细度、矿浆 pH、抑制剂用量、活化剂用量、捕收剂用量、起泡剂用量、浮选时间、矿浆浓度、中矿处理、粗精扫选次数试验等。对于不同的矿石，影响浮选指标的因素可能不同，可根据影响因素的不同，选择试验顺序。在做条件试验时一般采用单因素试验法，即试验过程中只有一个变量，除此之外还可以采用正交法或者响应曲面法。

5.4.1　磨矿细度试验

浮选时不但要求物料单体解离，而且要求适宜的入选粒度。颗粒太粗，即使已单体解离，因超过气泡的承载能力，往往浮不起来。浮选粒度上限因物料的密度不同而异，如硫化物矿物一般为 $0.2 \sim 0.25mm$，非硫化物矿物为 $0.25 \sim 0.3mm$，煤为 $0.5mm$。

通常情况下，合适的浮选粒度为 $10 \sim 100\mu m$，在此粒度下，矿物具有较好的可浮性。而粒度在 $10\mu m$ 以下的矿粒常称为矿泥。一般情况下，随着粒度的变化，疏水性产物的品位有一最大值，当粒度进一步减小时，品位随之下降，这是微细的亲水性颗粒机械夹杂所致；粒度增大时，又会因大量的连生体颗粒进入疏水性产物而使其品位降低。

5.4.1.1 粗粒浮选

在矿粒单体解离的前提下，粗磨浮选可以节省磨矿费用，降低选矿成本。在处理不均匀嵌布矿石和大型斑岩铜矿时，在保证矿物回收率前提下，可以粗磨直接浮选。

但是，由于较粗的矿粒比较重，在浮选机中不易悬浮，与气泡碰撞的概率较小，附着气泡后因脱落力大，易于脱落，这是粗粒比较难浮的主要原因。所以对于在较粗粒度下即可单体解离的物料，往往采用重力分选方法处理，必须用浮选处理粗磨的物料时，通常采用如下一些措施：

① 采用捕收能力较强的捕收剂，并适当增大捕收剂用量，以增强颗粒与气泡的固着强度，有时配合使用非极性油等辅助捕收剂。

② 适当增大充气量，以提供较多适宜的气泡，为粗颗粒的浮选创造条件。

③ 选择适用于粗粒浮选的浮选机，为防止粗粒在浮选机中产生沉淀，应使用有较大浮升力和较大内循环的浅槽浮选机。

④ 采用较高的浆体浓度，既增加药剂浓度，又可以使颗粒受到较大的浮升力，但应注意，浆体的浓度过高时会恶化浮选过程，使选择性降低。

5.4.1.2 细粒及微细粒浮选

粒度小于 $10\mu m$ 的矿物颗粒，其可浮性明显下降，所以避免物料泥化是非常必要的。浮选过程中的微细颗粒来自两个方面：一是在矿床内部由地质作用产生的微细颗粒，主要是矿床中的各种泥质矿物，如高岭土、绢云母、绿泥石等，称为原生矿泥；二是在破碎、磨碎、搅拌、运输等过程中形成的微细颗粒，称为次生矿泥。

(1) 微细粒矿物难浮原因 微细颗粒难于浮选的原因主要有以下几个方面：

① 由于微细颗粒的表面能比较大，在一定条件下，不同成分的微细颗粒形成无选择性凝结，发生互凝现象，或者微细颗粒在粗颗粒表面上的黏附，形成微细颗粒覆盖。

② 由于微细颗粒具有较大的比表面积和表面能，因此具有较高的药剂吸附能力，吸附的选择性差；表面溶解度增大，使矿浆中难免离子增加；微细颗粒质量小，易被水流机械夹带和被泡沫机械夹带。

③ 微细颗粒与气泡间的接触率及黏着效率降低，使气泡对颗粒的捕获率下降，同时微细颗粒还会大量地附着在气泡表面，形成所谓的气泡"装甲"现象，影响气泡的运载量。

(2) 微细粒矿物处理方法

① 添加分散剂，防止微细颗粒互凝，保证充分分散。常用的分散剂有水玻璃、聚磷酸钠、氢氧化钠（或苏打）加水玻璃等。

② 采用适于选别微细颗粒的浮选药剂，使欲浮的颗粒表面选择性疏水化。例如采用化学吸附或螯合作用的捕收剂，以提高浮选过程的选择性。

③ 使微细粒选择性聚团，增大粒度，以利于浮选，为此常采用的微细颗粒浮选途径有疏水絮凝、载体浮选和选择絮凝浮选等。

④ 采用载体浮选回收微细粒矿物，采用适度适于浮选的较粗矿粒作载体，选择性地黏附微细矿粒并与之一起浮出的浮选方法。

⑤ 减小气泡尺寸，实现微泡浮选。生产中采用的产生大量微泡的方法有真空法和电解法两种，分别称为真空浮选和电解浮选。

⑥ 进行脱泥、浮选前将微细颗粒脱除。

⑦ 采用物料分选的方法对不同粒级的物料分别采用不同的药剂制度进行处理。

5.4.1.3 实验室磨矿细度测定

磨矿作业的目的是使矿物解离，并将矿石磨到适合浮选的粒度，最佳磨矿细度因不同矿石性质而异。矿物的单体解离是浮选的先决条件，因此条件试验一般优先做磨矿细度试验，而对于复杂多金属矿石及难选矿石，由于药剂制度的影响较大，通常在确定好药剂制度后，需要再次校核最佳磨矿细度；也可以优先做其他因素影响试验，最后做磨矿细度试验。

磨矿细度条件试验的常规做法是，先绘出此矿石的磨矿细度曲线，即以不同磨矿时间为横坐标，以磨矿细度为纵坐标，在不同的磨矿时间（min）下，计算相应磨矿细度（－200目含量，％），找出磨矿时间和磨矿细度之间的关系，磨矿细度的范围应该涵盖40％～95％的细度。

磨矿细度条件试验的做法是，在磨矿细度曲线上选取不同细度，找到对应所需磨矿时间，通常需要4～6个点，分别进行单因素试验。浮选产品分别烘干、称重、取样、化验，然后根据试验数据绘制曲线，曲线一般是以磨矿细度为横坐标、以浮选产品的品位和回收率为纵坐标绘制的。累计品位 β 和累计回收率 ε 的计算公式为：

$$\beta = \frac{\gamma_{精}\beta_{精} + \gamma_{中}\beta_{中}}{\gamma_{精} + \gamma_{中}} \tag{5-5}$$

$$\varepsilon = \varepsilon_{精} + \varepsilon_{中} \tag{5-6}$$

式中，β、γ、ε 分别为产品的品位、产率和回收率，均以％表示。

根据曲线的变化规律，可以判断最佳磨矿细度，因此要求累计回收率 ε 出现拐点，若没有拐点同时品位变化也不明显，则需要在较高或者较低的磨矿细度下进行补充试验。

5.4.2 调整剂试验

5.4.2.1 pH 调整剂

在浮选过程中，矿浆 pH 具有十分重要的意义，各种矿物只有在各自适宜的 pH 条件下才能有效地浮选。矿物浮选的最佳 pH 又取决于浮选药剂制度等条件。例如，油酸作捕收剂，几种矿物浮选的最佳 pH 是，黑钨矿 6.0、锡石 5.9～6.2、软锰矿 7.4～7.7、磁铁矿 6.8～7.1、霞石 8.3。除黄铁矿以外的有色金属硫化矿，一般都在弱碱性或碱性介质中浮选较快。因此，调节矿浆 pH 是控制浮选过程的最重要的参数之一。

（1）pH 调整剂的作用

① 改变溶液的 pH，从而改变矿物表面性质，如双电层的组成和结构，矿物表面的水化作用等；调整浮选剂在溶液中的组成和状态，如捕收剂的离子和分子化；影响离子型捕收剂在矿物表面上的吸附；影响浮选剂的作用。

② pH 调整剂与溶液中的金属离子形成难溶化合物，其中多数是低溶度积的多价金属氢氧化物或碳酸盐。由于形成难溶化合物，出现了晶核。这些晶核可长大到胶体分散颗粒和微细分散颗粒的大小，对浮选有显著影响。

③ 由于 OH⁻ 的存在，与捕收剂阴离子产生竞争反应，当 pH 超过临界 pH 时，很多矿物的浮选将受到强烈抑制。

④ pH 调整剂能清洗矿粒表面上妨碍捕收剂附着的薄膜或黏附的矿泥，有利于矿物浮选。例如硫酸、草酸均能用于活化被石灰抑制的黄铁矿和磁黄铁矿。对于某些硅酸盐矿物，其所含金属阳离子被硅酸骨架所包围，使用酸或碱调整剂能够将矿物表面溶蚀，可以暴露出金属离子，增强矿物表面与捕收剂作用的活性。此时，多采用溶蚀性较强的氢氟酸。

⑤ pH 调整剂通过改变矿物表面性质及其与药剂的作用，改变悬浮液的聚集稳定性。

（2）pH 调整剂的作用原理 浮选过程中，pH 对浮选产生多方面的影响，主要如下：

① 矿浆 pH 对矿物表面电性的影响 矿浆 pH 影响矿物表面的电性，因而影响矿物对捕收剂的静电物理吸附。溶液中的 H⁺ 和 OH⁻，可在许多矿物表面吸附，例如可以吸附在石

英、硅酸盐、铝硅酸盐和某些难溶高价金属氧化物矿物表面并成为它们的定位离子，所以这些矿物表面电性将随矿浆 pH 的变化而异。对于大多数的氧化矿物，H^+ 和 OH^- 是其定位离子，当 pH 高于零电点时，矿物表面带负电；低于零电点时，矿物表面带正电。

若矿物主要是依靠静电物理吸附与阳离子捕收剂（如胺类）或阴离子捕收剂（如烃基硫酸及烃基磺酸）作用，此时矿物表面的电性，对矿物的可浮性将具有决定性的影响。在这种情况下，欲获得最佳的浮选选择性和回收率，则调节和控制矿浆的 pH 往往就成为浮选成败的关键。

② 矿浆 pH 对矿物表面阳离子水解的影响　捕收剂在氧化矿物和硅酸盐上的化学吸附，是随着矿物表面离子微量溶解而实现的。溶解的微量矿物阳离子水解成羟基络合物。羟基络合物的活性很强，能牢固地吸附在矿物表面，但羟基络合物的生成及其浓度的大小受矿浆 pH 控制，并且对矿物的浮选产生直接的影响。

③ 矿浆 pH 对药剂浮选活性的影响　浮选所用的各种调整剂以及离子型极性捕收剂，常常是药剂解离出来的某种活性离子（或分子）发生有效作用，在药剂用量一定的情况下，矿浆中各种药剂离子的浓度（即药剂的解离程度），或药剂以离子状态和以分子状态存在的比例，将主要取决于矿浆的 pH。

pH 可以调节矿浆中捕收剂离子的浓度。例如非硫化矿浮选中常用的脂肪酸类捕收剂，由于它们只有在碱性矿浆中才易解离出较多的脂肪酸阴离子，调节 pH，则可调节矿浆中脂肪酸阴离子的浓度或阴离子与分子在各组分间的比例；硫化矿浮选中常用的黄药类捕收剂，在水溶液中特别是在强酸性矿浆中极易分解成相应的醇及 CS_2 而使之失效，将矿浆 pH 调至碱性或弱碱性时就能得到较多的黄药阴离子。又如，使用胺类捕收剂时，调节矿浆 pH 可以调节胺类是以离子状态为主或以分子状态为主，从而调节胺类的浮选特性。

pH 可以调节抑制剂及活化剂的离子浓度。例如，用氰化物抑制硫化矿物，提高矿浆 pH 即可增加 CN^-，从而可以加强氰化物的抑制作用并可避免剧毒 HCN 气体的逸出，许多常用调整剂如硫化钠、水玻璃等，是强碱弱酸盐，在矿浆中的解离程度深受 pH 的影响。调节矿浆 pH 可直接影响它们的水解程度，从而可以调整它们在矿浆中的离子浓度。

④ 矿浆 pH 对捕收剂在矿物-水溶液界面吸附性质的影响　十二烷基磺酸盐在刚玉表面的吸附密度随着 pH 的增加，逐渐降低。又如油酸在萤石上的吸附，在 pH 小于 5 时以物理吸附为主，大于 5 时以化学吸附为主。

⑤ 矿浆 pH 影响矿泥的分散和凝聚　pH 调整剂常常影响着矿泥的分散和凝聚，所以改变矿浆 pH 可起到分散或团聚矿泥的作用。无机酸、碱电离出的氢离子和氢氧根离子是许多矿物的定位离子，如某些金属氧化矿物、硅酸盐矿物以及含氧酸盐矿物等，而吸附在双电层内层的 H^+ 及 OH^- 对矿粒表面的动电位可产生决定性的影响，所以这些矿物表面的荷电情况（电位符号及数值大小）深受介质 pH 的影响。加入酸、碱，可以降低或提高矿浆的 pH，即可显著地降低或提高矿物表面的动电位或使其改变符号，增强或削弱矿粒间的静电作用力，促使矿粒呈现分散或凝聚状态。

（3）常用 pH 调整剂的种类及应用　矿浆的 pH 调整剂可分为有机和无机两大类，而常见的主要是无机类，如硫酸、氧化钙、碳酸钠、氢氧化钠等。有机类常用的是草酸、乳酸、柠檬酸等。

① 硫酸　硫酸是应用最广泛且廉价的酸类调整剂，其次为盐酸、硝酸、磷酸等。硫酸被广泛用于硫铁矿的活化浮选。用硫酸洗过的黄铁矿，可用黄药或黑药浮选。硫酸处理可溶解黄铁矿表面上有碍于巯基捕收剂浮选的氢氧化铁，从而活化黄铁矿。

② 氢氧化钠　氢氧化钠被广泛应用于各种类型矿石的浮选。在硫化矿、白钨矿、磷灰石和萤石浮选时，用它作介质调整剂。从铁矿石中反浮选石英时，经常用氢氧化钠作 pH 调

整剂。氢氧化钠可抑制辉锑矿、促进游离金的回收，分散多种矿泥，从而提高多种矿石浮选的选择性。

③ 碳酸钠　无水碳酸钠在硫化矿和非硫化矿浮选时，常被作为碱性调整剂使用，介质 pH 一般不高于 9～10。所以，在需要提高 pH 的浮选作业中，碳酸钠应与氢氧化钠混合使用。碳酸钠广泛用作钨矿、钼矿、锂矿、锡矿、碳酸锰矿、磷块岩、萤石等矿石浮选时的调整剂。在用油酸和油酸盐浮选锆石、锡石时，碳酸钠具有较弱的抑制作用。

④ 石灰　石灰（生石灰）的有效组分为氧化钙（CaO），石灰是应用最广泛的碱性调整剂，碱性较强，可使矿浆 pH 提高到 11～12，对黄铁矿有较强的抑制作用。在硫化矿浮选中，石灰一直被作为最经济的 pH 调整剂，其用量最高可达 10kg/t。

（4）实验室 pH 调整剂条件试验　pH 调整剂是为药剂和矿石相互作用创造条件，并消除不利浮选的因素；条件试验的目的是找到调整剂的最佳用量，使待浮矿物具有良好的可浮性和选择性。不同矿物其最佳浮选 pH 不同，因此需要进行 pH 条件试验。试验时，在确定的最佳磨矿细度下，固定其他变量，只进行 pH 调整剂种类和用量的试验，将调整剂分批加入矿浆中，搅拌一定时间后，用 pH 电位计或者 pH 试纸测定矿浆 pH 值，逐渐添加，直至达到所需 pH 值为止，累计该过程的用量作为最终用量。试验结果同样绘制成曲线，以 pH 调整剂用量为横坐标，以回收率和品位为纵坐标，根据曲线趋势，找出最佳调整用量。需要注意的是，当调整剂和其他药剂有交互作用时，可以采用多因素正交试验或者响应曲面法。

5.4.2.2　抑制剂

（1）抑制剂的作用　抑制剂的主要作用是在几种矿物可浮性相似的情况下，能够选择性地破坏或者削弱某种矿物对捕收剂的吸附，选择性地增强某种矿物表面的亲水性，促使这类矿物受抑制，实现目的矿物与脉石矿物的分离。

（2）抑制剂的作用原理　抑制剂分为有机抑制剂和无机抑制剂，其作用原理不同，分别阐述其作用原理。

① 有机抑制剂作用原理

a. 有机抑制剂在矿物表面的吸附主要依靠氢键（缔合）及范德华力的作用。

某些含有高电负性元素（如氧、氟）的矿物，如各种金属氧化物、各种含氧酸盐、卤化物以及在水溶液中可发生水化作用的矿物等，它们与有机抑制剂之间均有可能形成氢键（缔合）。所以在分子组成结构中带有羟基、羧基等极性基团的许多有机抑制剂，常可通过氢键的方式在矿物表面发生吸附。例如，天然淀粉是一种非离子型的有机高聚物，在水溶液中与石英作用时，主要就是依靠淀粉分子羟基上的氢原子与石英晶格表面的氧原子形成氢键，使胶态淀粉在石英表面得以吸附形成亲水覆盖物，从而导致抑制作用。

b. 有机抑制剂依靠静电引力的作用在矿物表面发生吸附。

许多有机抑制剂是有机酸、有机碱或为有机盐类，它们属于解离型的有机化合物，在矿浆中可解离成离子，借助静电引力的作用吸附在电性相反的荷电矿物表面，使矿物受到抑制。例如阳离子型淀粉很容易吸附在带负电的石英表面，而阴离子型淀粉则很容易吸附在带正电的赤铁矿表面。

c. 有机抑制剂通过化学吸附及表面化学反应在矿物表面吸附。

许多有机抑制剂都带有能与矿物表面晶格阳离子发生化学反应的极性基团，它们能在具有较大亲和力的矿物表面发生化学吸附，且在某些情况下（如药剂浓度较高、作用时间较长、温度较高等）还可能进一步发生表面化学反应。例如，羟基白药、黄原酸纤维素等，都能通过分子中的巯基（或活性硫原子）与硫化矿表面的晶格金属离子发生化学键合。而含羧基和酚羟基或羟基的一些有机抑制剂如单宁、草酸、柠檬酸、乳酸等亦能与许多金属离子，尤其是与钙、镁离子发生化学键合，这时或以螯合物的形式从矿浆中除去某些对矿物具有良好活化作用的离子，或络合吸附于矿物表面引起抑制作用。

② 无机抑制剂作用原理

a. 在矿物表面形成亲水覆盖膜或亲水胶粒。

抑制剂通过在矿物表面形成亲水性化合物薄膜、离子吸附膜或亲水性胶粒等作用形式，可使矿物表面亲水化或削弱对捕收剂的吸附活性，或使捕收剂从矿物表面脱附或阻碍捕收剂的吸附，从而引起抑制作用。

b. 抑制剂溶去矿物表面由捕收剂所形成的疏水性覆盖膜。

例如氰化钾（或钠）可溶去闪锌矿或黄铁矿表面已吸附的黄药疏水覆盖膜，降低矿物的可浮性，从而起抑制作用。

c. 抑制剂溶去矿物表面易与捕收剂作用的活性质点或活化膜。

例如被 Cu^{2+} 活化的闪锌矿具有铜蓝类似的可浮性，易被低级黄药所捕收，而抑制剂氰化物则能溶去矿物表面的铜离子或硫化铜活化膜，使之恢复到难浮的本来性质。

d. 除去矿浆中的活化离子。

例如用脂肪酸浮选某些非硫化矿物，矿浆中的 Ca^{2+}、Mg^{2+} 可活化石英等硅酸盐矿物的浮选，而加入苏打或聚磷酸钠则能使这些离子生成难溶盐沉淀或形成稳定的络合物，使石英等硅酸盐矿物失去可浮性。

（3）常用抑制剂的种类及应用　常用的抑制剂分为有机抑制剂和无机抑制剂，主要有氰化物、高锰酸钾、硫化钠、二氧化硫、亚硫酸及其盐类、重铬酸盐、水玻璃、石灰、单宁、含硫有机阴离子纤维素、聚乙二胺等。氰化物具有很好的抑制效果，但随着环境要求的日趋严格，非氰化物抑制剂的开发和应用，将是未来抑制剂领域中的重要方向。石灰是硫化矿浮选中广泛应用的廉价抑制剂，既是矿浆 pH 调整剂，同时又是硫化铁矿物的抑制剂。硫酸锌和磷酸三钠是无机低碱工艺常用的抑制剂，通常与其他抑制剂如碳酸钠、硫化钠、亚硫酸及硫代硫酸盐等配合使用。

① 硫化钠　硫化矿物浮选时加入硫化钠，硫化钠对硫化矿物的抑制作用决定于硫化钠本身的浓度和介质的 pH，即主要和溶液中的 HS^- 浓度有关，有人认为硫化钠的抑制作用在于 HS^- 在硫化矿和黄药阴离子间进行竞争，HS^- 浓度达到临界值时，矿物被抑制。

硫化钠作为抑制剂主要用于下述三种情况：多金属硫化矿混合精矿的脱药；铜-钼分离时用于抑制黄铜矿及其他硫化物，用煤油浮选辉钼矿；铜铅混合精矿的分离。例如，在用煤油浮选铜钼矿中的辉钼矿过程中，采用硫化钠作为黄铜矿、黄铁矿的抑制剂，可取得较好的效果。

② 氰化物　氰化物是闪锌矿、黄铁矿和黄铜矿的有效抑制剂。其抑制作用主要归纳为如下几个方面：

a. 消除矿浆中的活化离子，防止矿物被活化。最典型的例子是，氰化物可除去矿浆中对闪锌矿具有良好活化作用的铜离子，使之不被活化，难浮。

b. CN^- 吸附在矿物表面增强矿物的亲水性，并阻止矿物表面与捕收剂作用。

c. 溶解矿物表面的捕收剂薄膜。氰化物对矿物的抑制作用，主要是因为氰化物对硫化物表面已吸附的金属黄原酸盐有较强的溶解作用，且抑制的强弱与氰化物对各种相应金属黄原酸盐溶解能力的大小有关。也就是说，矿物表面已吸附的金属黄原酸盐越易被氰化物溶解，则氰化物对该矿物的抑制作用也越强烈，反之亦然。氰化物可和多种金属黄原酸盐作用，生成相应金属离子络合物，置换出黄药阴离子。

③ 二氧化硫、亚硫酸及其盐类　这类药剂包括二氧化硫气体、亚硫酸、亚硫酸钠和硫代硫酸钠，主要作为闪锌矿和硫化铁的抑制剂。亚硫酸根及硫代硫酸根与氰根相似，能与一

些重金属离子形成比较稳定的络合物，而起到抑制的作用。

④ 硫酸锌　硫酸锌是闪锌矿的抑制剂，只有在碱性矿浆中才有抑制作用，矿浆 pH 越高，其抑制作用也就越强，硫酸锌在碱性矿浆中生成氢氧化锌胶体，一般认为硫酸锌的抑制作用主要是由于生成的氢氧化锌的亲水胶体颗粒吸附在闪锌矿表面，阻止了矿物表面与捕收剂的作用。单独使用硫酸锌对闪锌矿的抑制作用比较弱，通常与其他抑制剂配合使用，比如亚硫酸锌。

⑤ 石灰　石灰是最廉价、使用最广泛的一种调整剂。

石灰既是 pH 调整剂，也是某些硫化矿物的抑制剂，石灰不仅影响矿浆的 pH，而且还影响矿浆电位。目前，大多数硫化矿金属矿山都是以石灰形成高碱体系以抑制硫铁矿，如黄铁矿、磁黄铁矿等。石灰抑制机理主要有两方面：一是随 pH 的升高，溶液中的 OH^- 与捕收剂阴离子之间的竞争加剧，同时，加速黄铁矿、磁黄铁矿等硫化矿物的表面氧化，阻碍捕收剂离子的吸附，使其浮选受到抑制；二是在矿浆中加入石灰，通过在硫铁矿物的表面形成的 $CaSO_4$、$Ca(OH)_2$、$Fe(OH)_3$ 组成的混合亲水薄膜，阻止黄药在其表面吸附，进而抑制黄铁矿。

⑥ 水玻璃　水玻璃是非硫化矿浮选时最常用的一种调整剂，它既是硅酸盐脉石矿物的抑制剂又是矿泥的分散剂。水玻璃是由强碱和弱酸构成的盐，在水中可以水解，矿浆呈碱性。水玻璃的抑制作用主要是由水化性很强的 $HSiO_3^-$ 和硅酸分子及胶体吸附在矿物表面，使矿物表面呈强亲水性。硅酸胶体颗粒在矿物表面的吸附一般认为是物理吸附。

⑦ 二甲基二硫代氨基甲酸酯　二甲基二硫代氨基甲酸酯对闪锌矿和黄铁矿具有较好的抑制性能，对方铅矿没有抑制作用。采用二甲基二硫代氨基甲酸酯代替氰化物实现了铅-锌-银多金属矿石的浮选分离。

⑧ 乙二氨四乙酸　由于该类氨基酸络合剂能与多种金属离子形成稳定络合物，可以控制矿浆离子组成，被用作浮选过程的抑制剂，用以提高硫化矿及非硫化矿浮选的选择性，也可消除矿浆中难免离子对浮选的干扰。

⑨ 淀粉和糊精　当淀粉经过水解，得到分子量较小的糊精，因其相对分子量比淀粉小，故抑制能力相对较弱，但选择性较好。例如在碱性介质中，用油酸作捕收剂，采用糊精为抑制剂时，白云石、方解石被抑制，而萤石则基本不受影响。

⑩ 纤维素　纤维素不溶于水，故需对其进行化学改性才能用作浮选抑制剂，如羧甲基纤维素、磺化纤维素硫酸酯、羧乙基纤维素等。羧甲基纤维素及其钠盐是使用最多的一类有机高分子抑制剂，被广泛应用于各种硫化矿物和含镁硅酸盐矿物的浮选分离，特别适用于抑制 Ca、Mg 矿物。用 Cu^{2+} 活化闪锌矿时，羧甲基纤维素可用来抑制方铅矿，实现铅锌分离。磺化纤维素硫酸酯的性能与羧甲基纤维素相似，在碱性中作用较好，在酸性中一般作用较弱。羧乙基纤维素被用作铅、锌硫化矿分选时的抑制剂，特别对方铅矿和黄铁矿细粒嵌布矿石的分选，效果较好。用阳离子捕收剂浮选石英时，羧乙基纤维素可作为赤铁矿的选择性絮凝剂，它也是含钙、镁碱性脉石的选择性抑制剂。另外，分子量为 20000～1000000 的 2,3-二羟基丙基纤维素，可抑制滑石、水合硅酸盐和黄铁矿。

⑪ 腐殖酸类　腐殖酸是无定形的高分子化合物，用于浮选抑制剂的是褐煤用氢氧化钠处理得到的腐殖酸钠溶液。腐殖酸含有苯环、羟基、酯基、甲氧基等多种活性基团，具有弱酸性，能与氢氧化钠溶液作用而成可溶性腐殖酸钠，因而被作为浮选抑制剂。在含褐铁矿、赤铁矿、碳酸铁的铁矿石反浮选时，用石灰、氢氧化钠和粗硫酸盐皂等药剂浮选石英，用腐殖酸钠可抑制铁矿物。

⑫ 单宁　单宁是从植物中提取的无定形物质，相对分子质量较大，有时又称为烤胶。单宁类抑制剂主要用于萤石、白钨矿、磷灰石浮选等过程中，以抑制方解石等脉石矿物，提高精矿品位，也可作为赤铁矿的抑制剂，应用于阴离子捕收剂活化石英反浮选过程中。

不论是无机抑制剂，还是有机抑制剂，抑制作用并不是孤立存在的，某些药剂往往同时通过几方面作用的配合才能有效地实现对矿物的抑制。

（4）实验室抑制剂条件试验　抑制剂在多金属矿石或者难分离的矿石中起重要作用，特别是对于矿物的分离。抑制剂可能会与捕收剂或者其他药剂产生交互影响，此时需要采用多因素组合试验，通常抑制剂用量和捕收剂用量成正相关。

5.4.3　捕收剂试验

浮选捕收剂是能提高矿物表面疏水性的药剂，是矿物浮选最主要的一类药剂。利用捕收剂与矿物表面的活性点作用，可以使矿物表面疏水上浮。而自然界中，天然疏水性矿物为数甚少，大部分矿物亲水或弱疏水，只有与捕收剂作用，增大其表面的疏水性，才具有一定的可浮性。即使是天然疏水性矿物，为了有效浮选，也要适当添加非极性油类捕收剂，以提高其可浮性。因此，捕收剂对浮选技术的发展起着关键的作用。

5.4.3.1　捕收剂的作用

为了有效地进行浮选，必须根据不同类型的矿石采用不同的捕收剂，使矿物表面疏水化。概括起来，捕收剂主要有两重作用：提高矿物表面的疏水性；增大矿粒在气泡表面的附着力，缩短感应时间，提高矿粒与气泡黏附的速度。

（1）提高矿物表面的疏水性　除烃类油外，捕收剂能使矿物表面疏水化主要是由于它的极性基和非极性基组成的异极性有机化合物的极性基（或称极性端）与矿物表面作用，在化学键、氢键、静电力等某种键力作用下，能选择性地、比较牢固地吸附在矿物表面，这时矿物表面的部分不饱和键在很大程度上得到补偿而趋于饱和（削弱其与水分子的作用力）；分子中的非极性基的C—C键虽有很强的共价键力作用，但因原子价键全部被饱和，对外只呈现极微弱的分子间力，使非极性基就像其母体烃，如石蜡、煤油似的不易被水润湿（即非极性基疏水亲气）。因此，作为一个整体的捕收剂分子或离子在矿物表面吸附固着时可定向排列，极性亲固基朝向矿物表面，非极性基朝外伸向介质（水）起疏水作用，造成矿物表面的疏水化并容易黏附于气泡。当极性基一定时，捕收剂改变矿物表面疏水能力的程度，主要取决于分子中烃基的长度与结构。捕收剂分子的非极性基和极性基对矿物表面的疏水化都有重要作用，且相互依存，彼此影响。

一些非极性的烃类油捕收剂可以以分子聚合体（微细油珠）的形式吸附在某些非极性矿物表面并兼并成油膜，因而也可提高矿物表面的疏水性，其过程为：捕收剂在水中搅拌成均匀分散的小油滴状和油分子聚合体，小油滴与矿粒碰撞后附着在矿物表面并沿表面展开，靠分子间力与非极性矿物作用；对于疏水性强的矿物（如辉钼矿），油滴展开快，形成的油膜较薄；对于亲水性较强的矿物，油滴展开有限，仍形成滴状附着于矿物表面，当油滴兼并后，可形成较厚的非极性油膜，附着在矿物表面，提高矿物表面的疏水性。

（2）增大矿物在气泡上的附着力并缩短附着时间　捕收剂使矿物表面疏水化后，可增大润湿阻滞和接触角，此时若使矿粒与气泡接触或相互碰撞，可增大矿物在气泡上的附着力，使附着更为牢固，同时大大缩短矿物向气泡附着的时间。

捕收剂离子（或分子）与矿物表面的结合力，大大超过了水分子与矿物表面的结合力，使捕收剂能破坏原来水分子与矿物表面间的联系，取而代之的是结合力更强、吸附更为牢固的捕收剂离子（或分子）。矿物表面吸附捕收剂后，一方面，表面不饱和键能在很大程度上得到补偿，从而大大削弱了矿物表面的"力场"；另一方面，分布在矿物表面水化层中非极性基的疏水效应，对水分子产生强烈的排斥作用。所以捕收剂可破坏矿物表面与偶极水分子间的联系，降低矿物表面水化层的稳定性，使其厚度变薄。在矿物表面疏水化过程中，首先破坏的是离矿物表面最近、最不牢固的那部分水化层，同时也削弱靠近矿物表面联系最牢固的那部分水化层。当矿物表面的疏水性达到一定程度，即矿物表面水化层的稳定性和厚度降低到一定程度，水化层就会出现破裂，或只剩下残余的水化膜，此时矿物与气泡相互接触和碰撞，就会出现三相润湿周边，实现矿粒与气泡的黏附。

5.4.3.2 捕收剂的分类

浮选理论研究和实践表明：不同类型的矿石需要选用不同类型的捕收剂。对捕收剂进行分类，可系统地、科学地认识各类捕收剂的共性和个性，有助于正确地选择和使用各种药剂。然而，由于研究的角度不同，捕收剂的分类存在着不同的方法。根据捕收剂对矿物起捕收作用的部分及其结构，可将其分为异极性捕收剂、非极性油类捕收剂和两性捕收剂三类；按捕收剂的应用范围，可分为硫化矿、氧化矿、硅酸盐矿物、非极性矿物和沉积金属等的捕收剂；根据药剂在水溶液中的解离性质，通常将捕收剂分为离子型和非离子型两类。根据捕收剂解离组分的电性，离子型捕收剂分为阴离子型、阳离子型和两性型捕收剂三类；非离子型捕收剂可分为非极性与异极性捕收剂两类。

（1）离子型捕收剂　这类捕收剂在水中易解离，主要以离子形式与矿物表面发生作用，一般通式为 RX，X 为亲固基，R 为烃基或芳香基，亲固基固着于矿物表面，其非极性基起疏水作用。若亲固基是阴离子，就叫阴离子捕收剂；若是阳离子就叫做阳离子捕收剂。阴离子捕收剂主要有巯基类和羟基酸（盐）类捕收剂，如黄药、黑药、油酸钠等，广泛用作各种硫化矿、氧化矿和盐类矿物的捕收剂；阳离子捕收剂主要是胺类，广泛用作各种硅酸盐类矿物的捕收剂。

（2）非离子型捕收剂　这类药剂有双黄药、黄原酸酯、硫胺酯、双黑药、黑药酯等，在水中不能解离成离子，但整个分子具有不对称的结构而显示出极性，故叫非离子型极性捕收剂，其捕收能力比黄药弱，但选择性好、适应性强，主要用于分选重金属硫化矿。

（3）非极性烃类油　煤油、焦油、变压器油等这类捕收剂的整个分子是非极性的，结构是均匀的，化学通式为 R—H，分子不含极性基团，且碳氢原子间都是通过共价键结合而成的饱和化合物，在水溶液中不与偶极水分子作用而呈现出疏水性和难溶性，同时，不能电离成离子，因此，被称为中性油或非极性烃类油捕收剂。

烃油捕收剂能有效分选的矿物种类不多，特别是在现代浮选药剂种类多样化、矿石趋于"贫、细、杂"的情况下，单独使用烃油只适于分选某些天然可浮性很好的辉钼矿、石墨、天然硫、滑石、煤以及雄黄等所谓非极性矿物。这些矿物碎磨后的解离面主要呈分子键力，表面有一定的天然疏水性，浮选时不需要用很强的捕收剂，通常烃油即可很好地浮选这些矿物。很多情况下，阴离子型或阳离子型捕收剂，若与适量烃油混合使用，常可增强极性捕收剂的捕收能力，提高矿物的浮选粒度上限，降低极性捕收剂的用量，获得良好的浮选效果。因此，烃油尤其是燃料油、煤油和柴油等，已广泛用作离子型捕收剂的辅助捕收剂。

5.4.3.3 实验室常用捕收剂种类及应用

（1）黄药

① 黄药的主要性质　黄药是最重要的巯基捕收剂，也是应用最广的捕收剂，又名黄原酸盐，学名（烃基）二硫代碳酸盐，通式 ROCSSMe，其中 R 多为烃基，Me 为碱金属离子，通常为 Na^+ 或 K^+，钾盐虽比较稳定，但钠盐易溶且便宜，故生产上黄原酸钠盐的使用率较高。

黄药在常温下是淡黄色粉状或颗粒状物，因而得名黄药；常因含有杂质而颜色较深，具有刺激性臭味，有毒，可燃，易溶于水、丙酮与醇中；在水中解离出 $ROCSS^-$，具有捕收作用。黄药性质不稳定，易吸水潮解，遇热分解加速。为了防止分解与变质，要求黄药贮存于干燥和阴凉的地方，防止水、酸、碱等物质的作用，注意防火，不应暴晒，不宜长期存放；配制的黄药溶液不能放置过久，更不要用热水配制；使用时注意其颜色变化，若不正常则停止使用。

② 黄药的捕收机理　黄药的捕收机理有以下几点：

a. 金属黄原酸盐的生成　黄药与硫化矿表面作用，生成了仍与晶格内部联系牢固的硫化物——黄原酸盐的表面化合物，固着在矿物表面而起捕收作用，这类矿物主要有方铅矿、辉铜矿等。

b. 双黄药的吸附　20 世纪 70 年代之前，有人提出双黄药对硫化矿的捕收作用，但并未引起重视；近年来对电化学的深入研究，特别是红外光谱在浮选理论研究中的应用，发现黄药对硫化矿的捕收作用是黄药氧化后生成了具有疏水作用的双黄药吸附在硫化矿物表面，使矿物表面疏水，这类矿物主要有黄铁矿、磁黄铁矿等。

c. 黄原酸盐和双黄药共吸附　矿物表面仅有黄原酸盐和双黄药都不能使矿物很好地浮选，只有这两种产物共存时，才能使矿物表面具有足够的疏水性。捕收剂在矿物表面的吸附层均由化学吸附产物如 MeX 和物理吸附的双黄药组成，且两种产物有一最佳比例。以黄铁矿为例，当 pH 为 4～5 时，X_2 的吸附量达到最大值，可占黄药总吸附量的 45％。阿伯拉莫夫认为，为了保证方铅矿、黄铜矿、黄铁矿的有效浮选，分子吸附至少应占总吸附量的 10％～30％。而巴格达诺夫测定，在 pH 为 4～12 的范围内，方铅矿表面 X_2 占总量的 50％左右时，可得到最理想的分选效果。还有人指出，方铅矿表面的共吸附层中，当 X^- 与 X_2 的摩尔（离子）比为 3∶1 时，方铅矿的浮选效果最佳。

③ 黄药的捕收性能

a. 捕收性　黄药的捕收能力与其分子中非极性部分的烃链长度、异构有关。黄药亲固基（二硫代碳酸基）固着在矿物表面，烃基朝外，黄药捕收能力的强弱很大程度上取决于烃链的长度，烃链增长，捕收剂分子所显示的非极性就越强，同时，捕收剂固着于矿物表面的"覆盖层"就越厚，矿物表面显示的烃基疏水性就越明显。

b. 选择性　黄药在矿物表面吸附的选择性和吸附固着强度与非极性基直接相关，与极性基尤其是与极性基－2 价活性硫原子的关系更为密切，其基本特点是：离子半径很大，极化率很高，易与具有较强极化力，本身又容易被极化变形的一些金属离子（如重金属和贵金属离子等）结合，形成比较牢固的化学键，使黄药与这些离子生成难溶盐。

（2）黑药

① 黑药的主要性质　黑药在浮选中应用已久，是仅次于黄药应用较广的硫化矿物捕收剂。黑药是二烃基二硫代磷酸盐，可看作是磷酸的衍生物。酸性黑药在水中的溶解度较小，微溶于水，相对密度为 1.1，有难闻的臭味。铵黑药或钠黑药在水中的溶解度较大。在合成过程中，反应生成的 H_2S 会部分溶解在黑药中，使黑药对氧化矿略有硫化作用，有利于表面被氧化的硫化矿的浮选。黑药还有起泡性能，使用时用量不宜过大，一般为 25～100g/t。黑药比黄药稳定，在酸性矿浆中，不像黄药那样易分解；当必须在酸性矿浆中浮选时，有时选用黑药。

② 黑药的捕收性能　由于结构和成分上的原因，黑药的捕收性能与黄药相似。实践表明：凡是黄药可以捕收的矿物，黑药一般也可捕收，但捕收能力弱于黄药。这是因为黄药极性基的中心原子是碳，而黑药极性基的中心原子是磷，磷原子与硫原子的结合要比碳原子与硫原子的结合强，使黑药中的硫与金属结合的能力减弱。

黑药的选择性、稳定性比黄药好，在较低 pH 时使用也不易迅速分解，对黄铁矿的捕收能力弱，对金的捕收性能一般较好，所以在分选含黄铁矿的硫化铜矿或硫化铅锌矿时，可用黑药作捕收剂。另外，黑药与黄药按一定比例混合使用，取长补短，常可获得较好的指标。

③ 常见黑药的性质

a. 酚黑药　甲酚的邻、间、对三种异构体，以间甲酚为原料合成的黑药，捕收能力最强，对甲酚次之，邻甲酚最差，但这只在理论上有价值，生产中实际意义不大，因为选矿药剂厂生产甲酚黑药都是用混合甲酚为原料合成的。

15 号黑药、25 号黑药和 31 号黑药含有未起反应的甲酚，所以有较强的起泡性能，使用时虽可少用或不用起泡剂，但也给捕收剂和起泡剂用量的单独调节造成困难。长时间放置，黑药易氧化分解而失去捕收作用，但仍有起泡性。

b. 醇黑药　最常用的醇黑药是丁胺黑药。一般先合成二丁基二硫代磷酸，再与氨作用便可制取丁胺黑药。丁胺黑药多为白色细粒结晶粉末，微臭，易溶于水，潮解后变黑，有一定的起泡性，无腐蚀性，适于铜、铅、锌、镍等硫化矿的浮选，在弱碱性矿浆中，对黄铁矿和磁黄铁矿的捕收能力较弱，对方铅矿的捕收能力较强。用丁胺黑药部分替代黄药，可使方铅矿与黄铁矿、黄铜矿与黄铁矿的分离得到改善，为采用无氰分离工艺创造了条件。

除丁胺黑药外，醇黑药还有丁钠或乙钠黑药。丁钠黑药是丁黑药与 Na_2CO_3 中和而成，所以又称"苏打黑药"。其他更长烃链的醇类黑药，由于高级醇的起泡性较强，影响浮选时药剂的单独调节和浮选过程的选择性，效果并不太好，故实践中以丁钠黑药应用较广。

c. 胺黑药　胺黑药是结构与黑药类似的另一类硫化矿捕收剂。工业生产的有环己胺和苯胺黑药等，都是由相应原料与五硫化二磷反应制得，均为白色粉末，有硫化氢臭味，不溶于水，溶于酒精和稀碱溶液。使用时用 1% 的碳酸钠配成 0.5% 的溶液添加。

胺黑药对光和热的稳定性差，易变质失效，对硫化铅的捕收能力强，选择性较好，泡沫不黏，对细粒方铅矿的捕收比甲酚黑药和乙基黄药更有效，特别是在低 pH 下分选铅锌和铜硫，但用量稍大，一般为 $200 \sim 240 g/t$。

(3) 硫氮类　硫氮类捕收剂和黄药的差异在于一个氮原子替代了黄药中的氧原子，且具有两个疏水基，因而与黄药相比，其捕收能力强，浮选速度快，药剂用量少，在高碱度矿浆中选择性强，但生产成本比黄药略高。主要特点如下：

① 捕收能力较黄药强　对部分被氧化的硫化铜铅矿石、含贵金属的硫化矿、硫化矿的粗粒连生体，硫氮类捕收剂比黄药有更强的捕收能力，用量比黄药少。

② 浮选速度快　以乙硫氮浮选铅锌矿的浮选速度为例，2min 可取得很高的指标；随着浮选时间的延长，铅精矿中锌的含量显著增加，而铅回收率无显著提高。

③ 选择性好　硫氮类捕收剂捕收黄铁矿的能力很弱，甚至低于 25 号黑药，对其他硫化矿具有良好的选择性。铜铅硫化矿抑铜浮铅时，硫氮类捕收剂比黄药可获得更好的分选效果；在高碱度条件下，也能改善铅锌分离效果，可不用或少用氰化钠。

(4) 酯类　黄药酯、黑药酯、硫胺酯和硫氮酯等酯类捕收剂是近些年来研究较多的硫化矿捕收剂，一般不溶或微溶于水，大多为油状液体，属非离子型极性捕收剂，是重金属硫化矿的捕收剂，其捕收能力一般弱于黄药，但选择性好、比较安全、不易分解，对酸性强的矿浆也有一定的适应性。

5.4.3.4　实验室捕收剂条件试验

捕收剂种类的确定一般是根据生产实践或者相关文献确定的，也可以通过探索试验确定。捕收剂用量的试验可以采用两种方法：一种是分批添加药剂的方法，即在一组浮选试验中，分多次添加捕收剂，多次刮泡的方法确定捕收剂的用量，将各产物分别进行化学分析，然后计算累积品位和回收率，考察达到要求回收率和品位时捕收剂的用量；另一种方法是单因素试验法，在固定好其他影响因素的前提下，改变捕收剂的用量，然后分别进行试验，将试验结果绘制成曲线，并取最佳捕收剂用量。

实践证明捕收剂组合使用比单一捕收剂捕收效果好。对于混合捕收剂的条件试验可以将捕收剂的总量固定，选取不同比例的捕收剂进行试验，如捕收剂 A 和 B 总量为 120g/t，取其不同比例为 1:1、1:2、1:3、1:4 等；或者将某一种捕收剂用量固定，对另一捕收剂的用量进行一系列试验，找到最佳用量，再确定另一捕收剂最佳用量。

5.4.4 起泡剂试验

5.4.4.1 起泡剂的作用

① 提高空气在矿浆中的分散度。矿浆中，气泡直径大小与起泡剂浓度和矿浆充气量有关。在相同充气量条件下，加入起泡剂后，所得气泡直径较小，并且气泡直径随起泡剂用量增大而减小。气泡直径变小意味着气泡数目的增加以及气泡表面积增加。起泡剂用量相同时，气泡直径随充气量增大而增大。

② 增大气泡机械强度，提高泡沫的稳定性。气泡为了保持最小面积，通常呈球形。异极性表面活性物质的起泡剂分子在气-液界面吸附后，定向排列在气泡的周围，见图 5-7。起泡剂分子极性端朝外，对水偶极有引力，减慢了气壁间水层流动，减小水层变薄速度，增大气泡机械强度，从而提高了泡沫的稳定性。

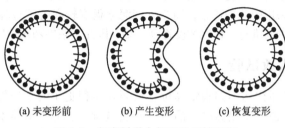

(a) 未变形前　　　(b) 产生变形　　　(c) 恢复变形

图 5-7　起泡剂增大气泡的机械强度

③ 防止气泡在矿浆中兼并。起泡剂分子在水-气界面的定向排列，使气泡周围形成一定厚度的水层，从而防止了气泡间的合并。

④ 降低气泡的运动速度，增加气泡在矿浆中的停留时间。矿浆中加入起泡剂后，使气泡的平均尺寸变小，而气泡越小，其上浮力越弱，上升速度越小；此外，起泡剂极性端上有一层水化膜，气泡运动时必须带着这层水化膜一起运动，由于水化膜中水分子与其他水分子之间的引力，将减缓气泡运动速度。因此，增加了气泡在矿浆中的停留时间，并使矿粒与气泡的碰撞机会增多，促使气泡矿化，提高分选效果。

5.4.4.2 常用起泡剂

(1) 松油类　松油类起泡剂使用较早，现在虽然许多国家使用了人工合成起泡剂，但松油类及其加工制品起泡剂仍占有相当比例。松油是指用松根、松脂经过蒸馏得到的产品，起泡作用的主要成分是萜烯醇。东北地区所产用松根干馏制得的松根油，沸点 75～350℃，此类松油作起泡剂用量较大，而且来源逐渐减少，目前已无工业应用。

松醇油起泡性强，能生成大小均匀、黏度中等和稳定性合适的气泡。当其用量过大时，影响浮选指标。松油类起泡剂对滑石、硫黄、石墨、辉钼矿、煤等天然可浮性较好的矿物有一定的捕收性。

(2) 樟脑油及桉树油　用樟树的枝叶或根经蒸馏得樟脑油，经过 170～220℃、200～270℃、>270℃分馏，分别得到白油、红油、蓝油。其中白油可以代替松油作起泡剂。当精矿质量要求较高和优先浮选时，可用白油代替松油，其选择性比松油好。红油生成的泡沫较黏。蓝油既有起泡性又有捕收性，多用于选煤或与其他类起泡剂配合使用。

桉树的枝叶用水蒸气蒸馏而得。主要成分是桉叶醇，含量占 50％～70％。桉树油一般为无色或带淡黄色的油状液体。其起泡性能较松油弱、泡沫性脆、选择性较好，但用量略高。

5.4.5　浮选时间条件试验

浮选时间的确定一般在进行条件试验的过程中即可测出，浮选时间的确定可以采用分批刮泡的方法，即在浮选条件确定后，取一定的间隔时间，分多次将精矿刮出，直至浮选终点。将浮选时间作为横坐标，累积品位和回收率作为纵坐标，根据曲线确定达到某一回收率和品位所需的浮选时间。关于时间点的选取可以采用以下方法：①根据曲线上精矿品位显著下降的地方作为分界点。②根据所需品位，直接在累积品位曲线上找到对应的横坐标点。③选择矿物组成或者单体解离发生较大变化的转折点对应的横坐标时间。④可以根据精选的情况确定粗扫选时间。

5.4.6　矿浆浓度试验

矿浆浓度是影响浮选过程的重要因素之一，它的变化将影响浆体的充气程度、浆体在浮选槽中的停留时间、药剂的体积浓度以及气泡与颗粒的黏着过程等。

从经济和药剂作用的角度看，在不影响矿物分离选择性的前提下，尽可能在较高浓度的矿浆中进行。浓度越高，药剂的用量越少，相对有效浓度越高。矿浆浓度一般介于 25％～40％，当处理粒度较粗的矿石时，采用较浓的矿浆；而当处理泥化程度较高的矿石时，则采用较稀的矿浆。在试验过程中，随着浮选的进行，矿浆浓度逐渐变稀，因此矿浆中药剂浓度相应变稀。

5.4.7　粗精扫选次数试验

粗选获得的粗精矿往往达不到指定品位，需要在体积更小的浮选机中进行精选，目的是除去泡沫中的夹杂物，进一步提高精矿品位。在精选前，为避免矿浆体积超过浮选槽容积，可先静置沉淀，然后用注射器抽取上清液，作为浮选的补加水或者冲洗水。

对于不同的矿物，精选的次数各不相同，如对于萤石、辉钼矿和石墨粗精矿的精选，可能需要五次以上的精选才能达到要求，在精选作业时，一般不需再加捕收剂和起泡剂，对pH 有要求的浮选还需控制精选的 pH，为保证精矿的品位，有时还需添加抑制剂等，精选的时间视具体情况而定。

5.5　实验室浮选闭路试验

闭路试验是在不连续的设备上模仿连续的生产过程，目的是考察中矿返回对浮选指标的影响；调整由于中矿的循环导致的药剂用量变化和中矿矿泥或其他有害固体对浮选的影响；检查和校核拟定试验流程是否能达到要求的浮选指标。闭路试验可以采用微型连续浮选法或者分批试验法，但相比之下，微型连续浮选更接近工业生产指标。

5.5.1　闭路试验操作

闭路试验是按照开路试验确定的流程，连续而重复地做几组试验（通常 5～6 组），不同的是，每次浮选所得的中间产品（精选尾矿和扫选精矿）需要给到下一组试验的相应作业，直到最终浮选达到平衡为止，如对于一粗两精三扫的闭路试验流程如图 5-8 所示。

闭路试验至少需要两人进行，需要两台或者更多的浮选机。对于浮选平衡的判断，一般在浮选过程中将产品过滤，并将滤饼称湿重或者烘干称重，平衡的标准是进入浮选的原料重量等于该组浮选精矿和尾矿重量的和，并在后面几组试验中保持稳定，此时标志最后几组试验浮选产品的金属量和回收率大致相等。

若在试验过程中出现中矿产率一直增加；或者根据化学分析结果，精矿的品位逐渐下降，而尾矿品位不断上升，均表明中矿在浮选过程中没有得到分选，中矿只是机械地分配到精矿和尾矿中。出现这种情况需要找出中矿没有得到分选的原因，若中矿中连生体较多，则需要再磨；若中矿的性质和原矿差别太大，则不能将中矿返回，而是应该单独处理，具体采用哪种方法处理中矿，需要根据中矿的性质确定。

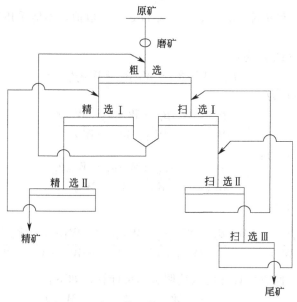

图 5-8　一粗两精三扫浮选闭路试验流程

闭路试验操作需要注意以下问题：①由于中矿中含有药剂，因此随着中矿的返回，浮选药剂的用量需要相应降低，特别是起泡剂和有起泡性的捕收剂。②试验过程中应该严格控制用水，随着中矿的返回，用水过多会出现浮选槽盛不下的情况，应避免这种情况的出现，若出现，则需将上清液抽出作为补充水或冲洗水。③闭路试验应该连续进行到底，避免产品搁置太久，在试验之前应该制订详细的试验计划，规范操作，并严格遵守。

5.5.2　闭路试验数据处理

闭路试验最终浮选指标的确定方法有三种：①取最后一组试验的指标作为最终浮选指标；②将所有精矿合并作为最终总精矿，所有尾矿作为最终总尾矿，中矿再选一次，分配到总精矿和总尾矿中；③将达到平衡后的最后几组精矿合并为总精矿，尾矿合并为总尾矿，中矿则认为在浮选过程中进出量相等并单独计算，这与选矿厂设计时计算闭路物料平衡的方法相似，因此在闭路试验数据的处理时，通常采用第三种方法。

浮选闭路试验数据的处理包括产品质量、产率、金属量、品位、回收率等指标，下面以浮选平衡后三组分别介绍各浮选指标的计算方法。

（1）质量（W）和产率（γ）　平均每组试验精矿质量（W_c）为：

$$W_c = \frac{W_{c4} + W_{c5} + W_{c6}}{3} \tag{5-7}$$

平均每组试验尾矿质量（W_t）为：

$$W_t = \frac{W_{t4} + W_{t5} + W_{t6}}{3} \tag{5-8}$$

平均每组试验原矿质量（W_o）为：

$$W_o = W_c + W_t \tag{5-9}$$

精矿和尾矿产率分别为：

$$\gamma_c = \frac{W_c}{W_o} \times 100\% \tag{5-10}$$

$$\gamma_t = \frac{W_t}{W_o} \times 100\% \tag{5-11}$$

（2）金属量（P）和品位（α、β、θ） 品位是相对数值，不能采用算术平均法，而应该采用加权平均法计算。

总精矿的金属量（P_c）为：

$$P_c = W_{c4}\beta_{c4} + W_{c5}\beta_{c5} + W_{c6}\beta_{c6} \tag{5-12}$$

精矿平均品位（β）为：

$$\beta = \frac{P_c}{3W_c} = \frac{W_{c4}\beta_{c4} + W_{c5}\beta_{c5} + W_{c6}\beta_{c6}}{W_{c4} + W_{c5} + W_{c6}} \tag{5-13}$$

尾矿平均品位（θ）为：

$$\theta = \frac{P_t}{3W_t} = \frac{W_{t4}\theta_{t4} + W_{t5}\theta_{t5} + W_{t6}\theta_{t6}}{W_{t4} + W_{t5} + W_{t6}} \tag{5-14}$$

原矿平均品位（α）为：

$$\alpha = \frac{P_c + P_t}{3(W_c + W_t)} = \frac{(W_{c4}\beta_{c4} + W_{c5}\beta_{c5} + W_{c6}\beta_{c6}) + W_{t4}\theta_{t4} + W_{t5}\theta_{t5} + W_{t6}\theta_{t6}}{(W_{c4} + W_{c5} + W_{c6}) + W_{t4} + W_{t5} + W_{t6}} \tag{5-15}$$

（3）回收率（ε） 回收率计算可以按照金属量计算，如下：

$$\varepsilon = \frac{P_c}{P_c + P_t} = \frac{W_{c4}\beta_{c4} + W_{c5}\beta_{c5} + W_{c6}\beta_{c6}}{(W_{c4}\beta_{c4} + W_{c5}\beta_{c5} + W_{c6}\beta_{c6}) + (W_{t4}\theta_{t4} + W_{t5}\theta_{t5} + W_{t6}\theta_{t6})} \tag{5-16}$$

或者根据品位计算回收率：

$$\varepsilon = \frac{\gamma_c\beta}{\alpha} = \frac{W_c\beta}{W_o\alpha} \times 100\% \tag{5-17}$$

尾矿中金属损失率为：

$$\zeta = 100 - \varepsilon \tag{5-18}$$

（4）中矿指标计算 最终试验所获得的中矿只是闭路平衡后其中一组的中矿，而不是总的中矿，这是计算时需要注意的。中矿的产率（γ_m）和回收率（ε_m）分别为：

$$\gamma_m = \frac{W_m}{W_o} \times 100\% \tag{5-19}$$

$$\varepsilon_m = \frac{\gamma_m\beta_m}{\alpha} \times 100\% \tag{5-20}$$

复习思考题

1. 简述浮选过程的发展及分类。
2. 浮选流程的确定需要考虑哪些方面的因素？
3. 实验室浮选试验包括哪几大步骤？具体是什么？
4. 纯矿物浮选试验需要注意哪些方面？
5. 影响浮选指标的因素有哪些？
6. 微细粒矿物难浮的原因及处理办法是什么？
7. 条件试验包括哪些步骤？操作时需要注意什么？
8. 闭路试验时需要注意哪些方面？

第 **6** 章

化学选矿试验

6.1 概述

　　按照传统的方法，从采矿到为用户提供成材的金属制品，大致分为四个阶段：采矿、选矿（重选、电磁选、浮选）、化学冶金（火法熔炼和湿法提取）和物理冶金（压力加工和热处理）。其中选矿是以采出的矿石为加工对象，经过分选和初步富集，为化学冶金提供精料，以减少矿石运输量，降低能耗，提高设备单产和经济效益，所以它是金属材料工业中不可缺少的组成部分。

　　随着人类物质文明的进步，社会对金属材料的需求量迅速增加，但在地球上，除海洋矿产资源因技术水平限制和经济效果制约而尚未大规模开发外，陆地上的矿产资源，特别是金属矿产资源，则因长期开采，富矿和易选矿的储量日益减少，出现了世界性的矿产资源短缺现象，这是一方面。另一方面，已探明的、储量巨大的、品位低、嵌布粒度细和结合形态复杂的"难选矿"，或在盼望人类开发，或虽被采出地面，但由于选别指标不佳，造成金属大量流失。此外，化工冶金中某些中间产品或废渣，也是用之成宝、弃之成灾的矿产资源，目前也未得到充分有效的利用。这样，在人类面前就出现了一方面感到许多金属矿产资源短缺，另一方面又在积压和浪费矿产资源的矛盾局面。

　　随着矿物加工技术水平提高，化学方法得到广泛采用。许多学者、专家在矿物化学处理方面做了大量工作，第二次世界大战中铀的提取就是最为成功的事例。现代科学技术的进步为矿物化学处理提供了理论和技术基础；现代化工业生产又为其发展提供了物质条件，经过前人和当代矿冶科技人员的努力，在矿物化学处理方面积累了较丰富的知识。

　　矿物化学处理可与物理选矿交互使用，组成联合流程。

　　联合选矿流程已取得较大发展。在这种联合选矿流程中，除了一般所采用的基于物理分离单体矿粒的作业外，还采用了可以处理复杂矿石和难选中矿的化学作业。在选矿工艺中，采用化学方法是生产部门的现代要求所决定的，而且也与某类矿石难选有关。这类矿石的特点或是组成复杂、矿物各组分细粒共生、品位低，或是所要分选矿物的物理化学性质接近。上述每一因素都使有价矿物难以回收，并可降低精矿质量，或者导致过程的复杂化，而这些困难用一般方法实际上是无法克服的。

　　我国有色金属等资源中，有许多难以用现有的物理选矿方法单独进行处理的，如低品位难选氧化矿和混合铜矿、难选含铜铁矿、主要含硅孔雀石的锡砂矿尾矿、含镍钴的共生矿、铜钴矿、含铀铜矿、红土镍矿以及深海锰结核等。由于这些矿产嵌布粒度细、品位低、矿物之间赋存状态复杂，因而难以用物理选矿方法达到矿物完全分离和富集的目的。采用物理选矿与化学选矿联合或单一化学选矿方法有可能使这些资源得到充分合理的利用。化学选矿主要应用在以下几个方面：提高精矿品位；减少精矿杂质；处理物理、化学性质相近的中间产品；处理尾矿或选矿厂老尾矿；与物理选矿方法联合或单独处理，单用物理方法难以处理的各种原料。

与物理选矿比较，矿物化学处理有以下优点：

① 化学处理不嫌矿石"贫"，不怕"杂"和"细"，因而对矿物原料的适应性广；长于资源利用，对资源的利用更为有效，这样就扩大了矿产资源利用率。

② 最终产品纯度高。除了产出化学精矿外，还可生产较纯净的化合物甚至金属，直接满足社会需要或供应金属加工市场。

根据待处理矿物原料的不同，矿物化学处理的方法有很多，如直接浸出、焙烧-磁选、浸出-萃取等。就应用比较普遍的矿物化学处理过程而言，一般包括以下六个主要作业。

① 原料准备　对物料进行破碎、筛分、磨矿、分级等加工，目的是使物料满足下一作业的粒度要求，有时还可能预先除去一些有害杂质或使目的矿物预先富集等。

② 焙烧　根据物料情况进行氧化焙烧、还原焙烧或氯化焙烧等，目的是为了改变原料的化学组成或结构，使目的组分转变为容易物理选矿或有利于浸出的形态，为下一个作业做准备。焙烧的产物有焙砂、干尘、湿法收尘液和泥浆等。

③ 浸出　浸出阶段是根据物料的性质及工艺要求，选择合适的浸出剂，使有用组分或杂质组分选择性溶于浸出剂中，将有用组分与杂质组分相分离或使有用组分相互分离。为下一工序从浸出液或浸出渣中回收有用组分创造条件。

④ 固液分离　为利于后续工艺处理，采用沉降、过滤和分级等方法处理浸出矿浆，实现固液分离，得到在下一作业中要进行进一步处理的澄清液或含少量细矿粒的溶液等。

⑤ 净化　常用离子交换吸附法、化学沉淀法或溶剂萃取法等进行净化分离，除去杂质，得到有用组分含量较高的溶液。

⑥ 制取化学精矿　采用化学沉淀法、金属置换法或电积法等，从浸出液中提取有用组分制备化学精矿。有时也用炭浆法、矿浆树脂法等直接从浸出矿浆中获得有用成分。

图 6-1 是矿物化学处理过程的基本作业示意图。

当然，矿物化学处理也存在一些缺点：因试剂较贵或消耗量较大而造成试剂费用较高；因介质腐蚀性强而造成设备投资大和材料费用高。集中到一点，就是成本较高。化学处理把物理选矿与化学冶金融成一体，一般来说，可缩短生产流程，减轻环境污染，优点大于缺点，所以它是一门正在崛起的技术。它并不排斥物理选矿，而是与物理选矿相互补充、相辅相成。可以预计，随着科学技术的进步、社会生产力的发展和技术本身的日臻完善，其成本问题会逐步得到解决，其应用也因此日益完善。

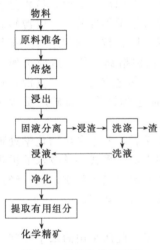

图 6-1　矿物化学处理的
基本作业示意图

6.2　化学选矿的应用

近代化学选矿的发展历史与金、银、铀、铜、铝等矿物原料的分离提取、化学处理密切相关。

1887 年利用氰化物溶液直接从矿石中浸出提取金、银，开始了矿山生产成品金的历史。

1888 年奥地利人拜尔（K. J. Bayer）发明了拜尔法，20 世纪初利用铝矿物原料生产氧化铝的联合法在工业生产中得以实现。

20 世纪 40 年代起，随着原子能工业的发展，采用酸浸法或碱浸法直接浸出铀矿石，在铀矿山生产铀的化学浓缩物工艺上获得应用。同期用硫酸浸出法及氨浸法处理次生铜矿的工艺已经工业化。

20 世纪 60 年代末期，工业生产已开始采用离析法处理难选氧化铜矿。60 年代以后，化学选矿除用于难选原矿的处理外，还用于处理物理选矿方法产出的尾矿、中矿和混合精矿以及粗精矿等。化学选矿已广泛地用于许多金属矿物和非金属矿物原料的处理，如铁、锰、铅、铜、锌、钨、铝、锡、金、银、钽、铌、钴、镍、铀、钍、稀土、磷、石墨、金刚石、高岭土等固体矿物原料。此外，还可用于从矿坑水、废水及海水中提取某些有用组分。

近年来，化学选矿在资源开发利用的实践和研究中，得到了迅速的发展。化学选矿方法将化工、冶金和传统选矿技术融为一体，在分离处理矿产资源的过程中，逐步形成比较系统的独立体系，成为矿物资源工程发展的新方向。随着社会的发展，人类对各种资源需求量不断增长的要求与矿物资源贫、细、杂的矛盾将不可避免。对于品位低、嵌布粒度细、组成复杂的物料，单纯依靠常规分选方法（如物理分选和表面物理化学分选等）往往得不到满意的结果，就需要采用化学分选方法或物理分选与化学分选联合的方法来处理某些"难选"物料，生产成本一般比单一物理分选法高。此外，化学分选也是环境保护和"三废"处理的重要方法之一。

化学分选是基于物料组分的化学性质的差异，利用化学方法改变物料性质组成，然后用其他的方法使目的组分富集的资源加工工艺，包括化学浸出与化学分离两个主要过程。化学浸出主要是依据物料在化学性质上的差异，利用酸、碱、盐等浸出剂选择性地溶解分离有用组分与废弃组分。化学分离主要是依据物料在化学浸出液中化学性质的差异，以及利用物质在两相之间的转移来实现物料的分离，如沉淀和共沉淀、溶剂萃取、离子交换、色谱法、电泳、膜分离、电化学分离、泡沫浮选、选择性溶解等。

化学选矿的分选原理与传统的冶金过程相似，均利用无机化学、有机化学、物理化学及化工过程的基本原理解决各自的工艺问题。化学选矿过程只产出化学精矿，冶金过程则产出适于使用的金属。化学选矿属于物理选矿和传统冶金之间的过渡性学科，是组成现代矿物工程学的主要部分之一。1960 年国际选矿会议将化学选矿与破碎、筛分、重选、电选、磁选、浮选等并列，1977 年法国将化学选矿定名为湿法化学选矿原则流程。化学选矿过程通常涉及矿物的化学热处理、水溶液化学处理和电化学处理等多种作业。

化学分选与物理分选既有联系又有区别。化学分选与物理分选都是用来处理矿物原料并使目的组分得到富集、分离，其目的都是综合利用矿产资源。一般来讲物理分选成本较低，而化学分选需要消耗大量的化学试剂，成本较高；物理分选主要处理物料粒度相对较粗的矿物，而化学分选处理的物料粒度范围一般较物理分选更宽、更广；化学分选可以处理品位低、嵌布粒度细、矿物组成复杂的矿石，而物理分选方法则不能；化学分选还可以从"三废"中回收有用组分。能最大限度地综合回收原料中的有用成分。

化学选矿在我国工业上的应用虽然起步较晚，但发展较快，现广泛地用于各种难选的黑色金属、有色金属，特别是贵金属和非金属矿产资源的开发。如利用回转窑-一段离析-浮选法处理难选氧化矿，已经积累了丰富的经验，也获得了较好的技术经济指标；利用酸浸-萃取-电积工艺，很好地解决了难选氧化铜在工业上的回收利用问题；湿法提钒技术已用于工业实践，很好地解决了钒钛磁铁矿钒渣的提取要求；采用浸出-沉淀法可直接从离子吸附型稀土矿中提取稀土氧化物；利用炭浆、碳浸新工艺处理难选氧化金矿也得到广泛应用；细菌浸出法除了在生产实践中用于铜和铀的提取外，还可以用于石英除铁、金矿除砷等；双液浮选法可用于高岭土除铁以及钨、钼、铋精矿及中矿的处理等。

随着人口增长及社会的发展，天然矿物资源不断地减少，采用化学选矿方法处理的矿产资源的种类、数量在不断地增加，化学选矿的应用范围在资源综合利用、环境保护、"三废"处理等方面也在不断扩大，化学选矿必将成为具有强大生命力的新兴交叉前沿学科之一。

6.3 焙烧试验

焙烧过程原来是一种冶炼过程，在由精矿提取有价金属的冶炼过程中占有重要的地位。但是随着金属生产的发展，所处理的矿物原料日益贫化和复杂，因此焙烧过程也逐步用于直接处理某些未经选别的低品位复杂矿物原料并发展成为化学选矿工艺流程中的一个重要过程。此过程实质上是在适当气氛中加热矿物原料至低于矿物组分熔点温度，使目的组分与炉气发生化学反应转变成适于后续处理作业所要求的形态，这种过程称为焙烧过程；经过焙烧的固体物料叫作"焙砂"。

根据焙烧过程中各种主要化学反应性质的不同，可将矿物原料的焙烧分为以下类型：

① 还原焙烧　在还原性气氛中矿物原料在低于其熔点的温度下将金属氧化物转变为相应低价金属氧化物或金属的过程。

② 氧化焙烧　在氧化性气氛中焙烧硫化矿，使炉气中的氧取代矿物中全部或部分的硫，并最终得到金属氧化物的过程。

③ 硫酸化焙烧　在焙烧过程中使金属硫化矿或氧化矿转变成具有水溶性的金属硫酸盐。

④ 氯化焙烧　在氧化性或还原性气氛中，加热矿物原料使其与 Cl_2 或固体氯化剂发生化学反应，生成可溶性金属氯化物或挥发性气态金属氯化物。

⑤ 氯化离析　在中性或弱还原性气氛中加热矿物原料，使其中的有价组分与固态氯化剂反应生成挥发性气态金属氯化物，并随即以金属形态沉积于炉料中炭质还原剂表面。这种焙烧对于铜和铜镍氧化矿的精选特别有利。现已发现，锑、铋、钴、金、银、铅、铂及锡等的挥发性氯化物或氯氧化物也可以发生离析反应。

⑥ 煅烧　矿物物料加热到低于熔点的一定温度，使其除去所含结晶水、二氧化碳等挥发性物质。

⑦ 加盐焙烧　为从矿物原料中提取钒、钨、铬等有价金属，焙烧过程中加入硫酸钠、氯化钠、碳酸钠等添加剂使之生成可溶性钒酸钠、钨酸钠和铬酸钠等。

⑧ 磁化焙烧　在适当控制的还原性气氛中，使弱磁性磁铁矿（Fe_2O_3）还原成强磁性的磁铁矿（Fe_3O_4）。

实验室焙烧试验目的在于确定采用焙烧的可能性，焙烧工艺条件只是确定一个大致的范围，最后确定尚需进行连续性试验、中间试验和工业试验。

实验室焙烧试验一般是在实验室型的焙烧炉中进行的。常用设备有管炉、坩埚炉、马弗炉、实验室型竖炉、实验室型转炉和实验室型沸腾炉等。炉型的选择，一般根据试验要求的深度和矿石的性质（主要是粒度）决定。

影响焙烧效果最重要的因素是温度、气氛、粒度、时间、添加剂的种类和用量、空气过剩系数等。这些因素的控制与所采用的方法有关。

采用焙烧的可能性，不单纯取决于物料的性质，同时还必须考虑采用该种方法的现实性和可能性。有的方法在很大程度上取决于本地区具体技术、经济、地理条件等。

6.3.1 实验室磁化焙烧试验

我国铁矿资源中，弱磁性磁铁矿占有相当大的比例，虽可采用浮选、重选或强磁选来分离富集，但工业实践证实，用磁化焙烧——磁选工艺处理这类矿石仍不失为有效途径之一。我国在强化焙烧工艺、改革炉型结构及粉状铁矿石的磁化焙烧方面做了大量试验研究工作，取得了较显著的结果。

磁化焙烧实质上也是一种选择性还原焙烧，即在一定条件下将弱磁性的氧化铁矿物还原成强磁性的磁铁矿（Fe_3O_4）或γ-赤铁矿。它处理的原料主要是贫磁铁矿（Fe_2O_3）、褐铁矿（$2Fe_2O_3 \cdot 3H_2O$）和针铁矿（$Fe_2O_3 \cdot H_2O$）等。焙烧经磁选后可得到品位达60%的铁精矿。

弱磁性铁矿石（或锰矿石），在条件（如建厂地区的煤气供应、燃料供应、基本建设投资以及建厂规模等）许可时采用磁化焙烧-磁选法处理。特别对于嵌布粒度极细，矿石结构、构造较复杂的鲕状铁矿石，在目前条件下，磁化焙烧-选是较好的处理方法。

根据焙烧气氛的不同，铁矿石的磁化焙烧可分为还原焙烧、中性焙烧（也称焙解或煅烧）和氧化焙烧。

还原焙烧适用于赤铁矿和褐铁矿，中性焙烧适用于菱铁矿，氧化焙烧适用于黄铁矿。

还原焙烧是在还原剂（C、CO和H_2等）存在条件下把矿石加热到适当温度（550～750℃），此时赤铁矿和褐铁矿被还原为磁铁矿。中性焙烧是矿石在不通空气或通入少量空气的条件下，加热到一定温度（300～400℃），菱铁矿被分解成磁铁矿。氧化焙烧是在通入适量空气的条件下焙烧黄铁矿，使黄铁矿变成磁铁矿。

6.3.1.1 还原焙烧试验装置和操作

实验室管式焙烧炉用煤气作还原剂进行磁化焙烧的装置如图6-2所示。

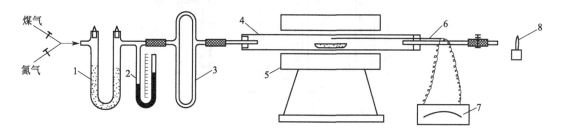

图6-2 还原焙烧装置

1—氯化钙干燥管；2—压力计；3—气体流量计；4—反应瓷管；
5—管状电炉；6—热电偶；7—高温表；8—煤气灯

试验时试料粒度3～0mm，试料质量10～20g。将试样装在瓷舟中送入反应瓷管内，瓷管两端用插有玻璃管的胶塞塞紧，使一端作为煤气和氮气入口，另一端和煤气灯连接。然后往瓷管中通入氮气，驱除瓷管中的空气。焙烧炉接上电源对炉子进行预热，用变阻器或自动控温器控制炉温到规定的温度，切断氮气，通入一定流量的煤气，开始记录还原时间。此时注意立即点燃煤气灯，以烧掉多余的煤气。焙烧过程中应控制炉温恒定，还原到所需时间后，切断煤气，停止加热，改通氮气冷却到200℃以下（或将瓷舟移入充氮的密封容器中，水淬冷却），取出焙烧矿，冷却至室温，然后将焙烧好的试样送去进行磁选试验（一般用磁选管磁选），必要时可取样送化学分析。没有氮气时，可直接用水淬冷却试样。

用固体还原剂（煤粉、炭粉等）时，还原剂粒度一般小于试料粒度，如还原时间长，可粗些，反之则细些，但也不能太细，否则很快燃烧完，还原不充分。试验时，需将还原剂粉末同试样混匀后,直接装到瓷管或瓷舟中,送入管状电炉或马弗炉内进行焙烧。

当要求做磁选机单元试验时,需较多的焙烧矿量,可用较大型的管状电炉,如瓷管直径为 100mm,一次可焙烧 500~1000g 试样。

对于粉状物料的焙烧,要求物料与气相充分接触,也可用实验室型沸腾焙烧炉,其装置如图 6-3 所示。矿样经破碎后筛分成 3~2mm、2~1mm 和 1~0mm,各粒级物料分别进行条件试验。每次试验加矿量为 20~30g,通入直流电,升高炉温,待炉膛温度稳定在比还原温度高 5℃ 左右时,通过加料管 5 均匀缓慢连续地向炉内加料。矿样加入沸腾床后开始记录时间、温度和系统的压差。矿粉加入后因吸热使炉内温度下降,但由于矿量很少,矿粉较细,炉内换热很快,冷矿加入后约 1min,炉温可以回升到反应温度。控制焙烧需要的温度条件下恒温进行还原。达到预定的焙烧时间后,切断煤气,按下分布板的拉杆,分布板锥面离开焙烧器时,矿粉即下落至装有冷水的接矿容器中淬冷,冷却后的焙烧矿粉,从容器中取出,烘干、取样、分析 TFe 和 FeO 以计算还原度,并进行磁选管选分,用以判断焙烧效果。

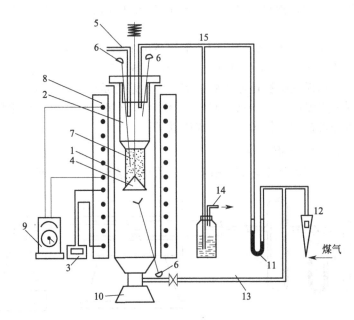

图 6-3 实验室沸腾焙烧装置

1—加热管;2—沸腾焙烧器;3—加热器;4—锥形气体分布板;5—加料管;
6—铬-铝热电偶;7—料层;8—毫伏计;9—温度控制箱;10—焙烧冷却器;
11—U 形测压器;12—转子流量计;13—煤气管;14,15—排气管

6.3.1.2 还原焙烧试验的内容和注意事项

还原焙烧试验主要考察还原剂的种类和用量、焙烧温度和时间。

焙烧温度和焙烧时间是相互关联的一对因素。焙烧温度低时,加热时间要长,还原反应速度慢,还原剂用量增加,温度过低时则不能保证焙烧矿的质量。温度过高时容易产生过还原,使焙烧矿磁性变弱。试样还原时不仅与焙烧温度有关,还取决于试样粒度大小、矿石性质、还原剂成分等,因而必须通过试验考查确定焙烧条件。

实验室还原焙烧试验结果,可以说明这种铁矿石还原焙烧的可能性及指标,所得到的适宜焙烧条件可供工业焙烧炉设计参考。

影响还原焙烧的因素很多,如炉型结构、矿石粒度、热工制度等。小型试验与大型试验往往有较大差距，在实验室条件下，只能对温度、时间、还原剂种类和用量这几个主要因素进行试验。实验室焙烧试验结束后，必须进行扩大试验，将来生产上准备采用何种炉型结构，扩大试验就需准备在同样炉型结构上进行。如工业生产决定采用竖炉焙烧，且矿石性质与现有生产选厂相近，则可将试样装入特制金属笼中，直接利用现有生产竖炉，进行投笼试验。如采用回转窑，则通常需先在半工业型回转窑中试验，再逐步扩大到采用工业型设备，在炉型结构、热工制度等方面，均须注意模拟关系。

还原焙烧试验时须注意如下事项：

① 焙烧矿样必须放在炉内恒温区；

② 热电偶热端应放在恒温区；

③ 经常检查瓷管，如坏了出现漏气，必须马上更换；

④ 如矿样含结晶水高，应先预热，去掉水分，使物料较疏松有利于还原。

6.3.1.3　还原焙烧矿质量检查

根据试验研究的任务不同，检查方法也不同。一般实验室焙烧试验可取样化学分析计算还原度，并做磁选管或磁选机单元试验进行检查。只有扩大试验时，才必须做连续试验或流程试验。

① 计算还原度

$$R = \frac{W_{FeO}}{W_{TFe}} \times 100 \qquad (6-1)$$

式中　R——还原度，%；

W_{FeO}——焙烧矿中 FeO 含量，%；

W_{TFe}——焙烧矿全铁含量，%。

在还原焙烧的情况下，当矿石中的 Fe_2O_3 全部还原为 Fe_3O_4 时，焙烧矿的磁性最强。由于 Fe_3O_4 系一个分子的 Fe_2O_3 与一个分子的 FeO 结合而成，故当全部还原时，矿石中的 Fe_2O_3 与 FeO 的分子数量相等，此时的还原度为：

$$R = \frac{55.84 + 16}{55.84 \times 3} \times 100\% = 42.8\%$$

在理想还原焙烧的情况下，焙烧矿的还原度为 42.8%，这时还原焙烧效果最好。如 R 值大于 42.8%，说明矿石过还原，小于 42.8% 则欠还原。无论是过还原还是欠还原，矿石的磁性均降低。实际上，由于矿石组成的复杂性和焙烧过程中矿石成分变化上的不均匀性，将导致用还原度表示焙烧矿的磁化焙烧效果并不很确切，最佳还原度也并不是任何情况下都等于或接近 42.8%。因而还原度只能用作判断磁化焙烧效果的初步判据，最终还须直接根据焙烧矿的磁选效果判断。鞍钢烧结总厂根据它所处理矿石的性质和所采用的焙烧条件，结合经验和试验，确定其最好还原度（此时焙烧矿的磁性最好，磁选回收率最高）为 42%～52%。

② 用磁选管、磁性铁分析仪以及实验室型磁选机进行检查。

③ 焙烧矿石在现场可用磁铁（或永磁铁等）检查磁性，或者通过磁滑轮进行检查。

6.3.2　氯化焙烧试验

氯的化学性质活泼，能与许多金属、金属氧化物及金属硫化物作用，生成金属氯化物。金属氯化物具有熔点低、挥发高、常温下易溶于水及其他溶剂、高温下能在各种气氛中发生化学反应等特殊性质。很早以来，人们就利用金属氯化物的这些性质来提取与分离金属。

早在 18 世纪，生产中就已经开始采用直接氯化法处理金银矿石，后来逐渐扩展用于处理有色金属矿物原料，其中以处理硫铁矿烧渣的综合利用最为成功。用中温氯化焙烧或高温氯化焙烧均可从硫铁矿烧渣中获得 Fe、Cu、Pb、Zn、Co、Ni、Au、Ag 等多种金属。高温氯化焙烧较中温氯化焙烧的应用更为广泛，在重、轻、稀有金属冶金中都得到应用。氯化挥发法常用来处理高钛渣、钛铁矿、菱镁矿、贫锡矿及钽、铌、铍、锆的氧化物等难以直接氯化的原料。离析法用于处理难选氧化铜矿已有近百年的历史，20 世纪 70 年代已大规模用于工业生产。据报道，许多能生成挥发性氯化物或氯氧化物的金属如 Sb、Bi、Co、Cu、Pb、Zn、Ni、Sn、Fe、Au、Ag、Pt 等矿物原料，都能用离析法处理。

氯化焙烧作为难选矿物原料预处理方法之一，已随着矿产资源的深入开发利用和现代科学技术的发展而日益扩展。

实验室氯化焙烧试验一般采用实验室型焙烧炉。实验室氯化焙烧试验目的主要是确定采用氯化焙烧的可能性，大致确定氯化焙烧的条件，如温度、时间、粒度、氯化剂种类和用量等。关于氯化剂的选择，要考虑工艺过程的特点、氯化过程的反应速度和完全程度、氯化剂的来源和运输等。目前工业上常用的氯化剂有氯气、氯化钙、氯化钠、氯化氢，此外氯化铁和氯化镁也可做氯化剂。

氯化焙烧通常分高温氯化挥发焙烧法、中温氯化焙烧法、离析法（即氯化还原焙烧法，又称金属化焙烧法）。

① 高温氯化挥发焙烧法。该法是在高温下将欲提取的金属呈氯化物挥发出来而与大量脉石分离，并于收尘器中捕集下来，然后进行湿法处理分离提取有价金属。此法一般具有金属回收率高、富集物浓度大而数量小、便于提取的优点，但有耗热能多、对设备腐蚀性强的弱点。

② 中温氯化焙烧法。该法是在不高的温度下，将欲提取的金属转化为氯化物或硫酸盐，然后通过浸出焙砂以分离脉石，从浸出液中分离提取有价金属。此法一般耗能不多，易于实现，但金属回收率低、富集浓度稀、体积大、回收不便，且进一步处理的设备庞大。

③ 离析法。该法是将矿石配以少量的煤（或焦炭）和食盐（或 $CaCl_2$ 等），在中性或弱还原性的气氛中进行焙烧，使金属生成氯化物挥发出来，并在炭粒表面上被还原成金属，金属细粒附在炭粒表面上，下一步用选矿方法或用氨浸进行分离。这一方法适用于含铜、金、银、铅、锑、铋、锡、镍、钴等金属矿石。此法比一般氯化冶金的方法耗用的氯化剂少，成本比较低，因此受到人们应有的重视。例如，此法对原生泥特别多，结合铜占总铜含量的30%以上的氧化铜矿石的处理，目前还是有效的方法。尤其是对综合回收金银而言，离析法比酸浸法优越。它的主要缺点是热能消耗较大，对缺乏燃料的地区来说，成本就高了。因而究竟采用何种方法，在很大程度上则取决于有关地区的具体技术、经济、地理条件等。

6.3.2.1 难选铜矿石的离析-浮选

先将矿石破碎至一定粒度（通常小于 4～5mm），然后配入食盐（用量为矿石的 0.3%～2%）和煤粉（或焦炭）均匀混合后一同装入坩埚内，在马弗炉或管状电炉内进行还原焙烧。如果采用两段离析法，则先将矿石在马弗炉内预热，然后再混入煤和食盐，装在有盖瓷坩埚内，送入焙烧炉内进行离析。焙烧温度一般为 700～800℃，焙烧时间一般为 20～120min，焙烧矿经水淬冷却和磨碎后（磨矿细度一般 60%～80% $-75\mu m$），再用通常浮选硫化矿的方法浮选，但由于铜系附着于煤粉表面，虽经磨矿，亦不会完全分离，所以捕收剂除黄药及黑药外，还要同时添加煤油。同时矿石中伴生的金、银、铅、镍、钴、锑、钯、铋、锡等易还原的金属也在焙烧过程中离析出来一并进入精矿，在冶炼中回收。

实验室试验时给矿粒度一般为 −5～4mm；煤粉粒度为 −0.5～0.2mm，最好采用无烟煤或焦炭，烟煤效果较差；食盐种类和粒度对焙烧效果影响不大，其用量与脉石类型有关，脉石为硅酸盐时食盐加入量只需 0.5% 左右，为碳酸盐时则需 1.5% 左右。最优工艺条件均须通过试验确定。

采用离析法处理各种难选铜矿石，可以获得较高的选别指标。但是这种方法存在着成本高、技术操作复杂以及机械设备容易腐蚀（湿法收尘时）等方面的缺点。因而实验室试验结果必须经半工业试验验证，仔细确定工艺流程、设备和工艺条件后才能用于生产。

6.3.2.2 影响铜离析的主要因素

① 矿石性质　焙烧过程中钙质脉石分解生成的 CaO 会妨碍铜的离析，并使操作发生困难，特别是方解石分解比白云石分解生成的 CaO 更为有害。此时，可适当降低离析温度并增大食盐用量。此外，矿石粒度愈细，离析效果愈好，但当粉矿粒度达到 -65 目时，粒度对离析的影响已不显著。这说明离析反应是 HCl 扩散到矿粒内部与氧化铜发生反应，而不是铜离子扩散到颗粒表面。

② 氯化剂　麦金奈伊等研究了各种氯化剂的离析作用，得出以 NaCl、$CaCl_2$ 的离析效果最好。用 NaCl 离析的金属铜较均匀致密地分布于炭粒表面，而用 $CaCl_2$ 或 $MgCl_2$ 离析的金属铜呈微粒形态渗入炭粒内部，前者较后者易于浮选，故工业生产中常用 NaCl 作氯化剂。由于氯化反应速度与 HCl 压力成正比，NaCl 用量必须保证离析所需的 HCl 浓度，但用量过大时，氯化亚铜会溶解于 NaCl 而降低离析效果。实际上，NaCl 的需要量往往低于化学计算量，这是因为离析反应中有 HCl 再生。实践表明，处理 Ca、Fe 含量较高的矿石，一般宜用较大的盐比，而处理硅质矿石常采用较小的盐比。

③ 还原剂　还原剂的添加是提供金属铜沉积的核心，适量的还原剂有利于促进氯化与还原反应的进行。用量过低，有效还原的能力不足，且不能提供金属铜沉积的足够核心，离析不能充分进行；用量过大，则因还原性太强而发生铜的"就地还原"，导致离析-浮选指标降低。此外，所用还原剂的粒度亦必须适当：粒度过粗，其比表面积小，不能提供足够的金属沉积核心；粒度过细，则因还原作用过强导致部分铜就地还原而不能离析。拉姆帕塞克提出焦炭以 $-20 \sim +48$ 目粒级的离析效果最好。

④ 反应温度　在物料不致发生熔结的前提下，提高反应温度，可以加快氯化与还原的速度、缩短反应时间、提高离析效率。但适宜的离析温度上限与矿石性质有关。如处理钙质脉石物料，$CaCO_3$ 的分解温度为 812℃，为避免 CaO 的生成，应尽可能使离析反应在 812℃以下进行，但为了保证反应速度，实际离析温度需在临界温度以上。

⑤ 在有效离析的温度下，氯化反应与还原反应均需在中性或弱还原气氛中进行。实践表明，两段离析法及一段间接加热离析法，均易于满足温度与气氛的工艺要求；而一段直接加热离析，则需选择适宜的热工制度才能获得较好的离析效果。

⑥ 水蒸气　水蒸气的存在对于 NaCl 的分解及水煤气反应都是必不可少的。离析过程中水蒸气的来源有矿石所含的结晶水、燃料燃烧的生成水、碳质还原剂挥发分的氧化生成水。因此，离析过程一般不需补加水。某铜矿的研究表明，当离析气相中水蒸气含量达 30％时，不会影响铜的离析效果，却有助于抑制氧化铁矿物的氯化离析。

6.4　浸出试验

浸出是溶剂选择性的溶解矿物原料中某组分的工艺过程。矿物原料浸出的任务，是选择适当的溶剂使矿物原料中的目的组分选择性的溶解于溶液中，达到有用组分与杂质组分或脉石组分相分离的目的。因此，浸出过程本身是一个目的组分提取和分离的过程。进入浸出作业的矿物原料，一般为难以用物理选矿法处理的原矿、物理选矿的中矿、不合格精矿、化工和冶金过程的中间产品等。依据矿物原料特性的不同，矿物原料可预先焙烧而后浸出或直接进行浸出。所以对矿物原料的化学处理而言，浸出作业具有较普遍的意义。

通常用有用组分或杂质组分的浸出率、浸出过程的选择性、试剂耗量等指标来衡量浸出过程。某组分的浸出率，是指该组分转入溶液中的量与其在原料中的总量之比。设原料重量

（干重）为 Q（kg）、某组分的品位为 α、浸出液体积为 V（m³）、该组分在浸出液中的浓度为 C（kg/m³）、浸渣重 m（kg）、渣中该组分品位为 δ，则浸出率 $\eta_{浸}$ 为：

$$\eta_{浸}=\frac{VC}{Q\alpha}\times100\%$$ (6-2)

$$=\frac{Q\alpha-m\delta}{Q\alpha}\times100\%$$

浸出过程中，组分 1 和组分 2 的浸出选择性 β 为：

$$\beta=\frac{\eta_1}{\eta_2}$$ (6-3)

β 愈接近于 1，则浸出过程的选择性愈差。

目前浸出方法较多，有各种不同的分类方法。依浸出试剂分类如表 6-1 所示。

表 6-1　浸出方法分类

浸出方法	常用的浸出剂	浸出方法	常用的浸出剂
酸法	硫酸、盐酸、硝酸、亚硫酸等	菌浸出	硫酸铁＋菌种＋硫酸
碱法	碳酸钠、氢氧化钠、氨水、次氯酸钠等	水浸	水
盐浸	氯化钠、氯化铁、氯化铜、硫酸铁、次氯酸钠等		

依浸出过程物料的运动方式，可分为渗滤浸出和搅拌浸出。渗滤浸出是浸出试剂在重力作用下自上而下或在压力作用下自下而上通过固定物料层的浸出过程，其中又分为就地渗滤浸出、堆浸和槽浸等。搅拌浸出是将磨细的物料与浸出试剂在搅拌槽中进行强烈搅拌的浸出过程。

依浸出的温度和压力条件，可分为高温高压浸出和常温常压浸出。目前，常压浸出较常见，但高温高压可加速浸出过程，提高浸出效率，是一种有前途的浸出方法。

通常矿物原料的组成（化学组成和矿物组成）都极为复杂，有用组分一般呈硫化物、氧化物、各种含氧酸盐和自然金属等形态存在。脉石矿物一般为硅酸盐、铝酸盐和碳酸盐，有时还含有碳质和有机物质。矿物原料的结构构造也相当复杂，各组分除呈单独矿物存在外，有时还以微粒、胶体、结合体或浸染体等形态存在。为了使原料中某些难溶矿物（如硫化物、硅酸盐等）转变为易于浸出的化合物，为了除去有机物质或使某些杂质转变为难浸出的形态，以及为了改善矿物原料的结构等，浸出前可预先对矿物原料进行焙烧，然后浸出焙砂或焙烧烟尘。无疑，为了使有用矿物暴露于矿粒表面，以利于有用组分的浸出，浸出前照例有碎矿、磨矿作业。此作业的任务是为渗滤浸出准备粒度组成合适的物料，或为搅拌浸出准备符合要求的矿浆。

浸出方法和浸出试剂的选择，主要取决于矿物原料中有用矿物和脉石矿物的矿物组成及矿石结构构造，此外还应考虑浸出试剂的价格、试剂对矿物组分的分解能力及对设备材料的腐蚀性能等因素。如有用矿物为硫化矿或含有较多量的碳酸盐，则不宜直接采用酸浸。含硫化物多时，除可预先用浮选法分离外，还可采用预先焙烧而后酸浸或采用氧化酸浸及高压酸浸的方法处理。矿石中含有较多量的硫化物时，则不宜直接采用碳酸钠溶液浸出。常用浸出试剂、处理原料及其应用范围如表 6-2 所示，可供选用时参考。

表 6-2　常用浸出试剂及其应用范围

试剂名称	矿物原料	应用范围
硫酸	铀、钴、镍、锌、磷等氧化矿	含酸性脉石的矿石
盐酸	磷、铋氧化矿，钨精矿脱铜、磷、铋等	含酸性脉石的矿石
高铁盐	铜、铅、铋等硫化矿	

试剂名称	矿物原料	应用范围
碳酸钠	次生铀矿等	含硫化矿少的矿石
氨水	铜、钴、镍矿	含碱性脉石的矿石
硫化钠	砷、锑、汞等硫化矿	
次氯酸钠	硫化钼矿等	
氰化物	金、银等贵金属	
细菌浸出	铜、铀、钴、锰、砷等矿	
水浸	硫酸铜及焙砂等	

6.4.1 浸出试验的步骤

6.4.1.1 试样的采取和加工

试样的采取和加工方法与一般选矿试验样品相同。在实验室条件下浸出试样粒度一般要求小于 $0.25\sim0.75mm$，常加工至 $-0.15mm$。在先物理选矿而后化学选矿的联合流程中，其粒度即为选矿产品的自然粒度。

6.4.1.2 拟订试验方案

根据试样的产品性质，确定浸出方案。浸出是依靠化学试剂与试样选择性地发生化合作用，使欲浸出的金属元素进入溶液中，而脉石等不需浸出的矿物留在残渣中，然后过滤洗涤，使溶液与滤渣分开，达到金属分离的目的。在浸出中对不同性质的矿石或产品，必须选择不同化学试剂进行浸出。根据所选择的溶剂不同，浸出可分为水浸、酸浸（如盐酸、硫酸、硝酸等）、碱浸（如氢氧化钠、碳酸钠、硫化钠和氨）等。根据浸出压力不同，又可分为高压浸出和常压浸出。如以水溶性硫酸铜为主的氧化铜矿石采用常压水浸；以硅酸盐脉石为主的氧化铜矿石一般采用常压酸浸；以白云石等碳酸盐脉石为主的氧化铜矿石则采用高压氨浸。根据浸出方式不同，又可分为渗滤浸出和搅拌浸出；渗滤浸出又可分为池浸、堆浸和就地浸等。渗滤浸出适用于浸出 $-100\sim+0.075mm$ 粒级的物料，而搅拌浸出主要应用于浸出细粒和矿泥。在什么情况下采用何种浸出方案，必须根据浸出试料性质作具体分析。

6.4.1.3 条件试验

条件试验的目的是在预先试验基础上，系统地对每一个影响浸出的因素进行试验，找出得到最佳浸出率的适宜条件。试验方法如同物理选矿方法一样，可用"一次一因素"的方法和统计学的方法，在条件试验基础上进行综合验证试验。对于组成简单的试样和有生产现场可供参考的情况下，一般在综合条件验证性试验基础上即可在生产现场进行试验。

6.4.1.4 连续性试验和其他试验

对于浸出试样性质复杂和在采用新设备新工艺的情况下，为保证工艺的可靠性和减少建厂后的损失，一般要进行半工业试验和工业试验。化学处理的浸出液，在将欲浸出的金属离子或化合物分离后，分离后的溶液要返回再用。分离后的溶液及残存在溶液中的各种离子在循环中的影响，在不同规模的试验中必须严加注意。

6.4.2 浸出试验设备和操作

6.4.2.1 常压浸出设备和操作

常压浸出是指在实验室环境的大气压力下进行浸出。按其浸出方式不同，分为搅拌浸出和渗滤浸出。

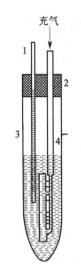

图 6-4　充气搅拌式
浸出玻璃容器

1—温度计；2—橡皮塞；
3—玻璃容器；4—充气管

（1）搅拌浸出　主要用于浸出细粒和矿泥，浸出时间短，应用广泛。搅拌浸出试验，一般是在 500～1000mL 的三口瓶或烧杯中进行。有时也采用自行设计的其他形式（如充气搅拌式，见图 6-4）的玻璃仪器。

图 6-5 是 SO_2 浸出小型试验设备连接示意图。试样加入三口瓶中进行常压加温浸出。为使矿浆成悬浮状态，一般采用电动搅拌器进行搅拌。矿浆温度通过水银导电表、调压变压器、电子继电器的控制进行调节。SO_2 的加入量可以通过毛细管流量计测定，残存在废气中的 SO_2 可以通过滴定管测定，加入量减去废气中的排出量，就可得到 SO_2 与试样作用的实际耗用量。

（2）渗滤浸出　是在采矿场附近宽广而不透水的基地上，把低品位矿石堆积 10～20m 高进行浸出，物料粒度 100～0.075mm；就地浸出是在未采掘的矿床中，或在坑内开采和露天开采的废坑中用细菌浸出，即利用某些微生物及其代谢产物氧化、溶浸矿石，例如氧化铁硫杆菌和氧化硫杆菌能把黄铁矿氧化成硫酸和硫酸高铁，而硫酸和硫酸高铁是化学选矿中常用的浸矿剂（溶剂），利用这种浸矿剂就能把矿石中的一些金属如铜、铀、镍、钴、钼等溶浸出来，从中富集各种有用金属。这些试验不仅仅限于实验室，还可在直径 600mm、高为 25～30m 的柱子式浸出装置上进行，在此不详述。

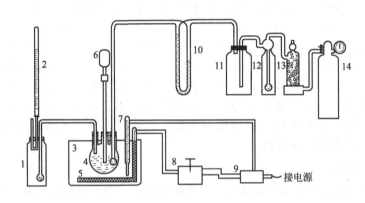

图 6-5　SO_2 浸出小型试验设备连接示意图

1—吸收瓶（内装 5% H_2O_2）；2—碱滴定管；3—玻璃水浴；4—三口烧瓶；
5—加热器；6—电动搅拌器；7—水银导电表；8—调压电压器；9—电子继电器；
10—毛细管流量计；11—缓冲瓶；12—气体洗瓶；13—气体干燥瓶；14—SO_2 钢筒

实验室进行渗滤试验一般采用渗滤柱，渗滤柱用玻璃管或硬塑料管等做成。柱的粗细长短根据矿石量而定，处理量一般为 0.5～2kg 或更多。浸出装置由高位槽 1（装浸矿剂）、渗滤柱 2、收集瓶 3 组成（图 6-6）。浸出剂由高位槽以一定速度（例如大于 40mL/h）流下，通过柱内的矿石到收集瓶。当高位槽的浸矿剂全部渗滤完时，则为一次循环浸出。每批浸矿剂可以反复循环使用多次。每更换一次浸矿剂称为一个浸出周期。浸出结束时用水洗涤矿柱，然后将砂烘干，称重、化验。知道了原矿和浸出液中的金属含量，就可算出金属浸出率，并可根据浸渣的含量进行校核。

6.4.2.2　高压浸出设备和操作

高压浸出是指在高于实验室环境下的大气压力下进行浸出，由几个大气压至几十个大气压。一般是在 1~2L 机械搅拌式电加热高压釜（图 6-7）中进行。将试剂溶液和浸出试料同时加入釜中，上好釜盖后，调节至必要的空气压力，开始升温，至比试验温度低 10~15℃ 时开始搅拌，达到试验温度后，开始保持恒温浸出，待达到预定的浸出时间后，停止加热搅拌，降至要求的温度，开釜取出矿浆。

浸出试验辅助设备。实验室浸出试验一般应配有电 pH 计、电子继电器、水银接头恒温槽、调速搅拌器、空气压缩机、真空泵等。

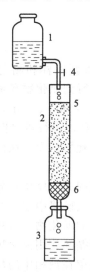

图 6-6 渗滤浸出试验装置
1—高位槽；2—渗滤柱；3—收集瓶；
4—螺旋夹；5—滤纸层；6—玻璃丝

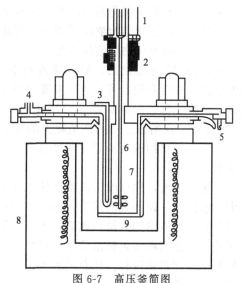

图 6-7 高压釜简图
1—磁性搅拌器；2—冷却器；3—温度计；4—进气阀；
5—取样阀；6—搅拌棒；7—取样管；8—电炉；9—试样

6.4.3 搅拌氰化浸出试验设备和操作

目前已备有带盖的有机玻璃搅拌槽，供搅拌浸出用。长春探矿机械厂生产的 XJT-80 型浸出搅拌机，槽的容积有 1.5L、3.0L、5.5L。生产用的氰化浸出搅拌槽如图 6-8 所示。

金的氰化浸出应该在氰化物和石灰的浓度尽可能恒定的条件下进行。为此，应往搅拌的矿浆中补加若干氧化钙和氰化物，以便使这些药剂在液相中达到规定的浓度。搅拌浸出 10~15min 之后，用粗吸移管从矿浆中取出体积为 50~70mL 的试样，并用干滤纸进行过滤或者先沉淀后过滤，滤液测定氰化物和石灰的浓度，固相和液相的滤渣返回搅拌槽。当停止搅拌和经过澄清后，可从矿浆的液相中截取试样。由于滴定和蒸发而引起搅拌槽的液相损失，可用加入氰化物溶液或水的办法以加补充。

测定氰化物和石灰的浓度之后，可以计算出为使这些药剂达到起始浓度值必须加入的药剂量，石灰呈粉末状加入矿浆中，而氰化物则以浓溶液形态添加，并且可按式（6-4）、式（6-5）进行计算：

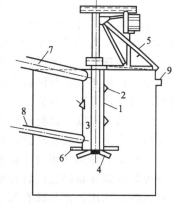

图 6-8 机械搅拌浸出槽
1—矿浆接收管；2—支管；3—竖轴；
4—螺旋桨；5—横架；6—盖板；
7—流槽；8—进料管；9—排料管

$$m = \frac{V_1(C_1 - C_2)}{C_M}$$

（6-4）

$$V = \frac{V_1(C_1 - C_2)}{C_P} \qquad (6-5)$$

式中　m——恢复到起始浓度所需的石灰质量，g；

　　　V_1——搅拌槽中液相的体积，mL；

　　　C_1——氧化钙或氰化物的起始浓度，％；

　　　C_2——氧化钙或氰化物在试样中的浓度，％；

　　　C_M——石灰中氧化钙（CaO）的浓度，％；

　　　V——恢复到起始浓度所需的浓氰化物溶液的体积，mL；

　　　C_P——浓氰化物溶液的浓度，％。

补充到起始浓度之后，对矿浆进行 15～20min 搅拌，并重新取样和测定氰化物和氧化钙的浓度，如有必要，可以再次补充和继续氰化。这样一直进行到氰化物和碱的浓度不变时为止。对原生低硫化物矿石进行氰化时，通常每经过 10min、20min、30min、60min 或者 2～3h 进行一次增浓。对药剂消耗大的复杂矿石进行氰化时，必须进行更多次的增浓。一次加入大量的氰化物或石灰而使浓度过高，不仅会增加药剂的消耗量，而且往往还会降低金的回收率。

氰化结束时，用过滤法或澄清法以及倾析法使含金溶液同固相（尾矿）分离，并测定溶液中的氰化物、碱和金的浓度。由这些组成在溶液中的浓度以及矿浆中溶液的总体积可以计算出它们在溶液中的数量。此后，可以计算出总的和不可挽回的氰化物、石灰的消耗量。氰化时的药剂总消耗量包括氰化之后残留在液相中的药剂量。当循环使用氰化物溶液时，残留部分可以返回氰化过程。从总的药剂消耗量中减去氰化之后残留在液相中的数量，就可得到不可挽回的消耗量。

氰化尾矿用水拌浆并在搅拌的同时加入高锰酸钾溶液至出现淡玫瑰色。然后，继续搅拌到颜色消失，并再次加入高锰酸钾溶液进行搅拌。这样作业一直重复进行，直到在搅拌的情况下颜色不消失时为止，这就表明所有的氰化物都被破坏了。此后，尾矿用水洗涤 3～4 次，必要时，进行再磨并分析金。

6.4.4　浸出条件试验

这里重点是讨论搅拌浸出的条件试验。小型分批浸出试验的试料量为 50～500g，一般用 50～100g，综合条件验证性试验为 1kg 或更多。

化学处理的回收率虽然与多方面的原因有关，但主要取决于化学试剂对矿物作用的浸出率大小。浸出率大小与试料粒度、试剂种类和用量、矿浆温度、浸出压力、搅拌速度、浸出时间、液固比等因素有关。

（1）试料粒度　试料粒度粗细直接与磨矿费用、试剂与试料作用时间和浸出渣洗涤过滤难易程度有关。一般要求试料粒度小于 150～250μm。

（2）试剂种类和用量　如前所述，浸出率大小主要取决于化学试剂对矿物的作用，化学试剂种类的选择是根据试料性质确定的，一般原则是所选试剂对试料中需要浸出的有用矿物具有选择性作用，而与脉石等不需浸出的矿物基本上不起作用，实践中一般对以酸性为主的硅酸盐或硅铝酸盐脉石采用酸浸，以碱性为主的碳酸盐脉石采用碱浸。选择试剂时，还应考虑试剂来源广泛、价格便宜、不影响工人健康、对设备腐蚀小等。试剂浓度以质量分数或物质的量浓度表示。试剂用量是根据需要浸出的金属量，按化学反应平衡方程式计算理论用量，而实际用量均超过理论用量。试验操作中应控制浸出后的溶液中最终酸或碱的含量。

（3）矿浆温度　矿浆温度对加速试剂与试料的反应速度、缩短浸出时间都具有重要的影响。常压加温温度一般控制在 95℃ 以下，当要求浸出温度超过 100℃ 时，一般是在高压釜中进行浸出，才能维持所需要的矿浆温度。为了有利于工人操作，在保证浸出率高的条件下，希望温度越低越好。

（4）浸出压力　高压浸出试验均在高压釜中进行，加压目的是加速试剂经脉石矿物的气孔与裂隙扩散速度，以提高欲浸金属元素与试剂的反应速度。在某些情况下（例如浸出硫化铜与氧化铜的混合铜矿石），为了借助压缩空气中的氧分压氧化某些硫化矿物也需加压。一般高压浸出速度较快，浸出率较高。

（5）浸出时间　浸出时间与浸出容器容积大小直接相关，在保证浸出率高的前提下希望浸出时间短。

（6）搅拌速度　搅拌的目的是使矿浆呈悬浮状态，促进溶剂与试料的反应速度。试验中搅拌速度变化范围是 $100\sim500 r/min$，一般为 $150\sim300 r/min$。

（7）矿浆液固比　液固比大小直接关系到试剂用量、浸出时间和设备容积等问题。液固比大，试剂用量大，浸出时间长，浸出设备容积大，因此在不影响浸出率的条件下，应尽可能减小液固比，但液固比太小，不利于矿浆输送、澄清和洗涤。试验一般控制液固比为 $4:1\sim6:1$，常为 $4:1$。

上述各个影响因素中，其主要因素是试剂种类和用量、矿浆温度和浸出时间、浸出压力。

现以氰化法浸出复杂金矿石为例说明浸出条件试验的做法。确定用搅拌法浸出成分复杂的金矿石，一般要研究磨矿细度、氰化物和碱的浓度、矿浆液固比、搅拌时间以及药剂的消耗量等工艺因素，有时还需安排辅助工序的试验，如氰化前粗粒金的分选等。为考察这些因素的影响，可采用一次一因素的试验法。当研究磨矿细度时，把其他条件固定在恰当水平上，如矿石试样重 200g、氰化钠浓度 0.1%、液固比为 2:1，添加 2kg/t CaO、搅拌速度 36r/min。取 3~5 份试样，每份样重 200g，分别磨至 $-300mm$、$-150mm$ 和 $-75\mu m$，将磨好的试样分别装入塑料瓶，各自加 0.4g 含 100% 的 CaO、0.1% 的氰化液、400mL 水，放在搅拌器上搅拌 24h，搅拌时应将瓶打开，让其自然充气。试验结束后，矿浆过滤，使含金溶液与尾矿分离。

用吸液管分别取两份各 10mL 的溶液试样，测出剩余氰化物和 CaO 的浓度，计算它们的消耗量，另取出 200mL 含金溶液用锌粉沉淀法求出金的含量，尾矿加工后取样进行试金分析。

知道了金在溶液和尾矿中的含量，便可计算金的回收率，以此便可确定磨矿细度。因为磨矿费用高，在保证回收率的前提下，磨矿细度应尽可能粗。仿此，可对其他因素进行试验，最终找出最佳组合条件。

氰化法是目前最经济的提金方法。但近年来，环境保护要求化学选矿向无污染方向发展，促使人们寻求新的浸金试剂。如硫脲、多硫化铵、硫代硫酸盐、氯化物、有机腈和用红色朱砂微球菌、黑色曲霉菌浸出等。

为考察浸出效果，浸出液中的金属含量以 g/L 表示，滤渣含量以百分数表示，以此算出的浸出率，以百分数表示。

试验结果以图、表的形式提出，格式与物理选矿用的图、表格基本相同，不同点是物理选矿用回收率和品位两个指标，而浸出试验是用浸出率和金属含量（以 g/L 表示）这两个指标。

6.4.5　细菌浸出

细菌浸出是近几十年发展起来的一项新技术，它是利用微生物及其代谢产物氧化、溶浸矿石中目的组分的一种矿物化学处理新工艺。

目前已知有多种浸矿细菌，其中重要的浸矿细菌如表 6-3 所示，这些细菌广泛分布于金属硫化矿、煤矿的坑道酸性水中，均属于化能自养菌，即它们不需外加有机物质作能源，而以铁硫氧化时释放出来的化学能作为能源，以大气中的二氧化碳为唯一的碳源，并吸收溶液中的氮、磷等无机养分来合成自身的细胞。它们嗜酸好气，习惯生活于酸性（pH＝1.5～3.0）及含多种重金属离子的溶液中。这些化能自养菌只能从无机物质的氧化中取得能源，在酸性条件下，能很快地将硫酸亚铁氧化为硫酸高铁（其氧化速度比自然氧化高 112～120 倍），可将元素硫及还原性硫化物氧化为硫酸。

表 6-3　浸矿细菌种类及其主要生理特征

细菌名称	主要生理特性	最佳 pH 值	细菌名称	主要生理特性	最佳 pH 值
氧化铁硫杆菌	$Fe^{2+} \rightarrow Fe^{3+}$，$S_2O_3^{2-} \rightarrow SO_4^{2-}$	2.5～5.3	氧化硫杆菌	$S \rightarrow SO_4^{2-}$，$S_2O_3^{2-} \rightarrow SO_4^{2-}$	2.0～3.5
氧化铁杆菌	$Fe^{2+} \rightarrow Fe^{3+}$	3.5	聚生硫杆菌	$S \rightarrow SO_4^{2-}$，$H_2S \rightarrow SO_4^{2-}$	2.0～4.0
氧化硫铁杆菌	$S \rightarrow SO_4^{2-}$，$Fe^{2+} \rightarrow Fe^{3+}$	2.8			

此外，目前也发现有能将硫酸盐还原为硫化物，将硫化氢氧化为元素硫，将氮气氧化为硝酸盐的细菌。因此，可以认为许多沉积矿床是经过微生物作用而形成的。

目前，对细菌浸矿的机理大致有两种看法：

（1）细菌的直接作用　以氧化铁硫杆菌为例，它能将黄铁矿中的低价铁氧化为硫酸高铁，将硫氧化为硫酸，此氧化过程破坏了矿物组分的晶格，使铜及其他金属组分呈硫酸盐的形态转入溶液中。但直接作用缓慢，所需时间较长，其反应可以下式表示：

$$CuFeS_2 + 4O_2 \xrightarrow{\text{细菌作用}} CuSO_4 + FeSO_4 \tag{6-6}$$

$$Cu_2S + H_2SO_4 + \frac{5}{2}O_2 \xrightarrow{\text{细菌作用}} 2CuSO_4 + H_2O \tag{6-7}$$

（2）细菌的间接催化作用　金属硫化矿中的黄铁矿在有氧和水存在的条件下，将缓慢地氧化为硫酸亚铁和硫酸：

$$2FeS_2 + 7O_2 + 2H_2O == 2FeSO_4 + 2H_2SO_4 \tag{6-8}$$

在氧和硫酸存在的条件下，细菌可起一种催化作用，使亚铁氧化为高铁：

$$4FeSO_4 + 2H_2SO_4 + O_2 \xrightarrow{\text{细菌催化}} 2Fe_2(SO_4)_3 + 2H_2O \tag{6-9}$$

所生成的硫酸高铁是许多硫化矿的良好浸矿试剂，如溶解黄铁矿的反应为：

$$FeS_2 + Fe_2(SO_4)_3 == 3FeSO_4 + 2S \tag{6-10}$$

硫化矿溶解时生成的亚铁和元素硫，可在细菌的催化作用下分别被氧化为高铁和硫酸：

$$2S + 3O_2 + 2H_2O \xrightarrow{\text{细菌催化}} 2H_2SO_4 \tag{6-11}$$

反应生成的硫酸高铁和硫酸是许多金属氧化矿和硫化矿的良好浸出剂。

细菌化学处理工艺一般包括下列作业：

① 矿石准备作业　将矿石碎至一定的粒度，然后堆成矿堆或装入浸出槽中。若采用就地浸出法，则需开挖一定的沟槽，以利浸矿剂流动和收集浸出液。

② 渗滤浸出　细菌浸矿一般采用渗滤浸出法。根据具体条件可采用堆浸、槽浸或就地浸出，可直接获得送后续处理的澄清浸出液。

③ 金属回收　根据有价组分的化学性质和浸液组成的不同，可选用不同的方法来提取或分离有价组分，如用置换法或萃取-电积法回收铜，用离子交换法或萃取法从浸液中回收铀等。

④ 浸矿剂制备与菌液再生　工业上制备细菌浸矿剂一般包括下列几个步骤：

a. 准备一定数量的亚铁培养液，可以利用含亚铁离子的矿坑水，铁沉铜后的母液或用硫酸溶解废铁产出的溶液，再往培养液中加入一定量的硫酸铵和磷酸氢二钾等化合物，其具体组成列于表 6-4 中。

　　b. 将 pH 调至 1.8~2.0（最低为 1.5，最高为 3.0）。

　　c. 按菌种。一般接种量应不少于溶液量的 1/10，若能连续培养则不受此限制。

　　d. 在适宜的温度（20~35℃）条件下，不断地鼓入空气，直至溶液中的高铁含量达到要求为止。

表 6-4　细菌培养剂的组成

$FeSO_4 \cdot 7H_2O$	$MgSO_4 \cdot 7H_2O$	$(NH_4)_2SO_4$	K_2HPO_4	KCl	$Ca(NO_3)_2 \cdot 4H_2O$
25~130g	0.05g	0.15g	0.05g	0.05g	0.01g

　　菌液再生方式有两种：一是将提取金属后的尾液调整 pH 值后直接送往矿堆，在渗滤浸出的过程中自行氧化再生；二是将尾液置于专门的再生池中培养，然后再返至矿堆进行渗滤浸出。后者可以人为地控制菌液中的高铁含量，使其保持最适宜的浓度。再生的温度与 pH 条件同前。要不断鼓入空气（供应 CO_2 和 O_2），并加入适量硫酸铵和磷酸氢二钾作氮源和磷源。

　　无论是浸矿剂的制备或菌液再生，均应尽量避免日照，因紫外线的照射对细菌的生长繁殖有抑制作用，故培养池或再生池均应加盖或在室内进行。通常可用分析高铁离子含量或观察菌液颜色的方法来控制菌液的再生程度。若菌液为浅绿色则为亚铁离子的颜色，若菌液为红棕色，则说明亚铁已被氧化为高铁。

　　国内外细菌渗滤浸出主要是处理贫矿石、表外矿、尾矿及从地下采空区回收有价组分，当前被广泛用于处理铜矿、铀矿、铜铀矿。由于细菌浸矿工艺简单、易操作、投资少、成本低，因此，该工艺日益引起人们的重视。据报道，细菌浸矿剂还可浸出含硫、锰、锌、钴、镍、金、砷等矿物组分。

　　目前细菌浸出工艺存在的主要问题是对黄铜矿的浸出效果差，浸出含碱性脉石的铜铀矿石时的酸耗太高；其次是生产周期长，以周、月甚至以年来计算浸出时间；再次是细菌生长繁殖受温度的影响较大，因而浸出效率随季节而波动。

　　为了克服上述缺点，各国均进行了广泛的研究工作。如为了处理含碱性脉石的矿物原料，已筛选和培养了一些能产生氨、产生碱的细菌（如脱氮硫杆菌、反硝化细菌等）；为了提高细菌对黄铜矿的浸出效果，可以改变细菌的培养条件，增加 NH_4^+ 浓度、减少 Fe^{2+} 浓度以提高细菌的含量；采用添加活性炭、表面活性物质使细菌能更好地与矿物表面接触，以加速矿物的氧化；采用氯化铁代替硫酸铁等。

6.5　浸出液的处理

6.5.1　固液分离

　　在浸出过程中，实现了目的组分由固相到液相的转移，然后还要通过固液两相的分离操作，才能及时丢弃尾矿，取得适于后续处理的浸出液。在溶液净化和化学精矿的制取中，目的组分定量地由液相转入固相后，也要伴之以固液分离操作才能得到中间产品或合格精矿。当然浸出矿浆也可以不预先进行固液分离而送后续处理，例如用旋流器分离粗砂之后采用矿浆吸附，或者采用沉淀-浮选、置换-浮选组成所谓的联合流程。但要得到含水分较少的精矿，也回避不了固液分离。可见固液分离是矿物化学处理中必不可少的过程。

　　与物理选矿相比，矿物化学处理中的固液分离有许多特点：料浆往往有较强的腐蚀性，因而要注意设备材料的选择；沉降与过滤比较困难，要注意设备的选型。此外，还有一个突出的特点，就是固相要洗涤。这是因为固液分离后固相夹带的溶液与分离出去的溶液浓度相同，若不进行洗涤，则在浸出阶段会降低浸出作业回收率；在化学产品制取阶段，则会降低产品质量，所以洗涤也是一个必要的过程。

通常意义上的固液分离包括上述两个方面，在矿物化学处理中，不仅十分必要，而且十分重要。对于那些难以分离的细粒料浆或胶质沉淀，固液分离的成败是整个工艺过程能否实现的关键。

欲使固液两相分离，必须要有推动力。按照推动力的不同，可将固液分离分为三类，即重力沉降、离心分离与过滤。

6.5.1.1 重力沉降

重力沉降是借重力作用使固体颗粒沉降以获得上清液与底流浓泥的过程，选厂通称浓密。其分离依据是料浆中的固体与溶液存在密度差。上清液只含有少量固体（1～2g/L），底流固体含量视料浆性质不同而异，一般也仅50%左右。故浓密不能进行彻底的固液分离，常与过滤机配合使用，作为初步浓缩以提高过滤机的效率。

当容器中的料浆静置时，由于固体密度大于液体密度，因而颗粒向下作加速运动，而液体则要填补固体留下的空位，形成股股向上的细流。随着沉降速度的增加，沉降阻力也越来越大。当重力与浮力和阻力的合力相等时，沉降速度达恒定值，称为沉降末速，简称沉降速度。求算沉降速度是设计沉降器的基础，虽有一些定量的计算公式，但与实际相差太大。所以实践中通常由沉降试验进行测定。

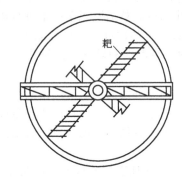
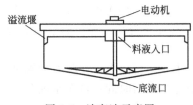

图 6-9　浓密池示意图

常见的重力沉降设备有间歇式沉降槽和连续式浓密池。前者间断生产，上清液虹吸排出，仅在小规模生产车间使用，无需专门设备，浸出搅拌槽也可兼作沉降槽。后者则为专用设备，其上部为圆柱体，下部为倒锥体，并在中心收缩成一个漏斗以排放底流。浓密池可用钢材或混凝土构筑。除中性（即处理中性料浆）浓密池外，其余均要衬以防腐内衬。操作时中心进料，上清液由周边溢出。底部耙子的传动方式，大型的为周边传动，小型的为中心传动。图6-9为中心传动小型浓密池。

浓密池虽较间歇沉降器优，但占地面积大。为了克服这一缺点，人们制成了多层浓密池和倾斜板式浓密箱。多层浓密池虽然缩小了占地面积，但结构复杂造价高。唯有倾斜板浓密箱显示了它的巨大价值，只需在原来的设备中添加若干倾斜板便可使生产能力大幅度提高。图6-10是其示意图。

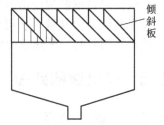

图 6-10　倾斜板浓密箱示意图

由图6-10可知，原来浓密箱的沉降面积是设备的几何截面，加上倾斜板之后，倾斜板下部的阴影部分相当于新增的沉降面积，而单位时间内沉降设备的清液产量几乎与设备沉降面积成正比。这就是倾斜板浓密箱能提高工效的简单原理。

6.5.1.2 过滤

利用具有许多毛细孔的物质作为过滤介质，以某种设备在过滤介质两侧产生压差作为过滤的推动力，料浆中的溶液穿过介质成为滤液，固体则被截留成为滤饼，这种固液分离过程称为过滤，是应用最广的固液分离过程。

（1）板框压滤机　图 6-11 是板框压滤机示意图，它是一种古老而有效的分离设备。其结构是将多块滤板与滤框交替地搁置在机架上，用压紧装置将其联成整体，见图 6-11 上图。滤框为一方框，右上角与左上角开有圆洞，右圆洞与框孔有暗孔沟通，以引入料浆；左圆洞作为洗水通道。过滤时在框外包以滤布，滤液穿过滤布而滤渣则残留在框内。滤板上部两角也开有圆孔，作为引入料浆与洗水的通道，但都不带暗孔。而下部则开有暗孔，连通排液小管，让滤液由此流出。若滤饼要进行洗涤，则滤板又分过滤板与洗涤板两种。两板不同之处是洗涤板左上角的圆洞有暗孔与洗涤板的沟渠相通，以便引入洗液。

过滤操作时料浆由砂泵入压滤机，压强为 $2\sim3\mathrm{kgf/cm^2}$（表压，$1\mathrm{kgf/cm^2}=98.0665\mathrm{kPa}$），料浆从进料通道经暗孔进入滤框，溶液通过两侧的滤布沿滤板表面的沟渠下流到板下小管排出。洗涤时关闭进料阀门和洗涤板下的排液阀，由另一台泵泵入洗液、通过洗涤板暗孔进入沟渠，再穿过两侧的滤布、滤饼，由过滤板排液孔排出。为此各板的安装顺序应是框—洗板—框—滤板—框—洗板……依此类推。

滤饼洗完之后，松开压紧装置，卸渣，再生滤布，重装板框，进入新的过滤循环。

板框的材料视料浆性质而异，中性和碱性介质可用铸铁。对其他介质，可根据情况分别选用红松、塑料、玻璃钢等。

板框压滤机构造简单，过滤面积大而占地面积小，过滤推动力大，适于处理黏度大、颗粒细、固体浓度低的难滤料浆。主要缺点是人工卸料，劳动强度大。为克服这一缺点，已研制出自动板框压滤机，其卸料、清洗与组装均可自动进行，当然结构要复杂些。

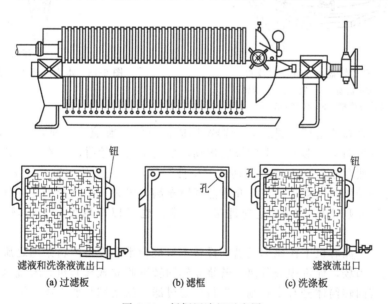

图 6-11　板框压滤机示意图

（2）立式转盘翻斗真空过滤机　本机示意如图 6-12 所示。它由中心错气盘、梯形过滤盘和承载滤盘的内外曲轨组成。错气盘下方接真空系统，各滤盘由抽滤管与错气盘相连。过滤时通过齿轮传动使滤盘绕中心立轴回转，在回转一周中完成加料、过滤、洗涤、吸干等步骤。然后借外曲轨使滤盘绕水平轴翻转约 $180°$，由错气盘导入压缩空气帮助卸料，接着是引入反冲水使滤布再生，最后仍借曲轨使滤盘复位放平进入新的过滤循环。本机除换滤布外均可自动进行。国产型号有 PD-1.5 和 PD-20。数字代表过滤面积（$\mathrm{m^2}$），滤盘分别为 10 个和 20 个。

6.5.1.3　离心分离

离心分离包括水力旋流器和离心机两类设备，前者属于离心沉降或分级，后者既可作离心沉降，也可以作离心过滤。它们的共同点是固液分离的推动力为离心力，不同之处是离心力产生的方式不同。

（1）水力旋流器　水力旋流器是借助砂泵的作用，使料浆高速地从切向进入旋流器，并沿设备内壁作圆周运动，从而产生离心力，使固体分级或沉降。由于设备本身不转动，仅靠料浆自旋，故又叫旋液分离器，图 6-13 是其示意图。

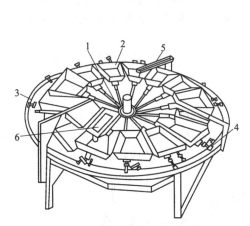

图 6-12　立式转盘翻斗真空过滤机

1—错气盘；2—滤盘；3—轨道；4—滚轮；
5—洗液分配槽；6—矿浆分配槽

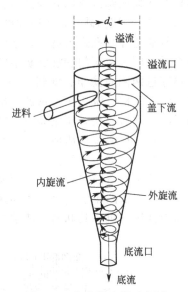

图 6-13　水力旋流器示意图

操作时，料浆高速由切向进入，沿器壁形成往下的螺旋流。至排出口时，外层粗粒排出，内层细粒流折向上方形成向上的螺旋运动，最后由溢流管排出。在向下的螺旋流与向上的螺旋流中间必然存在一个无垂直运动的"中性"区，此区的位置略小于 d_c 的 $1/2$。在旋流器中心部分是低压区，常为空气与介质蒸气所充满，成为一个直径不变的气体柱。

旋流器可以并联使用，以满足处理量的要求；也可以串联使用，以满足分离粒度的要求。

（2）离心机　离心机工作原理是借助设备本身旋转带动设备内料浆随之旋转，从而在设备内建立起离心力场，促进固液分离。若绕立轴回转则叫立式离心机；若绕水平轴回转则叫卧式离心机。若回转筒体开有小孔则可进行离心过滤，反之则只能作离心沉降。

卧式连续离心机——这类离心机的特点是过滤、洗涤、甩干和卸料等工序在转鼓内同时进行，连续作业。转鼓有圆柱形、圆锥形和圆柱圆锥组合形。卸料方式包括分活塞往复卸料和差速螺旋卸料。差速螺旋卸料连续离心机的鼓内螺旋与转鼓有一定转速差，构成相对运动，从而将沉积的固体物料推出鼓外。这类设备若用来处理浸出矿浆，宜用过滤型；用来处理难分离的稀料浆，宜用沉降式。在废水处理中，后者应用较广。当然，沉降式只有沉降和卸料两道工序。

6.5.1.4　固液分离设备的选择比较

三大类固液分离设备的每一类设备都有多种型号和规格。它们各有特点，选用时宜根据料浆特性、分离要求和经济效果综合考虑，扬长避短，发挥优势。

料浆的性质已如前述。分离要求包括液相含泥量和固相含湿量。对分级而言，还要求达到分级粒度的要求。经济效果包括投资费用和操作运行费用。

浓密池分离效果不佳，适于处理量大而易于沉降的料浆，常作过滤前的预先浓缩。它的优点是简单可靠、运行费用低、易自动化；主要缺点是占地面积大。水力旋流器无运动部件、结构简单、操作方便，但设备易磨损、分离更不彻底，主要用于分级与增稠。间歇离心机用于中小型厂矿，分离一般料浆。连续离心机适于处理易滤料浆，易自动化，固体含湿低，缺点是设备加工精度要求高，造价较贵。各种过滤设备对料浆的适应性较强。其中压滤机、叶滤机适于处理难滤稀浆；而连续真空过滤机适于处理中等粒度与黏度的料浆，处理量大，劳动强度低，但设备投资费用大。

6.5.2 置换沉淀

置换沉淀法是用一种金属从另一种金属盐浸出液中将该金属沉淀出来，然后将金属沉淀与浸出液分离。这个过程可以用金属电极电位来预测，具有较正电位（氧化）的金属将进入浸出液取代正电位较低的金属。例如用铁沉淀铜，因为元素 Fe/Fe^{3+} 的电极电位为 $+0.036V$，而元素 Cu/Cu^{2+} 的电极电位为 $-0.337V$，前者的电位比后者高，故铁可以置换铜，同理用金属锌可以置换金和银。

用置换沉淀法将所需要的金属沉淀，回收该沉淀的方法有两个方案：从浸出液中置换沉淀或从浸出矿浆中置换沉淀。现以铁置换铜为例具体说明如下。

第一步是用硫酸或细菌浸出铜矿石。若浸出的矿浆中含泥量很少，浸出液易于与滤渣分离，一个方案是把浸出液与滤渣分离，然后将浸出液送到装有铁屑或海绵铁的溜槽或沉淀堆中进行沉淀，得到含铜 $70\%\sim85\%$ 的置换铜送去熔炼；另一个方案是浸出液与滤渣不分离，在浸出矿浆中进行置换沉淀，这个方案适于处理硫化铜-氧化铜混合型矿石，用硫酸浸出氧化铜，剩余的硫化矿表面被酸净化，再在矿浆中添加磨细的海绵铁，供溶解的铜以沉淀铜形式沉淀出来，硫化铜和沉淀铜在酸性或碱性矿浆中用一般浮选方法进行浮选。此外，也可加硫化剂（如硫化钠）使溶液中的铜变成硫化物沉淀。此法的优点是可以免去溶液和固体分离的庞杂作业，且同时回收浸出法难以回收的硫化铜。置换-硫化沉淀试验要确定沉淀剂的用量和粒度、搅拌时间和强度。

铁粉的用量根据理论上的计算为 $0.88kg/kg$ 铜，实际上约需 $2kg/kg$ 铜。一般可在矿浆 pH 为 2 的条件下，进行一系列试验来确定铁粉和海绵铁的用量。铁粉的粒度一般不大于 $0.1mm$，最好是 $-0.075mm$。搅拌时间 $5\sim10min$，搅拌时间长会使已沉淀的铜重新溶解。

硫化钠用量一般高于理论量 $1\sim4$ 倍，在矿浆 pH 小于 7 的条件下，硫化沉淀铜的速度极快，在 $5min$ 内即可完成。

浮选试验要确定捕收剂和起泡剂的种类和用量、矿浆温度和 pH。由于浮选多半在酸性矿浆中进行，所以最好采用甲酚黑药、复黄原酸等捕收剂。

6.5.2.1 置换沉淀的应用

（1）用于从溶液中回收金属

① 在从金、银矿物提取金、银的诸方法中，氰化物浸出占有主导地位。所得提出液常以锌作置换材料，进行置换。为了有效地置换金、银，先将浸出液真空脱氧，然后放入贮槽。往槽内徐徐加入锌粉，此时金、银以及比锌较不活泼的金属如铜、铅等也共同沉淀，所以产品是金、银、铜、铅以及未消耗的锌的混合物。真空脱氧的目的在于防止已沉淀的金属反溶。

② 从浸出液中回收铜、低品位的难选氧化铜矿，采用稀硫酸或酸性菌液浸出之后，所得浸出液常以铁屑置换生产海绵铜。目前虽有为萃取-电积工艺取代的趋势，但在没有条件建立萃取车间的矿山的情况下，置换仍是一种有效的回收方法。置换过程的主要工艺条件是：

a. 进料液中铜的浓度一般要求大于 0.1g/L，小于 0.2g/L；

b. 溶液的 pH：起始 1.5～2，置换终了约 4.5；

c. 置换温度，在南方为环境温度，在北方，冬天要采取防冻措施；

d. 置换时间约 1h。

主要经济指标：

① 铁耗。从理论上讲，铁、铜是等物质的量置换，所以 0.88kg 的铁可以置换 1kg 的铜。但是由于存在两个副反应和其他原因使实际铁耗为理论量的 3～5 倍。生成的 Fe^{2+} 又会被溶液中的氧所氧化，使高价铁与低价铁不断循环，造成铁耗上升。其他原因指的是：已沉出的铜的反溶；溶液中的氧夺取铁上的电子与 H^+ 结合成水，都使铁耗上升。

② 海绵铜品位。一般可达 60%～70%，受铁屑质量与操作条件的影响，品位波动幅度较大。

③ 回收率大于 90%。

（2）金属的置换分离　一般来说，当溶液中含有电极电位相差较大的两种金属时，可以加入较活泼的金属以置换较不活泼的金属，达到两者分离的目的。

例如，在锌的提取工艺中，为了除去浸出液中的杂质镉与铜，不用铁而改用主体金属锌作置换材料最为适当，这样可避免引入新的杂质铁，而锌在后续工序中可一并回收。置换出来的铜镉粗金属另作处理以回收铜镉。

此外，在铜、钴浸出液加金属钴以置换铜；在铜、镍浸出液中用镍置换铜都是置换分离的例子。

6.5.2.2　置换-浮选与置换-磁选

① 置换-浮选适于处理混合矿　用酸溶解氧化矿（硫化矿相对难溶些），通过置换使有价组分变成海绵态金属，然后与未溶解的硫化矿共同浮出。该工艺要求被置换出来的金属可浮性要好，而且与置换材料要容易分离，否则就不能采用该流程。研究较多的是以铁置换铜的置换-浮选工艺。金属铜可浮性好，关键在于海绵态金属铜与置换材料铁的结合是否松散易剥落。一般来说，溶液中铜浓度高时，海绵铜与铁结合较紧密，可浮性差。

② 置换-磁选适合处理单一氧化矿　它以铁为置换材料（铁屑或海绵铁），粒径 75～150μm。与置换-浮选相反，它要求被置换出来的金属与铁结合越牢固越好。研究较多的仍是氧化铜矿的酸浸液。为了防止在铁表面生成多孔性海绵铜（当矿浆中含有氯离子时更为严重），可加入少量硫脲（200g/t 原矿），使铜致密地覆盖在铁的表面。磁选之后，再进行铁屑脱铁。方法是先湿磨后磁选。磁性产品用旋流器分级，使大于 75μm 的磁性产品返回置换，非磁性产品及小于 75μm 的细粒作为铜精矿回收。

此外，用铁置换镍的置换-磁选流程也有报导。

对铜而言，采用浸出—置换—浮选和采用浸出—置换—磁选流程，指标大致相同。在实验室规模条件下，铜精矿品位大于 30%，回收率为 80%～90%。

6.5.3　离子沉淀

所谓离子沉淀，就是借助沉淀剂的作用，使溶液中的目的组分（离子）选择性地呈难溶化合物形态沉淀析出的过程。当被沉组分为杂质离子而有价组分留在溶液中时，通常称为净化；反之则称为难溶化合物的制取过程。若难溶化合物为最终产品时，则称为化学精矿或单独产品。沉淀物通常是各种难溶盐类、难溶硫化物和难溶氢氧化物。

6.5.3.1 离子沉淀的应用

（1）镍钴的水解分离　为了综合利用含钴黄铁矿烧渣，可将烧渣进行氯化—硫酸化焙烧使镍钴转化为可溶盐，然后以水浸出焙砂，使镍钴转入溶液。通常用 $NaClO$ 作氧化剂，使 Co^{2+} 优先氧化成 Co^{3+}，而 Ni^{2+} 不氧化。再以 Na_2CO_3 作中和剂，控制温度为 $50℃$ 左右，沉淀时间约 $2h$，在 $pH=2～2.5$ 时，钴以 $Co(OH)_3$ 沉淀析出而镍留在溶液中，反应为：

$$2CoSO_4 + NaClO + 2Na_2CO_3 + 3H_2O = 2Co(OH)_3 \downarrow + NaCl + 2Na_2SO_4 + 2CO_2 \uparrow$$

$$(6\text{-}12)$$

（2）硫化物沉淀分离　古巴茅湾镍钴硫化精矿含有铁、铬、铝、铜、铅和锌等杂质，为了综合回收精矿中有价元素，采用高压充氧酸浸，固液分离后，溶液含镍约 $50g/L$。在常压及 $T=80℃$ 时，向溶液鼓入空气，使 $Fe^{2+} \rightarrow Fe^{3+}$，$Cr^{2+} \rightarrow Cr^{3+}$，而钴不氧化成高价。然后以氨中和到 $pH=4～4.5$，便可使铁、铬、铝沉淀。滤去沉淀物，溶液中尚含有铜、铅和锌等杂质。向溶液中加酸调 pH，当 $pH=1～1.5$ 时，向溶液通入一定数量的 H_2S，使铜、铅完全析出而锌仅沉淀 50%。滤去铜、铅和锌的沉淀物，溶液送后续工序提镍钴并分离锌。不完全沉出锌，是为了防止镍钴与锌共沉淀，降低镍钴回收率。

（3）沉淀-浮选　上面提到的沉淀均是在清液中进行的，为此对浸出矿浆必先进行固液分离。当固液分离工序发生困难时，为避免固液分离操作，可在浸出之后，在浸出矿浆中加入硫化剂（例如 Na_2S），使目的组分转化为硫化物沉淀，再用浮选法分离和富集，这就是沉淀—浮选联合流程。

沉淀—浮选联合流程不仅适于处理难选氧化矿的酸浸液，对氧化硫化混合矿，更显示其优越性。一般来说，氧化矿比硫化矿优先为酸溶出。当氧化矿溶解之后，随即加入硫化剂，使目的组分以硫化物形态沉淀析出。沉淀过程的晶核常为矿浆中的固体颗粒，其中尚未溶解的硫化矿更易扮演结晶核心的角色。通过浮选把新老硫化矿共同浮出而与脉石矿物分离。

对难选氧化铜矿的氨浸液，以往采用蒸氨提铜技术，但由于在蒸馏塔中氧化铜的结疤问题长期无法解决，致使该工艺未能工业化。现在人们正在探索一个新工艺，即氨浸-表面硫化-浮选联合流程，实质上也是沉淀-浮选联合流程。

各种难溶盐类的沉淀分离和沉淀回收已如上节所述，其中磷（砷）酸盐的沉淀分离工艺只限于原矿中本来就含磷砷杂质时才予以采用。

6.5.3.2 沉淀工艺

（1）沉淀剂的选择　水解沉淀通常只需用酸（碱）调整溶液的 pH 值，而各种难溶盐沉淀，除要求一定的 pH 值外，还要添加沉淀剂。选择一种沉淀剂除考虑经济因素之外，还需考虑下列因素：

① 沉淀剂应具有较高的选择性，以便获得较纯净的沉淀；
② 形成的沉淀物应是极难溶的，以提高作业金属回收率或更彻底地清除杂质；
③ 沉淀物的物理性能要好，以便过滤与洗涤。

（2）对沉淀物的要求　沉淀是一种结晶过程，包括晶核的形成与晶体长大两个方面。形成沉淀的首要条件是欲沉淀的盐的溶解度要达到过饱和。但即使在过饱和条件下，晶核的形成也是一个很困难的过程。晶核的尺寸要达到某一临界值才能稳定地长大，否则又有重溶的可能。一个临界晶核包含有数十个到数千个分子，这么多个分子同时碰撞而形成一个晶核的概率是极微的，只能是逐步形成。实际的原始晶核往往是溶液中的固体微粒，实验室正常制备的水溶液每毫升常含有 $10^6～10^8$ 个固体粒子。虽然经过仔细过滤可把粒子数降到每毫升

10^3 个以下，但要溶液完全与外界隔绝因而不含固体是不可能的。固体粒子的大小十分重要，据查阅资料认为在水溶液中最活泼的杂质核心大小介于 $0.1 \sim 1 \mu m$。在晶核长大成晶体的过程中，晶核附近又要产生新的晶核，称为"次要成核作用"，而把因过饱和度极大而产生的自发成核与外来固体粒子引起的非均相成核称为"主要成核作用"。

对产品沉淀物的要求：沉淀物应尽可能纯净，避免与杂质产生共沉淀；沉淀物应难溶；沉淀物应尽可能是晶形沉淀，且结晶颗粒要粗，以便后续的固液分离与洗涤。

对杂质沉淀物的要求：对杂质的沉淀率要高，不与有价组分产生共沉淀；对沉淀物物理特性的要求与产品沉淀物相同。

为了达到上述要求，除了前面介绍的选择适当的沉淀剂之外，还要严格控制沉淀条件。

（3）沉淀条件 沉淀过程最佳工艺条件是通过试验求得的。下面只能定性地介绍沉淀条件对沉淀物性能的影响。沉淀条件包括：

① 待沉淀的金属离子的浓度；

② 沉淀剂的浓度；

③ 沉淀终了的 pH 值；

④ 沉淀剂的添加速度；

⑤ 沉淀过程的温度；

⑥ 沉淀搅拌槽的搅拌速度。

要得到晶形的粗颗粒的沉淀物，首要条件是待沉金属离子浓度宜低不宜高。在稀溶液中进行沉淀，由于过程缓慢，晶体长大速度超过晶核形成的速度，故能得到大粒晶体。若待沉金属浓度较高，则沉淀剂浓度要配低一些且添加速度要慢。否则，形成的晶核多而来不及长大，所得沉淀物就会难以进行固液分离。若沉淀物颗粒较细，在不影响生产过程连续的前提下，可以采用"陈化"措施，即沉淀完毕之后并不立即进行固液分离，而是让沉淀物与母液继续接触一段时间，使微小晶粒溶解再沉淀到较大的晶粒上去。

为了加快沉淀速度，改善沉淀物物理特性，沉淀过程往往在高于室温的条件下进行。对于铁铝氢氧化物沉淀，通过加温可使沉淀物由无定形转化为晶形，改善固液分离性能。

沉淀剂的加入方式（一点或多点加入）和加入速度都要与搅拌速度配合得当。沉淀剂加入速度快而搅拌速度慢时，易产生局部过碱（酸）和局部过饱和现象，造成有价组分与杂质共沉淀，影响分离效果。当然搅拌速度太快也容易使大晶体受到破坏。

沉淀过程的 pH 值是沉淀能否产生和分离效果好坏的关键，前面已作了详细分析，此处不再赘述了。

（4）沉淀设备 沉淀过程所用设备很简单：用于沉淀的是机械搅拌槽；用于固液分离的是过滤机。此处应该指出的是，如果沉淀过程需要加温而又要维持沉淀料浆液固比不变，则要设置夹套加热器或蛇管加热器；如无特殊要求，则可用蒸汽直接加热。

6.5.4 溶剂萃取

溶剂萃取通常是指溶于水相中的被萃取组分与有机相接触后，通过物理或化学作用，使被萃取物部分地或几乎全部地进入有机相，以实现被萃取组分的富集和分离的过程。例如用萃取剂法萃取铜，是用一种有机相（通常是萃取剂和稀释剂煤油）从酸性浸出液中选择性地萃取铜，使铜得到富集，而与铁及其他杂质分离，萃取后的萃余液返回浸出作业。负载有机相进行洗涤，除去所夹带的杂质，然后用硫酸溶液反萃负载有机相，以得到容积更小的反萃液，此时铜的含量可达 $10 \sim 25 mg/L$，反萃液送去电积得电积铜。反萃后的空载有机相返回萃取作业，电积残液可返回作反萃液或浸出液。

溶剂萃取具有平衡速度快、处理容量大、分离效果好、回收率高、操作简单、流程短、易于实现遥控和自动化等优点。近30年溶剂萃取在核燃料工业、稀土、稀有、有色和黑色冶金工业中日益获得广泛应用。

对于一部分低品位矿石、难选次精矿和中矿，例如氧化铜矿石、含铀铜矿、铜钴矿、镍钴共生矿、钨矿、钽铌矿等复杂难选次精矿和中矿，利用溶剂萃取法富集和分离有用金属具有很大的生命力。

6.5.4.1 溶剂萃取试验流程、设备和操作技术

(1) 溶剂萃取工艺流程　萃取工艺流程包括萃取、洗涤和反萃取三个作业，其原则流程见图6-14。

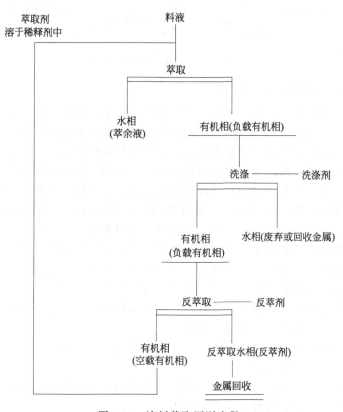

图6-14　溶剂萃取原则流程

萃取作业将含有被萃取组分的水溶液与有机相充分接触，使被萃取组分进入有机相。两相接触前的水溶液称为料液。两相接触后的水溶液称为萃余液。含有萃合物的有机相称为负载有机相。有机溶液与水溶液互不相溶，它们是两相。

洗涤作业用某种水溶液（通常是空白水相）与负载有机相充分接触，使进入有机相的杂质洗回到水相的过程，称为洗涤。用作洗涤的水溶液称为洗涤剂。

反萃取作业用某种水溶液（如酸、碱等）与经过洗涤后的负载有机相接触，使被萃取物自有机相转入水相，这个与萃取相反的过程称为反萃取。所使用的水溶液称为反萃取剂。反萃后的水相称为反萃液。反萃后的有机物，不含被萃取的无机物，此时的有机相称空载有机相，通过反萃取，有机相获得"再生"，可返回再使用。

(2) 试验设备和操作技术　实验室进行条件试验和串级模拟萃取试验时，常用60mL或125mL梨形分液漏斗作萃取、洗涤和反萃取试验。把20mL或40mL（一般为20mL）要分离的料液，倒入分液漏斗中，加入相应量的有机相，塞好分液漏斗的活塞，用手摇或放在电

动振荡器上振荡，使有机相和水相接触，待分配过程到达平衡后，静置，使负载有机相和萃余水相分层，然后转动分液漏斗下面的阀门，使萃余水相或负载有机相流入锥形瓶中，达到分离的目的。按上述方式每进行一次萃取，称为一级或单级萃取。有时一级萃取不能达到富集、分离的目的，而需要采用多级萃取。将经过一级萃取后的水相和另一份新有机相充分接触，平衡后分相称为二级萃取，依此类推，直至 n 级。实验室条件试验常采用单级萃取和错流萃取。错流萃取如图 6-15 所示，图中方框代表分液漏斗或萃取器，实验室测定萃取剂的饱和容量即采用错流萃取。

图 6-15　错流萃取示意图

6.5.4.2　实验室溶剂萃取试验内容

试验内容包括选择萃取体系、萃取、洗涤和反萃取条件试验、串级模拟试验。

（1）选择萃取体系　萃取体系的分类尚未统一，根据被萃取金属离子结构特征分，则分为简单分子萃取体系、中性络合物萃取体系、螯合物萃取体系、离子缔合萃取体系、协同萃取体系及高温萃取体系。料液中萃取金属离子的结构不同，选择的萃取体系也不同。

试验时，首先必须将要研究的料液进行分析测定，了解料液的性质和组成，例如是酸性溶液还是碱性溶液？属哪一类酸或碱？浓度多高？被萃取组分和杂质存在形态和浓度如何等。基于此，并结合已有的生产经验和文献资料，选择萃取体系。例如，对于用硫酸或细菌浸出的氧化铜的料液，考虑到铜是以阳离子状态存在，料液虽酸性，这时就应选用阳离子交换体系或螯合萃取体系，而不能采用胺盐类萃取体系。又如，拟从钨酸钠溶液中提取钨，因为钨是以钨酸根阴离子状态存在，可选用离子缔合萃取体系，又因为料液是碱性溶液，因此只能选用离子缔合萃取体系中的铵盐萃取剂，而决不能选用阳离子交换或螯合萃取体系，也不能选用离子缔合萃取体系中的锌盐萃取剂。

为适应选择分离效果较好的萃取体系，在某些情况下，对原液的酸度与组成进行调整，甚至可改变提供料液的处理方法。

萃取体系的确定只是为选择萃取剂指明了一个方向，要确定有机相组成，还必须综合考虑其他因素，如萃取剂的选择性、萃取容量等。

（2）溶剂萃取条件试验　进行条件试验之前，首先应作探索试验，目的是初步考察选择的萃取剂分相性质和萃取效果，从而决定采用这种萃取剂的可能性。

影响萃取的因素很多，但在试验和生产中一般要考虑的因素包括有机相的组成和各组分浓度、萃取温度、萃取时间、相比、料液的酸度和被萃取组分的浓度、盐析剂的种类和浓度。条件试验的任务就是通过试验找出各因素对分配比、分离系数、萃取率的影响，确定各因素的最佳条件。有关条件试验的内容概要分述如后。

① 有机相的组成和各组分浓度　有机相一般由萃取剂和稀释剂组成，有时还加添加剂。在某些情况下，只有萃取剂组成有机相。萃取剂是一种有机溶剂，它与被萃取物发生作用生成一种不溶于水而易溶于有机相的化合物。萃取剂的性质对整个工艺流程的合理性具有决定性的作用。稀释剂是一种用于溶解萃取剂和添加剂的有机溶剂，它没有从溶液中萃取金属离子的能力，但它会影响萃取剂的能力，常用的稀释剂有煤油、苯等有机溶剂。添加剂用以解决萃取过程出现乳化和生成三相的问题，常用的添加剂有醇和甲酸三丁酯等。

有机相组成和各组分的浓度主要是通过试验，测定萃取饱和容量、分离系数、平衡时间、相分离好坏等基本萃取性能。原则上尽量使用纯的萃取剂或萃取浓度高的有机相，以增加萃取能力，提高产量。

② 萃取温度 温度高低可以决定两相区的大小和影响溶剂的黏度。温度升高，可加快分相速度，但同时增加有机相在水中的溶解度和稀释剂的挥发，故在萃取操作中应尽量采用常温。

③ 萃取时间 萃取时，两相混合的时间应保证萃取物的浓度在两相中达到平衡。时间过短，被萃取物的浓度在两相中达不到平衡，萃取效率低；反之时间过长，设备生产率下降。加强搅拌，有利于萃取时间缩短，一般几分钟内即可达到平衡。

④ 相比 相比是指有机相与水相的体积比，相比的大小对萃取效率有直接影响，当相比等于1时，在简化萃取设备和控制液体流速方面均有明显的优点。但在试验和生产中，往往是根据具体萃取作业而定，当有机相萃取容量低于水相中被萃取组分的浓度时，则相比大于1，反之则相比小于1。不论萃取和反萃取都不希望相比过高。

⑤ 料液的酸度和被萃取组分的浓度 萃取剂与被萃取物作用的活性基团，如同浮选用的捕收剂，其活化基团一般是—SO_3^-、—COO^-、—NH_2、—NH 等。料液酸度的高低，直接影响萃取剂活化基团的解离度，从而影响萃取率和分配系数大小。因此，应通过试验，找出最适宜的酸度。料液中被萃取组分的浓度对分配比有一定影响。

⑥ 盐析剂的种类和浓度 为提高萃取率和分配系数，经常在水相中添加盐析剂，特别是在含氧溶剂的萃取过程。例如用乙醚萃取 $UO_2(NO_3)_2$ 时，由于分配系数因溶液中 UO_2^{2+} 浓度的降低而减小，如果在萃取液中加入硝酸盐，就能使分配系数保持相当大，萃取就可完全。一般而言，高价离子 Al^{3+}、Fe^{3+} 等具有较强的盐析作用，当离子的电荷相同时，离子半径愈小，盐析作用愈强，因而不同的盐析剂的效果是不同的。

除了萃取条件试验，还有洗涤作业、反萃作业的条件试验，例如洗涤剂种类和浓度、洗涤的温度、相比、接触时间；反萃取剂种类和浓度、反萃的温度、相比、接触时间等。这些条件试验可参照萃取试验的方法。

为了考察萃取效果，需将负载有机相进行反萃后所得反萃液和萃余液进行化验，得出有机相和萃余液中的金属含量，以 g/L 表示，根据需要分别按式(6-13)～式(6-15) 算出分配比 D、分离系数 β、萃取率 E。

$$D = \frac{[A]_{有}}{[A]_{水}} \tag{6-13}$$

式中　D——分配比；

　　$[A]_{有}$——有机相中溶质 A 所有各种化学形式的浓度；

　　$[A]_{水}$——水相中溶质 A 所有各种化学形式的浓度。

$$\beta = \frac{D_A}{D_B} \tag{6-14}$$

式中　β——分离系数；

　　D_A——溶质 A 的分配比；

　　D_B——溶质 B 的分配比。

$$E = \frac{100[A]_{有}}{[A]_{有} + [A]_{水}} \times 100\% = \frac{D}{D+1} \times 100\% \tag{6-15}$$

式中　E——萃取率；

　　$[A]_{有}$——有机相中溶质 A 所有各种化学形式的浓度；

　　$[A]_{水}$——水相中溶质 A 所有各种化学形式的浓度；

　　D——分配比。

（3）串级模拟试验　串级模拟试验与实验室浮选闭路试验类似，也是一种模拟连续生产过程的分批试验，即用分液漏斗进行分批操作模拟连续多级萃取过程，这个方法比较接近实际，是实验室经常采用的一种方法。试验目的是发现在多级逆流萃取过程中可能出现的各种现象，如乳化、三相等；验证条件试验确定的最佳工艺条件是否合理，能否满足对产品的要求；最终确定所需理论级数。理论级数在串级模拟试验前用计算法和图解法初步确定，再用试验进一步核定，一般比上述两种方法确定的级数多 1～3 级。

现以 5 级逆流萃取串级模拟试验为例，说明串级模拟试验方法。5 级逆流萃取串级模拟试验示意见图 6-16。试验操作步骤如下：取五个分液漏斗，分别编 1、2、3、4、5 五个标号。开始操作时，按图 6-16 箭头所指方向进行；从第 3 号分液漏斗开始试验，加入有机相和料液，置于电动振荡器振荡，使过程达到平衡，静置，待两液相澄清分层后，有机相转入第 2 号分液漏斗，水相移入第 4 号；在第 4 号分液漏斗中加入新有机相，第 2 号分液漏斗中加入料液后，第二次振荡第 2 号、4 号两号分液漏斗，使过程达到平衡，静置分层后，第 4 号的有机相移入第 3 号，水相移入第 5 号，而第 2 号的有机相移入第 1 号，水相移入第 3 号；在第 1 号分液漏斗加入料液，第 5 号加入新有机相后，第三次振荡 1 号、3 号、5 号分液漏斗，静置分层后，第 1 号分液漏斗中的有机相移出不要，水相移至第 2 号，第 3 号的有机相移入第 2 号，水相移入第 4 号，第 5 号的有机相转入第 4 号，水相转出不要。按上述步骤继续做下去，直至负载有机相 E 和萃余液 R 中被萃取组分的含量保持恒定，也就是萃取体系达到了平衡，若负载有机相和萃余相中所含组分达到了预期的要求，则可结束试验。如体系达到平衡后，没有获得预期的分离效果，则应调整级数，重新试验，直到获得预期的分离效果。

在试验过程中，判断萃取体系是否已达到平衡，可通过下列几方面进行判断：出料排数（参阅图 6-16，第 3 号算第一排，第 2 号、4 号算第二排，第 1 号、3 号、5 号算第三排，自上而下，如此类推）是级数的两倍以上时，一般萃取体系可达平衡；用化学分析，分析估计达到平衡后的负载有机相和萃余液所含被萃取组分，如分析结果连续多次都是恒定的，则萃取体系已达平衡；除此，还可以根据负载有机相和萃余液的某些物理性质（如颜色）恒定与

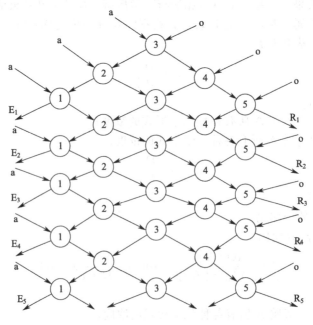

图 6-16　5 级逆流萃取串级模拟试验示意图

o—有机相；a—料液；E—负载有机相；R—萃余液

否来判断过程是否稳定。

反萃取是萃取的逆过程，可参照萃取试验操作方式进行。但此时加入分液漏斗的溶液是经过洗涤的负载有机相和反萃液，经多级反萃取后，获得的空载有机相和反萃液。

按图 6-14 进行全流程试验时，可依萃取、洗涤和反萃取三个作业顺序分段进行。

在某些情况下，需在串级模拟试验的基础上，进行连续串级试验，其试验设备包括混合澄清槽、萃取塔、离心萃取器。其中以混合澄清槽应用较多。

6.5.5 离子交换

人们发现离子交换现象已有 100 多年的历史，但直至 20 世纪 20 年代才开始用于工业，至 30 年代合成有机离子交换树脂后，离子交换才得到广泛的应用。目前，离子交换已广泛用于核燃料的前后处理工艺、稀土分离、化学分析、工业用水软化、废水净化、高纯离子水的制备和从稀溶液中提取和分离某些金属。

离子交换是根据离子交换树脂对水溶液（或浸出液）中各组分的吸附能力不同，和各组分与淋洗剂生成的络合物稳定性不同使元素富集和分离的技术。

离子交换法按选用的淋洗剂和操作的不同，分为简单离子交换分离法和离子交换色层分离法。

简单离子交换分离法是将溶液流过离子交换柱，使能够起离子交换作用的离子吸附在树脂上，而不起交换作用的离子随溶液流去。随后用水洗去交换柱中残留的溶液，再用适当的淋洗剂将已吸附在树脂上的离子淋洗下来，送下一工序回收有用金属。

离子交换色层分离法，它是基于欲分离离子与树脂的亲和力不同，将待分离的混合物浸出液流过离子交换柱，使欲回收的离子全部吸附到树脂上，用水洗去吸附柱中残留的溶液后，连通吸附柱与分离柱，用适当的淋洗剂流过吸附柱，由于吸附在树脂上的离子对树脂的亲和力不同；随着淋洗剂的不断流入，被吸附的离子沿交换柱洗下来时，自上而下移动的速度不同，逐渐分离成不同的离子吸附带，先后由分离柱流出，或采用不同的淋洗剂先后将吸附的离子分别洗出，将流出液分别收集，即得到分离的纯化合物溶液，再从溶液中回收有价金属或化合物。

近 30 年来，离子交换法在冶金工业方面用于富集回收很稀的浸出液或废液（10^{-5} g/L 或更低）中有用金属铜和金、银等，如用 H 型磺化煤吸附矿坑水中的硫酸铜溶液，随后用稀硫酸进行解吸，就可以使铜的浓度由 0.005 mol/L 提高到 4 mol/L。除此，更广泛地应用于分离性质相似的稀土元素和某些有色金属，以制备高纯度的单一稀土氧化物。有时也用于浮选用水的软化等。相对于溶剂萃取而言，离子交换法具有富集比大、分离效果好、产品纯度高等优点；但交换容量小、速度慢、生产效率低和操作复杂，应用受到一定限制。

有关离子交换试验装置、操作步骤和条件试验分别叙述如后。

6.5.5.1 离子交换装置和操作步骤

（1）离子交换试验装置 离子交换装置及运转方式可分为静态和动态两大类。静态交换，即离子交换树脂与料液在相对稳定的静止状态（有时也有搅动）下进行交换，一般只用于实验室试验，例如用梨形分液漏斗、三角烧瓶等作交换器。动态交换即离子交换树脂或料液在流动状态下进行交换，一般在交换柱内进行。动态交换在实验室和工业生产中被广泛采用。动态交换又分固定式和连续式两种。固定式交换装置，即在交换柱内，树脂处于静止状态，而料液不断流动，这种装置应用较多。该装置如图 6-17 所示，离子交换柱是有机玻璃和硬质玻璃管，交换柱下部有一筛板，筛板上面铺一层玻璃丝，以免树脂漏出，交换柱应垂直地固定在支架上，柱间用塑料管或胶皮管连接。

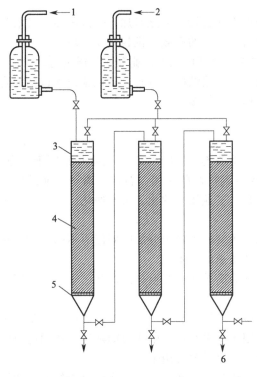

图 6-17　离子交换装置
1—料液；2—淋洗液；3—溶液；
4—树脂；5—筛板；6—流出液

离子交换柱分吸附柱和分离柱。一般吸附柱只有一根，分离柱视对产品纯度的要求等而不同，可以是一根或数根。进行简单离子交换分离试验，只需一个高位瓶和一根直径为 10mm、长为 300mm 的玻璃管即可。

(2) 操作步骤

① 树脂的预处理　市售离子交换树脂一般为 Na⁺ 或 Cl⁻ 型，含水程度不等，而且含杂质，为使树脂转为试验所需要的离子形式，须进行预处理。吸附柱树脂粒度用 $180\sim250\mu m$，分离柱树脂为 $150\sim180\mu m$。使用前将树脂用水浸泡 $12\sim24h$，使树脂充分溶胀，并漂洗去除过细的树脂和夹杂物。然后根据不同类型的离子交换树脂，用酸或碱等浸泡 24h 使树脂转型。转型后，用水淋洗即可装柱。

② 装柱　先使交换柱充水，约占柱体容积的 1/3，将已预处理的树脂与水混合成半流体状，由柱顶连续均匀地加入交换柱，使树脂均匀自由下沉，加入的树脂高度约为柱高的 90%，树脂层上面一定要保持一层水，以免空气进入树脂间隙而形成气泡，影响分离效果。树脂下沉后，再用纯水洗涤柱内树脂至中性或接近中性。

③ 树脂转型　根据试验需要将树脂转变为一定的离子型式。分离提纯稀土，吸附柱通常转为 NH_4^+ 型，分离柱通常转为 Cu^{2+}-H^+ 型或 NH_4^+ 型。转为 Cu^{2+}-H^+ 型，可将 $CuSO_4$：$H_2SO_4=0.5mol：0.5mol$ 的混合液以 6mm/min 流速通过分离柱，至流出液中有 Cu^{2+} 的颜色出现为止。转型后的树脂均需以纯水将留在树脂空隙中多余的溶液洗出。

④ 吸附　将含有有用金属的浸出液以一定流速通过吸附柱中树脂床，需回收的金属离子离开水相而吸附于树脂相。当树脂床被进入溶液中的金属离子所饱和时，流出液中便出现金属离子（称穿漏），此时便停止给料，最后用纯水洗涤吸附柱，直至无金属离子流出为止。

⑤ 淋洗　淋洗条件取决于吸附物的成分和对产品的要求。吸附柱吸附完和分离柱转型后，接通吸附柱和分离柱，用配成一定浓度和 pH 的淋洗液以一定流速流过吸附柱和分离柱。如用乙二胺四乙酸（EDTA）作为分离提纯稀土元素的淋洗剂时，当稀土离子开始从最后一根分离柱中流出，就开始分份收集。不同的淋洗剂，会使各稀土离子流出顺序不同，分份收集后进一步处理，即可得单一稀土氧化物。淋洗完毕后，用纯水洗出柱中存留的淋洗剂，收集并留待下一步回收，柱子重新转型后，可留待下一批进行交换分离试验。

⑥ 树脂的再生离子交换　树脂的再生在应用上是一个很重要的步骤。已使用过并已失去交换能力的树脂，必须采用一定的再生剂进行处理，使树脂恢复到交换前的形态。

树脂能够再生的根本原因是树脂的反应均是可逆反应，只要控制好条件，可使平衡朝着所需要的方向移动。每一种离子交换树脂的再生条件各不相同，再生条件与再生程度将直接影响到每一种树脂的使用价值。强酸性阳离子交换树脂，可用 2mol/L 的盐酸或 1mol/L 硫酸等溶液处理使树脂再生，强碱性阴离子交换树脂的再生，可用 2mol/L 的氢氧化钠等碱溶液处理。

离子交换试验除用交换床外，也可在平衡条件下进行，即将一定体积的浸出液与一定质量的树脂置于交换器中，并长时间振荡，直至达到平衡。在此条件下，任一金属离子被交换树脂吸附的程度，可用分配系数 D 表示。

$$D = \frac{树脂中金属离子浓度}{水相中金属离子浓度} \tag{6-16}$$

D 值越大，树脂对该金属离子的亲和力越大。

6.5.5.2 离子交换条件试验

影响离子交换效果的因素是多方面的，实验室条件试验的主要项目包括树脂的选择、料液的成分和性质、流速、温度、柱形和柱比、淋洗液的浓度与 pH 值等。

(1) 树脂的选择　首先需要了解料液的成分及酸度，根据料液中欲回收的离子状态，参照生产经验和文献资料，确定选用的离子交换树脂类型。同时要注意树脂的粒度和交联度，一般选用 $250 \sim 150 \mu m$ 的粒度和 $8\% \sim 10\%$ 的交联度，除此，还要考虑交换容量大、选择性高和交换反应速度快等性能好的交换树脂，这三者可通过定量的树脂与不同浓度的料液进行交换反应后，测定料液的原始浓度和交换反应后溶液的浓度即可得知。

(2) 料液的成分和性质　料液离子浓度过低，吸附时间长、生产率低；浓度过高，来不及吸附，离子流出柱外，增加处理手续。料液的 pH 值高低影响离子交换树脂的交换反应，强酸强碱性离子交换树脂电离度大，受 pH 值影响很小；弱酸弱碱性离子交换树脂电离度小，受 pH 值影响较大。

(3) 流速　无论是吸附还是淋洗，流速过快，反应来不及平衡，离子在树脂上吸附和解吸的次数少，则分离效果差，影响产品质量；流速过慢，生产周期长，效率低，一般采用线速度为 $4 \sim 5mm/min$。

(4) 温度　提高交换过程的温度，有利于交换反应速度加快，并使络合物溶解度增加；但温度升高，降低了离子交换树脂的选择性。一般多采用常温。

(5) 柱形和柱比　柱形是指交换柱直径与柱长之比，在交换树脂用量和料液流速相同的情况下，采用直径较小的交换柱，则两种相互分离组分的离子带重叠区相对减小，有利于提高产品回收率和分离效率。柱形的选择与树脂粒度、料液流速等因素有关，其比值变动范围较大，一般采用 $1:40 \sim 1:20$。柱比是吸附柱和分离柱直径相同时的长度比。柱比大，即分离柱长，欲分离的离子在分离柱吸附—解吸的重复次数增加，可提高分离效果，但增加了树脂和淋洗剂的用量及淋洗时间。因此在保证达到分离要求的情况下，宜采用最小的柱比。柱比与产品质量的要求、淋洗剂的种类和淋洗条件有关，合理的柱比必须通过试验确定。

(6) 淋洗液的浓度和 pH 值　淋洗液的 pH 值影响淋洗液与被淋洗离子的络合反应和分离效果，例如乙二胺四乙酸与稀土的络合反应受 pH 值影响大。淋洗液的浓度大时，淋洗液体积小，淋洗时间短，流出液中金属离子浓度高，便于下一步处理。浓度过高，有时受络合物溶解度的限制，如流出液中乙二胺四乙酸与稀土络合物浓度超过其溶解度，就会堵塞交换柱，影响淋洗过程的正常进行。

总之，离子交换法具有富集比大，可用于回收溶液中低含量的金属离子或化合物等优点，但同时也具有生产率低等弱点，若与有机萃取法联合使用，互相补充，则能更好地发挥各自的优点，克服其缺点。

6.5.6　电解法

电解法分为可溶阳极电解和不溶阳极电解。

可溶阳极电解 到目前为止，一些重有色金属如铜、铅、镍、钴等主要是从硫化矿中提取的。提取流程的原则是先用浮选产出精矿，精矿经火法熔炼产出粗金属。由粗金属到纯金属，通常采用电解的方法。即将粗金属作为阳极，以同种纯金属作为阴极，以该金属盐溶液作电解液，组成电解槽。在电解过程中，由于控制了一定的外界条件，使比目的组分电位更负的杂质金属在阳极优先溶解，但在阴极难以析出，因而留在溶液中；比目的组分电位更正的金属在阴极虽会优先析出，但在阳极不会溶解而沉于电解槽底部成为"阳极泥"。只有目的组分既可在阳极溶解，又可在阴极析出，从而得到提纯。上述方法通常称为电解精炼，简称电解。

不溶阳极电解 在电解进行的条件下，阳极材料是不溶的或惰性的。那么，随着金属在阴极不断析出，电解液中的目的组分得不到补充，其浓度会逐渐降低，最后电解过程就无法进行。为此要将电解过程与前一过程（反萃或浸出）结合起来，在溶液循环过程中使目的组分不断得到补充。

不溶阳极电解又简称电积，即金属的电解沉积。它与电解精炼的主要区别在于阳极可溶与不可溶，其他方面大体相似。

6.5.6.1 金矿氰化浸出液的处理

金矿经过氰化浸出后，需将溶于浸出液中的金加以回收，回收的方法有锌粉置换和活性炭吸附法。下面仅介绍活性炭吸附提金法。

（1）活性炭吸附法 活性炭吸附提金试验包括活性炭的预处理，活性炭吸附速率、活性炭吸附容量的确定，活性炭的磨损试验等。实际上活性炭吸附提金只完成了从浸出液中吸附贵金属的目的，而如何将载金炭里的金解吸下来，然后再用电积法提金，仍然需要做电解液除银（若含银）、不同金浓度的电解、不同电流密度的电解及电解时间的确定等试验。

① 活性炭的预处理采用何种活性炭（如杏核炭、椰壳炭等）应由试验确定 将粒度为 0.7～2.0mm 的杏核炭，按液：炭＝5：1 用清水配制，在一定的叶轮转速和线速度下进行搅拌，以－0.7mm 产率为纵坐标，以搅拌时间（h）为横坐标，绘制杏核炭预处理损失率曲线图。一般处理的时间以－0.7mm 的活性炭小于损失 5％为宜。

② 活性炭吸附速率 考察炭对矿浆浸出液中金的吸附速率是衡量活性炭质量优劣的重要参数之一。试验可按 0.5h、1.0h、2.0h、3.0h 吸附时间、原液中金属浓度（以 mg/L 表示）及贫液中的金属浓度、原液中金属含量（mg）及贫液中金属含量的变化，算出吸附率。

③ 活性炭吸附容量的确定 在固定其他因素的条件下，确定 1g 活性炭可能的载金毫克数和载银毫克数。

④ 活性炭的磨损试验 在其他条件不变的情况下，考察 0.7～2.0mm 活性炭在 1L 矿浆中的磨损情况，一般的做法是测出磨损前质量（g）、一昼夜磨损后剩余量（g），由磨损量（g）算出每昼夜炭磨损率（％）。

（2）载金炭解吸及电积法提金试验

① 载金炭解吸试验是在 5％氰化钠和 1％氢氧化钠配制的解吸液中进行。通常是用 1 个床层体积的该溶液处理 1h，然后用每小时 2 个床层体积的去离子水洗涤 5 次。由炭载金量（mg/g）与解吸炭含金量可计算出解吸率（％）。

② 电积法提金试验用的电解槽，阳极为不锈钢板，阴极用钛板，电解液采用 0.12％氰化钠和 0.5％氢氧化钠，在均匀搅拌的条件下进行。

③ 电解液除银用硫化钠从含银的电解液中沉淀银，可获得明显的效果，除银率可达 99％左右。

④ 电流密度在槽电压控制一定时（一般为 2.0V）以及其他条件固定的情况下，电流密

度的变化可在 $10\sim50A/m^2$ 之间变化，一般在 $30A/m^2$ 左右。

⑤ 电解时间与电解率的关系密切，一般要控制在 10h 左右。

电解液中金浓度在一个较适宜的范围内均可获得较高的电解率。最后将电积于钢毛上的金-金钢毛，用酸洗涤、压滤和熔炼以产生高质量金锭。

复习思考题

1. 简述化学选矿试验研究和生产应用的发展前景。
2. 说明还原焙烧的用途和试验操作方法。
3. 试计算矿石中的 Fe_2O_3 全部还原为 Fe_3O_4 时的还原度。
4. 以黄金生产为例，阐述浸出试验的方法。
5. 浸出试验和浮选试验有什么区别？
6. 简述含金矿石氰化浸出液的各种处理方法。

第 **7** 章
磁选和电选试验

7.1 概述

磁选是在不均匀磁场中利用矿物之间的磁性差异而使不同矿物实现分离的一种选矿方法。磁选法既简单又方便，不会产生额外污染。通常用来分选铁、锰、镍、铬、钛以及一些有色和稀有金属矿石，广泛地应用于黑色金属矿石的分选、有色和稀有金属矿石的精选、重介质选矿中磁性介质的回收和净化、非金属矿中含铁杂质的脱除、来矿中铁物的排除以及垃圾与污水处理等方面。目前我国磁选主要用于分选铁矿石以及钨锡和稀有金属矿石的精选。

电选是在电场中利用各种矿物及物料电性质不同而进行分选的一种物理选矿方法。电选主要用于精选作业，即电选的原料一般是经过重选或其他选矿方法选出的粗精矿，采用电选分离共生矿物并提高精矿品位。当然也有部分矿物直接采用电选法进行分选。电选对于促进各种粗粒级重矿物的分离及提高精矿品位是很有效的，同时电选也可以有效地处理采用浮选、重选或磁选难以分离的部分矿物。目前电选广泛用于下列诸方面：有色和稀有金属矿物的分选；黑色金属矿的分选；砂金矿的精选；非金属矿物的分选等。此外电选还可用于各种固体物料的分级和从中回收非铁金属等。

7.1.1 物质的磁性及分类

磁性是物质的基本属性，它可以看成是物质内带电粒子运动的结果。自然界中各种物质都具有不同程度的磁性，大多数物质的磁性都很弱，只有少数的物质才具有较强的磁性。根据物质的相对磁导率，大致可将物质分为三类：顺磁性物质、逆磁性物质和铁磁性物质。

顺磁性物质，简称顺磁质，在磁化场中呈现微弱的磁性，磁化后产生的附加磁场与磁化场方向相同，其相对磁导率 $\mu_r > 1$，即顺磁质的磁导率 μ 大于真空中的磁导率 μ_0。属于顺磁性的物质有很多，如 Na、K、Cr、Mn 以及许多稀土金属、铁族元素的盐类等。

逆磁性物质，简称抗磁质，在磁化场中呈现微弱的磁性，磁化后产生的附加磁场与磁化场方向反，其相对磁导率 $\mu_r < 1$，即抗磁质的磁导率 μ 小于真空中的磁导率 μ_0。属于逆磁性的物质较多，金属有 Cu、Zn、Ag、Sb 等；非金属有 Si、P、S 等；惰性气体及许多有机化合物等。

铁磁性物质，简称铁磁质，磁化后在磁化场中能产生很强的而且与磁化场方向相同的附加磁场，呈现很强的磁性，它们的相对磁导率 μ_r 的数值很大（$\mu_r \gg 1$ 或 $\mu \gg \mu_0$）。这类物质包括铁、钴、镍、钆以及这些金属的合金和铁氧体物质等。

三种物质的磁化强度和磁化场强度之间的关系如图 7-1 所示。

此外，自然界中还存在反铁磁性物质和亚铁磁性物质。铁磁性物质、亚铁磁性物质和反铁磁性物质，在一定温度以上表现为顺磁性，这个温度称为居里点或居里温度。由于反铁磁性物质的居里温度很低，所以在常温下可把反铁磁性物质列入顺磁性物质一类。亚铁磁性物质的宏观磁性大体上与铁磁性物质相类似。因而，从应用角度我们把亚铁磁性物质列入铁磁性物质之中。

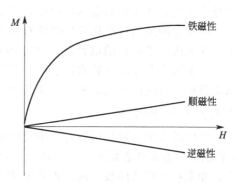

图 7-1 物质的磁化强度（M）和磁化场强度（H）之间的关系

7.1.2 矿物的磁性及分类

在磁选中，通常按矿物比磁化率的大小把矿物分成强磁性矿物、弱磁性矿物和非磁性矿物。

① 强磁性矿物　物质比磁化率 $\chi > 4.0 \times 10^{-5}$ m^3/kg，在磁场强度为 $(0.8 \sim 1.36) \times 10^5$ A/m 的弱磁场磁选机中可以回收。这类矿物主要有磁铁矿、磁赤铁矿、钛磁铁矿、磁黄铁矿和锌铁尖晶石等，它们大多属于亚铁磁性物质。

② 弱磁性矿物　物质比磁化率 $\chi = 1.26 \times 10^{-7} \sim 7.5 \times 10^{-6}$ m^3/kg，在磁场强度为 $(4.8 \sim 18.4) \times 10^5$ A/m 的强磁场磁选机中可以选出。该类矿物较多，如各种弱磁性铁矿物（赤铁矿、褐铁矿、菱铁矿等）；各种锰矿物（水锰矿、硬锰矿、菱锰矿等）；大多数的铁锰矿物（独居石、铌铁矿、钽铁矿、锰铌矿等）；一些含钛、铬、钨的矿物（钛铁矿、金红石、铬铁矿、黑钨矿等）；一些造岩矿物（绿泥石、石榴石、黑云母、橄榄石、辉石等）等。这类矿石多属于顺磁性物质，也有一些属于反铁磁性物质。

③ 非磁性矿物　物质比磁化率 $\chi < 1.26 \times 10^{-7}$ m^3/kg，是在目前技术条件下还无法用磁选法进行回收的矿物。这类矿物很多，如部分金属矿物（白钨矿、锡石、自然金等），大部分非金属矿物（煤、石墨、金刚石、高岭土等）和造岩矿物（石英、长石、方解石等）。这类矿物有的属于顺磁性物质，也有的属于逆磁性物质。自然界中存在的矿物，绝大部分属于非磁性矿物。

7.1.3 矿物的电性

在电选过程中，首先要使矿物颗粒带电，而使矿物颗粒带电的方法主要取决于颗粒自身的电性质。所谓矿物的电性质，只是指矿物的电阻（或电导率）、介电常数、比导电度和整流性等，他们是判断矿物能否采用电选的依据。各种物料由于其组分不同，所表现出的电性质也有明显差异，即使是同一种物料，由于其所含杂质不同，电性质也有明显差别，但都在一定的变动范围内，可根据数值大小判断其可选性。

7.1.3.1 电阻

矿物的电阻是指在矿物的颗粒粒度 $d = 1$mm 时所测定出的欧姆数值。根据所测出的电阻值大小将矿物分为导体、非导体和中等导体三种类型：①导体，电阻小于 10^6 Ω，此类矿物的导电性较好，在通常的电选中能作为导体分出；②非导体，电阻大于 10^7 Ω，此类矿物的导电性极差，在通常的电选中，只能作为非导体分出；③中等导体，其导电性介于导体和非导体之间，在通常的电选过程中，这类矿物常作为中间产物被分出。

矿物中的杂质对矿物的导电性有显著影响，在实际中，一些矿物表面常常被其他物质污染，从而改变了矿物的电性质。如在钽铌矿、白钨锡矿的精选过程中，由于表面黏附有铁质，原本属于非导体的矿物如石英、石榴石、长石、锆石等，变成了导体矿物，严重影响了选矿指标。解决的方法是采用酸洗清除表面杂质。

7.1.3.2 介电常数

导体的介电常数是指带有介电质的电容与不带介电质（指真空或空气）的电容之比，用 ε 表示。介电常数表征的是介电体（非导体）隔绝电荷之间相互作用的能力。在相同的电压下，如果在电容器两极之间放入介电质后，则电容器的电容必然会增加。电介质的介电常数越大，表示它隔绝电荷之间相互作用的能力越强，其自身的导电性也较好；反之，介电常数越小，电介质自身的导电性就越差。

矿物的介电常数可以用平板电容法及介电液体法测定。前者为干法，适应于大块结晶纯矿物，后者为湿法，可用来测定细颗粒的介电常数。一般情况下，介电常数 ε 大于 12 者，属于导体，用常规电选可作为导体分出；小于 12 者，若两种矿物的介电常数仍然有较大差别，则可采用摩擦电选使之分开，否则难以用常规电选方法分选。自然界中大多数的矿物都属于半导体矿物。

7.1.3.3 比导电度

比导电度也称为相对导电度，它是表征物料电性质的一个指标。用比导电度测定装置，可测定出电子流入或流出各种物料所需的电位差。采用不同的电压，就可以测出各种物料，成为导体时所需的最低电压。石墨是良导体，所需电压最低，仅为 2800V，国际上习惯以它作为标准，将各种矿物所需最低电压与它相比较，此比值定义为比导电度。物料的比导电度越小，其导电性就越好。必须说明的是，这些测出和标定的电压为最低电压，而不是最佳分选电压，实际分选电压常比最低电压要高得多。

7.1.3.4 整流性

在测定矿物的比导电度时会发现，有些矿物只有当高压电极带负电时才能作为导体分出，如方解石；而另一些矿物质只有高压电极带正电时才能作为导体分出，如石英；还有一些矿物无论高压电极的正负均能作为导体分出，如磁铁矿、钛铁矿等。矿物所表现出的这种与高压电极极性相关的电性质称作整流性。并规定，当高压电极带负电时，只获得正电的矿物，叫正整流性矿物；当高压电极带正点时，只获得负电的矿物叫做负整流性矿物；不论高压电极正负，均能获得电荷的矿物，叫全整流性矿物。

根据物料的电性质，理论上可以分析出其采用电选法对其分选的可能性并确定其实现有效分选的条件。介电常数和电阻的大小，可以大致确定矿物采用电选分离的可能性；矿物的整流性，可以确定高压电极的极性；比导电度可大致确定其分选电压，当然此电压是矿物能分选的最低电压。

7.1.4 矿物磁性和电性的测定

7.1.4.1 磁化率的测定

矿物比磁化率的大小是判断磁选法分选各种矿物可能性的依据。矿物磁性的测量方法可分为三大类：质动力法、感应法和间接法。质动力法是实验室常用的测量矿物磁性的方法，它又分为两类：①绝对法——古依法；②比较法——法拉第法。

（1）古依法　古依法适用于强磁性矿物和弱磁性矿物比磁化率的测定，它是比磁化率的直接测量方法。

测量装置——测量装置及线路如图7-2所示。主要由分析天平、薄壁玻璃管、多层螺管线圈、直流安培计和开关组成。

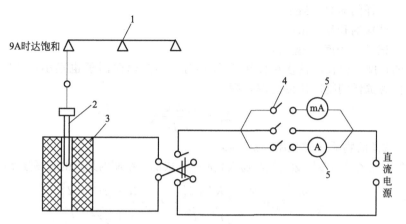

图 7-2　古依法测定矿物比磁化率装置图

1—分析天平；2—薄壁玻璃管；3—多层螺管线圈；4—开关；5—直流安培计

测量原理——将截面相等的长试样管在装入磁铁矿矿粉（长约30cm）后悬挂在天平的一端，并置入磁场中，使其下端处于磁场强度均匀且较高的区域，而另一端处于磁场强度很低的区域，试样在磁场中便受到和它的长度方向一致的磁力的作用。

$$F_{磁} = \int_{H_2}^{H_1} \mu_0 \kappa_0 \cdot \mathrm{d}l \cdot S \cdot H \frac{\mathrm{d}H}{\mathrm{d}l} = \frac{\mu_0 \kappa_0}{2}(H_1^2 - H_2^2)S \tag{7-1}$$

式中　$F_{磁}$——试样所受的磁力，N；

μ_0——真空磁导率；

κ_0——试样的物体容积磁化率；

H_1，H_2——试样两端所处的磁场强度，A/m；

S——试样的横截面积，m^2。

当样品足够长，且 $H_1 \gg H_2$ 时，可近似取 $H_2 = 0$，上式可写成

$$F_{磁} = \frac{\mu_0 \kappa_0}{2} H_1^2 S \tag{7-2}$$

所受磁力用天平测出，即

$$F_{磁} = \Delta mg \tag{7-3}$$

式中　Δm——试样在磁场中质量的变化量，kg；

g——重力加速度，$9.81 m/s^2$。

此时

$$\Delta mg = \frac{\mu_0 \kappa_0}{2} H_1^2 S \tag{7-4}$$

已知 $\kappa_0 = \delta \chi_0 = \chi_0 \dfrac{m}{lS}$

代入式(7-4) 得

$$\Delta mg = \frac{\mu_0 m}{2lS} \chi_0 H_1^2 S$$

$$\chi_0 = \frac{2l\,\Delta m}{\mu_0 m H_1^2}g \tag{7-5}$$

式中　χ_0——试样的物体比磁化率，m^3/kg；

　　　　m——试样的质量，kg；

　　　　l——试样的长度，m；

　　　　δ——试样的密度，kg/m^3。

当试样的长度 l 很长，且横截面积 S 很小时，则其退磁因子也很小，此时试样的物体比磁化率可作为试样的物质比磁化率，则

$$\chi = \chi_0 = \frac{2l\,\Delta m}{\mu_0 m H_1^2}g \tag{7-6}$$

式中　χ——试样的物质比磁化率，m^3/kg。

试样所处的磁场是由多层螺管线圈通入直流电形成的，线圈内某点的磁场强度可由下式求出

$$H = \frac{50ni}{R-r}\left(l_1\ln\frac{R+\sqrt{R^2+l_1^2}}{r+\sqrt{r^2+l_1^2}}+l_2\ln\frac{R+\sqrt{R^2+l_1^2}}{r+\sqrt{r^2+l_1^2}}\right) \tag{7-7}$$

式中　H——多层螺管线圈内中心线上的磁场强，A/m；

　　　　n——线圈单位长度的匝数；

　　　　i——线圈所通过的电流，A；

　　　　R——线圈外半径，m；

　　　　r——线圈内半径，m；

　　　　l_1——线圈内某点（测点）到线圈上端的距离，m；

　　　　l_2——线圈内某点（测点）到线圈下端的距离，m。

测量方法——在测定前先称量玻璃管的质量，将样品磨成粉状，小份地装入玻璃管中并达到所要求的程度，再称量样品和玻璃管的质量。然后将装有样品的玻璃管挂在分析天平的左秤盘下，使其下端位于线圈的中心，注意不能碰到线圈壁。将线圈接通电流，在不同电流下测量出样品所受的磁力。将测得的有关数据代入前述公式中，即可求出样品的比磁化率和比磁化强度，并绘制出 $\chi = f(H)$ 和 $J = f(H)$ 曲线。

为了提高测量的精确度，在测弱磁性矿物时，要求天平和电流的精确度高一些，磁场强度也应适当提高，并反复测量 3～4 次再求出待测样品比磁化率的平均值。

（2）法拉第法　法拉第法一般用来测量弱磁性矿物的比磁化率。该法和古依法的主要区别是样品的体积较小，因此可近似认为在样品所占的空间内磁场力是个恒量。

测量装置如图 7-3 所示，为一等磁力磁极的磁天平，磁极工作区域的 $H\,\mathrm{grad}\,H$ 为常数。该装置的 $H\,\mathrm{grad}\,H$ 和线圈激磁电流之间的关系可由说明书直接查出。

其测量原理是在预先已知 $H\,\mathrm{grad}\,H$ 的不均匀磁场中测定矿物所受的比磁力，然后按下式求出样品的比磁化率，即

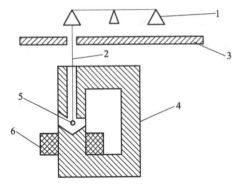

图 7-3　等磁力磁极的磁天平装置

1—分析天平；2—非磁导材料做的线；
3—磁屏；4—铁芯；5—矿样；6—线圈

$$\chi = \frac{f_磁}{\mu_0 m H\,\mathrm{grad}\,H} \tag{7-8}$$

其称量方法是先将空玻璃瓶称重，再将粉末状样品装入玻璃瓶中，轻轻捣紧，装到小瓶的颈部为止，再称量样品和玻璃瓶的质量。然后将装有样品的玻璃瓶挂在分析天平的左秤盘下，使试样瓶置于磁极空间喇叭口的中心位置，注意不要和磁极头接触，再称量处在磁场中的样品和玻璃瓶的质量。由样品质量和样品在磁场中的质量增量可求出比磁力。将测得的有关数据代入公式(7-8)中，即可求出样品的比磁化率。为了提高测量的精确度，一般要反复测量3～4次再求出待测样品比磁化率的平均值。

假如 $H \operatorname{grad} H$ 是未知数，则可利用与已知比磁化率的标准试样相比较的方法来确定试样的比磁化率。由

$$\frac{f_{磁1}}{f_{磁2}} = \frac{\mu_0 \chi_1 m_1 H \operatorname{grad} H}{\mu_0 \chi_2 m_2 H \operatorname{grad} H} = \frac{\chi_1}{\chi_2}$$

得

$$\chi_2 = \chi_1 \frac{m_1 f_{磁2}}{m_2 f_{磁1}} \tag{7-9}$$

式中　χ_1——标准试样的比磁化率；

χ_2——被测试样的比磁化率；

m_1——标准试样的质量，kg；

m_2——被测试样的质量，kg。

测得 $f_{磁1}$、$f_{磁2}$ 后便可由上式求出待测物料比磁化率。用作标准试样的一些稳定化合物包括氧化钆（比磁化率为 $1.65 \times 10^{-6} \, \mathrm{m^3/kg}$）、焦磷酸锰（比磁化率为 $1.46 \times 10^{-6} \, \mathrm{m^3/kg}$）、氯化锰（比磁化率为 $1.45 \times 10^{-6} \, \mathrm{m^3/kg}$）、硫酸锰（比磁化率为 $0.82 \times 10^{-6} \, \mathrm{m^3/kg}$）、多结晶铋矿（比磁化率为 $1.68 \times 10^{-8} \, \mathrm{m^3/kg}$）、纯水（比磁化率为 $9.05 \times 10^{-8} \, \mathrm{m^3/kg}$）等。

7.1.4.2　比导电度的测定

试验发现，电子流入或流出颗粒的难易程度除与颗粒自身的电阻有关外，还和颗粒与电极之间接触界面的电阻有关，而界面电阻又与颗粒和电极的接触面（接触点）的电位差有关。电位差较小时，电子往往不能流入或流出导电性差的颗粒，而当电位差相当大时，电子就能流入或流出，此时导体物料的颗粒表现出导体的特性，而非导体物料的颗粒则在电场中表现出与导体颗粒不同的行为。

电子流入或流出各种物料所需的电位差可用图 7-4 所示的装置进行测定，被测物料由给料斗给到转筒上，通过两个电极所形成的电场。当电压达到一定值时，导电性较好的颗粒按照高压电极的极性获得或损失电子，从而带正电或负电并被高压电极吸引，致使其下落的轨迹发生偏离。导电性较差的颗粒则在重力和离心力的作用下，基本上沿着正常的下落轨迹落下。采用不同的电压，就可以测出各种物料成为导体时所需的最低电压。石墨是良导体，所需电压最低，仅为 2800V，国际上习惯以它作为标准，将各种矿物所需最低电压与它相比较，此比值定义为比导电度。例如，钛铁矿所需的最低电压为 7800V，其比导电度为 2.79（＝7800/2800）。显然，两种物料的比导电度相差越大，就越容易在电场中实现分离。

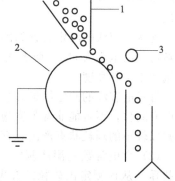

图 7-4　测定物料比导电度的装置
1—给料斗；2—转筒；3—高压电极

7.1.4.3　介电常数的测定

介电常数的大小是判定矿物导电性质的主要依据，通常将介电常数大于 12 的矿物定义

为导体矿物，小于 12 则为非导体矿物。

介电常数大小还与测定的电源频率有关，物料在低频时测出的介电常数大，高频时测出的介电常数小，与测量时的电场强度无关。一般资料中所列出的介电常数均是在 50Hz 或 60Hz 的交流电源条件下测得的。在国际单位制中介电常数的单位为 F/m。介电常数的测定方法有多种，因而要根据测定矿物的具体条件而定。

(1) 电容法测量介电常数　电容法是测量物料介电常数的常用方法，常用的电容法为平板电容法，即在两块平行金属板之间放入要测定的纯矿物片（经切片、磨光等），其大小等于金属板的尺寸。测量仪器为通常使用的测电容的仪表，也可用差频电容仪。其形式及测量方法如图 7-5 所示。

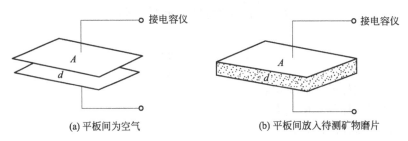

(a) 平板间为空气　　　　　　　　　(b) 平板间放入待测矿物磨片

图 7-5　平板电容测定介电常数示意图

用此法测量时，两块金属板的尺寸应完全相等，面积 A 要远远大于两板间的距离 d。如果在未放入矿物时两板间的电容为 C_A，在同样的条件下放入待测矿物后所测出的电容为 C_M，则所测矿物的介电常数为

$$\varepsilon_M = \frac{C_M}{C_A} \tag{7-10}$$

式中　C_M——矿物的电容；

C_A——空气的电容；

ε_M——待测矿物的介电常数。

在测定时，还必须采用标准电容加以校核，以防止误差太大。这种方法只适用于测定大块结晶的矿物或脉石矿物，而不是用于测定颗粒状的矿粒。对于颗粒状矿物，可采用管状电容法。

管状电容法的测定装置如图 7-6 所示。未放入矿物时，测定出空气的电容为 C_A，放入矿粒后测出电容为 C_M，两者之比为带着矿物的介电常数。此种装置的铜棒与铜管的距离必须远远小于其高度。

管状电容法的测定结果和平板电容法的测定结果比会有较大的误差，这主要是各种矿粒中间有间隙，不可能非常紧密地结合在一起，但它具有实用价值，因为在实际中，各种矿物都是以较小的颗粒状态产出和存在的。

(2) 介电常数的湿法测定　此种方法是利用电极在介电液体中对被测矿物颗粒的吸引或排斥，从而测定出矿粒的介电常数，其原理如图 7-7 所示。即在一较小容器上部的胶木盖上安装两根极细的钢针，容器中充满介电液体，两针极间的距离仅有 1mm 左右，在两针极上通以普通的单相交流电。将待测矿物颗粒放入液体中，此时高于介电液体介电常数的颗粒将被吸向针极，低于介电液体介电常数者，则从电极处被排斥开。介电液体的介电常数则是根据需要事先配备好的，然后不断地进行调节，从而能准确地测定矿粒的介电常数。

例如测定石英颗粒的介电常数，在容器中加入 5mL 四氯化碳和 0.5mL 甲醇，使之形成一种混合液体，介电常数 $\varepsilon_L = 5.1$，此时加入少许石英粒子，通入电流后进行观察，如石英颗粒被吸向电极，证明介电液体的介电常数仍较小，此时再加入甲醇，提高介电液体的介电常数值使 $\varepsilon_L = 5.63$，如果此时石英颗粒刚好被排斥，则石英的介电常数，必然是介于两者之间，取其平均值得出石英的介电常数为 $\varepsilon_L = 5.36$。

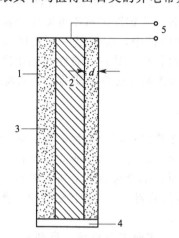

图 7-6　管状电容法测定装置
1—铜管；2—铜棒；3—待测矿粒；
4—绝缘材料底；5—接电容测定仪

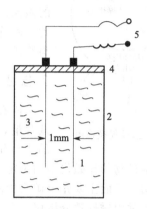

图 7-7　湿法测定介电常数装置
1—针极；2—容器；3—介电液体；
4—绝缘板；5—电源

这种方法虽然比较麻烦费时，但测定出的数据比较准确，误差较小。常用介电液体及其介电常数如表 7-1 所示。

表 7-1　常用介电液体及其介电常数

介电液体	介电常数	介电液体	介电常数
甘油	56.2	硫酸二甲酯	55.0
硝基苯	36.0	甲醇	35.0
醋酸	6.4	三氯甲烷	5.2
四氯化碳	2.24	三溴甲烷	4.5
煤油	2.0	甲醛	84.0

根据所需要的介电液体的介电常数不同，将各种液体按不同比例配制。若待测的矿粒介电常数比较大，则加入介电常数比较大的液体数量要多，反之则加入量应少一些。

7.2　磁选工艺

磁选是一种根据各种矿物磁性的差异来分离不同矿物的选矿方法。要确定所研究矿石能否采用磁选，首先应对矿石进行磁性分析，确定矿石的磁性，然后再做预先试验、正交试验、流程试验。

7.2.1　磁选基本条件

磁选是在磁选设备所提供的非均匀磁场中进行的。被磁选矿石进入磁选设备的分选空间后，受到磁力和机械力（包括重力、离心力、流体阻力等）的共同作用，沿着不同的路径运动，对矿浆分别截取，就可得到不同的产品，如图 7-8 所示。

因此，对较强磁性和较弱磁性颗粒在磁选机中成功分选的必要条件是：作用在较强磁性矿石的磁力 F_1 必须大于所有与磁力方向相反的机械力的合力，同时，作用在较弱磁性颗粒上的磁力 F_2 必须小于相应机械力之和。即

$$F_1 > F_{机1}$$
$$F_2 < F_{机2}$$

这一公式说明，磁选的实质是利用机械力对不同磁性颗粒的不同作用而实现的。进入磁选机的矿石将被分成两种或多种产品，在实际分选中，磁性矿石、非磁性矿石不可能完全进入相应的磁性产品、非磁性产品和中矿中，而是呈一定的随机性。因此，磁选过程的效果可以用回收率、品位、磁性产品中磁性物质与给矿中磁性物质之比和磁性产品中磁性物质的含量来表示。

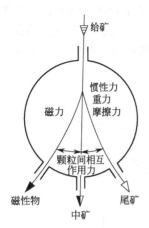

图 7-8　磁选过程模拟图

7.2.2　矿石磁性的分析

矿石磁性分析的目的在于确定矿石中磁性矿物的磁性大小及其含量，通常在进行矿产评价、矿石可选性研究以及检验磁选厂的产品和磁选机的工作情况时，都要做磁性分析。矿石的磁性分析主要包括矿物的比磁化率的测定和矿石中磁性矿物含量的测定。矿物比磁化率的测定在前面已作介绍，下面主要介绍矿石中磁性矿物含量的测定。

实验室常用磁性铁分析仪、湿式强磁分析仪、手动干式磁力分析仪、自动磁力分析仪、交直流电磁分选仪等分析矿石中磁性矿物含量，来确定磁选可选性指标，对矿床进行工业评价，检查磁选过程和磁选机的工作情况。

对磁性分析仪的要求：矿物按磁性分离的精度高；可调范围比较宽；处理少量矿物时损失不大于 2%。

7.2.2.1　湿式强磁力分析仪

可用实验室湿式强磁选机进行磁性分析。该机吸收了国外琼斯和埃里兹型磁选机的某些特点，并结合小型试验的需要，而研制的选矿试验设备，其结构如图 7-9 所示。主要由铁芯、励磁线圈、分选箱、给矿装置、冲矿及接矿装置等组成，该设备磁场强度高（调节范围为 0.15～2.3T，最大处理能力为 10kg/h）、使用范围广、操作方便。

铁芯采用方格磁路，断面高 170mm，宽 120mm，收缩后断面尺寸为 170mm×80mm，磁极头间距为 42mm，励磁线圈由 8 个线包组成，在磁极头附近双侧配置，最大允许工作电流为 20A。分选箱由 5 块纯铁制成的齿板和 2 块铝制挡板组成，齿板高 170mm、宽 80mm、厚 7mm，齿尖角 100°，紧靠磁极头的两块挡板为单面，其余为双面齿板。所有齿板由带沟槽的铝板固定，两齿板的齿间距为 1.5mm，齿谷距为 6.25mm。为适应选别不同类型矿石的需要，设有备用分选箱。在分选箱的上部设有给矿装置，给矿装置为一底部带有由电磁铁控制的给矿阀的搅拌桶，底部有接矿装置。

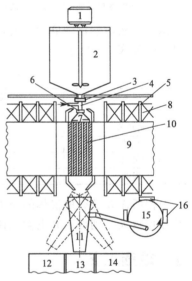

图 7-9　实验室型湿式强磁选机示意图
1—搅拌机；2—搅拌桶；3—给矿阀；
4—三通阀；5—冷却水套；6—扁嘴
运动拉杆；7—铜扁嘴；8—励磁线圈；
9—铁芯；10—分选箱；11—承矿漏斗；
12—精矿接矿桶；13—中矿接矿桶；
14—尾矿接矿桶；15—偏心轮；
16—微动开关

操作步骤：搅拌桶中的矿浆通过给矿阀及铜扁嘴进入分选箱中，非磁性矿物在磁场中不磁化，在矿浆流和重力的作用下，沿分选箱内的齿板间隙流入尾矿桶中，而磁性矿物被吸着在齿板上，停止给矿后，冲洗管路中残留的矿浆及少量夹杂的非磁性颗粒；将接矿斗换至中矿斗，清洗磁性产品中夹杂的非磁性颗粒；将接矿斗换为精矿斗，切断励磁电源，待磁场消失后冲洗磁性颗粒；将磁性产品和非磁性产品烘干、称重并化验分析。整个操作过程包括给矿、分选、清洗、排矿以及转换排矿漏斗位置等，均由数字计时器按预定的程序自动控制。

7.2.2.2 磁性铁分析仪

磁性铁分析仪可用于检查焙烧矿质量，还可用于观察各种磁性矿物在脉冲磁场中运动状态。根据选用转速的不同（即磁场交替的频率不同）可以进行精选和扫选。该仪器结构如图7-10所示，由支架冲洗水管、给矿管、永久磁极、可调速电动机、调压器、电流表等部件组成。永久磁极是由4块外形尺寸为20mm×20mm×40mm的磁块组成，极性交替排列并黏附在ϕ60mm铁圆盘上，如图7-11所示，圆盘可随机轴一起转动，从而产生旋转磁场，磁场强度为112~120kA/m，磁盘转速为200~2000r/min。旋转磁盘上安装有ϕ47mm分选圆盘，分选圆盘由有机玻璃制成，它不接触磁盘，整个设备倾斜地固定在支架上，便于自流排矿。

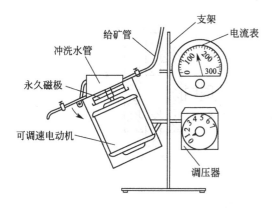

图7-10 磁选铁分析仪示意图　　　　图7-11 旋转磁场示意图

磁性铁含量的测定：检查焙烧矿质量时，先取适量有代表性的矿样进行调浆；开动电动机将转速调至规定值；打开冲洗水管并给矿，磁性矿物在分选圆盘上受旋转磁场磁力的作用，形成磁链留在盘上，脉石及弱磁性矿物借助重力和水流冲洗的作用与磁性矿物分离，经尾矿端排出，分选完毕后，先断水后切断电源，然后抬高分选盘接取精矿；将分选出来的磁性产物烘干、称重、取样化验，测定磁性铁的含量。磁性铁的含量与给矿中全铁含量之比即为磁性率，用此比值来评定焙烧效果。在磁选厂生产过程中，对原矿、精矿、尾矿进行磁性铁含量的分析，可以计算出该厂磁性铁的回收率。

7.2.2.3 手动干式磁力分析仪

手动干式磁力分析仪的结构如图7-12所示，它主要是由铁芯、齿极、平板和线圈组成，齿极可上下移动。通入直流电后，两磁极间产生强磁场，通过调节励磁电流及极距可实现对其磁场强度强弱的调节。一般两极之间的工作磁场强度可在0.1~1.8T变动（最高可达2T以上）。如果被分析的试样中有不同磁性的矿物，可按磁性强弱依次进行分离。

图7-12 手动干式磁力分析仪
1—铁芯；2—齿极；3—平板；
4—线圈；5—支臂；6—螺杆

其操作顺序如下：①取1~3g矿砂呈单层撒在玻璃板上，并送至工作间隙；②根据试样粒度调节齿极与玻璃板上矿层之间的距离；③通入一定大小的励磁电流，将玻璃板贴着平板来回做水平移动，使磁性矿物吸在磁极上；④取出给矿玻璃板，再换上另一块接精矿的玻璃板；⑤切断电源，吸在齿极上的磁性矿粒落在玻璃板上，即为磁性产品。在试样质量较多或粒度较细时，一份试样可分几次做完，做完后称重，即可计算各产品的质量分数。

由于磁性矿粒所受的磁力随齿极与矿粒之间的距离减少而急剧增加，所以在操作过程中，玻璃板应始终贴着平极移动，使整个操作过程均在磁力相同的条件下进行。

7.2.2.4 自动磁力分析仪

自动磁力分析仪的磁场强度可在 $0.01 \sim 2T$ 的范围内均匀调节，适用于干式分离小于 $0.075 \sim 1mm$ 的弱磁性矿石。

自动磁力分析仪结构如图 7-13 所示，由铁芯、铁极头、线圈、电振分选槽等组成。电振分选槽的上端由给料杯和电振给矿器，下端有接料漏斗和接料杯。分析仪用心轴支放在悬臂式的支架上，调节转动手轮可调节分选槽的纵向坡度。悬臂支架用心轴固定在机座上，转动心轴上的手轴可以改变分选槽的横向坡度。

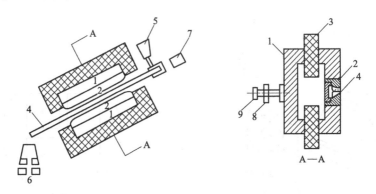

图 7-13　自动磁力分析仪
1—铁芯；2—磁极头；3—线圈；4—电振分选槽；5—给料杯；
6—接料杯；7—电振给矿器；8—支架；9—转动手轮

操作步骤：

① 接通励磁直流电和电振给矿器的低压交流电源，使分选槽处在不均匀磁场中，给矿器做纵向运动。分选槽内的磁场力内弱外强，磁性较强的颗粒受磁力作用运动至外边强磁场区域，而非磁性颗粒或磁性较弱的颗粒由于受重力作用而流向里面。

② 用副样调整励磁电流强度、电振给矿器的强度（即振动强度）、电振分选槽的纵向坡度和横向坡度，使分选槽上矿粒分带明显。在磁场强度和振动强度大体确定之后，如有堵矿现象，应适当调大纵向坡度，磁性产品产率较大时，要适当调大横向坡度。

③ 调整好后切断电流，刷净分选槽和磁极头后，再接通励磁电流和电振分选槽电源，并将正式试样装入给矿杯，进行分离操作。

④ 整理完毕后，切断电源，卸下电振分选槽，将黏附在上面的少量物料刷入磁性或非磁性的接矿杯中。

⑤ 最后将磁性产品和非磁性产品分别称重，计算它们的质量分数。

7.2.2.5 交直流电磁分选仪

分选仪主要用于强磁性矿物（如磁铁矿、钒钛磁铁矿、磁黄铁矿等）及弱磁性矿物（如磁铁矿、菱铁矿、褐铁矿和黄铁矿等）磁化焙烧产品与弱磁性或非磁性矿物分离。同时能将两种以上的强磁性矿物组合进行分离提纯。对比磁化系数相近的细粒强磁性矿物，由于磁粘连作用，镜下挑选困难，故采用一般直流磁选设备也很难分选，但用交直流电磁分选机能快速分离提纯。

其分选原理是将比磁化系数和矫顽力不同的磁性矿物放入具有一定场强（交变、交直流叠加）的磁场内，利用矿物在场内的磁性差异，产生不同的状态：吸引、排斥或以不同的速度向四周扩散运动，而达到分选矿物的目的。

矿粒在交直流叠加磁场内的运动情况如图7-14所示。在两种磁场作用下，由于排斥力作用时间的长短不同，因而使矿粒受到排斥力作用后向上运动的高度有了显著差别。在纯交流磁场中时，矿粒受到排斥力作用，开始向上运动，当它还未来得及上升多高的距离，磁场已经反向了，迫不及待地把它拉回到给矿表面。交直流叠加磁场，可以把矿粒推到较高的高度，才使它折回到给矿表面。矿粒的上升高度越大，它返回到给矿面时产生的碰撞振动就越强烈。这种强烈振动有利于两种不同磁性矿物的分离，故可以解决某些难分选矿物的分离问题。

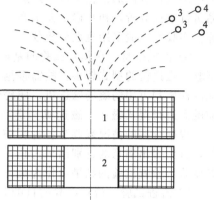

图7-14　矿粒在交直流叠加
磁场中的运动情况
1—交流线圈；2—直流线圈；
3—矫顽力大的矿粒；4—矫顽力小的矿粒

该仪器主要由分选盘、给料斗和磁极等几部分组成。分选盘通过板弹簧等安装在与磁极端面处于平行位置的机体上，其振幅、上下位置和倾角均是可调的。整个给料斗部分安装在分选盘上，与分选盘同时振动。给料量大小可通过调节螺钉来调节给料口的大小来控制。整个磁系是通过用两块等高的支座安装在机体内部，磁系由一个"U"字形（或"山"字形）磁铁组成，铁芯上半部为交流线圈绕组，由220V交流电经一调压变压器输入。由于电压可连续调节，故在交流线圈绕组上便产生一个开路的、可变的交变磁场。铁芯下半部的绕组为直流绕组，经调压器调节的交流电流，再经整流后的直流电流输入，便在直流绕组上产生了一个开路的可变的直流磁场。适当调节激磁电流，就获得了所需的交直流叠加复合磁场。

试验时，首先将物料经筛分、除尘、烘干处理。有些物料需在较大直流磁场中预磁，使其具有一定的剩磁感应强度，然后调节磁极端面与分选盘间的距离和角度，接通交流直流激磁线圈电源，适当调节电压及电流大小，使磁极端面产生符合要求的叠加复合磁场（一般可调范围为0～0.09T）。调节给矿量大小，接通分选盘电源，使分选盘的振动调节到所需的振幅，物料经多次分选即可达到所需的纯度。

7.2.3　磁选试验的目的、要求和意义

磁选是一种根据各种矿物磁性的差异分离不同矿物的选矿方法，其目的在于确定在磁场中分离矿物时最适的入选粒度、自不同粒级中分出精矿和废弃尾矿的可能性、中间产品的处理方法、磁选前物料的准备作业（筛分和分级、除尘和脱泥、磁化焙烧、表面药剂处理等）、磁选设备、磁选条件和流程等，并确定可能达到的工艺指标。

矿石磁性分析的目的在于确定矿石中磁性矿物的磁性大小及其含量。通常在进行矿产评价、矿石可选性研究以及检验磁选厂的产品和磁选机的工作情况时，都要做磁性分析。矿石的磁性分析主要包括矿物的比磁化系数的测定与矿石中磁性矿物含量测定两部分。通过对有用矿物与脉石矿物比磁化系数的测定，可以初步估计矿石的分选效果。其后再根据矿石中磁性矿物含量的分析结果，来初步确定磁选可选性指标，对矿床进行工业评价，检查磁选过程和磁选机的工作情况。

要确定所研究矿石能否采用磁选，首先应对矿石进行磁性分析，确定矿石的磁性，然后

再做预先试验、正式试验、流程试验。

当矿石的磁性确定之后，就要采取一系列磁选试验确定矿石的可选性。

① 预先试验　预先试验可用少量试样进行广泛的探索，以找出各种不同因素对磁选分离的影响，进而加快整个试验进度。预先试验一般是对不同磨矿粒度及各种选别条件下的产品进行磁性分析，初步确定适宜的入选粒度、选别段数、大致的选别条件和可能达到的指标。实验室一般采用磁性分析仪（或实验室型磁选机）做预先试验。

② 正式试验　在预先试验的基础上，可用较多的试样在实验室型的磁选机上进行正式试验。磁选机的型式较多，故需根据预先试验的结果和有关的实践资料来进行选择。例如，强磁性矿物可用弱磁场磁选机，弱磁性矿物需用强磁场磁选机；粗粒的可进行干式磁选，细粒的需进行湿式磁选。磁选机选定后，可先用一小部分试样进行探索性试验，在试验过程中，根据分离的情况来调节各种影响因素，如给矿粒度、给矿速度、磁场强度及其他工艺条件，直到得出满意的选别结果为止。最后可用大量的试样用前面所找到的最适宜条件进行检查试验。检查试验的结果可作为最终的磁选试验指标。

③ 流程试验　流程试验的目的是确定合理的选别段数和各段的磨矿细度，精、扫选次数和各作业应采用的设备等。有关选别流程方案的一些原则问题在预先试验中应初步确定，此处只是再一次加以肯定，并对流程的内部结构作更进一步的详细探讨。如矿石为粗粒嵌布或粗细不均嵌布，则可能采用干式磁选或干、湿结合的联合流程，干式磁选部分需分级入选。

7.2.4　磁选试验的准备

影响磁选效果的因素总体上可概括为设备性能、矿石性质和操作控制三方面。磁选前的准备作业就是根据设备性能和操作控制的要求，调节矿石性质方面的因素，以便提高磁选的效果。具体来说，影响磁选效果的矿石性质因素主要包括矿石矿物的磁性、粒度和水分等，因此，磁选前的准备作业包括筛分、除尘、脱泥、磁化、脱磁、干燥和磁化焙烧等。是否应用某一准备作业要看被处理物料的物质组成和选别过程的条件。

（1）粒度准备　磁选机的磁场力 $H\,\mathrm{grad}\,H$ 随着离开磁系磁极距离的增加而下降，下降幅度与磁选机的种类有关。此时，如果分选未分级粒度范围宽的矿石时，矿石的最大矿粒和最小矿粒距磁极的距离差异很大，导致颗粒受到的磁场力 $H\,\mathrm{grad}\,H$ 值的差异也很大。这就给正确选择磁选机线圈电流（线圈安匝数）、磁系结构和工作参数（如分选弱磁性矿石时，辊的齿距、极距、盘的厚度等）带来困难。因此，磁选前需对被处理矿石进行粒度准备作业，如筛分、除尘和脱泥等。

生产实践已经证实，按粒度分级缩小被处理的矿石颗粒的粒度范围，可以提高选矿指标。分选强磁性矿石，如粒度为 $-50\mathrm{mm}$ 或 $-25\mathrm{mm}$，最好在分选前将它分成两个级别：$+6(8)\mathrm{mm}$ 和 $-6(8)\mathrm{mm}$。分选弱磁性矿石时，矿石粒度很少超过 $5\sim6\mathrm{mm}$，在某些情况下也要分成两个级别：$+3\mathrm{mm}$ 和 $-3\mathrm{mm}$ 或更多级别。

对于细粒矿石，在多数情况下，通常采用除尘和脱离泥的方法去除微细矿泥。

（2）干燥　研究表明，干选细粒强磁性和弱磁性矿石时，矿石表面水分高，会降低选矿指标。这是因为矿石表面水膜的存在增加了矿粒间的黏着力，易使磁性产品混入大量的微细的非磁性矿粒和非磁性产品混入一些细粒的磁性矿粒。矿石的容许水分与它的密度有关，粒度越细，容许水分越低。例如，对粒度 $-20\mathrm{mm}$ 范围的矿石，容许水分为 $4\%\sim5\%$，而对粒度 $-2\mathrm{mm}$ 范围的矿石，容许水分为 $0.5\%\sim1.0\%$。

（3）磁化焙烧　磁化焙烧的目的是在一定条件下把弱磁性铁矿物（如磁铁矿、褐铁矿、菱铁矿和黄铁矿等）变成强磁性铁矿物（如磁铁矿或 γ-赤铁矿）。

磁化焙烧所消耗燃料量（包括矿石加热和还原、水分和结晶水蒸发等）比较大，占原矿石质量的 6%～10%。因此只有在利用其他方法不能获得良好技术经济指标时才可考虑利用磁化焙烧磁选法。

7.2.5　磁选机

7.2.5.1　弱磁性矿物的磁选

（1）干式强磁选机　分选弱磁性矿物最早的工业型磁选机是干式的，迄今为止干式强磁选仍然广泛用于分选锰矿石、铁矿石、海滨砂矿、黑钨矿、锡矿和磷矿石等。现在干式强磁选机有感应辊式、电磁盘式、电磁桶式和永磁辊式四类。

① 感应辊式磁选机　这是一种应用最广的干式强磁选机，三段感应辊式磁选机的工作原理如图 7-15 所示。

全机由电磁系统、分选系统和传动系统组成，为了减少涡流发热和传动功率，辊子用薄的导磁钢片和非磁性圆片交替组成。

分选过程为在相邻原磁极的作用下，磁辊表面感生出与相邻磁极磁性相反的磁场，并在磁辊齿尖上产生方向指向磁辊的高的磁场梯度。当欲选物料落在感应辊表面时，磁性物料被辊吸住，随着辊转离磁场后落到接料槽中，非磁性物料沿重力和离心力的合力方向排出。

感应辊式磁选机主要应用于回收海滨砂矿的钛铁矿；也用于获得高质量玻璃原料和水泥工业原料；长石、红柱石等矿物的提纯；铬铁矿、独居石、黑钨矿、铁矿石等矿物的分选。

② 电磁盘式强磁选机　电磁盘式强磁选机有单盘、双盘和三盘三种，它常用于稀有金属（黑钨矿、钛铁矿、独居石及锆英石等）粗精矿的精选。实验室常用的双盘磁选机主要由给料

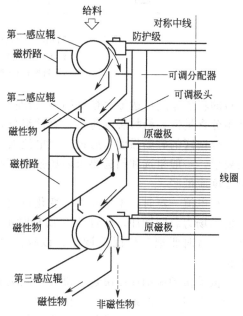

图 7-15　感应辊式磁选机

斗、永磁分矿桶、偏心振动给矿盘、磁盘传动装置、电磁系统和机架等部件组成，其结构如图 7-16 所示，电气控制箱为该机的附属设备。

这种磁选机一般由"山"字形磁极和磁极上方可转动的圆盘组成闭合磁系。两极之间有振动槽，振动槽和圆盘之间的距离可以调节，以满足不同给矿粒度的要求，圆盘与振动槽之间的工作间隙依次递减，而磁场强度与磁场梯度依次递增，实现选出磁性不同产物的目的，分选时给料均匀地给到给料桶（内装弱磁场磁系）上，此时强磁性的物料被吸到滚筒表面而被带离磁场，而弱磁性矿物由振动槽送到圆盘下面的分选区，被吸到圆盘齿极上后随着圆盘带至振动槽之外落到槽两侧磁性产品的接料斗中，非磁性产物经振动槽末端卸入非磁性接料斗中。

双盘磁选机操作中主要调节的因素有给料层厚度、磁场强度、工作间隙、振动槽的振动速度等。

给料层厚度与被处理矿物的粒度、磁性强弱及磁性矿物含量有关。被选物料粒度较粗时，给料层可厚些，粒度细时给料层可薄些。一般处理物料时，给料层厚度以不超过最大粒度的 1.5 倍为宜，处理中的密集物料的料层厚度可达到最大粒度的 4 倍左右，而处理细粒级

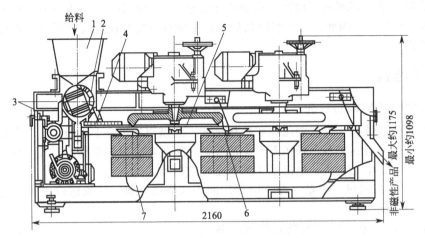

图 7-16 φ576mm 干式强磁场双盘磁选机（单位：mm）

1—给料斗；2—给料圆筒；3—强磁性产品接料斗；
4—筛料槽；5—振动槽；6—圆盘；7—磁系

物料的料层厚度可达最大粒度的 10 倍左右，这样可以保证处理量不至于过低。原料中弱磁性组分含量低，给料层应薄些；磁性组分含量高，给料层可以适当厚些。

分选区的磁场强度可通过改变电流大小来调节。磁场强度决定于被选矿石的磁性和作业的要求。一般粗选和扫选要求磁场强度高些，以保证回收率，精选时要求提高精矿品位，磁场强度应低些。

在电流一定时，工作间隙的变化可使磁场强度和磁场梯度同时发生变化。减小工作间隙会使磁场力急剧增加，处理粗粒物料时工作间隙应大些；处理细粒级物料时工作间隙应小些；扫选时要把工作间隙调小，以提高回收率；精选时要把工作间隙调大，以提高精矿品位。

振动槽的振动速度决定了颗粒在磁场中的停留时间，也就决定了磁选机的处理量。振动槽的振次与振幅的乘积越大，则振动速度就越大，颗粒所受的机械力也越大，颗粒在磁场中停留的时间就越短。通常扫选时应给料中连生体颗粒较多，磁性较弱，为提高回收率，振动速度应低些。精选时给料中单体颗粒数较多，磁性较强，振动速度可适当加快。处理细粒物料时振次应提高，以利于物料层的松散，但振幅应小一些；反之处理粗粒级物料时振次宜低，振幅应大些。

适宜的操作条件应根据原料性质和分选要求，并经过实践来加以测定。给料粒度一般为－3mm，试验时要求是先进行筛分分级，筛分级别越多，选分指标越高，但过多也不必要。给料必须干燥，否则矿粒互相黏着，影响分选效果。

（2）湿式强磁选机

① CS-1 型电磁感应辊式强磁选机　1979 年我国研制的 CS-1 型湿式感应辊式强磁选机是大型双辊湿式强磁选机。目前该机已较成功地用于锰矿石的生产，对于其他中粒级的弱磁性矿物如赤铁矿、褐铁矿、镜铁矿、菱铁矿以及钨锡分离、锡与褐铁矿的分离等，也有着广泛的使用前景。

a. 设备结构　该机的结构如图 7-17 所示。它主要由给矿箱、分选辊、电磁铁芯和机架等组成。磁选机主体部分是由电磁铁芯、磁极头与感应辊组成的磁系。感应辊和磁极头均由工业纯铁制成。两个电磁铁芯和两个感应辊对称平行配置，四个磁极头连接在两个铁芯的端部，感应辊与磁极头组成"口"字形闭合磁路，两个感应辊与四个磁极头之间构成的间隙就是四个分选带。由于没有非选别用的空气隙，磁阻小，磁能利用率高，最高磁场强度可达 1488kA/m。

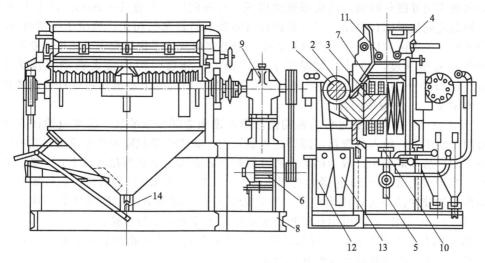

图 7-17　CS-1 型电磁感应辊式强磁选机

1—辊子；2—座板；3—铁芯；4—给矿箱；5—水管；6—电动机；7—线圈；8—机架；
9—减速箱；10—风机；11—给料辊；12—精矿箱；13—尾矿箱；14—球形阀

b. 分选过程　原矿进入给矿箱，由给料辊将其从箱侧壁桃形孔引出，沿溜板和波形板给入感应辊和磁极头之间的分选间隙后，磁性矿粒在磁力作用下被吸到感应辊齿上并随感应辊一起旋转，当离开磁场区时，在重力和离心力等机械力的作用下脱离辊齿卸入精矿箱中。非磁性矿粒随矿浆流通过梳齿状的缺口流入尾矿箱内，然后分别从精矿箱、尾矿箱底部的排矿阀排出。

c. 应用和分选指标　该机自 1979 年投产后，对中粒氧化锰矿石和碳酸锰矿石有较好的选别效果。当处理广西八一锰矿 0～5mm 氧化锰矿石，原矿含锰 22%～24%，给矿量 8～10t/h，经一次选别可获得含锰 27%～29% 的精矿，锰回收率 88%～92%。

② 琼斯（Jones）型强磁场磁选机　琼斯型强磁选机是分选细粒弱磁性铁矿石较为成功的一种湿式磁选机，已在许多国家大规模生产上得到使用。其中 DP-317 型琼斯磁选机的转盘直径为 3170mm，处理能力高达 100～120t/h。我国使用的 SHP 型湿式强磁选机是在琼斯型湿式强磁选机结构的基础上进行了某些改进而研制成功的。SHP-1000型、SHP-2000 型和 SHP-3200 型三种规格的双盘强磁选机在我国许多铁矿选矿厂曾得到成功的应用，在部分选厂仍然有应用。

a. 设备结构　琼斯型湿式强磁选机类型很多，但基本结构相同。DP-317 型强磁选机结构如图 7-18 所示。它有一个钢制门形框架，在框架上装有两个 U 形磁轭，在磁轭的水平部位上安装四组激磁线圈，线圈外部有密封保护壳，用风扇进行空气冷却（有的线

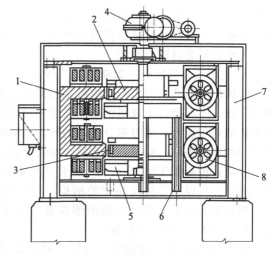

图 7-18　琼斯型双转盘式磁选机

1—"C"型磁系；2—分选转盘；3—铁磁性齿板；4—传动装置；5—产品接收槽；6—水管；7—机架；8—扇风机

圈冷却已由风冷改为油冷）。垂直中心轴上装有两个分选圆盘，转盘的周边上有 27 个分选室，内装有不锈导磁材料制成的齿形聚磁极板，极板间距一般在 1～3mm。两个 U 形磁轭和两个转盘之间构成闭合磁路，与一般具有内外极头的磁选机相比，减少了一道空气间隙，即减少了空气的磁阻，以利于提高磁场强度。分选室内放置了齿板聚磁介质可以获得较高的磁场强度和磁场梯度，同时大大提高了生产能力。分选间隙的最大磁场强度为 640～1600kA/m（8000～20000Oe）。转盘和分选室由安装于顶部的电动机通过蜗杆传动装置和垂直中心轴带动在 U 形磁极间转动。

b. 分选过程　电动机通过传动机构使转盘在磁轭之间慢速旋转，矿浆自给矿点（每个转盘有两个给矿点）给入分选箱，随即进入磁场内，非磁性颗粒随着矿浆流通过齿板的间隙流入下部的产品接矿槽中，成为尾矿。磁性颗粒在磁力作用下被吸在齿板上，并随分选室一起转动，当转到离给矿点 60°位置时受到压力水（0.2～0.5MPa）的清洗，磁性矿物中夹杂的非磁性矿物被冲洗下去，成为中矿。当分选室转到 120°位置时，即处于磁场中性区，用压力水（0.4～0.5MPa）将吸附在齿板上的磁性矿物冲下，成为精矿。

c. 影响因素　主要影响因素有给矿粒度、给矿中强磁性矿物的含量、磁场强度、中矿和精矿冲洗水压、转盘转速以及给矿浓度等。

为保证磁选机正常运转，减少齿板缝隙的堵塞现象，必须严格控制给矿粒度上限。琼斯强磁选机采用的缝隙宽度一般为 1～3mm，因此处理粒度上限为 1mm（粒度上限＝1/3～1/2 缝隙宽度）。为此，在琼斯强磁选机前必须配置控制筛分，以除去大颗粒和木屑等杂物。对于小于 0.03 mm 的微细粒级弱磁性铁矿石，尽管减少缝隙宽度和提高磁场强度，在工业生产中也难以回收。因此，琼斯强磁选机的选别粒度下限一般认为是 0.03mm 左右。给矿中强磁性矿物含量不得大于 5%，如果超过 5%，必须在琼斯磁选机前配置弱或中磁选作业，预先除去强磁性矿物。

磁场强度可根据入选矿物的性质和粒度大小进行调节。

精矿冲洗水和中矿清洗水的压力和耗量在生产过程中是可以调节的。精矿冲洗水要保证有一定的压力，在通常情况下精矿冲洗水压为 0.4～0.5MPa，同时不定期地用 0.7～0.8MPa 或更高水压的水冲洗，以消除齿板堵塞现象。中矿清洗水的压力高低直接影响中矿量和精矿质量，水压较高，水量过大，中矿量增加，磁性产品回收率下降，品位提高；同时中矿冲洗水量过大，中矿浓度必然大大降低，中矿再处理前就必须增加浓缩作业。反之，如水压不够、水量较小，则清洗效果不显著，通常水压为 0.2～0.4MPa。精矿和中矿冲洗水压的大小必须通过试验确定。

d. 应用和分选指标　琼斯型湿式强磁选机主要用于选别细粒嵌布的赤铁矿、假象赤铁矿、褐铁矿和菱铁矿等矿石，也可用作稀有金属矿石的处理。该机的主要优点是采用齿板做聚磁介质，不仅提高磁选机的磁场强度和磁场梯度，而且增加了磁选机的分选面积，提高了磁选机的处理能力；带有多分选室的转盘和磁轭之间形成闭合磁路，形成较长的分选区，有利于回收率的提高；同时，分选室与极头之间只有一道很小的空气隙，减少了磁阻，提高了磁场强度；齿板深度达 220mm，配合压力水的清洗，使精选作用较强，在保证回收率较高的情况下，可以获得较高品位的精矿；精矿用高压冲洗水清洗，减轻了分选空间的堵塞现象。但该机对小于 0.03mm 的微细粒级的弱磁性矿石回收效果很差；机器笨重，单位机重的处理量还不大（1.1～1.3t）。

③ 连续式高梯度磁选机　连续式高梯度磁选机是在周期式高梯度磁选机的基础上发展的，它的磁体结构和工作特点与周期式高梯度磁选机相近。设计连续式高梯度磁选机的主要目的在于提高磁体的负载周期率，以适应细粒的固-固颗粒分选，主要应用于工业矿物、铁矿石和其他金属矿石的加工；固体废料的再生以及选煤等方面。

a. 设备结构　萨拉型连续式高梯度磁选机的结构如图 7-19 所示。它主要由分选环、马鞍形螺线管线圈、铠装螺线管铁壳以及装有铁磁性介质的分选箱等部分组成。

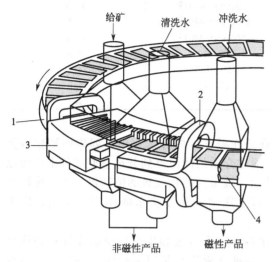

图 7-19　SALA-HGMSH 连续式高梯度磁选机
1—旋转分选环；2—马鞍形螺线管线圈；
3—铠装螺线管铁壳；4—分选箱

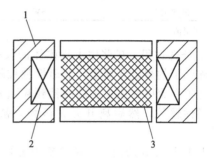

图 7-20　螺线管电磁体
1—铁铠回路框架；2—磁体线圈；3—介质

分选环安装在一个中心轴上，由电动机经减速机而转动，根据选别需要确定其转数大小。环体由非磁性材料制成。分选环分成若干个分选室，分选室内装有耐蚀软磁聚磁介质（金属压延网或不锈钢毛）。分选环的直径、宽度、高度根据选别需要设计出不同的规格。铠装螺线管磁体是区分其他湿式强磁选机的主要部分。图 7-20 为这种螺线管磁体的示意图。为了在环式磁选机中产生均匀的磁场，磁体由两个分开的马鞍形线圈所组成，以便使装有介质的环体通过线圈转动。铁铠回路框架包围螺线管电磁体并作为磁极，马鞍形螺线管线圈一般可采用空心方形软紫铜管绕成，通以低电压大电流，通水内冷，使导线的电流密度提高数倍，以便在限定的空间范围内能满足设计的安匝数。索菲把铠装螺线管内腔中产生的磁场源分为两部分：一部分是由线圈励磁产生的；另一部分是由铁壳磁化后，其内部原子磁矩取向而贡献的，这部分的场强为

$$H = M_S \int \frac{(1 + 3\cos^2\theta)^{\frac{1}{2}}}{r^3} \mathrm{d}V \tag{7-11}$$

式中　M_S——铁铠的饱和磁化强度；

θ——原子磁矩取向与螺线管轴线的夹角；

r——原子磁矩偶极子到螺线管中心的距离。

应用式 (7-11) 时，必须使铁壳磁化达到饱和，否则磁偶极子的取向，即 θ 角不易确定。但对铠装螺线管并不希望它磁化到饱和，因为磁饱和后磁阻增加，会使磁势在磁路中的损失增加。

b. 介质　一般采用金属压延网或不锈导磁钢毛。常用的几种分选介质列于表 7-2。理论研究指出，当一根圆断面钢毛的直径与磁性颗粒的直径相匹配时，即钢毛的直径是颗粒直径的 2.69 倍时，作用在钢毛附近颗粒上的磁力最大。因此，处理粗颗粒物料时应选择粗钢毛，细颗粒要选择细钢毛。介质的最大充填率随介质尺寸的减少而显著减小。合适的充填率要通过试验确定。

表 7-2　常用的几种分选介质

介质型号	代号	尺寸/µm	充填率/%
粗压延金属网	EM1	700(600～800)[1]	12.3
中压延金属网	EM2	400(250～480)[1]	9.7
细压延金属网	EM3	250(100～330)[1]	15.9
粗钢毛	SW1	100～300	4.8
中钢毛	SW2	50～150	4.9
细钢毛	SW3	25～75	6.6
极细钢毛	SW4	8.2	1.9

① 测定值。

c. 分选过程　矿浆由上导磁体的长孔中流到处在磁化区的分选室中，弱磁性颗粒被捕集到磁化了的聚磁介质上，非磁性颗粒随矿浆流通过介质的间隙流到分选室底部排出成为尾矿，捕集在聚磁介质上的弱磁性颗粒随分选环转动，被带到磁化区域的清洗段，进一步清洗掉非磁性颗粒，然后离开磁化区域，被捕集的弱磁性颗粒在冲洗水的作用下排出，成为精矿。

d. 应用和分选指标　萨拉磁力公司已制造出各种中间规模和生产规模的连续式高梯度磁选机。其中 SALA-HGMS Mode1480 型连续式高梯度磁选机是目前较大的一种连续高梯度磁选机，该机外径为 7.5m，一个机上可配置四个磁极头，每个磁极头生产能力高达 200t/h。

据报道，用 SALA 型高梯度磁选机处理巴西多西河股份公司的镜铁矿，矿样使用琼斯型湿式强磁选机处理的粗、细粒物料和被废弃的矿泥，试验结果如下：矿样为含铁品位 51.6% 的镜铁矿，经两段选别，精矿产率 75%，精矿含铁品位 68.6%，铁回收率 97.6%，每个磁极头的处理能力为 100t/h，每台机器的能力为 200t/h。含铁品位 45.5%，粒度 30µm 的矿泥，经选别其指标如下：铁回收率 75% 时含铁品位 65%；铁回收率 63% 时含铁品位 67.35%；铁回收率 48% 时含铁品位 67.9%。

用萨拉连续式高梯度磁选机降低煤的灰分和含硫量也是成功的。萨拉磁力公司对磨到 −0.9～+0.075mm 的煤进行试验，去掉了大部分灰分（>52%）和硫分（>72%），BTV（英国热单位）的回收率超过 90%。

④ Slon 型立环脉动高梯度磁选机　20 世纪 80 年代初开始研制的 Slon 型脉动高梯度磁选机，到目前已有 Slon-500、Slon-750、Slon-1000、Slon-1250、Slon-1500 和 Slon-2000 多种型号，并已在工业上得到应用。

a. 设备结构　Slon-1500 型立环脉动高梯度磁选机的结构示意图如图 7-21 所示。

该机主要由脉动机构、激磁线圈、铁轭、转环和各种料斗、水斗组成。立环内装有导磁不锈钢棒介质（也可以根据需要充填钢毛等磁介质）。转环和脉动机构分别由电动机驱动。

b. 分选过程　分选物料时，转环作顺时针旋转，浆体从给料斗给入，沿上铁轭缝隙流经转环，其中的磁性颗粒被吸在磁介质表面，由转环带至顶部无磁场区后，被冲洗水冲入磁性产物斗中。同时，当给料中有粗颗粒不能穿过磁介质堆时，它们会停留在磁介质堆的上表面，当磁介质堆被转环带至顶部时，被冲洗水冲入磁性产物斗中。

当鼓膜在冲程箱的驱动下作往复运动时，只要浆体液面高度能浸没转环下部的磁介质，分选室的浆体便做上下往复运动，从而使物料在分选过程中始终保持松散状态，这可以有效地消除非磁性颗粒的机械夹杂，显著地提高磁性产物的质量。此外，脉动对防止磁介质的堵塞也大有好处。

为了保证良好的分选效果，使脉动充分发挥作用，维持浆体液面高度至关重要，该机的液位调节可通过调节非磁性产物斗下部的阀门、给料量或漂洗水量来实现。该机还有一定的

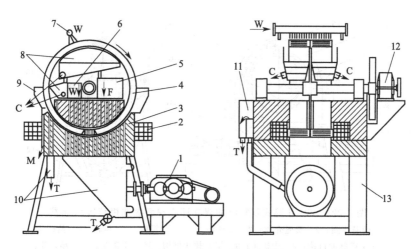

图 7-21　Slon-1500 型立环脉动高梯度磁选机

1—脉动机构；2—激磁线圈；3—铁轭；4—转环；5—给料斗；6—漂洗水；7—磁性产物冲洗水管；
8—磁性产物斗；9—中间产物斗；10—非磁性产物斗；11—液面斗；12—转环驱动机构；13—机架；
F—给料；W—清水；C—磁性产物；M—中间产物；T—非磁性产物

液位自我调节能力，当外部因素引起液面升高时，非磁性产物的排放有阀门和液位斗溢流面两种通道；当液面较低时，液位斗不排料，非磁性产物只能经阀门排出，此外，液面较低时，液面至阀门的高差减小，压力降低，非磁性产物的流速自动变慢。液位斗的液面与分选区的液面同样高，它既有自我调节液位的作用，又供操作者随时观察液位高度。该机的分选区大致分为受料区、排料区和漂洗区三部分。当转环上的分选室进入分选区时，主要是接受给料，分选室内的磁介质迅速捕获浆体中的磁性颗粒，并排走一部分非磁性产物；当它随转环到达分选区中时，上铁轭位于此处的缝隙与大气相通，分选室内的大部分非磁性产物迅速从排料管排出；当分选室转至左边漂洗区时，脉动漂洗水将剩下的非磁性产物洗净；当它转出分选区时，室内剩下的水分及其夹带的少量颗粒从中间产物斗排走；中间产物可酌情排入非磁性产物、磁性产物或返回给料；选出的磁性产物一小部分借重力落入磁性产物小斗中，大部分被带至顶部被冲洗至磁性产物大斗。

c. 应用和分选指标　在马鞍山铁矿选矿厂该机已成功用来分选细粒赤铁矿。给料为 350mm 旋流器的溢流，其铁品位为 28.13%，磁性产物的铁品位为 56.09%，非磁性产物的铁品位为 16.52%，作业回收率为 58.49%。与采用卧式离心分选机相比，磁性产物的铁品位和回收率分别提高 4% 和 10% 左右。

在鞍钢弓长岭铁矿选矿厂，把 Slon-1500 型高梯度磁选机用在弱磁-强磁-重选工艺流程中，代替粗选离心分选机。当给料的铁品位为 28.44% 时，选出的磁性产物的铁品位为 35.71%，非磁性产物的铁品位为 9.85%、回收率为 90.26%。

⑤ SSS-Ⅱ湿式双频脉冲双立环高梯度磁选机　SSS-Ⅱ湿式双频脉冲双立环高梯度磁选机结构如图 7-22 所示。

设备主要包括分选环、磁系、励磁线圈、聚磁介质、传动机构、脉冲装置、给矿和产品收集装置等。其特征在于能在分选空间内形成水平直线的磁系和能使矿产生与直线相垂直的往复运动，在分选环下方设有两组采用不同的往复冲击矿流频率能产出尾矿及中矿的双频脉冲装置。水平磁力线的分选空间是由左磁极、右磁极、左磁轭、右磁轭、前磁轭、后磁轭、励磁线圈和转盘外缘导磁部分所形成。双频脉冲装置是由双频脉冲机构、尾矿斗、中矿斗所组成，双频脉冲机构分设在尾矿、中矿斗外侧，其间通过机架与地基相连。

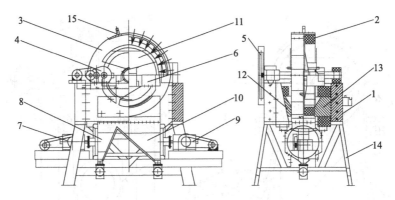

图 7-22　SSS-Ⅱ湿式双频脉冲双立环高梯度磁选机结构示意图

1—励磁线圈；2—聚磁介质；3—分选环；4—传动机构；5—齿轮；6—给矿斗；

7—中矿脉冲机构；8—中矿斗；9—尾矿脉冲机构；10—尾矿斗；11—精矿斗；

12—左磁极；13—右磁极；14—机架；15—精矿冲洗水槽

当励磁线圈给入大电流的直流电时，在分选空间内形成高强度磁场，在磁场作用下，聚磁介质表面能形成高磁场力，分选环由电动机与减速机组和一对齿轮对带动顺时针方向转动，其下部通过左磁极和右磁极形成的弧形分选空间，分选环上的每一个分选室中都充满聚磁介质。

矿浆由给矿均匀地进入分选空间，由于磁场力的作用，磁性矿物颗粒被吸附在聚磁介质表面上，调整尾矿脉冲机构使得脉冲频率和峰值减小，由此产生的流体动力很小，磁性极弱和非磁性颗粒受到的磁场力极小，它们受到矿浆的流体动力大于磁场力，不能被聚磁介质吸住而通过其空隙进入尾矿斗；剩下吸附在聚磁介质表面上的颗粒群随分选环继续转动进入中矿斗，调整中矿脉冲机构使得脉冲频率和峰值增大，为此产生的流体动力随之增加，磁性较弱的颗粒和连生体受到的磁场力小于流体动力，它们就会脱离聚磁介质表面，而通过其空隙进入中矿斗；而不脱落的磁性较强的颗粒群受到的磁场力大于流体动力，被牢固地吸附在聚磁介质表面上随同分选环继续转动，逐渐脱离磁场区进入磁性产品卸矿区，由于磁场在该区极弱，用精矿冲洗水将磁性物从聚磁介质表面冲洗下来，并进入精矿斗中，即为磁性产品。从而使磁性不同的颗粒群得到有效的分离。

试验内容包括以下几个操作元素：

a. 给矿粒度　给矿粒度对磁选机的影响很大，磁选机一般对矿泥的回收不理想。

b. 给矿浓度　一般在20%～45%之间变化，提高给矿浓度，可增加磁选机的处理量和精矿回收率，但精矿质量较低。

c. 给矿量　给矿量随不同规格而异。

d. 励磁电流　磁选机的磁场强度通过改变励磁电流的大小来实现。

e. 冲洗水量及水压　精矿冲洗水已冲洗干净全部磁性产品为宜；中矿冲洗水过大会冲下磁性产品，过小会使磁性产物中夹杂的非磁性产物冲不下去，造成精矿品位低，因此需要寻找合适的中矿冲洗水量。

7.2.5.2　强磁性矿物的磁选

分选弱磁性矿物采用的是弱磁选机，弱磁选机可分为干式和湿式两种。

干式弱磁场磁选机有电磁的和永磁的两种，由于后者有许多独特之处，如结构简单、工作可靠和节省电耗等，所以，它应用广泛。下面着重介绍这种磁选机。

（1）干式弱磁场磁选机

① CT 型永磁磁力滚筒（或称磁滑轮）

a. 设备结构　这种磁选机的设备结构如图 7-23 所示。它的主要部分是一个回转的多极磁系、套在磁系外面的用不锈钢非导磁材料制的圆筒。磁系包角为 360°。磁系和圆筒固定在同一个轴上。永磁磁力滚筒应与皮带配合使用，可单独装成永磁带式磁选机，也可装在皮带运输机头部作为传动滚筒。

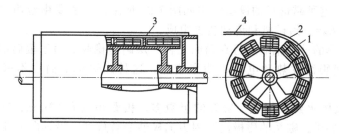

图 7-23　CT 型永磁磁力滚筒
1—多极磁系；2—圆筒；3—磁导板；4—皮带

b. 磁系和磁场特性　沿物料运动方向磁极有交变的，也有单一的。当处理物料粒度小于 120mm 时，采用交变极性有利于提高选矿效率。交变磁场特性如图 7-24 所示，其特点是磁极间隙中间和极面上磁场强度最低，磁极边缘处最高。距极面越远，同距离处磁场强度变化越小。离极面太近的磁场对分选粗粒物料起不了太大作用。

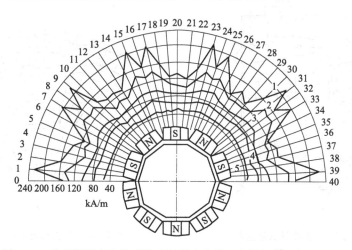

图 7-24　磁系圆周方向排列的磁场强度曲线（半周图）（$B = 800$mm）
1—距离磁系表面 0mm；2—距离磁系表面 10mm；3—距离磁系表面 30mm；
4—距离磁系表面 50mm；5—距离磁系表面 80mm

c. 分选过程　矿石均匀地给在皮带上，当矿石经过磁力滚筒时，非磁性或磁性很弱的矿粒在离心力和重力作用下脱离皮带面，而磁性较强的矿粒受磁力作用被吸在皮带上，并由皮带带到磁力滚筒的下部，当皮带离开磁力滚筒伸直时，由于磁场强度减弱而落于磁性产品槽中。操作时，为了控制产品的产率和质量，主要是调节装在磁力滚筒下面的分离隔板的位置。皮带速度应根据入选矿石的磁性强弱选定。当从强磁性矿石中选富矿时，皮带速度可大些，以保证脉石和中矿能够快速被抛掉；当分选的是磁性弱些的矿石时，皮带速度应小些，以保证中矿不被抛掉。对于粒度小于 10mm 的矿石，应铺开成薄层，皮带速度也应小些。

d. 应用　这种磁选机可用在磁铁矿选厂粗碎或中碎后的粗选作业中，选出部分废石，以减轻下段作业的负荷、降低选矿成本、提高选矿指标；可用在富磁铁矿冶炼前的分选作业上。矿石经中碎后给入该磁选机，用以选出大部分废石，提高入炉品位、降低冶炼成本、提高冶炼指标；用在赤铁矿石还原闭路焙烧作业中。没有充分还原的矿石（生矿）经该机分选后返回再焙烧，控制焙烧矿质量，降低选矿成本，提高选矿回收率；用在铸造行业中旧型砂的除铁、电力工业中的煤炭除铁以及其他行业中夹杂铁磁物体物料的提纯。

②CTG型永磁筒式磁选机

a. 设备结构　这种磁选机的设备结构如图7-25所示。它主要由辊筒（有单筒的和双筒的两种）、磁系、选箱、给矿机和传动装置组成。

辊筒由2mm厚的玻璃钢制成且在筒面上粘一层耐磨橡胶。由于辊筒的转数高，为了防止由于涡流作用使辊筒发热和电动机功率增加，这种磁选机的筒皮不采用不锈钢而用玻璃钢。

磁系由锶铁氧体永磁块组成。磁系的极数多，极距小（有30mm、50mm和90mm三种）。磁系包角为270°。磁系的磁极沿圆周方向极性交替排列，沿轴向极性一致。

选箱用泡沫塑料密封。在选箱的顶部装有管道，与除尘器相连，使选箱内处于负压状态工作。

单筒磁选机的选别带长度可通过挡板位置进行调整，双筒磁选机可通过磁系的定位角度（磁系偏角）以适应不同选别流程的需要（进行精选或扫选）。

CTG型永磁筒式磁选机磁场特性如图7-26所示。

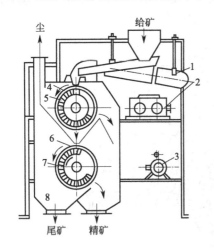

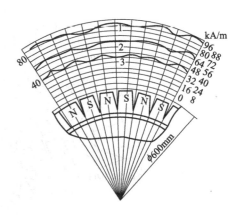

图7-25　CTG型永磁筒式磁选机
1—电振给矿机；2—无级调速器；3—电动机；
4—上辊筒；5，7—圆缺磁系；6—下辊筒；8—选箱

图7-26　CTG永磁筒式磁选机径向
磁场特性（φ600mm×900mm）
1—筒表面；2—距筒面5mm；3—筒面10mm

b. 分选过程　磨细的干矿粒由电振给矿机先给到上辊筒进行粗选。磁性矿粒吸在筒面上被带到无极区（磁系圆缺部分）卸下，从精矿区排出。非磁性矿粒和连生体因重力和离心力共同作用被抛离筒面，它们进入下辊筒进行精选。非磁性矿粒进入尾矿槽，而富连生体同前选出的磁性矿粒进入精矿槽。

c. 应用　这种磁选机主要用于细粒级强磁性矿石的干选。它和干式自磨机所组成的干选流程具有工艺流程简单、设备数量少、占地面积小、节水、投资少和成本低等优点。这种流程适于干旱缺水和寒冷地区的使用。

实践表明，这种磁选机处理细粒浸染贫磁铁矿石时不易获得高质量的铁精矿。这种磁选机也适用于从粉状物料中剔除磁性杂质和提纯磁性材料。在涉及冶金尤其是粉末冶金、化工、水泥、陶瓷、砂轮、粮食等部门，以及处理烟灰、炉渣等物料方面得到日益广泛的应用。

（2）湿式弱磁场磁选机　湿式弱磁场磁选设备有电磁和永磁两种。永磁的弱磁场磁选设备具有许多独特之处，所以比电磁的应用广泛。

永磁筒式磁选机是应用很广泛的一种湿式弱磁场磁选设备。生产实践证明，增加圆筒直径有利于提高磁选机的比处理能力（每米筒长的处理能力）和回收率，且节电节水。目前，随着选厂处理量的增加和磁性材料的发展，国内外都趋向采用筒体直径为 1050mm 和 1200mm 以上的磁选机。

永磁筒式磁选机由圆筒、磁系、分选槽及排料、给料和溢流机构成。磁系排列和磁极数量对分选结构有决定性影响。筒径小的磁选机一般采用 5 级，大筒径的磁选机常用 7 级磁系，极性沿周边方向交变，沿轴向极性相同；磁系包角 106°～135°，磁偏角（磁极中线偏出精矿排出端与垂直线的夹角）15°～20°。采用铁氧体永磁体，在给定的特殊磁场分布条件下，能产生最高的磁场强度，圆筒的作用是运送吸着的磁性颗粒和防止矿浆浸入磁系。圆筒和端盖用非磁性、高电阻率和耐腐蚀材料制造。在磁场中工作的槽体用奥氏体不锈钢制造，并用合成材料衬里防止磨损。排矿室的大小应能调节，以适应处理量的变化。同时为了控制溢流流速，溢流堰也是可调节的。磁选机一般都用齿轮电动机传动。

根据磁选机槽体结构形式的不同，磁选机可分为顺流型、逆流型和半逆流型三种（如图 7-27 所示）。

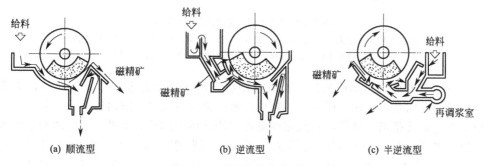

（a）顺流型　　　　（b）逆流型　　　　（c）半逆流型

图 7-27　磁选机的三种槽型

① CTB 型永磁筒式磁选机

a. 设备结构　这种磁选机（图 7-28）由圆筒、磁系和槽体（或称底箱）三个主要部分组成。槽体为半逆流型。矿浆从槽体的下方给到圆筒的下部，非磁性产品移动方向和圆筒的旋转方向相反，磁性产品移动方向和圆筒旋转方向相同。具有这种特点的槽体称为半逆流型槽体。槽体靠近磁系的部位应用非导磁材料，其余可用普通钢板制成，或用硬质塑料板制成。

槽体的下部为给矿区，其中插有喷水管，用来调节选别作业的矿浆浓度，把矿浆吹散成较“松散”的悬浮状态进入分选空间，有利于提高选别指标。

在给矿区上部有底板（或称尾矿堰板），底板上开有矩形孔，流出尾矿。底板和圆筒之间的间隙与磁选机的给矿粒度有关：粒度小于 1～1.5mm 时，间隙为 20～25mm；粒度为 6mm 时，间隙为 30～35mm。

b. 分选过程　矿浆经过给矿箱进入磁选机槽体以后，在喷水管喷出水（或称吹散水）的作用下，呈松散状态进入给矿区。磁性矿粒在磁系的磁场力作用下，被吸在圆筒的表面上，随圆筒一起向上移动。在移动过程中，磁系的极性交替，使得磁性矿粒成链地进行翻动（称磁搅拌或磁翻），在翻动过程中，夹杂在磁性矿粒中的一部分脉石矿粒被清除出来。这有利于提高磁性产品的质量。磁性矿粒随圆筒转到磁系边缘磁场弱处，在冲洗水的作用下进入精矿槽中。非磁性矿粒和磁性很弱的矿粒在槽体内矿浆流作用下，从底板上的尾矿孔流进尾矿管中。

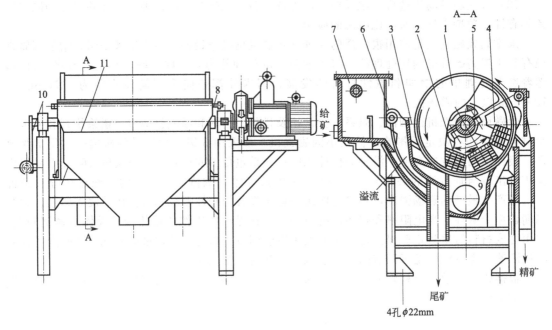

图 7-28 CTB 型永磁圆筒式磁选机

1—圆筒；2—磁系；3—槽体；4—磁导板；5—支架；6—喷水管；7—给矿箱；
8—卸矿水管；9—底板；10—磁偏角调整装置；11—支架

c. 应用　这种磁选机的矿浆是以松散悬浮状态从槽底下方进入分选空间的，矿浆运动方向与磁场力方向基本相同，所以，矿浆可以到达磁场力很高的圆筒表面上。另外，尾矿是从底板上的尾矿孔排出，这样，溢流面高度可保持槽体中的矿浆水平。上面的两个特点，决定了半逆流型磁选机可以得到较高的精矿质量和回收率。这种形式的磁选机适用于 0～0.5mm 的强磁性矿石的粗选和精选，尤其适用于 0～0.15mm 的强磁性矿石的精选。

② CTS 型永磁筒式磁选机　这种磁选机的槽体结构形式为顺流型（图 7-29）。磁选机的

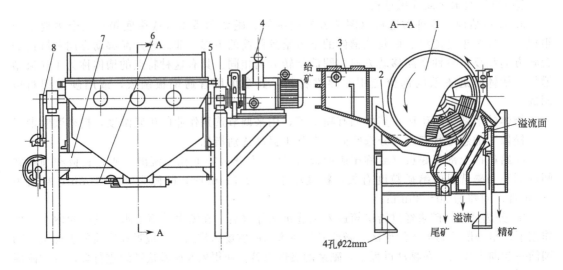

图 7-29　CTS 型永磁圆筒式磁选机

1—圆筒；2—槽体；3—给矿箱；4—传动部分；5—卸矿水管；
6—排矿调节阀；7—机架；8—磁偏角调整装置溢流面

给矿方向和圆筒的旋转方向或磁性产品的移动方向一致。矿浆由给矿箱直接进入到圆筒的磁系下方，非磁性矿粒和磁性很弱的矿粒由圆筒下方的两底板之间的间隙排出。磁性矿粒被吸在圆筒表面上，随圆筒一起旋转，到磁系边缘的磁场弱处排出。这种磁选机适用于0～6mm的粗粒强磁性矿石的粗选和精选。

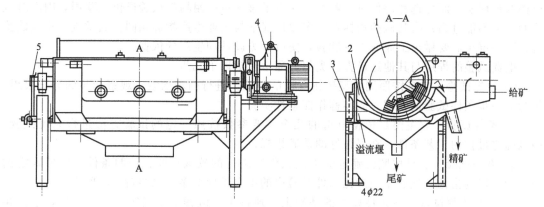

图 7-30 CTN 型永磁圆筒式磁选机

1—圆筒；2—槽体；3—机架；4—传动部分；5—磁偏角调整装置给矿

③ CTN 型永磁筒式磁选机 这种磁选机的槽体结构形式为逆流型（图7-30）。它的给矿方向和圆筒旋转方向或磁性产品的移动方向相反。矿浆由给矿箱直接进入到圆筒的磁系下方，非磁性矿粒和磁性很弱的矿粒由磁系左边缘下方的底板上的尾矿孔排出，磁性矿粒随圆筒逆着给矿方向移动到精矿排出端，排入到精矿槽中。它适用于0～0.6mm强磁性矿石的粗选和扫选，以及选煤工业中的重介质回收。这种磁选机的精矿排出端距给矿口较近，磁翻作用差，所以精矿品位不够高，但是它的尾矿口距给矿口远，矿浆经过较长的分选区，增加了磁性矿粒被吸引的机会，另外尾矿口距精矿排出端远，磁性矿粒混入到尾矿中去的可能性小，所以这种磁选机的尾矿中金属流失较少，金属回收率较高。这种磁选机不适于处理粗粒度矿石，因为粒度粗时，矿粒沉积会堵塞选别空间。

7.2.6 流程试验

流程试验的目的是确定合理的选别段数和各段的磨矿细度及各段作业应采用的设备。对单一磁铁矿石的磁选流程，一般为阶段磨矿阶段选别，在确定一段磨矿及二段磨矿细度的前提下，主要选择一段磁选设备、脱水槽和二段磁选设备。

由于高炉对铁精粉品位的要求越来越高，在单一磁选流程的最后选别作业中通常采用磁选柱或精选机进一步精选。

细筛已在国内许多选矿厂得到了成功的应用，采用的工艺有细筛自循环工艺和细塞在磨工艺，这要视具体情况而定。细筛在流程中的主要作用是提高上一段磁选作业精矿的品位，其原理是利用矿石中有用矿物与脉石矿物之间由于硬度的差异所引起的选择性磨矿现象，比如磁铁矿硬度小于石英的硬度，磨矿后磁铁矿的粒度小于石英的粒度，这样以某一粒度为界限进行筛分，筛下产物的品位高于给矿的品位。试验时主要是确定筛孔尺寸的大小。

7.3 电选工艺

7.3.1 电选试验的目的、要求和程序

电选试验的要求取决于试验任务，对于矿床可选性评价，电选试验只要求确定采用电选

的可能性，获得初步指标；对于待建矿山，电选试验应提供电选的工艺流程和大致选矿条件并获得较好的指标；对于已投产或待生产的选矿厂，电选试验则要求进行详细的条件实验和工艺流程试验，并获得确切的最佳分选指标及确定电选机的类型。

电选试验不同于浮选、磁选和重选的地方：①由于电选的对象大多是其他选矿方法处理获得的粗精矿，而可选性评价时一般难以获得足够数量的粗精矿试验样供试验用，因而对试验的要求不能过高；②其试验指标在大多数情况下与工业生产指标相同，通常进行小型试验后，不一定再需要做半工业或工业试验，便可作为设计和生产的依据。

电选试验的程序与其他选矿方法类似，通常包括以下几步：

① 预先试验　它是按照同类型矿物电选的经验，进行初步探索，观察初步的分选效果，作为下一步条件试验的依据，故亦称作探索性实验；

② 条件试验　它主要是依据电选的几个主要参数按照一定的试验方法进行系统试验，用以确定最佳的工艺条件，获得最好的选矿指标；

③ 检查试验　它是按照已确定的工艺条件所进行的校核试验，证明条件试验所确定的条件和获得的指标，试验量一般比条件试验中的单次试验要多，试验持续时间也长。

④ 工艺流程试验　在条件试验的基础上，通过工艺流程试验确定流程的结构，包括精选和扫选的次数以及中矿的处理方法等。

7.3.2　电选试验的准备

电选试验所用的物料大多为其他选矿方法处理后所得的粗精矿，不管是脉矿或砂矿，大都以单体解离，只有极少数的连生体。电选的入选粒度一般为 1mm 以下，个别也有达到 2~3mm 的。大于 1mm 的粗精矿，必须破碎到 1mm 以下，然后筛分成不同的粒级，分别进行电选试验。

7.3.2.1　分样

条件试验时每份试样量为 0.5~1kg，流程试验时每份试验量需增到 2~3kg。分样时应特别注意重矿物可能因离析作用而沉积在底层。因此分样时应混匀，尽可能防止离析，同时取样时一定要注意从上到下都应取到，否则影响试验的准确性。

7.3.2.2　筛分

电选要求物料粒度均匀而且范围窄。这与实际生产有很大的矛盾，只能根据电选工艺要求结合生产实际加以综合考虑。若通过试验证明较宽粒级选别指标仅仅低于较窄粒级的指标，则仍宜采用宽粒级而避免用筛分，因为细粒级物料的筛分会带来很多问题，不但灰尘大，而且筛分效率低。但这不能硬性规定，应根据具体情况而定，一般稀有金属矿要求粒度范围窄些，这有助于提高选矿指标；对一般有色金属或其他金属矿，入选粒度可宽些。

稀有金属矿通常划为 $-500\mu m+250\mu m$、$-250\mu m+150\mu m$、$-150\mu m+106\mu m$、$-106\mu m+75\mu m$、$-75\mu m$ 等粒级；有色金属矿及其他矿可划为 $-500\mu m+150\mu m$、$-150\mu m+106\mu m$、$-106\mu m+75\mu m$、$-75\mu m$ 等粒级；也有分为 $-1000\mu m+250\mu m$、$-250\mu m+106\mu m$、$-106\mu m+75\mu m$、$-75\mu m$ 等。

必须说明的是，电选本身有分级作用，为了避免筛分的麻烦，也可利用电选先粗略地进行分选和选别，从前面作为导体排出来的是粗粒级，从后面作为非导体排出来的是细粒级，然后再按此粒级分选。

7.3.2.3　酸处理

由于各种原料中含有铁矿石和在磨矿分级以及砂泵运输中产生了大量的铁屑，在水介质中进行电选时，这些铁质很容易氧化并黏附在矿物表面上，使本来属于非导体的矿物，由于铁质的黏附污染而成为导体矿物；另外由于铁质的黏附而使矿物互相黏结成团，严重影响分选效果。因此，电选试料有时采用酸处理以除去铁质的影响，特别是稀有金属矿物常常采用盐酸处理以除去铁质，此外，酸处理还可降低精矿中的含磷量。

采用酸处理方法，常常是先将物料用少量的水润湿，再加入少量的工业粗硫酸，用量为原料质量的 3%～5%，使之发热并进行搅拌，然后加入占物料质量 8%～10% 的粗盐酸进行强烈搅拌，15～20min 后加入清水迅速冲洗，冲洗 2～3 次后澄清倒出冲洗水，烘干分样。作为电选的试料如铁质多，用酸量可酌量增加。

7.3.3 电选机

现在实验室型电选机大多为电晕电场和复合电场两种，个别也有静电场。从结构形式上来说，大多为鼓式电选机。

电选机由高压直流电源和主机两部分组成，将常用的单相交流电升压，然后半波或全波整流成高压直流正电或负电以供给主机。现在国内实验室使用的电选机的电压大多为 20～40kV，输出为负电。

电选机的结构如图 7-31 所示，主机由转鼓、电动机、毛刷、给矿斗、接矿斗以及调节格板（或分矿板）等几部分组成。电选机的处理量取决于转鼓的直径及宽度，转鼓直径有150～400mm 不等，宽度也有 150～400mm 不等，由每小时几千克至几十千克不等。电选机的加热方式有内加热、外加热及无加热等几种。鼓内加热或外加热能更好的分选，内加热采用的是电阻丝加热，外加热则采用的是红外灯加热，常使鼓的表面温度保持在 80℃ 以下。电动机结构有各种形式：单根电晕丝、多根电晕丝的电晕电场；静电场（偏极）与电晕电场相结合的复合电极；尖削型的复合电极（又名卡普科电极）。目前国外比较普遍，其特点是将静电电极与电晕电极相结合在一起，可从电极向鼓筒表面产生束状电晕放电，高压电源可用正电或负电，电压最高可达 40kV，具有较好的选矿效果。电极结构见图 7-32。

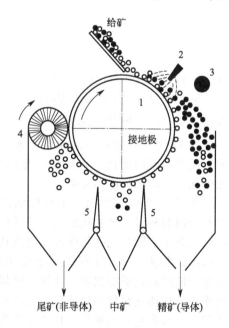

图 7-31　电选机示意图
1—转鼓；2—电晕极；3—偏极（静电极）；
4—毛刷；5—分矿调节格板

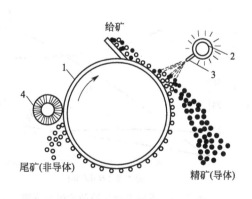

图 7-32　尖削形复合电极
1—转鼓；2—静电极；
3—尖削刀片；4—毛刷

在实验室进行试验操作时，必须高度重视安全问题。从高压直流电源输出端就必须注意严密连接，防止漏电。输出至主机电极更要防止漏电至电极，机架与地线连接要紧密，要经常检查，防止松动产生危险。机架与地线连接的电阻一般最大为6Ω。

电选机的给矿要尽可能成为均匀薄层，厚度太厚影响选矿效果，太薄会影响处理量。粗粒级给矿层厚度一般为 $(2\sim3)d_{max}$（d_{max} 指给矿中的最大粒度），细粒级的给矿层厚度常为 $1\sim1.5mm$。

分矿格板位置的调节对选矿指标也有一定的影响。如要求精矿品位高，可将分矿格板往外调使精矿产率减小；如往里调，则精矿产率增加，从而品位降低。同理通过调节尾矿产率的大小也可提高或降低尾矿品位。

7.3.4　检查试验和工艺流程试验

按照上述几个主要影响因素进行条件试验后，要对找出的最佳条件进行综合检查，核实是否正确，在此基础上获得最好的选矿指标，即可进行工艺流程试验。通过流程试验，要确定精选和扫选次数、中矿如何处理以及精选和扫选的条件等。试样的质量通常为 $2\sim10kg$ 不等，试样量的多少要视原料中含有导体矿物的多少而定，如含量高，试样量可适当多一些，反之可少些。

如果处理细粒级时，则必须增加扫选次数。流程中产生的中矿，如果属连生体，则应返回再磨再选；如果已单体解离，则可混入原矿再选。由于在电选试验时常遇到残余电荷的影响，已解离的中矿则应停放几天，然后再进行处理。

各种矿物的比导电度和整流性以及各种矿物的介电常数可参考相关教科书。根据矿物的比导电度，可以确定电选时采用的电压的高低；根据矿物的整流性，可以确定高压电极的极性；根据介电常数的大小，可以估计某种矿石采用电选的可能性。

7.4　磁电选工艺因素考察

7.4.1　影响磁选的因素

除了磁场强度对矿物磁性的影响外，颗粒的形状、颗粒的粒度、强磁性矿物的含量和矿物的氧化程度等对磁性也有影响。

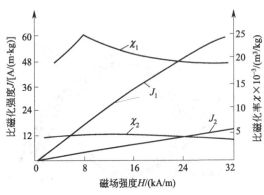

图7-33　不同形状矿粒的比磁化强度、
比磁化率与磁场强度的关系
J_1, χ_1—长方形；J_2, χ_2—球形

7.4.1.1　颗粒形状的影响

图7-33 表征的是组成相同、含量相同，而形状不同的磁铁矿的比磁化强度、比磁化率与磁场强度的关系。

从图7-33 可以看出，不同形状的矿粒在相同的磁场中被磁化时显示的磁性不同。长条形矿粒的比磁化强度和比磁化率比球形矿粒大。表7-3 提供了组成相同、含量相同的圆柱形磁铁矿，在同一磁场强度作用下比磁化强度和比磁化率与其长度的关系：长度越大的矿粒，比磁化强度和比磁化率也越大。由此可见矿粒的形状或相对尺寸对矿粒的磁性有一定的影响，这种影响与矿粒在磁化时本身产生的退磁场有密切关系。

表 7-3　磁铁矿的比磁化强度、比磁化率与其长度的关系

样品长度/cm	2	4	6	8	28
比磁化强度/[A/(m·kg)]	32.1	55.0	59.9	63.9	96.4
比磁化率/(m³/kg)	40.1	68.8	74.9	79.9	120.6

7.4.1.2　颗粒粒度的影响

图 7-34 显示的是磁铁矿的比磁化率、矫顽力与其粒度的关系。从图中可看出强磁性矿粒粒度的大小对矿粒的磁性有显著影响。随着粒度的减小，矿粒的比磁化率也随之减小，矫顽力随之增大。即矿粒粒度越小，越不易磁化，磁化后又不易退磁，尤其是当粒度小于20～30μm 时。

7.4.1.3　矿物氧化程度的影响

磁铁矿在矿床中经长期氧化后，局部或全部变为假象赤铁矿（结晶外形为磁铁矿，而化学成分已变成赤铁矿）。随着磁铁矿氧化程度增加，磁性减弱，比磁化率显著减小。比磁化率的最大值越来越不明显，曲线越来越接近为一条水平线。

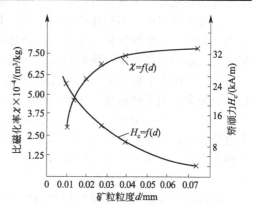

图 7-34　磁铁矿的比磁化率、矫顽力与其粒度的关系（$H=160\text{kA/m}$）

7.4.1.4　强磁性矿物含量的影响

磁铁矿与脉石矿物的连生体，在生产过程中极容易混入到磁性精矿中，影响精矿质量。连生体的磁性与连生体的结构、磁畴强度和分选介质有关。连生体的比磁化系数与其中磁铁矿含量的关系如图 7-35 所示。

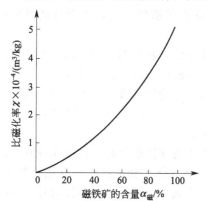

图 7-35　磁铁矿连生体的比磁化系数与其中磁铁矿含量的关系

从图 7-35 可以看出连生体的比磁化率随着磁铁矿含量 $\alpha_{磁}$ 增大而增大。开始时比磁化率增加较缓，当 $\alpha_{磁}>50\%$ 时，增加较快；当 $\alpha_{磁}=10\%$ 时，连生体的比磁化率为 $37.5\times10^{-6}\,\text{m}^3/\text{kg}$；当 $\alpha_{磁}=50\%$ 时，连生体的比磁化率则为 $185.5\times10^{-6}\,\text{m}^3/\text{kg}$；可见，强磁性矿物的贫连生体，其比磁化率要比弱磁性脉石矿物的比磁化率大得多，而富连生体的比磁化率则更大。因此，在使用恒定磁场的磁选机分选时，连生体进入磁性精矿的可能性是很大的。分析精矿组成发现，单体脉石含量很小，而以连生体形式存在的脉石却很多，所以连生体是影响精矿质量的重要因素。

7.4.2　影响电选的因素

影响电选的因素有很多，主要因素可概括为两大类：一类是电选机本身的各种因素；另一类是物料的各种性质。此外给矿量的大小也影响选矿指标。

7.4.2.1　电选机的结构参数

（1）电压　电选机电压的高低以 kV/cm 表示，它是指带电电极与接地电极（转鼓）之间的电压。在试验中，通常通过在同一条件下改变电压，然后对比选矿指标（精矿品位及回收率），从而获得电选的最适电压。

在实际生产中，电压的高低对矿物物料的分选起着极为重要的作用。例如，有的钽铌矿（高钽型）至少需要 40～50kV（相当于 6.6～8kV/cm）以上，才能有效分选。而有的铌铁矿所需电压只要 30～35kV（相当于 4～4.5kV/cm）就能有效分选。而在选别白钨矿和锡石时，电压在 20～35kV（相当于 3.3～3.5kV/cm）时就能分选。在实际操作中为了选择各种矿物的起始电压，了解其电性，可参阅矿物的比导电度及介电常数。

在选矿流程中，不同作业段所采用的电压也是有差别的。常在粗选时采用稍低的电压，适当加大转速，使导体矿物尽可能地分选出来；在扫选时，再将电压适当提高（加大转速）；精选时，适当提高电压（降低转速），以提高精矿的品位。

（2）极距及电极位置　极距是指带电电极与接地电极之间的距离。采用高电压、小极距，场强大，同条件时极易产生电晕放电，但在实际选矿工作中，很容易产生火花放电，严重影响选矿效果；采用低电压、大极距，虽然不易产生火花放电，电场比较稳定，但难以产生电晕放电，又难以有效分选。因此，必须按每厘米多少千伏计算电压，电压过大过小都对试验有影响。实验室常用极距在 40～60mm，通过对比试验是确定极距最好的方法。在实际生产上，常使用较大的极距，一般在 70～82mm 以上。

电极位置是指起始电晕电极和偏极（有时无偏极）相对于转鼓的第一象限的角度而言，一般第一根电晕丝与转鼓中心线的夹角为 30°左右，偏极与转鼓中心线的夹角为 40°～60°。若采用尖削电极（卡普科电极），则相对角度为 45°～60°较好。多根电晕丝在第二、三根电晕丝的影响不及第一根电晕丝的显著。如果电晕极所占鼓筒弧度较大，则精矿（导体）品位高，而回收率则有所下降，因此必须根据所选矿物的具体要求而定。

（3）转鼓速度　鼓筒转速的大小直接影响入选物料在电场区的停留时间。转鼓速度一般按线速度计算（m/s），转鼓直径不同，同一转速的线速度就有显著差别，这会影响选矿指标。物料经过电场区的时间应近乎 0.1s，以保证物料能获得足够的电荷，否则分选效率必然降低。

转速的大小与入料粒度有关，一般原则是粒度粗、转速低；粒度细、转速低。当转速慢时，矿粒通过电场时获得的电荷比较多，对非导体来说，就能产生较大的镜面吸力，从而不易脱离鼓筒。转速越低，导体矿物品位越高；如转速太大，不论导体或非导体矿粒的离心力都会增大，而非导体的镜面吸力减小，致使非导体矿粒过早脱离鼓面，混杂于导体矿物中，造成导体矿物品位下降，而此时非导体矿物的品位则很高。

所以，分选作业的要求不同，转速也应当不同。当精矿为导体矿物时，扫选作业宜用高转速，尽可能保证导体矿物的回收率，精选作业时，为保证导体矿物的品位，宜用低转速。在试验时，还可在探索中随时进行调节，观察分选效果后再确定，然后进行条件对比，选择最合适的转速。

（4）分矿板的位置　分矿板是指鼓筒下的调节格板，它是起分出精、中、尾三种产品的作用。分矿板位置的不同直接影响到精、中、尾三种产品的质量和数量。分矿板调节时与电选作业及要求有关，若要求非导体矿物很纯，则鼓筒下分离非导体矿粒的分矿板应当向鼓筒倾斜，使中矿多返回一些再选；反之，如要求导体矿物很纯，则分离导体矿粒的分矿板应当更偏离鼓筒，多余的中矿返回再选。如果只要求分出精矿和尾矿，则可将中矿取消，此时将两个分矿板密合，具体位置可在试验中探索观察，做简单对比而定。

7.4.2.2　物料的性质

（1）物料的粒度组成　电选要求窄级别分选，即粒度越均匀越好，无论何种电选机大都如此，这与它的分选原理有关。如鼓筒式电选机分选矿物时，在电场电压、电极结构已定的情况下，转速与粒度有明显的交互作用。粗粒需要在电场中获得较多的电荷，转速不能太快；细粒则相反，粒度小、质量轻，要求获得的电荷也少，故要求的转速高。粗细粒有不同的分选条件，若混在一起分选，势必影响分选效果。

但分级与生产实际有许多矛盾，粒级越窄，要求的筛分工序越多，生产成本自然会增加，特别是细粒筛分和分级，不仅效率低，而且会带来诸如除尘等一系列问题。所以在实际生产中，在物料粒度基本符合要求的条件下，应尽可能减少分级或不分级。

解决粒度均匀的方法之一是采用多鼓筒电选机，第一个鼓筒只作分级用，下面的几个鼓筒才用作分选。另一个解决方法是在干燥前进行湿式分级，分别干燥后再入选。

电选的有效分选粒度为 0.1～2mm，现在分选粒度下限已降到 20～30μm。

(2) 物料的加温温度　电选是干式作业，对物料的水分要求比较严格。当矿粒含有水分时，会使非导体矿物的导电性提高，容易混进导体产品中，严重影响分选效果。因此电选之前必须加温，一方面去掉黏附于矿物表面的水分；另一方面还可提高矿物的电性。此外，加热还可使物料松散。在实际选矿作业中，常将物料加热到 60～300℃，然后再电选。实践证明，加温的效果比不加温的效果好，有些矿物不加温没有分选效果。但加温不能一概而论，应视具体矿物而定。温度过高，反而会使某些矿物的分选效果变差。如钽铌矿与石榴石分选，当温度超过 300℃时，非导体的石榴石的导电性增加，使分选困难。白钨矿和锡石的分选，适宜的温度是 200℃，过高或过低分选效果都不好。

(3) 矿石表面处理　表面处理指的是采用各种药剂对矿物表面进行处理，以改善电选效果。表面处理包括两方面：一是表面污染物的清理；二是用药剂对矿粒进行表面改性。

① 表面污物的清理　矿粒表面的污染物有两种：一是泥质或微细粒物料的表面黏附；二是矿粒表面在成矿和分选过程中因铁质污染形成的铁质薄膜。前者通常用水即可清洗掉，后者则不行。由于表面污染物的存在，使得一些原为非导体的矿物变成了良导体，同时也可能使一些原本属于导体的矿物的导电性下降，从而大大影响了电选效果。

如果是铁质污染，则必须用酸清洗，先用少量水将物料润湿，然后加入 1％左右的硫酸，使之发热，再加入占物料质量 5％～6％的粗盐酸，不断强烈搅拌 5～10min，使之能均匀地受到盐酸清洗，然后加入清水冲稀进行强烈搅拌，澄清后排出，如此重复加水搅拌 2～3 次，最后将物料烘干电选，自然会提高电选效果。但酸洗会增加生产成本，所以只适于处理那些较为贵重的矿物，如钽铌粗精矿及钨锡矿等。

② 采用药剂对矿粒进行表面改性　一些难选矿物用一般电选方法无法分开，可添加化学药剂进行处理，以改变其电性，达到提高电选的效果。表面处理可以在水介质中进行，也可以将药剂与固体物料混合，使药剂对矿物表面起作用。表 7-4 是部分矿物表面改性的参考方法。

表 7-4　部分矿物表面改性的参考方法

处理矿物名称	采用药剂及大致用量	处理矿物名称	采用药剂及大致用量
长石与石英	氢氟酸（HF），100～200g/t	白钨矿与锡石	甲酚（250g/t），混合脂肪酸（400g/t）
白钨矿与脉石矿物	NaCl 1000g/t，水玻璃，硫酸盐	锡石与硅酸盐矿物	甲酚（250g/t），油酸钠（400g/t）
黄绿石	油酸钠，十一胺，C_{18}～C_{25}氨基脂肪酸	重晶石与锡石	混合脂肪酸
磷辉石	HF（矿物质量的 5％～10％）	金刚石与质矿物	NaCl（矿物质量的 0.5％）

氢氟酸对长石与石英既有清洗作用，又有化学作用，可在钾长石表面生成导电性优于钾长石的氟化钾。脂肪酸类药剂可以防止细粒矿的互相黏附。在金刚石与重矿物的分选中，NaCl 吸附于重矿物表面后，增加了重矿物的导电性。而金刚石的导电性不变，从而提高了分选效果。

7.4.2.3　给矿量

给矿量不是电选主要的影响因素。在其他条件相同时，给矿量太大会影响选矿指标。实验室一般不作过多考虑。

复习思考题

1. 简述磁选的基本条件。
2. 简述矿物磁性的分类原则和部分典型矿物的磁性。
3. 简述矿物磁性的测量方法及其原理。
4. 简述磁选机的分类。
5. 简述高梯度磁选机的分选原理及其分选过程。
6. 简述湿式弱磁场永磁筒式磁选机的基本结构、磁场特性、分选过程及不同槽体的优缺点。
7. 简述矿物电选的分选条件。
8. 简述电选机的分选过程及其原理。
9. 简述影响电选分选效果的因素。
10. 简述影响磁选分选效果的因素。

第**8**章
脱水和过滤试验

8.1 概述

脱水部分在选矿厂设计中占有重要的地位。在所有选矿产品中，只有极少数干选产品不需要脱水，绝大部分产品都含有大量的水分。为了提高水资源的利用率以及方便后续的运输和冶炼，需要对精矿产品进行脱水处理。在某些情况下，选矿过程的中间产品和尾矿产品也需要进行脱水处理。不同选别方式的矿石产品需要不同的脱水方式，如浮选产品一般采用浓缩和过滤两段脱水作业，在精矿水分要求比较高的情况下需增加干燥的第三段脱水。

在选矿的各个阶段中或在选矿厂设计的过程中，需要根据选矿厂的选矿指标，提供脱水试验数据。例如，根据处理量的大小设计浓密池的高度与体积，提供浓缩产品的沉降曲线；在过滤阶段要计算过滤机的单位面积处理量以及滤饼的含水量；在精矿水分要求较高时，要设计干燥机的处理量等数据；尾矿在排至尾矿坝时需要计算尾矿坝的面积。

8.2 物料中水分的赋存形态

物料中的水分通常有四种形式：化合水分、结合水分、自由水分和毛细管水分。其主要来自于矿物成矿过程中的水分、开采过程中的水分、选矿水分、运输储存过程中的水分，这些水分均以不同的形态赋存于物料中。

8.2.1 化合水分

化合水分是水分和物质按固定的质量比率直接化合成为新物质的一个组成部分。其中水分与物质之间结合很牢固，需要加温到一定的温度后使物质晶体被破坏后才能使化合水分与物质分离，从而释放出来。

8.2.2 结合水分

结合水分是指在固体物料与液相水接触时，在两相的接触面上，由于其物理化学性质与固体内部不同，位于固体或液体表面的分子具有表面自由能，将吸引相邻相中的分子，在固体表面形成水化膜。结合水可分为强结合水和弱结合水。

（1）强结合水 又称为吸附结合水，指紧靠颗粒表面与表面直接水化的水分子和稍远离颗粒表面由于偶极分子相互作用而定向排列的水分子。前者由于静电力和氢键力的作用,水分子可牢固地吸附于颗粒表面,此种水具有高黏度和抗剪切强度,很少受温度影响;后者与颗粒表面结合较弱,但仍有较高的黏度和抗剪切强度。

(2) 弱结合水　指与颗粒表面结合较弱的这部分结合水,在温度、压力出现变化时偶极分子之间的连接破坏,使水分子离开颗粒表面而在距其稍远部位形成的一层水。它具有氢键连接的特点,但水分子无定向排列现象。

通常,进入双电层紧密层的水分子为强结合水,在双电层扩散层上的水分子为弱结合水。结合水与固体结合紧密,不能用机械方法脱除,而应用干燥法只能去除一部分,当物料与湿度大的空气接触时那部分水分又会被吸收回来。

8.2.3　自由水分

自由水也称重力水,存在于各大空隙之中,其运动受重力场控制。重力水是最容易被脱除的水。

8.2.4　毛细管水分

松散物料的颗粒与颗粒之间有许多孔隙,孔隙较小时可发生毛细管现象。水分子保留在这些孔隙中的多少和孔隙度有关,孔隙越大可能保留的水分越多。

如图 8-1 所示,当孔隙度为圆柱形、半径为 r 时,由于毛细管吸力作用所能保留的水柱高度 h 可用力平衡条件算出

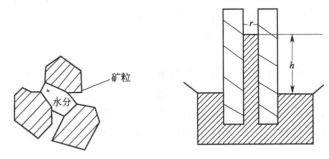

图 8-1　毛细管水分示意图

$$2\pi r\sigma\cos\theta = \pi r^2 hp \tag{8-1}$$

所以有

$$h = \frac{2\sigma\cos\theta}{r\rho g} \tag{8-2}$$

式中　h——水柱高度,m;

　　　r——毛细管半径,m;

　　　σ——水的表面张力,N/m;

　　　θ——物料的平衡接触角;

　　　ρ——水的密度,kg/m³;

　　　g——重力加速度,m/s²。

由式(8-2)可见,物料毛细管中水柱的高度,除与水的性质有关外,还与物料性质和毛细管的直径有关。毛细管直径越小,水柱高度越大;此外,亲水性的物料接触角较小,其毛细管中水的高度增大,因而毛细管水分含量增加。毛细管水分根据所采用的脱水方法和毛细管直径的大小,只可脱除一部分而不能全部脱除。

8.3 脱水试验

8.3.1 非均匀混合物中颗粒的实际沉降试验

斯托克斯公式：

$$w = \frac{2g(\rho_s - \rho)gr^2}{9\mu} \tag{8-3}$$

式中　ρ_s——颗粒密度；

　　　ρ——水的密度；

　　　μ——流体黏度；

　　　r——颗粒半径；

　　　g——重力加速度。

此公式是在静水、20℃恒温、介质的黏度不变、球形颗粒、密度相同、表面光滑、颗粒互不碰撞的实验室理想条件下获得的。当然与自然界的实际情况相差很大，因为自然界静水条件几乎不存在。影响碎屑颗粒沉速的因素很多，主要有颗粒的形状、水质及含沙量等。所以沉速公式大多数都为经验公式。尽管与实际情况有出入，但此式仍然有理论意义。它表明碎屑颗粒的沉速与颗粒直径的平方成正比，这可用来解释沉积盆地中粒度分布规律，以及不同形状、密度和大小颗粒混积现象，同时它也是颗粒（0.1～0.14mm）机械分析中沉速分析法的理论根据。

修正的斯托克斯定律　对于非均匀相混合物，其中颗粒浓度一般比较高，颗粒之间有明显的相互作用。其中颗粒之间的大部分沉降都属于干扰沉降，其情况与自由沉降有明显区别，主要因为：

① 每个颗粒因受到附近颗粒的干扰，颗粒之间流动空隙的形状和面积不断变化，使得靠近颗粒处流体的速度梯度加大，颗粒受到比自由沉降时更大的阻力。

② 大颗粒是相对于小颗粒的悬浮体系进行沉降，所以，介质的表观密度和表观黏度都大于纯净的液体或气体介质。

郝克斯雷（Hawksley）得出了修正的斯托克斯定律：

$$u_t = \frac{d^2(\rho_p - \rho_e)g}{18u_e} \tag{8-4}$$

式中　d——颗粒粒度；

　　　ρ_p——颗粒的密度；

　　　ρ_e——介质的表观密度；

　　　u_e——悬浮体系的表观黏度。

ρ_e 由下式计算：

$$\rho_e = \varepsilon\rho_f + (1-\varepsilon)\rho_p \tag{8-5}$$

式中　ρ_f——颗粒的密度；

　　　ε——悬浮液中介质的体积分数，即孔隙率；

u_e 由下式计算：

$$u_e = u_m/\varphi \tag{8-6}$$

式中　u_m——介质的黏度；

　　　φ——悬浮液的经验校正因子，为悬浮体系空隙率的函数，无量纲。

悬浮液的校正因子由下式计算：

$$\varphi = 1/10^{1.82(1-\varepsilon)} \tag{8-7}$$

由式（8-4）中表明，当颗粒的粒度 d 和密度 ρ_{p} 一定时，悬浮体系中介质的体积分率越小，也就是颗粒的浓度越大，介质的表观密度越大，表观黏度也越大，使得沉降速度越小。

由于浓悬浮体系中固体的体积分率较大，在沉降过程中，被沉降颗粒置换的液体上升速度不可忽略，这时颗粒相对器壁的表观沉降速度要小于相对于流体的沉降速度。悬浮体系中的小颗粒有被沉降较快的大颗粒向下拖拽的趋势，故被加速；絮凝现象也使颗粒的有效尺寸增大，因而显著地改变了沉聚的进程。

综上所述，悬浮体系中颗粒浓度的增大使大颗粒的沉降速度减慢，小颗粒的沉降速度加快。试验发现，对于粒度差别不超过 6∶1 的悬浮液，所有粒子以大体相同的速度沉降，且浓悬浮液沉降时具有一个明显的沉降层界面。

8.3.2　沉降试验

将细粒矿物与水充分混合成一定浓度的矿浆，并将其装在直径为 $50\sim75\mathrm{mm}$ 的带刻度的玻璃量筒中并均匀搅拌，然后静置于桌上，可以观察到矿浆在沉降过程中出现分层现象，如图 8-2 所示。沉降前，矿浆通过充分混合后均匀分布，量筒 2 表示经过极短时间沉降后的矿浆。矿浆沿量筒分成 4 个区，上层 A 是清水区，B 是沉降区（等浓度区），C 是过渡区（变浓度区），D 是压缩区。整个等浓度区中的浓度是均匀的，等于原矿浆减去因离析而沉降的粗粒 K 区以后的浓度。

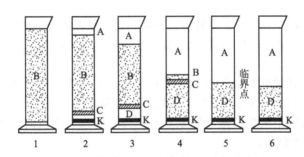

图 8-2　矿浆沉降过程中的分区现象

A—澄清区；B—沉降区；C—过渡区；D—压缩区；K—粗粒区

其中悬浮在液体中的固体颗粒受到自身重力而下降，按斯托克斯公式计算的颗粒下降的结果，在量筒中出现了一个清水区。清水区与等浓度区之间形成一个清晰的交界面，这个交界面也称浑液面。浑液面的下降速度代表了颗粒下降的平均速度。个别情况甚至到临界点出现，才见清晰界面，遇此情况可用聚光灯透射。紧靠量筒底部的悬浮物很快就被管底截住，这层被截住的悬浮物又反过来干扰矿物的沉降过程，同时在底部出现一个压缩区，压缩区内的悬浮性有两个特点：一个是从压缩区的上表面起到管底止，颗粒的沉降速度是逐渐减小的，在管底的颗粒沉降速度为零；另一个是由于管底的存在，压缩区内悬浮性缓慢下沉的过程也就是这一区内悬浮物缓慢地压实过程。压缩区与等浓度之间存在一个过渡区，即变浓度区 C 区，从等浓度区的浓度逐渐变成为压实区顶部浓度区域。A 与 B 的交界面用肉眼能看清楚，但 B 与 C、C 与 D 间的交界面没有明显的分界面。在沉降过程中，清水区与压缩区高度逐渐增加，但等浓度区的高度逐渐减少，最后消失。如图 8-2 中量筒 5 所示，量筒 5 的临界点表示 B 与 C 区刚消失，而为 A 和 D 区直接接触的位置。变浓度区的高度开始是基本不变的，但当等浓度区慢慢消失后，它就逐渐消失，见图 8-2 中量筒 2、3、4。变浓度区消失后，压缩区内仍然继续压实。直至这一区的悬浮物达到最大粒度为止，如图 8-2 中量筒 6 所示，在连续操作的浓缩机中，矿浆沉降过程的分区现象与上述相似。在连续沉降过程中，由于矿浆的不断加入和排出，总存在着沉降区 B，因此矿浆的澄清速度是以沉降区的沉降速度来计算的。做沉降试验时，在到临界点之前，我们观察的是 A 和 B 界面在不同时间的沉降高度；在临界点以后，我们观察的是 A 和 D 界面在不同时间的沉降高度。

沉降试验的目的是测定经过均匀混合的一定浓度的矿浆在不同时间的沉降高度，并绘制出沉降曲线，为选矿厂设计提供参考数据。

8.3.3　试验步骤和方法

8.3.3.1　试样

试样应取自试验过程或生产现场选出的新鲜矿浆，而不能将烘干后的矿浆拿来做试验，这样能保证矿浆的粒度组成、泡沫黏度、药剂和电解质的含量等条件与生产一致，使试验较为准确可靠。每分钟试样量为 50～100g。

8.3.3.2　配制矿浆

由于试样中含有水分，因此在配制所需溶液浓度的矿浆时需要预先确定每份试样的固体和水分的重量。将试验用量筒（标有刻度，并竖贴有毫米方格坐标纸条）称量，以 G_0（kg）表示，然后将试样装入筒内，加水（最好是原试样的澄清液）至一定容积，再称重，以 G_2（kg）表示，设预先测出的试样的密度是 γ（kg/L），筒内矿浆体积是 V（L，加水重量为 $V \times 1kg/L = Vkg$），从量筒上直接测出。则固体重量 G（kg）为：

$$G = \frac{\gamma(G_2 - G_0 - V)}{\gamma - 1} \tag{8-8}$$

总水（添加水及试样含水部分）的重量是：

$$W = V_{总水} \times 1kg/L = G_2 - G_0 - G \tag{8-9}$$

根据试验要求的浓度，矿浆中的总水量为 GR（R＝液：固）。若称量的量筒中水量不足 GR 时，应补加水，反之，把多余的水抽出。

为校核试验要求的浓度，试验结束后，将矿浆过滤烘干，可准确测定固体重量。因矿浆重量已知，就能直接算出浓度，避免测密度可能造成的误差。

用于测定沉降速度试验的矿浆浓度应根据实际产品的浓度来定，并参考现场的矿浆浓度范围，同时做几个不同浓度的试验（在特定的条件下可只做一个浓度试验）以便供设计计算浓密机面积时，选取沉淀 1t 固体所需澄清面积的最大值。为准确起见，每个试验要通过多次重复试验并选取最佳试验数据。

8.3.3.3　观测和记录不同时间澄清液高度变化

将配置好浓度的矿浆用搅拌器均匀搅匀，抽出搅拌器，静置 30s 后，计时并观察矿浆沉降情况。在经过一段时间后便出现澄清区和沉降区间的清晰界面，记录清水层（或界面）高度和达到该高度的时间。若澄清区和沉降区的界面看不清，可用照明灯或聚光灯透射。开始沉降时由于速度较快，记录时间间隔为 2min，随着沉降速度变慢，记录的时间间隔应逐渐增大，最后一次读数是在试验开始 24h 后。沉降试验量筒与搅拌器结构如图 8-3 所示。

若在沉降过程中，因试验粒度太细或其他原因，矿浆沉降速度很慢，为加速沉降，必须加凝聚剂或絮凝剂（如石灰、酸、碱、明矾、有机絮凝剂聚丙烯酰胺等），使分散的颗粒聚合成为较大的凝聚体或絮团。此时，要做加凝聚剂和不加凝聚剂的对比沉降试验。记录表中要补充凝聚剂名称和用量一栏。加药剂沉降时，还要注意该药剂对过滤作业的影响。

温度对矿浆沉降速度有重要作用，因此应记录试验时的矿浆温度。现场是以溢液中固体含量来衡量浓密机效果，试验时，要测量澄清液的固体含量（kg/L），考察澄清液的金属损失情况。如图 8-4 所示，某细粒级氧化铜沉降试验，在加入絮凝剂后沉降速度大幅上升。

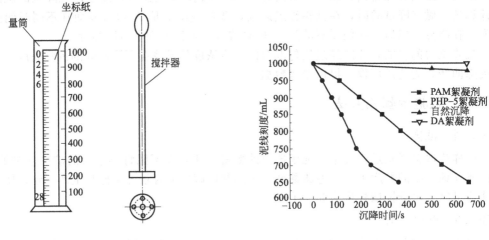

图 8-3　沉降试验量筒与搅拌器结构示意图　　图 8-4　某氧化铜沉降试验

8.3.4　绘制沉降曲线和计算浓密机面积

绘制沉降曲线和计算浓密机面积的方法可概括为两种：第一种方法要求是做一系列不同浓度矿浆的沉降试验，根据这些试验结果经过多次计算才能求得所需面积，我们把这种方法简称为多次沉降试验求算法；第二种方法是用一次沉降试验结果求算浓密机所需面积，我们把这种方法简称为一次沉降试验求算法。

8.3.4.1　多次沉降试验求算法

通过一系列不同浓度矿浆的沉降试验，分别获得不同时间的澄清层高度，然后分别绘制沉降曲线。图 8-5 是某铅锌矿的浮选锌精矿，经沉降试验得出的观测结果绘制的沉降曲线。图中纵坐标表示澄清液高度，横坐标表示沉降时间，沉降曲线是三条相交的直线。直接 AB 相当于澄清区，直线 BD 相当于压缩区，直线 CD 相当于矿浆已达到最终压缩点。B 点为临界点，即澄清区与压缩区的分界点。绘制沉降曲线的用途是找出临界点，确定达到临界点的时间和清水层高度，计算沉降区的沉降速度，作为计算浓密机面积的依据；根据要达到的矿浆浓度，找出达到该浓度的沉降时间，作为计算浓密机高度的依据；找出可能达到的最高浓度和达到该浓度的时间。

计算沉降速度和浓密机面积，要计算浓密机面积，首先要算出沉降速度，设达到临界点时清水层高度为 H，相应的澄清时间为 t_1，则在 $\dfrac{t_1}{24}$ d 的时间内的沉降速度 v（m/d）是：

$$v = \frac{24H}{t_1} \tag{8-10}$$

由此可知，由浓密机 $1m^2$ 的面积每日溢出 Vm^3 的水。

若给入浓密机矿浆的液固比为 R_1，由浓密机排出的液体为 R_2，那么浓密机每日处理 1t 固体所需排出的溢流为 $(R_1 - R_2)$ t（或 m^3）的水，澄清 1t 干固体所需的面积（m^2）是：

$$S = \frac{R_1 - R_2}{v} \tag{8-11}$$

利用试验数据计算矿浆的液固比 R 可按下式：

$$R = \frac{V\gamma - G}{\gamma G} \tag{8-12}$$

式中　R——矿浆液固比；

V——矿浆体积，做沉降试验时从量筒上直接读出；

γ——矿浆中的固体的重度（t/m^3），与相对密度 δ 数值相等；

G——矿浆的固体重量（干重）。

设计时，为保证浓密机在给矿浓度波动时工作不受影响，往往要用几种不同浓度的沉降试验结果计算沉淀 1t 固体所需面积，从中选取最大值，所以用这种方法需作一系列沉降试验，经过多次计算才能求得所需面积。

8.3.4.2　一次沉降试验求算法

这个方法是用低浓度（如液固比为 10：1），作一次沉降试验，测定澄清区与沉降区或压缩区的界面高度（H）的沉降距离，及达到相应沉降高度的时间（t），作出 H-t 沉降曲线，纵坐标为界面沉降距离（m），横坐标为沉降时间（h）。我们可以利用图 8-6 沉降曲线计算试验范围内任意矿浆浓度的沉降速度和沉淀 1t 固体物料所需的沉降面积。设试验矿浆的固体含量为 G_0，单位为 kg/L 或 t/m^3，相对的矿浆界面高度为 H。而给入浓密机的矿浆浓度为 C_p，由浓密机排出的矿浆浓度为 C_u。

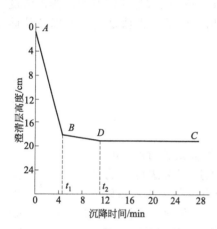

图 8-5　某铅锌矿的沉降速度观测结果

t_1, t_2——到达矿浆压缩区即临界点 B 的沉降时间

和达到矿浆最终压缩点的沉降时间

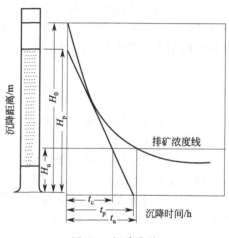

图 8-6　沉降曲线

为确定浓度为 C_p 的沉降速度 V_p，首先要算出 C_p 的矿浆界面高度 H_p，

$$C_0 H_0 = C_p H_p \qquad (8\text{-}13)$$

$$H_p = \frac{C_0 H_0}{C_p} \qquad (8\text{-}14)$$

在图 8-6 的纵坐标找到 H_p 点，由 H_p 点作沉降曲线的切线，这根切线的斜率就等于浓度为 C_p 时的沉降速度 V_p。

$$V_p = \frac{H_p}{t_p} \qquad (8\text{-}15)$$

由式可知，浓密机的面积可按下式计算：

$$S = \frac{R_p - R_u}{V_p} \qquad (8\text{-}16)$$

式中　S——浓密机沉淀 1t 固体所需面积；

R_p——给入浓密机矿浆浓度为 C_p 的液固比；

R_u——浓密机排出矿浆浓度为 C_u 的液固比。

因为 $R = \dfrac{\gamma_w\left(1 - \dfrac{C}{\gamma}\right)}{C} = \dfrac{1 - \dfrac{C}{\delta}}{C}$ （此处 γ_w 为水的重度，γ 和 δ 分别为矿样的重度和相对密度）代入上式得：

$$S = \frac{\delta(C_u - C_p)}{C_u C_p V_p} \tag{8-17}$$

式中　C_u——浓密机排出的矿浆浓度；

　　　C_p——给入浓密机的矿浆浓度；

　　　V_p——给入浓密机的矿浆体积。

按公式(8-17)，当 C_u 定值时，逐点求算所需面积 S，取其最大者作为设计面积。这种计算过程比较复杂。为简化计算，采用图解法（图8-6）。首先根据低浓度矿浆的沉降试验给出沉降曲线，试验矿浆的浓度为 C_0，相应的界面高度为 H_0。其次根据公式(8-14)算出给入浓密机的矿浆浓度 C_p 的 H_p 值，在纵坐标找到 H_u 点，通过 H_u 点作平行于横坐标的直线，与从 H_p 点作的切线相交，交点相应的时间为 t_c，t_c 为从浓密机单位面积排出 $H_p - H_u$ 水柱所需要的时间，也可以说是矿浆浓度由 C_p 浓缩至 C_u 所需时间。排矿浓度线和沉降曲线的交点的水平坐标值为 t_u，从图中可以看出，t_c 的最大值是 t_u，所以单位固体物料量所需的最大沉降面积 S_{max} 为：

$$S_{max} = \frac{t_u}{H_0 C_0} \tag{8-18}$$

式中　C_0——试验矿浆浓度，t/m^3；

　　　H_0——界面高度，m；

　　　t_u——从浓密机单位面积排出 $H_p - H_u$ 水柱所需最长时间，d。

如果 H_u 与沉降曲线交点位于临界点以上，按上述图解法得 t_u 为最大值，按式(8-18)算出的沉降面积亦是最大。如果 H_u 与沉降曲线的交点，位于临界点以下，此时均以临界点的切线与排矿浓度线相交处的 t 作为公式(8-18)的 t_u（图8-7）来计算浓密机的最大面积。求临界点的方法是，作等速沉降部分的延伸线和沉降至最终时等速压缩线的延长线相交，作两线相交角的两等分线与沉降曲线相交于 R，R 点即临界点，对于矿浆中的固体物料粒度细，需较长压缩时间的难沉物料，往往排矿浓度线与沉降曲线的交点位于临界点以下。在这种情况下就应采用图8-7的作图法。先找到临界点后，再求 t_u。

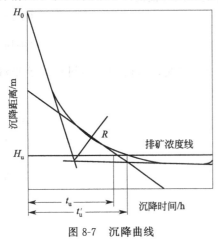

图8-7　沉降曲线

某选厂氧化矿含泥量较大，$-75\mu m$ 原生泥占 $36\%\sim40\%$，$-10\mu m$ 占 $10\%\sim18\%$。当磨矿细度为 -200 目占 85% 时，再生矿泥 $-5\mu m$ 含量高达 22.86%。浮选中添加有大量硫化钠，尾矿浆中微细粒呈分散悬浮状，混浊的泥浆极难澄清，进入尾矿坝后大量外排水排放超标，同时加剧了旱季选厂用水紧缺的矛盾。为提高经济和环境效益，决定应用一台斜板浓密机处理尾矿浆，实现厂前回水。在实验室进行了凝聚沉降、絮凝沉降、混凝沉降等各种条件试验，确立了使悬浮物解稳的经济实用的混凝技术路线，为应用斜板浓密机实现固液分离创造了条件。表8-1为该选厂斜板浓密机的工业指标。

表 8-1　某选矿厂斜板浓密机工业指标

序号	给矿			底流		溢流		浓缩比/倍	回水率/%
	浓度 /%	矿量 /(t/h)	流量 /(m³/h)	浓度 /%	流量 /(m³/h)	流量 /(m³/h)	含固量 /(mg/L)		
1	8	27.16	321.44	25	49.8	271.04		3.13	73.91
2	10	26.13	243.84	30	69.67	174.17		3	74.07
3	8.96	29.25	306.38	28	84.98	222		3.13	74.69
4	10	25.42	237.21	35.5	86.87	150.34	<100	3.65	79.8
5	8	27.24	322.29	31.5	83.03	239.26		3.94	81.09
6	8	25.08	303.9	32	77.09	226.81		4	81.52
7	7	30.49	415.32	28	104.97	310.35		4	80.65
平均	8.75	27.25	307.28	30	79.49	227.8	<100	3.54	77.9

8.4　过滤试验

过滤试验的结果常常作为选矿厂设计计算新建厂矿所需过滤机的面积和台数，以及现场研究各操作参数对过滤机生产效率和滤饼含水量的影响的依据。

过滤过程的物理实质是流体通过多孔介质和颗粒床层的流动过程，因此流体通过均匀的、不可压缩的颗粒床层的流动规律是研究过滤过程的基础。

8.4.1　试验设备

选矿过程中常用的过滤设备主要有真空过滤机和压滤机两大类。

8.4.1.1　真空过滤机

真空过滤机靠真空泵产生的真空度作为过滤动力，广泛应用于选矿产品的过滤，包括有转鼓式真空过滤机、圆盘式真空过滤机、带式真空过滤机和平盘式真空过滤机。实验室用的真空过滤器装置见图 8-8，真空过滤器装置主要由真空泵、真空室、矿浆桶、过滤器四个部件组成。矿浆桶 1 的容积应大于过滤器 2，但不能过大，太大易使矿浆沉淀，为搅拌矿浆成悬浮状态，吸滤前可使用电动搅拌器或搅拌棒搅拌。过滤器的构造见图 8-9，它是由白铁皮焊接成长 150mm、宽 100mm、厚 20mm 的铁盒，盒的一面或两面钻有 5mm 直径的小孔。孔与孔中心之间的距离为 10mm，盒的外面包裹一层滤布，滤布用线缝合。真空室 3 的作用是稳定真空度和收集滤液，其容积应比滤液体积大。真空表 4 用于测真空度，它可用水银气

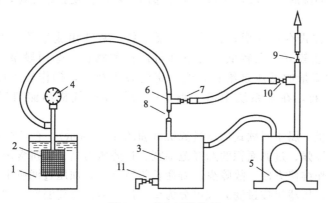

图 8-8　真空过滤装置

1—矿浆桶；2—过滤器；3—真空室；4—真空表；
5—真空泵；6—三通管；7～11—旋塞

压表代替。过滤器由一条管子与三通管 6 连接，通过三通管 6 上的旋塞 8 与真空室连接，通过三通管 6 上的旋塞 7 由一条管子与真空泵 5 上的吹气管连接。

转鼓真空过滤机（图 8-10）工作时，大滚筒表面被滤布完全覆盖，并且在无极摆线减速机的驱动下通过链式传动方式带动旋转。当大滚筒表面处于悬浮液的滤槽内，滚筒内部的分配管沉浸在滤浆里形成一个个小滤室，小滤室与真空源接通，在负压作用下，颗粒大的滤渣吸附在滚筒表面，颗粒小的滤液则穿越滤布，流经滚筒内的分配管，再从分配头进入滤液槽里。滤渣转出滤槽页面后进入脱水区，然后是卸料区。滚筒表面在脱水区的这一段滤布，分配头和分配板之间的位置仍然停留在负压区，在负压的作用下持续脱水。在卸料区域内，分配头在交换面转到与压缩风相通，这段区域的滤布形成正压，压缩空气经分配管从滤饼脱落，再用刮刀将小滚筒上的积料刮落。其结构图见图 8-10。

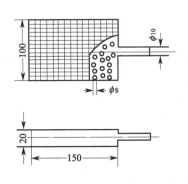

图 8-9　过滤器结构图（单位：mm）

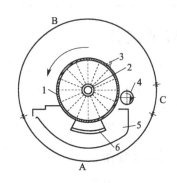

图 8-10　鼓真空过滤机示意图
1—大滚筒；2—分配头；3—洗涤装置；4—小滚筒；
5—悬浮液槽；6—搅拌器；
A—过滤区；B—脱水去；C—卸渣区

8.4.1.2　压滤机

压滤机分为板框式压滤机、箱式压滤机和罐式压滤机。压滤机每个压滤周期分为五个阶段：①闭锁阶段，液压柱使滤布提起，过滤板密封；②给矿过滤阶段，由滤室上部的给矿总管将矿浆分送到各滤室，直到被滤饼充满；③压缩阶段，向过滤室通入压缩空气，进一步排出滤饼中的残留水分；④卸饼阶段，液压柱拉开所有的过滤室和底部的卸料门，同时滤布放下，排出滤饼；⑤冲洗滤布阶段，用水冲洗滤布时，液压柱使滤布复位，滤板闭合，卸料门也关闭。

压滤机的给料方式有三种形式：①单段泵给料，常选用流量较大的泵，所以该给料方式适用于过滤性能较好、在较低压力下即可成饼的物料。②两段泵给料方式，在压滤初期用低扬程、大流量的低压泵给料，经一定阶段再换泵，操作较为麻烦。③泵与压缩空气机联合方式给料，在该系统中需要增加一台压缩空气机和储料罐，因此流程较为麻烦。

（1）板框压滤机　属于间歇式加压过滤机（如图 8-11 所示），它具有单位过滤面积占地少、对物料的适应性强、过滤面积的选择范围宽、过滤压力高、滤饼含湿率低、固相回收率高、结构简单、操作维修方便、故障少、寿命长等特点，是加压过滤机中结构最简单、应用最广泛的一种。板框压滤机按过滤方式可分为单一压滤型、可变滤室型和过滤—吹干—压榨三过程型。按照滤板放置位置可分为立式和卧式两种类型。板框压滤机有手动式、油压手动、半自动和全自动四大类。

（2）罐式压滤机　通常的罐式压滤机为密闭式压滤机，基本都是间断作业，但近年来也发展了连续型，它们的共同特点是过滤元件都在密闭罐中。德国的 KHD 型压力罐式过滤机（图 8-12）和荷兰 KDF 型连续压滤机（图 8-13）是连续生产型罐式压滤机。

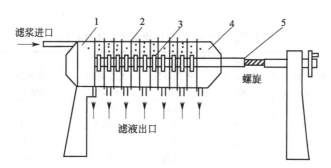

图 8-11　板框式自动压滤机

1—固定端板；2—滤布；3—板框支座；4—可动端板；5—支撑横梁

德国的 KHD 型压力罐式过滤机是将类似于真空盘式、转鼓式（内滤、外滤桶）等型式的过滤机放在密闭的压力罐中，向压力罐中充以 0.2～0.4MPa 的压缩空气，使过滤在正压下进行，构成连续压滤机。连续压滤机的整个过程包括过滤、洗涤、脱干和卸饼等。料浆进入料浆槽后就处于高压气压下，并在此压力作用下过滤成饼。当滤饼随着圆盘离开料浆后就暴露于高压气体中，如果高压气体的压力大于滤布孔隙的毛细压，便进入滤饼的孔隙中驱替液体，降低滤饼的饱和度。同时当高速气体通过滤饼的孔隙时可能使部分液体气化，使滤饼进一步得到脱液，受到高压气体的作用，滤饼中的大孔隙被小颗粒充填，滤饼被压缩，孔隙率变小，水分也随之降低。

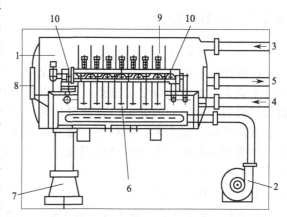

图 8-12　KHD 连续压滤机示意结构图

1—连续压滤机；2—给料泵；3—压缩气体；
4—反吹压缩气体；5—液、气出口；
6—运输皮带；7—滤饼排出室；8—入孔；
9—搅拌器；10—分配阀

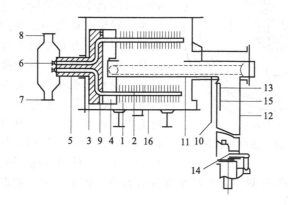

图 8-13　KDF 型压滤机结构示意图

1—过滤元件（小圆盘）；2—过滤轴；3—转盘；4—齿轮箱；5—主轴；6—排滤液阀；
7—滤液出口；8—空气出口；9—吹气阀；10—带式运输机；11—槽；12—垂直管道；13，15—电机；
14—锥形阀；16—水平圆通压力容器

金川选矿厂为我国最大的镍钴生产基地，在处理硫化铜镍矿石的过程中，采用浓缩、过滤两段脱水工艺处理铜镍精矿，精矿在通过浓密机浓缩后用 CC-45 陶瓷过滤机进行过滤，结果见表 8-2。

表 8-2　CC-45 陶瓷过滤机工业试验指标

阶段	试验条件					试验指标	
	给矿浓度 /%	矿浆液位 /%	转盘转数 /挡	矿浆温度 /℃	给矿细度 (−75μm) /%	处理能力 / [kg/(m² · h)]	滤饼水分 /%
1	57	60	5.9	56	90.3	402	12.3
2	61	60	6.0	43	91.2	356	13.1
3	62	60	5.4	42	91.2	320	13.4
4	62	60	6.0	常温	91.5	317	13.7
5	62	60	6.0	常温	91.2	289	13.9
6	62	60	6.0	常温	91.6	270	14.1

8.4.2　试验操作

8.4.2.1　试验操作条件的确定

过滤试验的操作条件应该参考精矿试样特性，并参照类似物料的现场过滤机的生产条件来确定。例如实验室过滤器一个工作周期的各个作业时间，可参照工业生产中过滤机旋转时各作业时间的分配。过滤机旋转一转要经过四个作业区，详见图 8-14，其作业区包括过滤区、脱水区、卸料区、滤布清洗区。各作业区的工作时间分配有一定比例，其比例视料浆槽料浆水平面高低而变化。一般过滤区吸浆时间约为过滤机转一转时间的 1/3，即 30% 左右。

8.4.2.2　试验操作步骤

首先按试验要求的矿浆浓度制备矿浆，然后将制备好的矿浆装入矿浆桶中并均匀搅拌混合，使矿处于悬浮状态。然后检查过滤装置的接头是否完好？是否漏气？在检查完所有的装置无问题后，即开始试验（如图 8-8 所示）。关闭旋塞 7、10，打开旋塞 8、9，开动真空泵，待真空达到要求的真空度数值时，将过滤器放入矿浆桶中吸浆，吸浆时矿浆一定要搅拌均匀，同时开启秒表记录时间，并记下真空度，到达要求的吸浆时间时，取出过滤器，继续抽真空脱水，记录脱水时间。脱水作业完毕，关闭旋塞 8、9，打开旋塞 7，接通吹气管，将吹下的滤饼放在以称皮重的瓷盘中。若未吹干净，用小铲铲下，然后称重，记下湿重。停止吹气后，打开旋塞 8 和 9，并打开旋塞 10，用量筒测量并记下总的滤液量。湿滤饼称重后，在温度 110℃ 时烘干，冷却至室温后称重，记下干重。抽取若干块滤饼，测量其厚度，并求其平均厚度。

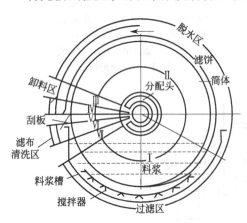

图 8-14　外滤式过滤机工作原理示意图

8.4.3　试验内容

根据不同样品的不同性质，以及不同设计单位的具体要求不同，导致每个过滤试验的内容是不同的。一般情况下，过滤试验包括条件试验和根据最佳条件测定过滤机单位时间内单位面积的生产率。

8.4.3.1 条件试验

条件试验内容包括滤布品种、矿浆浓度、工作周期、一个工作周期内各作业的时间的分配、真空度等。各条件试验的方法不一一叙述，现以工作周期时间和矿浆浓度对过滤机生产率和滤饼含水量影响的测定为例予以说明。

① 工作周期对过滤机生产率和滤饼含水量影响的测定，工作周期时间相应于过滤机转一转的时间。某氧化铜矿铜精矿过滤试验，固定真空度为 $6 \times 10^{-4} Pa$，各作业时间分配比例：过滤吸浆为 33.3%，脱水为 58.3%，卸料清洗为 8.4%，改变工作周期时间为 2min35s、3min、4min、5min，测定每组实验中滤饼的含水量和过滤器的生产率，就可根据试验结果确定一个最佳工作周期时间 t（min），从而设计过滤机每小时的转数（r/h）

$$n = \frac{60}{t} \tag{8-19}$$

② 矿浆浓度对过滤机生产率和滤饼含水量影响的测定，在其他条件相同的情况下改变给料的矿浆浓度进行试验，可确定生产率高时滤饼水分的最佳矿浆浓度。

8.4.3.2 过滤机生产率的测定

在条件试验基础上，选择最佳过滤条件进行过滤机生产率的测定。设以 q 表示生产率，单位为 t/(m²·h)，以 A 表示实验室的过滤机面积，单位是 cm²，以 t 表示每一工作周期，单位为 min，以 G 表示面积为 A 的过滤器每一工作周期过滤的滤饼干重，单位为 g，则

$$q = \frac{0.6G}{A^t} \tag{8-20}$$

根据实验室获得的 q 值和新建厂矿的处理量，可设计该试样现场所需过滤面积和台数。但 q 用于设计时，应乘以 0.66～0.8 的系数。该系数是考虑在工作条件下过滤机工作的不均匀性、滤布的堵塞等。

复习思考题

1. 选矿厂可采用的浓缩机有哪几种，各有何特点？
2. 如何加速矿浆中细粒的沉积浓缩过程？
3. 什么是浓缩，哪些因素影响浓缩过程？
4. 选矿产品对水分有何要求，如何实现？
5. 耙式浓缩机使用中应注意哪些事项？
6. 如何正确使用絮凝剂或凝聚剂？
7. 在选用高效浓缩机时，应注意哪些问题？
8. 什么叫过滤，常用的过滤设备有哪些？
9. 真空过滤机的滤液可采用哪几种排液方式？
10. 改善细粒过滤效果的途径有哪些？

第 9 章

半工业试验和工业试验

9.1 概述

为了将实验室试验结果应用于工业生产，通常需要扩大规模，进一步做半工业试验甚至工业试验，以验证和校核实验室试验结果，并考查在实验室试验阶段所不能暴露的问题，然后将之解决。通常只有简单易选的矿石，或规模很小的选矿厂，才有可能将实验研究结果直接作为选矿设计或改造的依据，否则都将进行半工业试验甚至工业试验。

实验室试验与半工业试验和工业试验相比其特点是：规模小、所需物料少、各次试验的物料组成和物理化学性质基本一致、试验影响因素较少且条件容易控制。正是由于实验室试验具有工业生产时难以具备的这些有利条件，使得试验指标比半工业和工业试验高而稳定，人力、物力、财力花费较少，灵活性大。因此在较低的投入下，可在较大范围内进行探索试验。基于这些特点，实验室试验是一切试验的基础，因而必须从实际出发，从严做好这项工作。

实验室试验也有局限性，它是分批操作，作业之间和中矿返回的影响暴露不充分；有些试验由于受实验条件的限制，其参数、指标与工业生产参数、指标相差甚大。如实验室焙烧试验，一般试料粒度小于 $1\sim3mm$，其质量为几克至 $1kg$，在管状炉或马弗炉中静态焙烧，而实际生产入竖炉的试料粒度大约为 $75mm$。试料在动态条件下焙烧，热工制度受炉型影响较大，因此在实际生产过程中需依据不同粒度和不同燃料等情况，采用不同的炉型。

基于上述实验室试验的优点及不足可以看出，不连续的实验室分批试验终归难以确切反映实际连续生产过程中各作业间的相互关系和中间产物返回的影响。因此单凭实验室试验不能获得设计所需要的数据，特别是新矿石、新设备、新工艺、新药剂在实验室试验规模下取得的结果，如不通过不同规模的扩大试验进行验证，仓促建厂，往往欲速不达。因而，需在实验室试验的基础上，针对不同情况，进行不同规模和不同深度的扩大试验。

9.2 半工业试验

半工业试验可根据其内容和规模将其划分为单机（半工业型）试验、连续性试验、试验厂试验等不同类型。半工业试验主要指介于实验室小型试验和工业试验的中间规模的试验。

9.2.1 单机试验

当选矿设备大型化后，其影响的因素较多，并且不易控制。为了更好地了解和控制这些因素，往往先做成半工业型样机进行试验，然后再扩大到工业型。例如沈政昌等人设计了一种新型结构的浮选机，并对其叶轮定子系统结构形式及参数、运转参数等对功耗的影响及浮选动力学进行了研究，在此基础上，设计了可有效降低能耗并能满足流体动力学状态要求的半工业样机，进行清水试验和半工业带矿试验。

新设备单机试验，主要是考察设备的最佳结构参数和操作参数，以及技术经济指标和适用范围，为扩大到工业型创造条件。有时老设备用于选别新的矿产资源时，也进行单机试验，例如离心选矿机是选别钨锡矿泥广泛采用的设备，当开始用于选别细粒红铁矿时，需通过单机试验，找出选别红铁矿的最佳操作参数。

9.2.2 实验室连续性试验

实验室连续性试验包括局部作业连续试验和全流程连续试验。

局部作业连续性试验可以是一个作业或两个作业的连续。重磁选很少进行全流程连续性试验，多采用局部作业连续性试验。这是因为重磁的分选原理相对较简单，分选过程的好坏可直接凭肉眼观察判断。试料性质稳定，中矿返回影响较小，不会像浮选那样，由于中矿的返回而明显地影响到原矿的选别条件和效率，因而不一定要作闭路试验。重选入选物料粒度粗，试样量多，试验工作量大，在实验室条件下，很难进行全流程试验，实际确实需要时，则可建立专门试验厂。重磁选进行局部连续性试验，主要用于下列情况：矿石性质复杂难选，初次采用重磁选进行选别，为可靠起见，有时在小型设备试验基础上，扩大设备规格至半工业型或工业型进行试验；重介质选矿试验；回转窑或沸腾焙烧炉用固体燃料进行焙烧试验；回转窑进行离析测试等。试验在连续试验装置上进行，图 9-1 是一个重介质旋流器连续试验装置示意图。目前各个试验单位所用的重介质旋流器规格不统一，但主要取决于试验粒度，若入选粒度在 20mm 以上，旋流器直径一般不小于 300mm，若入选粒度 13mm，旋流器规格可以小到 ϕ150mm。连续试验的试验方法参阅全流程连续性试验。

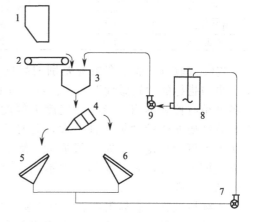

图 9-1　重介质旋流器连续试验装置

1—矿仓；2—给矿机；3—恒压槽；4—旋流器；
5—重产品脱介筛；6—轻产品脱介筛；
7—砂泵；8—介质搅拌桶；9—砂泵

实验室全流程连续性试验主要用于浮选。这一方面是因为浮选过程影响因素复杂，中矿返回后影响较大，间断操作与连续操作差别较大，因而一般都必须做连续性试验；另一方面也是因为浮选入选粒度小、所需试样少，因而有可能在实验室条件下进行连续性试验。

考虑到试验厂试验、工业试验与实验室连续性试验在内容和做法上有许多共同之处，下面我们将较详细地讨论浮选全流程连续性试验。

9.2.2.1 实验室连续性试验的目的

实验室连续性试验的主要目的是考察中矿返回后的影响；验证实验室试验的条件、流程和指标；有时还可达到为下一步试验提供产品和训练操作人员的目的。

中矿返回的影响，是指中矿中带来的药剂、矿泥、"难免离子"对药剂制度等选别条件和指标的影响，以及中矿的分配对选别指标的影响。

中矿返回的影响是逐渐积累的，需要一定时间才能充分暴露出来。为了适应中矿返回的影响，操作上的调整也需要一定时间才能稳定下来。若时间过短就可能出现假象，假如，可能为了强保精矿和尾矿品位，而将大量难选矿粒压入中矿，而这种"恶性循环"需经过一段时间才会暴露出来，影响到精矿和尾矿的指标，因而在矿石性质复杂的情况下，短时间的实验室闭路试验不能代替连续性试验。

9.2.2.2　实验室连续性的特点

相对于实验室分批试验而言，其特点是：

① 试验连续的，矿浆流态与工业生产相似，可反映出中矿返回作业对过程的影响。

② 试验规模较大，持续时间较长，可在一定程度上反应出操作的波动对指标的影响。

③ 试验结果较接近生产工业生产指标（表 9-1）。从表中指标看出，多数情况下两者的回收率仅相差 1%～2%。

表 9-1　铜矿石连续性和工业试验指标

试验规模	原矿		精矿品位/%	尾矿品位/%	回收率/%
	品位/%	氧化率/%			
连续性试验	0.70	38.27	17.11	0.17	76.03
工业试验	0.62	34.11	18.50	0.16	74.44
连续性试验	0.69	56.10	18.76	0.20	71.20
工业试验	0.70	59.12	16.82	—	69.80
连续性试验	0.69	54.15	13.72	0.19	73.96
工业试验	0.66	53.62	15.09	0.18	74.20
连续性试验	1.17	40.50	10.57	0.30	76.47
工业试验	1.16	36.40	12.81	0.29	76.66

连续试验与工业生产指标差别的幅度主要与矿石的复杂程度以及选别的难易程度有关，也与指标的"敏感性"有关。在某些情况下，若指标受条件变化的"敏感性"很大，即条件稍有控制不当，指标可能度大幅度下降，差距可能较大；在另一些情况下，指标对矿石性质变化的"敏感性"大，此时连续性试验的矿石性质易于控制，较稳定，而工业生产不可能稳定，差距亦可能大。除此之外，由于连续性试验规模小、试样少，以及设备规模不配套，有时操作条件不能完全调整到要求的条件，此时，连续性试验指标也可能低于工业生产指标。

连续性试验也有局限性。相对于实验室小型试验规模大，人力、物力、财力花费大，故试验的持续时间不能太长，内容不能太广；试料量大，必须考虑选别产品的堆存和处理；另外设备规格还小，像实验室小型试验一样，其设备参数不能做设计依据，有关设备负荷、水、电、材料消耗等技术经济指标，只有参照生产现场或在工业型设备上核对后才能利用。

9.2.2.3　实验室连续试验的规模

规模大小随矿石性质复杂程度、品位高低、有用矿物品种多少而不同。品位高、产品少，规模可以小一些。矿物共生关系复杂、品位较低、产品较多，规模相应要大一点。从操作方面考虑，为了保证试验的准确性，试验规模也不能太小，为此还必须考虑下列因素：

① 有利于磨矿机与分级机的操作平衡；

② 便于准确添加药剂，特别是添加干的或不溶于水的药剂；

③ 便于砂泵连续而均匀地输送矿浆，不致因矿浆量太小造成砂泵"喘气"，或为防止"喘气"而大量加水导致矿浆浓度太低。

基于上述考虑和现有设备水平条件，实验室连续性实验设备生产能力一般为 30～1000kg/h，常采用 30～1000kg/h。随着连续性实验设备和控制技术的改进，试验规模逐渐缩小到 2～3kg/h，甚至 150～180g/h。

9.2.2.4 实验室连续性试验设备

为适应不同类型矿石试验需求，试验设备必须满足下列要求：设备型式应与工业型设备相同或相似；同一型式的设备要有多种规格；便于灵活配置和连续；便于操作和控制。

国产实验室连续性试验设备型式、规格见厂家目录。值得特别指出的是国内外对实验室用的连续型设备趋向微型化。日本生产一种小型连续浮选装置，采用 D-R 浮选槽容积为 1L，称为 SUB304 型，叶轮直径为 50mm 叶轮转速可调节，分别为 1200r/min、1500r/min、2000r/min，浮选机刮板转速也是可调的。附属设备有操作盘、矿浆再调节、搅拌器等。标准给矿量 2～3kg/h，最大可调至 10kg/h。用这套装置进行小型连续性试验，与现厂阿基泰尔浮选机对比试验，效果良好。北京有色冶金设计研究总院和长春探矿机械厂成功研制出一套微型连续浮选机，浮选机叶轮为 FW 型，浮选槽容积分别为 1L、0.75L、0.5L。泡沫产品和矿浆输送采用胶管泵，用这套设备先后对三个硫化矿矿石的试样进行了试验，试验指标与小型闭路试验和工业生产接近，矿量为 3～5kg/h。澳大利亚 Mineral Development 公司生产了一种微型连续试验浮选装置，每小时处理量为 130～180g，有 16 个浮选槽，粗选、扫选、精选各 4 台，备用 4 台，一段球磨机，中矿再磨球磨机与水力旋流器，配有微型流量泵。用钼矿和黄铜矿按生产条件做小型连续性试验所获得的指标与现厂十分接近。用微型连续浮选装置，连续运转最多三个班，甚至一个班所获得的试验结果即可提供设计，大大缩短了试验周期。

设备的配备和相互间的联系举例说明如下。

某铜矿矿石中主要金属矿物为黄铁矿、闪锌矿、黄铜矿及方铅矿，其次有少量的辉铜矿、斑铜矿和铜蓝等。脉石矿物主要是石英，其次为重晶石、绢云母等。矿物嵌布特点是硫化物之间共生关系极为密切，嵌布粒度极细，一般在 0.02～0.03mm 才能全部单体解离，而硫化矿集合体与石英嵌布粒度则极细，一般在 0.02mm 左右就可单体分离。根据原矿性质，采用了混合浮选而后分离的流程。该矿石选别的主要问题是原矿中锌的含量（10.8%）比铜的含量（1.18%）高达 9 倍，且嵌布粒度极细，对是否能拿到合格铜、锌精矿，而又保持较高的回收率没有把握，在生产上无先例可循。为此，在设计前进行了 1.25t/d 规模的连续型试验，试验设备联系图见图 9-2。选别结果铜精矿品位为 19.2%，回收率为 77.4%；锌精矿品位 46.7%，回收率为 74.6%；硫精矿的品位为 29.5%，回收率为 64.2%。

从图 9-2 浮选连续性试验可以看出，实验室连续性试验设备（表 9-2）之间联系具有如下特点：作业间矿浆的循环主要是通过不同规格的砂泵输送，而不是靠自流；为稳定各作业间的给矿，采用了不同容积的搅拌槽；粗选泡沫量少，进行精选时，选择浮选机的容积应比粗、扫选浮选机小；为便于设备配置，实验室对同类型设备应具有不同规格。实践证明，根据矿浆体积计算出所需浮选机容积后，选择浮选机规格和数量时，规格宜大不宜小，数量宁少勿多，这样便于稳定操作。这一原则，对选择其他选别设备的规格和数量时亦适用。对于重选，当一个作业选出三种产品时，选出的精矿应用盛矿桶接取，以便进行计量和计算金属平衡。

9.2.2.5 实验室连续性试验程序

① 试样采取和加工　试样量一般需十几吨至上百吨，初步勘探阶段无法取到，只有在详细勘探和基建阶段才能取到。试样应代表选厂前 3～5a 的生产矿石。试样量大，应设置专用场地储藏和堆存，样品一定要混匀，混匀的方法或用机械或靠人力，后者费时又费力。浮选、电磁选试验磨矿给矿粒度，一般为 3～7mm。重选试验视入选最大粒度而定。

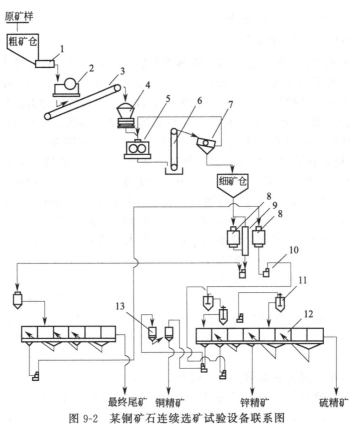

图 9-2　某铜矿石连续选矿试验设备联系图

1～13—见表 9-2

表 9-2　试验设备表

标号	设备名称	规格/mm	单位	数量	标号	设备名称	规格/mm	单位	数量
1	槽式给矿机	400×1300	台	1	8	球磨机	450×425	台	2
2	颚式破碎机	250×150	台	1	9	螺旋分级机	120×1200	台	1
3	胶带运输机	B=300	台	1	10	砂泵	1″,½″¾″	台	6
4	圆锥破碎机	φ600	台	1	11	搅拌槽	30L	台	4
5	对辊机	φ400×250	台	1	12	浮选机	10L	台	14
6	吊斗提升机	—	台	1	13	浮选机	3L	台	2
7	振动筛	600×1200	台	1					

② 矿石物质组成和物理化学性质的研究　若矿石性质经实验室小型试验验证，证明与原有实验室试验所用矿石基本相同，故可不必重作，只作光谱分析、化学全分析、物相分析即可。必要时在原有基础上作若干补充项目即可。

③ 拟订连续性试验的选别方案、流程和条件　主要根据所试验的矿石性质、原有试验流程试验结果提出的选别方案、流程和条件确定。若试验的矿石性质与必要时原有实验室试验的试样有出入，必须在实验室作补充校核试验，并进行相关调整。

④ 实验准备　根据试验规模、实验室流程试验数质量指标和矿浆浓度（或液固比），计算和选择所需设备规格换和数量。

全面检查、调整所用设备和仪表，并进行检修和清洗，然后按流程进行配置，连接好管道，用清水开车运转，检查电路、供水、设备运转是否正常。设备的备件要准备充分，以保证试验顺利进行。

准备好必要的试验工具和药剂。药剂量应一次准备够，避免因中途换用不同质量的药剂而影响试验质量。

绘制取样流程图。图中需标明取样点、式样种类，按作业顺序编号、检查、校核后，组织好取样人员，明确任务和取样方法，并准备好取样工具、装样工具及卡片。

加强组织领导。试验前必须使参加试验的人员了解试验的任务目的和要求，了解各自的职责，使大家目标明确、步调一致。

⑤ 预先试验　实验室连续性试验的流程和条件是根据实验室流程试验和补充试验拟订的。因为采用的设备规格不同，试验规模不同，即由分批试验转到连续操作等原因，必须对设备、设备间的连接、流程的内部结构和操作条件进行调整，使各项操作参数适应矿石性质，以期达到最佳的试验指标，调整的内容随选别方法和所研究的矿石对象而定。现以浮选为例说明如下。

调整磨矿细度和浓度是决定选别结果的一个关键因素。目前实验室磨矿是开路，连续性试验是闭路，两者磨出的产品细度相同时，粒度组成往往不同，各粒级金属分布率亦不同，有时引起选别结果相差甚大。从某硫化矿实验室与连续性试验磨矿对比资料看出，当磨矿细度都是$-0.075mm$占70%时，实验室磨矿产品中$-10\mu m$含量为6.87%，铜、钴、钼在该级别的金属分布率分别为5.63%、4.48%、2.69%；连续性试验磨矿产品中$-10\mu m$含量高达15.7%，铜、钴、钼在该级别的金属分布率分别提高到18.87%、8.86%、10.25%，泥化严重，势必影响浮选指标。为此，在调整磨矿细度时，同时必须注意调整其粒度组成。调整的方法是改变不同球径比例和浓度。产品粒度过粗，应增加大球比例和提高浓度；细磨时，可增加小球比例。在球磨机转速和球比一定时，要稳定磨矿细度和浓度，必须严格控制给矿量和补加水。$\phi 400mm\times 500mm$球磨机一般使用的球径大小和不同球径质量比例见表9-3。

表 9-3　球径大小和不同大小球径质量比例

球径/mm	78	50	30	20
比例/%	10	40	30	20
质量/kg	13	52	30	26

调整药剂，调整的内容包括药剂用量和加药地点。多数情况下药剂用量与实验室试验的用量有差异，必须进行调整，特别是对于难溶性药剂（如烃类捕收剂等）、具有起泡性能的捕收剂（如黑药和脂肪酸类捕收剂等）以及易于失效的药剂（如硫化钠等）。有些药剂还需要调整加药地点。调整药剂用量和加药地点，主要是根据分析结果和肉眼观察的泡沫情况的变化进行。药剂用量的控制方法是用量筒接取加药机流出的药液，用秒表计时，测每分钟流出药剂容积加以控制。由于给矿量小、给药量小，加药装置必须灵敏而精确。目前采用的有虹吸管装置和自动定量加药装置（如定量给药泵）等。稳定而准确的添加药量，是搞好浮选操作的前提。

调整浮选条件，包括各作业的矿浆浓度、pH值、液面高低、充气量大小等，矿浆浓度可用转子流量计控制各处的给水量进行调节。浮选密度大、粒度粗的矿物，一般采用较浓的矿浆；浮选密度小的矿物和矿泥，采用较稀的矿浆；控制粗选的矿浆浓度（25%～40%）应比精选的矿浆浓度（10%～25%）高。在连续性试验中，有时由于设备不配套，精选浓度往往比实际要求低。pH值的控制，一般是人工用pH试纸检测矿浆并调节pH调整剂的添加量，有时用pH计自动检测和自动控制调整剂添加量。充气量大小与浮选机转速、叶轮和盖板距离、进气孔大小等有关，粗调是通过调节浮选机转速、叶轮和盖板距离，细调是调节进气孔大小。上述条件的调节，主要是根据泡沫颜色、大小、虚实（矿化程度），产品质和量的变化（凭外观颜色和产品湿重判断），快速化验结果好坏进行操作。

调整中矿量，中矿的返回地点、循环量大小和中矿返回量的稳定性，对稳定操作和最终产品质量的影响极大，必须特别引起注意。在不影响质量指标的前提下，中矿量控制越少越好。

调整浮选时间。根据流程考察分析结果，必要时根据逐槽分析结果，即可判断各作业的浮选时间长短是否适当，从而确定精、扫选次数。例如，扫选尾矿品位较高，在显微镜下观察有用矿物主要是大于 $10\mu m$ 的单体颗粒损失，显而易见是扫选时间不足或药剂制度不相适应引起的。

以上各项调整工作，一方面是根据操作人员的经验和直接观察的现象进行的；另一方面主要是根据快速分析、班试样和流程考查结果进行调整的。调整正常后，必须保持操作稳定。要使操作稳定，关键是要有稳定的给矿量、矿浆浓度和药剂添加量，并严格控制回路系统。确实证明试验已稳定，试验结果已达到实验室试验指标后，才能进行正式试验。

⑥ 正式试验稳定后，即转入正式试验　正式试验连续运转时间一般应在 2d 以上，若试样量不足，最低限度也要连续运转 24h。为调整操作，考察试验结果和提供选矿厂设计数据，浮选连续性试验需要进行如下测量：原矿量和粒度组成，分析各粒级品位；磨矿和分级机溢流的细度和浓度；药剂浓度和用量；矿浆 pH 值和温度；原矿和各个产品的浓度、品位及粒度分析等。

9.2.2.6　取样和检测

在预先试验和正式试验中，取样和检测（化学分析、粒度分析、浓度测量等）工作是一项极重要的工作。连续性试验取样包括取当班检查样和流程考察试样，当班检查样只取原矿、精矿和尾矿，每 15min 或 30min 取一次样，试样 2h 合并化验一次，做快速分析，一个班化验四次，当班检查样用以及时指导操作，同时用以校核流程考察试验结果。流程考察试样是为了计算数质量流程和矿浆流程，指导下班操作和作为设计依据而采取，30min 或 1h 取一次样，每班取 8～16 次，各产品试样一个班分别合并送化验。流程考察试样个数是根据各选别作业中各产物的产率和金属量平衡计算方程式的个数及可能解出的未知数个数来定，确定必要而充分的分析化验点。以上两种试样均由指定的取样人员定时按固定的截取时间（一般 3～10s）截取。为避免取样对操作的影响，取样顺序由后往前取，或统一信号指挥，分段同时取样，除取上述试样外，有时操作人员根据操作情况，对局部作业取样化验，此类试验结果不列为正式计算结果，仅作为调整操作用。

下面讨论如何根据金属平衡和数质量流程计算的需要确定取样点。

金属平衡分实际平衡和理论平衡。实际平衡，指产品的重量和产率是按实测结果计算的，而理论平衡，产品的重量和产率是根据化验品位计算出来的。一般数质量流程和矿浆流程主要是按理论平衡进行计算。

取样点的确定是根据计算数质量流程所需必要的原始指标数目而定。必要的原始指标根据下式确定：

$$N=C(n-\alpha) \tag{9-1}$$

式中　N——计算流程所必需的原始指标数目（不包括已知的原矿指标）；

　　　n——计算流程时所涉及的全部选别产品数目；

　　　α——计算流程时所涉及的全部选别作业数目；

　　　C——每一作业可列出的平衡方程式数目（单金属 $C=2$，双金属 $C=3$，三金属 $C=4$）。

浮选试验取样流程示例：

图 9-3 是一个处理某次生浸染硫化铜矿的浮选取样流程，除原矿外，选别产品总数 $n=14$；选别作业数目 $a=7$，可列出的平衡方程数目 $C=2$，一个是重量平衡，一个是铜金属平衡（若为双金属，$C=3$，三金属，$C=4$……如需计算磨矿循环的数质量流程，则采取筛析试样，用某特定粒级的含量数据作原始指标，利用质量平衡和粒度组成平衡方程式进行计算，此时 $C=2$）。

改流程除原矿质量（或产率）和品位外，计算数质量流程所必需的原始指标总数为：

$$N=C(n-a)=2\times(14-7)=14 \tag{9-2}$$

然后根据必需的原始指标总数确定取样点。产品的产量除实验室连续性试验因量小可测定精矿产量外，半工业和工业性试验均难以直接测准。一般仅原矿（或加上最终精矿）计量，各作业产品则仅取化验试样。图 9-3 取样流程中，选择了 7 个浮选作业的精、尾矿 14 个产品作为化验试样取样点，从而得到 14 个产品的品位指标作为计算数质量流程的原始资料。为了校核流程计算的结果。在保证取得必要而充分的原始指标数目的产品试样外，图 9-3 取样流程中多取了一个产品 8 的化验试样。另外，在某些情况下，可留几个辅助取样点，以防某一点出了问题时作为补充。

磁-重选试验取样流程示例：

图 9-4 是某铁矿按磁-重联合流程试验时所采用的取样流程。其主要特点是，由于磁选和重选作业有三个产品，单靠化验品位数据不能满足按 $N=C(n-a)$ 公式的必需原始指标，因而还采取了精矿计重样。此外取筛析样是为了计算磨矿流程，取浓度、水分样是为了计算矿浆流程。

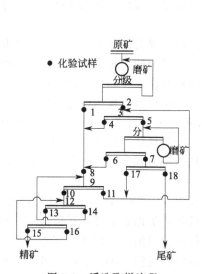

图 9-3 浮选取样流程

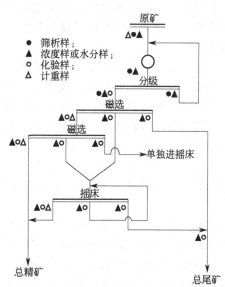

图 9-4 某赤铁矿连续性试验取样流程

综合上述两个例子，取样点的确定必须注意如下几点：

选定取样点的产品，应该是最稳定、影响最大而易于测定的产品。若有两种产品的选别作业，应选取精、尾矿化验试样。如果是三种产品的重选作业，除选取精、中、尾矿化验试样外，还要称量精矿量。对四种产品的重选作业，除取四种产品的化验试样外，还要称量精矿和次精矿量。

应根据可能遇到的技术问题确定取样点。例如同一搅拌槽的矿浆分配在两个平行系列的浮选机上进行选别，此时就不能只在一个取样点取样作为两个平行浮选系列的给矿品位，而应分别取给矿化验试样，避免因矿浆分配不均匀而产生误差。又如图 9-3 中产品 1、4、6 汇合成产品 8 可以取样。若要取产品 12 的样，则会遇到技术上的困难，因为产品 10 和产品 16 各自从不同的管道直接进入二次精选作业。

9.2.2.7 试验厂试验

在黑色、有色、稀有金属矿山建立的一批试验厂，其规模为 10～300t/d。有色、稀有金属规模多数是 25～50t/d。这些矿山建立的试验厂虽各有其特殊原因，但主要有下列几点：

① 金属储量大，生产厂矿属中型和大型，基建投资大。

② 矿石组成简单、原矿品位低、嵌布粒度细、共生关系复杂。如某铜矿，原矿含铜 0.7%，主要金属矿物是孔雀石，其次是斑铜矿、辉铜矿等，各种铜矿物的相对含量分别是 50%～70%、20%。孔雀石的嵌布粒度一般为 5～150μm，但呈色染体、薄膜状高度分散在白云石等脉石中，致使矿石难选。为了有效地利用该资源，先后建立了一个 20t/d 浮选试验厂和 10t/d 的水冶试验厂。类似情况建试验厂的还有硅质胶磷矿、红铁矿、锰矿。

③ 矿石中有用矿物品种多、嵌布粒度细、共生关系复杂，有些矿物性质相似，分离困难。例如某钨钼铋矿，矿石中主要金属矿物达 7 种以上，为难选矿石，在 500kg 扩大试验基础上，建立了 50t/d 试验厂。

④ 采用新设备和新工艺。例如用强磁选机选褐铁矿，利用絮凝新工艺选赤铁矿和磁铁矿混合矿。

必须注意，储量和规模大不是建试验厂的唯一原因，因为简单易选矿石，只需根据小型试验结果就可设计。因此除了储量和规模外，还要结合考虑矿石性质复杂程度和有无生产经验可资借鉴。

建立试验厂的目的，主要是验证实验室试验或连续性试验的流程方案和技术经济指标的稳定性和可靠性；实验室试验或连续性试验的原矿性质是稳定的，进入试验厂的原矿则不是预先混匀的，而是波动的，因而可以观察原矿性质波动对操作条件和工艺指标的影响；可进一步暴露矛盾，改进和完善流程方案，为设计新的厂矿提供更为可靠的设计资料，以节约基本建设投资。除此，还可为新建大厂投产培训技术人员；为处理矿区其他类型矿石进行试选，或进行各种工艺改革试验，给工业生产准备条件；为其他试验提供中间产品；为附近矿山作试验，给新建企业提供必要的技术资料；除承担试验研究任务外，平时还可以进行生产。

试验厂是新建大厂缩小规模的一个雏形，与工业生产大厂相比，为适应试验研究需要，它的流程是可变的，设备配置有一定的灵活性，有些设备可借助起重机搬运以适应流程的调整。它的任务是以试验为主，在保证试验的前提下提供一定量的商品精矿。工业生产的选矿流程是固定的，设备安装在固定的基础上，流程、设备调整灵活性小，它的任务是生产，必须按照国家计划完成和超额完成生产任务。

试验厂试验的程序方法和取样等类似连续性试验。值得注意的是，试验厂入选矿石用量大，不可能像实验室小型试验和连续性试验所处理的试样性质那样稳定，矿石性质难免有变化，指标亦随之引起波动，因此不能根据少数几个班的生产指标，或一两次流程考查结果提供设计数据，而应取较长时间的正常生产班次的指标进行统计，列出平均指标，班试样的采取和流程考查与现场生产相同。

试验厂试验示例：

国内某钛矿选厂处理原矿为典型的红土型风化钛铁矿砂矿，含泥量高，用现行的采选工艺，生产中钛精矿的回收率仅为 33% 左右。针对这一情况，进行了详细的脱泥试验研究，采用高效倾斜板浓密机，在不影响选厂正常生产的情况下，直接截取部分生产原矿进行"脱泥-螺旋溜槽重选"的半工业试验。其试验流程如图 9-5 所示。

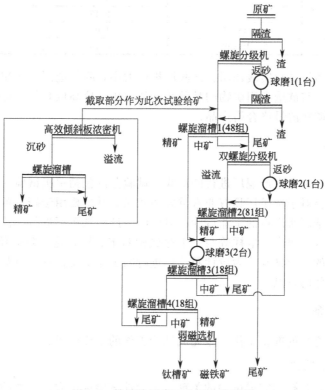

图 9-5　钛矿选厂半工业试验流程图

该厂处理的原矿为某典型的红土型风化钛矿砂矿，钛铁矿和钛磁铁矿为含钛的主要矿物。从多元素分析得 $w(\mathrm{TiO_2})$ 为 7.07%，$w(\mathrm{Fe})$ 为 17.33%。钛铁矿多呈自形晶粒状或他形粒状，可见菱面体晶、六方柱状晶、板状晶的钛铁矿完整晶体，而大多数为碎粒状钛铁矿。主要脉石矿物有蛇纹石、黏土（针铁矿-准埃洛石黏土）、石英、少量蛭石。矿物含量为74.32%。蛇纹石 $\mathrm{Mg_6[Si_4O_{10}](OH)_8}$ 为镁硅酸盐矿物，常有 $\mathrm{Fe^{2+}}$ 类质同象置换晶格中的镁，因此蛇纹石一般都有电磁性，并随着含铁量的增加其磁性强度增大。除蛇纹石之外，本试样中大量的褐铁矿-准埃洛石黏土同样具有变化的磁性，褐铁矿黏土中针铁矿与准埃洛石混杂呈球状、粉末状。

如表 9-4、表 9-5 所示，脱泥前直接用螺旋溜槽重选，精矿 $\mathrm{TiO_2}$ 品位为 23.71%，回收率为 53.97%。脱泥后采用同样的设备重选，精矿 $\mathrm{TiO_2}$ 品位可达 33.54%，回收率达到86.58%，大大提高了选别指标，说明该矿采用高效倾斜板浓密机脱泥效果较好。该试验研究结果可为该选矿厂的技术改造提供可靠的技术支持。

表 9-4　未脱泥沉砂的螺旋溜槽重选生产指标　　　　　　单位：%

产品名称	产率	TiO₂品位	TiO₂回收率
精矿	15.53	23.71	53.97
中矿	19.16	5.69	15.98
尾矿	65.31	3.14	30.06
原矿	100.00	6.82	100.00

表 9-5　脱泥沉砂的螺旋溜槽重选生产指标　　　　　　　　　　　单位:%

产品名称	产率	TiO₂品位	TiO₂回收率
精矿	23.64	33.54	86.58
中矿	30.35	2.46	8.15
尾矿	46.01	1.05	5.27
原矿	100.00	9.16	100.00

多年来试验厂通过试验实践证明:试验厂规模大小,除与选别方法和流程复杂程度有关外,在很大程度上,与欲选有用矿物的品种数量和原矿品位高低有关。总的要求是应能从试验厂获得欲选有用矿物的最终合格产品。

9.3　工业试验

工业试验是指在工业生产现厂进行的试验。试验范围包括单机试验、局部作业试验、全流程试验。工业试验对于选矿厂具有非常重要的意义,其主要用于新设备在生产现厂的考察定型试验;设计新选厂所进行的工业试验;对已经生产的选矿厂进行工艺改革的工业试验。

工业试验的内容、程序和取样等与半工业试验基本相同,这里仅介绍以下几方面内容:试验准备、新设备的工业试验;为设计新选厂进行的工业试验;现厂改革流程试验;工业试验中取样和检测工作的特点。

9.3.1　试验准备

在试验前做好充分的准备工作,是完成试验工作的重要前提。

9.3.1.1　组织管理工作

加强组织管理,是顺利完成试验的关键。工业性试验规模大,参加的单位和人员多,试验中任何一个操作岗位的工作质量的好坏,都将影响整个试验结果,因此,必须加强组织管理,进行统一指挥,从而统一步调。一般应该成立一个以现场主要领导为组长的工业试验领导小组和一个以技术研发单位为课题组长的工业试验技术组,成员包括参加试验的全体人员和相关保障人员,以便对(半)工业试验进行统一领导和指挥。

9.3.1.2　试样的采取和代表性

为新建选矿厂进行工业性试验试样的采取点,必须根据该选矿厂未来生产的合理布局和已有的勘探、开采坑道而定。试样应代表选矿厂前 3~5 年的生产矿石。为确保试样的代表性和指导工业性试验,最好在实验室对试样进行开路或闭路流程试验加以检验。整个试验期间,试样的代表性应尽量保持一致,以保证试验的可比性。

9.3.1.3　调整流程和设备

根据将要试验的试验流程、试验条件和指标,按现厂设备规格进行计算,确定设备的数量。若现厂没有所需设备,应予添置和扩建安装。调整好各作业和设备之间的负载后,按试验流程和条件的需要检修好设备和管道,检修时,注意其灵活性,以便根据试验情况及时调整,同时为流程取样创造条件。最后,全面按试验流程和试验条件进行核定,确认核定无误后,再开始试验。

9.3.2　新设备的工业试验

新设备定型投入工业生产之前,必须在生产厂进行工业性试验。试验目的是通过试验改进和完善设备的结构,找出其最佳结构参数和操作参数,以便定型生产。

新设备的工业试验一般是单机试验，其试验内容包括：调整试验，即在按生产条件运转中，发现设备结构的不足之处，通过改进来完善设备的结构构造；条件试验，即找出该设备的最佳操作参数；对比试验，与相似设备或起相似作用的老设备平行进行试验。在此基础上，肯定新设备的优越性。联系运转试验，即在生产条件下连续运转一段相当长的时间。通过上述一系列试验，最后要提出下列资料，设备技术特性参数和结构特点；技术经济指标，如选矿的精矿品位和回收率、固定投资、消耗费用（即维修费用），设备的应用范围。

新型高效重选设备的研制一直是选矿界的热点与难点。徐子力曾设计了一种新型旋振塔式工业样机，如图 9-6 所示，并采用云锡尾矿对该机器进行了工艺试验，得出新型旋振塔式选矿机工业样机对分选锡尾矿具有较好的分析效果。为以后工业定型机提供有效的依据。

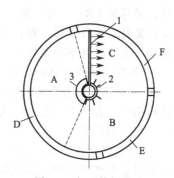

图 9-6 新型旋振塔式
选矿机工业样机图

A—给矿区；B—中矿区；C—精矿区；
D—尾矿槽；E—中矿槽；F—精矿槽；
1—冲击水管；2—洗涤水管；3—给矿器

弓长岭选矿厂针对采用老式盘式过滤机过滤磁铁精矿滤饼水分含量较高，后续球团厂烘干成本高及老式盘式真空过滤机自身设计存在不足等问题，与鞍山嘉丰工业泵厂在老式盘式过滤机的基础上进行了一系列改进，共同设计制造了新式独立吸附独立脱水盘式真空过滤机，并在弓长岭选矿厂进行了工业试验及新式过滤机改进试验。试验结果表明，在相同的给矿条件下，使用改进后的过滤机获得了滤饼水分平均含量为 9.15% 的满意试验指标，且新式过滤机具有比老式过滤机效率高、工艺顺畅、真空泵过流件使用周期长等优势，成为老式盘式过滤机的换代产品。

9.3.3 设计新选矿厂进行的工业试验

对矿石性质复杂难选，或者采用新工艺、新设备的大中型浮选厂，在无类似生产现厂经验可以借鉴而又未建立专门试验厂的情况下，应进行工业试验。

工业试验可以是局部作业的连续试验，也可以是全流程试验。局部作业试验是选择流程中的关键作业，利用已建厂的设备进行试验。这种试验相对全流程试验而言较多，例如焙烧磁选中的焙烧试验，受炉型、入料粒度、热工制度影响大。在此情况下，焙烧试验尚须进行工业试验，而磁选试验可仅进行实验室试验。下面我们介绍一个利用现厂设备进行焙烧工业化的试验方法，如大于 20mm 的粗粒铁矿物料在竖炉上进行投笼焙烧试验，粉矿进行回转窑试验或沸腾焙烧试验等。

首钢控股有限责任公司于 2006 年 6 月 26 日与湖北省宜昌市政府签署战略合作协议，共同开发宜昌市境内的高磷鲕状赤铁矿资源。首先针对长阳火烧坪铁矿，首钢控股有限责任公司及其下属长阳新钢矿业有限公司先后与北京矿冶研究总院合作，自 2006～2008 年经多次小型实验室流程试验及扩大连续试验研究，2008～2012 年先后完成了火烧坪铁矿年产 50 万吨采矿、选矿工业化试验厂设计、施工建设及选矿厂调试及工业试验，其流程见图 9-7。选矿工业试验结果表明：开发出的强磁抛尾-双反浮选脱磷脱硅的联合选矿工艺技术可以向工业化应用技术过程推进并转化，可取得预期的技术经济指标。同时为该资源选矿开发过程中环水处理回用、选矿产品脱水、过滤工序研发并选择确定了一整套成熟的应用装备。总结目前开发利用该类资源的其他多种工艺技术，本工业化工艺技术具有成本低、运行平稳、环保节能、易于操作等特点，属国内首创，是处理鄂西火烧坪类铁矿资源的有效途径，为大规模开发该类资源奠定了坚实的基础。

利用生产矿厂的设备对新资源利用的关键问题进行单机或某一作业工业性试验，与全流程工业性试验相比，这是一种多快好省的试验方法。

9.3.4　现厂工艺流程改革试验

现厂工艺流程改革试验一般采用对比法。对比试验方法有两种：一种方法是在两个平行的系列上同时进行试验，其中一个系列保持原有的生产状态，另一个是进行改革的系列，试验时，要求两个系列处理的试料性质相同（江西赣州的某锂辉石矿山就曾采用此法进行流程改造，详尽见下例）；另一种方法是保证原矿性质基本一致的条件下，在同一系列上对几个试验方案分期进行试验。对比试验的正确结论取决于试验结果的可比性。要保证试验结果的可比性，必须具备下列条件：

① 各对比试验方案的给矿性质应基本一致。

② 各对比试验方案中采用的设备不相同，则应使各方案中采用的设备、技术参数均处于最佳条件，否则将人为地扩大试验结果的差别，降低可比性。若采用同类设备，则最好在同一系列分期试验。

③ 对比试验各方案的试验结果，应取若干班（如 10 个班以上）的平均试验结果对比，而不能只取最佳班次的个别试验结果对比，这样可以避免偶然性。

为设计新选矿厂进行的全流程工业试验，其试验与此类似，即首先进行单机试验；其次是从上至下进行局部作业的调整试验；最后进行全流程试验，其试验方法不是采取平行系列对比法，而是采取逐步调优的试验法寻找最优条件，如调优计算、单纯形调优和最陡坡法。一般地说，当试验的最初阶段，要求调整的幅度较大时，可采用最陡坡法，以便尽快地接近最佳条件；在已取得较好指标后，即应采用调优方法，保证生产指标的稳定。

江西赣州的某锂辉石矿山，配套建有一座选厂，共有 2 条生产线，其中有 1 条在 2006 年建成，持续生产至 2011 年停产；企业后来并列新增加了 1 条生产线，于 2010 年底建成，由于缺乏选矿试验、工程设计以及设备安装错误等原因，前期调试一直未成功，从而未正常生产过，基本处于废置状态。矿山于 2011 年尾矿库服务年限已至等原因，主管部门临时停电后，企业陷入停产状态。2015 年 3 月某化工企业收购了该矿山，企业希望在充分利用现有的选矿设备基础上，适当添加部分选矿设备，在严控投资额的前提下，完成新工艺流程改造，改造前后的选矿厂流程分别如图 9-8、图 9-9 所示。企业在停产期间委托国内科研院所进行了选矿试验研究，通过选厂的技术改造，精矿品位可从原来 Li_2O 品位 4.76% 提高至 5.0% 以上，回收率由原来的 70.54% 提高至 73% 以上，提高了锂辉石选矿指标，并能够有效保证长石的质量。

9.3.5　工业试验的取样和检测

工业试验时取样和检测的目的、内容以及取样流程图的编制方法，均与实验室连续性试验相同。取样和检测可采用离线的方法，即利用人工或普通机械取样机取样，将样品加工后分别送去检测，也可采用在线的方法，依靠各种在线仪表直接进行连续测量。应用调优运算和单纯形调优方法，借助于各项在线检测仪表的直接连续测量，加上电子计算机的控制，即可实现工艺过程的自动最优化调节和控制。由于工业试验规模大、代价高，应尽可能地采用在线检测的方法代替一般人工取样离线检测的方法，以便及时调整操作、缩短试验周期。

在线检测的主要项目为品位、粒度、浓度、pH 值和流量等。现将常用的在线自动检测仪表的基本原理和应用情况介绍如下。

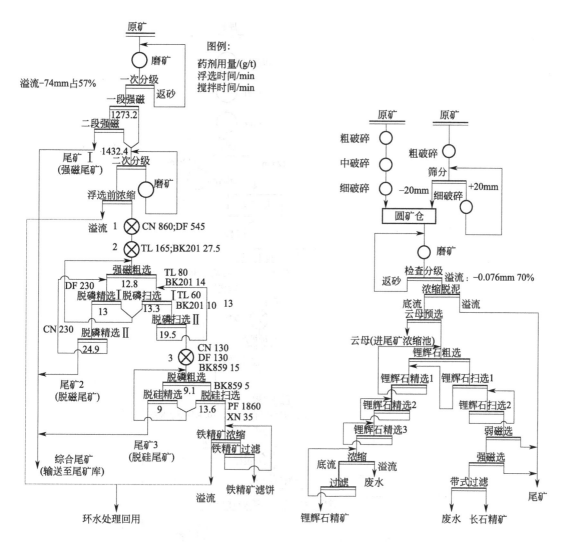

图 9-7 选矿工业化试验工艺流程图   图 9-8 改造前选矿工艺原则流程

9.3.5.1 品位的自动检测

目前品位的自动检测均采用在线 X 射线荧光分析仪,这种方法的基本原理是用 X 射线管产生的 X 射线(通常称为一次 X 射线)照射被测定的矿浆样品,激发样品中各元素,产生代表各种元素特征的二次 X 射线,也叫荧光,其波长代表了元素性质(或原子序数),其强度与元素的含量成正比。因此,只要用适当的晶体分光并用 X 射线探测器测量各种元素的荧光射线强度,就可以做定性和定量分析。

目前该技术已经相当成熟,在国内外,这类设备已经广泛运用于矿山,其中武山铜矿在选矿车间配备 X 荧光载流品位检测等检测系统,实现了工艺参数快速、准确检测和生产过程自动控制。进一步稳定和提高了选矿过程控制,更好地指导选矿过程,提高了技术经济指标。

9.3.5.2 粒度的自动检测

入选物料粒度是影响选别指标好坏的重要因素之一。合适的入选粒度,才能保证高效的矿物单体解离度,并为获得较高的选矿指标创造有利条件。

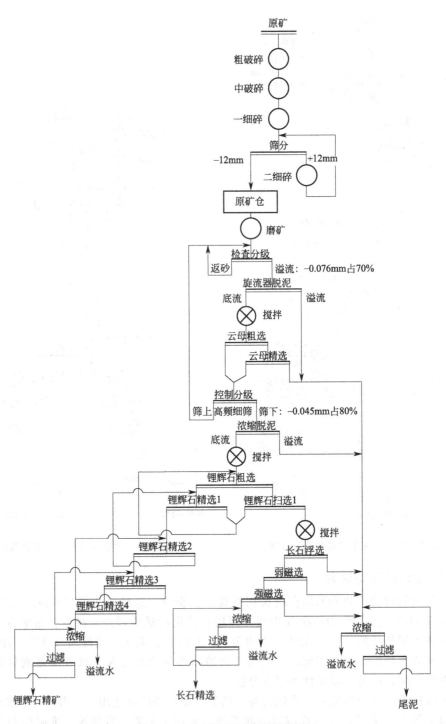

图 9-9　改造后选矿工艺原则流程

　　目前粒度自动检测主要利用计数法，有时需同时进行浓度测量，其基本原理可参看本书3.3.1 粒度分析部分，常用的在线粒度测定仪为超声波式和激光式。

9.3.5.3　浓度的自动检测

　　由于矿浆浓度是选矿流程中重要的判断依据和参考指标，在选矿流程的磨矿、浮选、脱水等作业中，及时准确测量矿浆浓度对磨矿和浮选等一系列作业有着至关重要的意义。目前矿浆的自动测量仪器类型较多，根据测量原理的不同分为射线式、超声波式、静压力式、重力式、浮子式、振动式、电磁感应式等。其中射线式又分为电离室式和闪烁计数器式；超声波浓度计又分为声强式、声速式和声阻式；静压力式浓度计又分为水柱平衡式、双管气泡差压式和隔膜侧压密封式；浮子式浓度计又分为漂浮浮子式和浸液浮子式；振动式浓度计又分为单管振动式和双管音叉振动式等。

目前应用较广泛的是γ射线浓度计和差压式浓度计，也有少量采用超声波浓度计等产品，γ射线浓度计由于其安装维护方便，可实现非接触式检测，检测精度高。近年来一直在选矿浓度检测方面占据主导地位，但是存在核辐射、核废料处理等问题。γ射线浓度计的工作原理如下：

γ射线浓度计一般是采用铯137或者钴60作射源，采用光电倍增管、GM计数管或电离室作探测器。它利用射线在不同的矿浆浓度中被阻断，从吸收量的差异来测量矿浆浓度。差压式浓度计是利用矿浆中高低不同的两点的压差为两点之间垂直距离与矿浆密度之乘积这一原理，测出矿浆浓度后再换算出浓度值。

图 9-10 为 γ 射线密度计的原理图。由于 ^{137}Cs 的能量和强度较小，因而有利于安全防护，因此常采用 ^{137}Cs 作放射源。

当然重力式浓度自动检测仪也经常被采用，由于其成本低、操作安全等特点也被广泛用于选矿厂。比如，木奔选厂分级机溢流浓度的控制，是采用自己研究制造的重浮子矿浆浓度计，与常规电动单元组合仪表配套，组成自动控制系统。

9.3.5.4　pH 值的自动检测

浮选矿浆的 pH 值对于选矿过程是至关重要的，其关系到选矿指标的好坏。而工业 pH 计用于选矿厂在国外早已采用。智利的丘基卡马塔选矿厂在粗选矿浆浓度、药剂、再磨矿浆 pH 值等关键因素的检测中已经采用了先进的控制系统。

9.3.5.5　矿浆流量的自动检测

矿浆流量是选矿工艺中的一个重要指标，其测量精度的高低将直接影响选矿工艺的自动化控制。就目前的矿浆流量检测装置而言，有以下几种测试装置：电磁流量计、旋涡流量计、涡轮流量计、激光流量计等，详尽分类见表 9-6。其中电磁流量计为矿浆流量测量的常用装置，电磁流量计的工作原理：当矿浆在具有磁场的管道中流过并切割磁力线，按法拉第电磁感应定律，就会在矿浆中产生电势，其方向与磁场方向及矿浆运动方向垂直，其大小正比于矿浆的流速、磁场的磁通密度以及管道的直径。于是利用两个电极测量所产生的电势，就可以测量矿浆的流量。

表 9-6　流量计的分类

类别		仪表名称
体积流量计	容积式流量计	椭圆齿轮流量计、腰轮流量计、皮膜式流量计等
	差压式流量计	节流式流量计、均匀管流量计、弯管流量计、靶式流量计等
	速度式流量计	涡轮流量计、电磁流量计、超声波流量计等
质量流量计	直接式质量流量计	科里奥利流量计、热式流量计等
	推导式质量流量计	体积流量经密度补偿或温度、压力补偿求得的质量流量等

图 9-11 为电磁流量计原理图。我国北京中瑞能仪表公司、江苏翔腾仪表有限公司等生产此类流量计。矿浆中磁性矿粒含量较高而且变化较大时，将会影响流量的测量结果，此时须采用磁补偿式电磁流量计。

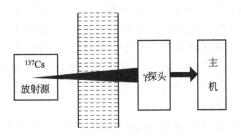

图 9-10　γ射线密度计原理图

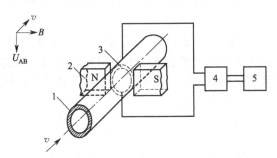

图 9-11　电磁流量计原理图
1—测量导管；2—磁极；3—电极；
4—转换器；5—显示仪表

9.4　选矿工艺流程考察

流程考察是在选矿厂的工艺流程中，调查分析影响此工艺过程正常进行的各种因素，揭露其内在联系，为提出解决的方法提供依据。因此流程考察是了解选矿厂的生产情况，查明生产中的薄弱环节的手段之一，所以选矿厂一般都要定期或不定期地进行流程考察。

9.4.1　选矿厂考察的目的和分类

9.4.1.1　目的

① 了解选矿工艺流程中各作业、各工序、各机组的生产现状和存在的问题，并对生产工艺流程在质和量方面进行全面分析和评价；

② 为制订和修改技术操作规程提供依据；

③ 为总结各工序的设计和生产技术工作的经验提供资料；

④ 查明生产中出现异常情况的原因，提出改进的措施和解决的方法；

⑤ 选矿试验厂的流程考察资料可为设计提供依据。

9.4.1.2　分类

① 单元考察　对选矿工艺的某个作业进行测定，如破碎筛分流程考察、磨浮选流程考察等。

② 机组考察　对两个以上相互联系的作业进行测定，如筛分和跳汰机组测定、水力分级和摇床机组测定等。

③ 数质量流程考察　这种测定规模比较大、取样点多，根据工作量大小不同，又可分为全厂流程考察和局部（主要段别）流程考察。

重选厂由于流程比较复杂，所以进行全厂流程考察较少，而进行局部流程考察较多。

9.4.2　流程考察的工作内容

进行全厂的流程考察，一般要求提供如下资料：

① 原矿性质，包括化学组成、粒度组成、脱泥率、原矿石的真假密度（包括有用矿物、脉石和围岩）、原矿中有用矿物的嵌布；

② 选矿厂数质量流程图和矿浆流程图；

③ 各主要设备的选别效果（精矿品位和回收率）和操作条件；

④ 某些辅助设备的效率及对选矿过程的影响（如筛分设备）；

⑤ 全厂总回收率和分段回收率、最终产品各粒级的金属占有率；

⑥ 出厂产品的质量情况；

⑦ 各设备的规格及技术操作条件；

⑧ 金属流失情况及原因；

⑨ 其他各项选矿技术经济指标（如作业成本、劳动生产率等）。

9.4.3　流程考察中的取样

取样前必须准备好取样的工具和容器，并对各容器按取样点编号，以免错乱。之后在各取样点由指定的取样人员按计划用正确取样方法定时取样。

为了使取样具有代表性，一般都是每隔0.5h或1h取一次样，如处理的矿石性质比较均匀，则连续取6~8次，所得混合试样作为流程考查的代表性试样；若处理的矿石不均匀，则应延长取样时间和增加取样次数，否则影响试样的代表性。

必须保证必要的试样质量，所取试样质量的多少取决于试样的用途。若某一产物试样分析的项目较多（如化学分析、粒度分析、磁性分析），则要求的试样质量也多。又如某一产物的浓度较低，要求的试样质量较多，可考虑在每次取样时增加裁取次数和延长截取时间，以增加试样的质量。

9.4.4　试样处理

试样取完以后，要对所取样品进行必要的处理。首先把试样澄清抽水，然后烘干，将烘干的试样按所确定的试样种类取出。在试样处理过程中，要求按正确的方法进行混匀和缩分，以保证每份试样都有代表性。

9.5　选矿工艺流程计算

9.5.1　质量流程的计算

为了了解流程中各产物质量和数量的分配情况，从而进行了质量流程计算，使其为调整生产和考察设备工作状况提供依据。

质量流程是根据各产物的化验结果（即产物的品位）进行计算的。首先要检查这些指标是否符合正常情况，若有个别反常，需重新化验进行校核。

流程计算的程序，对全路程而言，应由外向里算，即先计算流程的最终产物全部未知数，然后计算流程内部的各个工序；对工序（或循环）而言，应一个工序一个工序地进行；对产物而言，应先算出精矿的指标，然后用相减的方法算出作业尾矿指标；对指标而言，应先算出产率，然后依次算出回收率和品位。计算结果都要校核平衡，先校核产率，再校核回收率。

质量流程计算的方法，就是根据各个作业进出产品的质量（或产率）平衡和金属量平衡关系计算未知的产率 γ、回收率 ε 和品位 β 值。其计算方法随产品和金属品种的增加相应地变得比较复杂。

9.5.1.1　单金属(锡)两产品流程

计算如图 9-12 所示，根据平衡关系列出下列方程式：

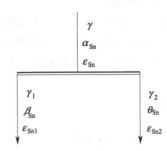

图 9-12　两产品流程

产率平衡 $$\gamma = \gamma_1 + \gamma_2 \tag{9-3}$$

金属量平衡 $$\gamma \alpha_{Sn} = \gamma_1 \beta_{Sn} + \gamma_2 \theta_{Sn} \tag{9-4}$$

式中，γ 为 100%；α_{Sn}、β_{Sn}、θ_{Sn} 均为取样化验所得的品位。

解方程组得：

$$\gamma_1 = \gamma \frac{\alpha_{Sn} - \theta_{Sn}}{\beta_{Sn} - \theta_{Sn}} = \frac{\alpha_{Sn} - \theta_{Sn}}{\beta_{Sn} - \theta_{Sn}} \times 100\% \tag{9-5}$$

$$\gamma_2 = \gamma \frac{\alpha_{Sn} - \theta_{Sn}}{\theta_{Sn} - \beta_{Sn}} = \frac{\alpha_{Sn} - \theta_{Sn}}{\theta_{Sn} - \beta_{Sn}} \times 100\% \tag{9-6}$$

校核 $$\gamma = \gamma_1 + \gamma_2$$

$$\varepsilon_{Sn1} = \gamma_1 \frac{\beta_{Sn}(\alpha_{Sn} - \theta_{Sn})}{\alpha_{Sn}(\beta_{Sn} - \theta_{Sn})} \times 100\% \tag{9-7}$$

$$\varepsilon_{Sn2} = \varepsilon_{Sn} - \varepsilon_{Sn1} \tag{9-8}$$

9.5.1.2　单金属(锡)三产品流程计算

如图 9-13 所示，三产品流程计算中，因中矿均返回前一作业，所以中矿的质量（产率）指标无法测定得到，必须增取一个中矿、尾矿合并的化验样 β_{Sn4}，先计算 γ_4，其方法和单金属两产品流程计算相同。

产率平衡 $$\gamma = \gamma_1 + \gamma_4 \tag{9-9}$$

金属量平衡 $$\gamma \alpha_{Sn} = \gamma_1 \beta_{Sn1} + \gamma_4 \beta_{Sn4} \tag{9-10}$$

式中，γ 为 100%；α_{Sn}、β_{Sn1}、β_{Sn4} 均为取样化验所得的品位。

解方程组得：

$$\gamma_1 = \frac{\alpha_{Sn} - \beta_{Sn4}}{\beta_{Sn1} - \beta_{Sn4}} \times 100\% \tag{9-11}$$

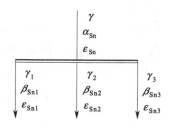

图 9-13 三产品流程

$$\gamma_4 = \frac{\alpha_{Sn} - \beta_{Sn1}}{\beta_{Sn4} - \beta_{Sn1}} \times 100\% \tag{9-12}$$

产率平衡 $$\gamma_4 = \gamma_2 + \gamma_3 \tag{9-13}$$

金属量平衡 $$\gamma_4 \beta_{Sn4} = \gamma_2 \beta_{Sn2} + \gamma_3 \beta_{Sn3} \tag{9-14}$$

式中，γ_4、β_{Sn2}、β_{Sn3}、β_{Sn4} 均为已知。

解方程组得：

$$\gamma_2 = \frac{\beta_{Sn4} - \beta_{Sn3}}{\beta_{Sn2} - \beta_{Sn3}} \times 100\% \tag{9-15}$$

$$\gamma_3 = \frac{\beta_{Sn4} - \beta_{Sn2}}{\beta_{Sn3} - \beta_{Sn2}} \times 100\% \tag{9-16}$$

然后按照回收率的计算公式：

$$\varepsilon_{Sni} = \gamma_i \frac{\beta_{Sni}}{\alpha_{Sn}} \times 100\% \tag{9-17}$$

分别求出各产物的回收率，式中 $i = 1$，2，3，4。

9.5.1.3　两种金属(铅、锌)流程计算(见图 9-14)

根据平衡关系列出方程式：

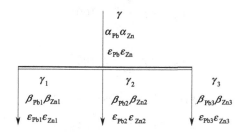

图 9-14　两种金属流程

产率平衡 $$\gamma = \gamma_1 + \gamma_2 + \gamma_3 \tag{9-18}$$

铅金属平衡 $$\gamma \alpha_{Pb} = \gamma_1 \beta_{Pb1} + \gamma_2 \beta_{Pb2} + \gamma_3 \theta_{Pb3} \tag{9-19}$$

锌金属平衡 $$\gamma \alpha_{Zn} = \gamma_1 \beta_{Zn1} + \gamma_2 \beta_{Zn2} + \gamma_3 \theta_{Zn3} \tag{9-20}$$

用行列式解上述方程式，计算全部未知 γ 值。

$$\gamma_1 = \frac{\begin{vmatrix} 1 & 1 & 1 \\ \alpha_{Pb} & \beta_{Pb2} & \theta_{Pb3} \\ \alpha_{Zn} & \beta_{Zn2} & \theta_{Zn3} \end{vmatrix}}{\begin{vmatrix} 1 & 1 & 1 \\ \beta_{Pb1} & \beta_{Pb2} & \theta_{Pb3} \\ \beta_{Zn1} & \beta_{Zn2} & \theta_{Zn3} \end{vmatrix}} = \frac{(-1)^{1+3}\begin{vmatrix} \alpha_{Pb}-\theta_{Pb3} & \beta_{Pb2}-\theta_{Pb3} \\ \alpha_{Zn}-\theta_{Zn3} & \beta_{Zn2}-\theta_{Zn3} \end{vmatrix}}{(-1)^{1+3}\begin{vmatrix} \beta_{Pb1}-\theta_{Pb3} & \beta_{Pb2}-\theta_{Pb3} \\ \beta_{Zn1}-\theta_{Zn3} & \beta_{Zn2}-\theta_{Zn3} \end{vmatrix}} \tag{9-21}$$

$$\gamma_1 = \frac{(\alpha_{Pb}-\theta_{Pb3})(\beta_{Zn2}-\theta_{Zn3})-(\alpha_{Zn}-\theta_{Zn3})(\beta_{Pb2}-\theta_{Pb3})}{(\beta_{Pb1}-\theta_{Pb3})(\beta_{Zn2}-\theta_{Zn3})-(\beta_{Zn1}-\theta_{Zn3})(\beta_{Pb2}-\theta_{Pb3})} \times 100\% \tag{9-22}$$

$$\gamma_2 = \frac{\begin{vmatrix} 1 & 1 & 1 \\ \beta_{Pb1} & \alpha_{Pb} & \theta_{Pb3} \\ \beta_{Zn1} & \alpha_{Zn} & \theta_{Zn3} \end{vmatrix}}{\begin{vmatrix} 1 & 1 & 1 \\ \beta_{Pb1} & \beta_{Pb2} & \theta_{Pb3} \\ \beta_{Zn1} & \beta_{Zn2} & \theta_{Zn3} \end{vmatrix}} = \frac{(-1)^{1+3}\begin{vmatrix} \beta_{Pb1}-\theta_{Pb3} & \alpha_{Pb}-\theta_{Pb3} \\ \beta_{Zn1}-\theta_{Zn3} & \alpha_{Zn}-\theta_{Zn3} \end{vmatrix}}{(-1)^{1+3}\begin{vmatrix} \beta_{Pb1}-\theta_{Pb3} & \beta_{Pb2}-\theta_{Pb3} \\ \beta_{Zn1}-\theta_{Zn3} & \beta_{Zn2}-\theta_{Zn3} \end{vmatrix}} \tag{9-23}$$

$$\gamma_2 = \frac{(\beta_{Pb1}-\theta_{Pb3})(\alpha_{Zn}-\theta_{Zn3})-(\beta_{Zn1}-\theta_{Zn3})(\alpha_{Pb}-\theta_{Pb3})}{(\beta_{Pb1}-\theta_{Pb3})(\beta_{Zn2}-\theta_{Zn3})-(\beta_{Zn1}-\theta_{Zn3})(\beta_{Pb2}-\theta_{Pb3})} \times 100\% \tag{9-24}$$

各产品中的铅、锌品位均可取样化验得知，$\gamma = 100\%$。

$$\gamma_3 = \gamma - (\gamma_1 + \gamma_2) \tag{9-25}$$

然后计算铅、锌精矿及铅精矿中含锌、锌精矿中含铅的回收率。

$$\varepsilon_{Pb1} = \gamma_1 \frac{\beta_{Pb1}}{\alpha_{Pb}} \times 100\% \tag{9-26}$$

$$\varepsilon_{Pb2} = \gamma_2 \frac{\beta_{Pb2}}{\alpha_{Pb}} \times 100\% \tag{9-27}$$

$$\varepsilon_{Zn1} = \gamma_1 \frac{\beta_{Zn1}}{\alpha_{Zn1}} \times 100\% \tag{9-28}$$

$$\varepsilon_{Zn2} = \gamma_1 \frac{\beta_{Zn2}}{\alpha_{Zn2}} \times 100\% \tag{9-29}$$

$$\varepsilon_{Pb3} = 100 - (\varepsilon_{Pb1} + \varepsilon_{Pb2}) \tag{9-30}$$

$$\varepsilon_{Zn3} = 100 - (\varepsilon_{Zn1} + \varepsilon_{Zn2}) \tag{9-31}$$

9.5.2 矿浆流程的计算

计算矿浆流程的目的是了解各作业及各产物的浓度、用水量、矿浆体积等，为调节生产提供必要的资料。矿浆流程计算是在质量流程计算的基础上根据各产物的浓度进行的。计算步骤如下：

① 将实际测出的各产物和各作业的矿浆浓度值列出，矿浆浓度一般用 K_n 表示。选矿生产中矿浆浓度都是按固体含量百分数计算，即：

$$K_n = \frac{Q_n}{Q_n + W_n} \tag{9-32}$$

式中　W_n——单位时间内的用水量，t/h；

　　　Q_n——各产物的干矿量，t/h。

　　② 按下列公式计算各产物的水量：

$$W_n = Q_n \times \left(\frac{1}{K_n} - 1 \right) \tag{9-33}$$

或

$$W_n = R_n Q_n \tag{9-34}$$

式中　R_n——各作业或各产物中液体与固体的质量比。

　　③ 按照各作业水量应等于该作业各产物水量之和，进入该作业水量应与该作业排出的水量相等的平衡关系，计算各作业的水量W_n和补加水量L_n。

　　④ 产品分析也是流程考察中比较重要的组成部分，通过对产品分析能更加深入揭露生产流程中的内在问题。产品分析包括碱度分析、磁性分析、显微镜分析等内容。

9.6　金属平衡表的编制

　　选矿生产中，进入选矿作业的金属含量和选矿产品中的金属含量的平衡，称为金属平衡。

　　金属平衡可分为理论金属平衡和实际金属平衡。理论金属平衡表是根据原矿和产品的理论质量和化验品位来编制的，实际金属平衡表是根据原矿和产品的实际质量和化验品位来编制的，它代表选矿过程的实际情况。

　　其区别在于理论金属平衡不考虑选矿各个阶段中产品的机械损失，而实际金属平衡需考虑各个阶段的金属损失。所以理论金属平衡中计算的理论回收率一般都高于实际金属平衡中的实际回收率。若机械损失等于零，则两者相等，说明操作是在理想情况和标准情况下进行的。

9.6.1　理论金属平衡表的编制

　　质量流程计算中，产品的产率是根据产品的化验品位推算得来的，因而算出的产率和回收率是理论产率和理论回收率，所以理论金属平衡的计算方法应按质量流程的计算方法进行。

9.6.2　实际金属平衡表的编制

　　实际金属平衡表是根据原矿和产品的实际质量及化验结果进行编制的。实际金属平衡选矿厂一般每月编制一次。编制实际金属平衡表所需的原始资料包括：

　　① 处理原矿石质量、所产精矿质量、尾矿质量、损失质量；

　　② 在厂半成品（矿仓、浓缩机存矿）所储盘存量；

　　③ 原矿、精矿、层矿及在厂半成品、损失物的化验品位。

　　选矿生产中因盘存矿仓和浓缩机中的金属量比较麻烦，而且又不准确，所以有的选矿厂尽量使这一部分在厂半成品保持一定，不进行盘存，这样计算实际金属平衡就简单多了。

$$Q\alpha = K_j \beta + T_w \theta + S_s \theta_S \tag{9-35}$$

式中　Q——本月进厂的原矿量，t；

α——本月进厂原矿的品位，%；

K_j——本月产出精矿的质量，t；

β——本月产出精矿的金属品位，%；

T_w——本月产出尾矿的质量，t；

θ——本月产出尾矿的金属品位，%，

S_s——本月损失部分的质量，t；

θ_S——本月损失部分的金属品位，%。

实际金属平衡中实际回收率的计算公式为：

$$Q_{sh} = \frac{精矿的金属量}{尾矿的金属量} \times 100\% = \frac{K\beta}{Q\alpha} \times 100\% \qquad (9\text{-}36)$$

损失部分包括浮选机的跑槽及出现故障时的溢出物、浓缩机的溢流"跑浑"、皮带机的掉矿、球磨给矿处的漏矿、精矿运输车辆漏矿等。在操作过程中力求减少损失，以提高招矿的实际回收率。

复习思考题

1. 实验室试验、半工业试验和工业试验各有何特点？

2. 为什么要进行半工业试验和工业试验？

3. 半工业试验可根据其内容和规模分为哪几类？

4. 简述实验室连续性试验的目的。

5. 什么是工业试验？

6. 工业试验前要进行怎样的试验准备？

7. 简述矿浆流量的自动检测设备分类。

8. 为什么要进行工艺流程考察？

9. 选矿厂考察的目的和分类？

10. 简述流程考察的工作内容。

第**10**章

选矿试验优化设计

10.1 试验方法的分类

试验方法指的是安排和组织试验的方法。有了正确的试验方法，才能以较少的试验、较短的时间，获得较多和较精确的信息。试验安排需利用各种数学方法，目前常将利用数据统计原理安排试验的方法叫做试验设计，但它也可用来泛指一切试验安排方法。

常用的试验方法有很多种，从不同的角度出发可用不同的分类方法。

从如何处理多因素的问题出发，可将试验方法分为一次一因素法（高斯-米杰里法）和多因素组合试验法。

一次一因素试验法，即每次只变动一个因素，而将其他因素暂时固定在某一适当的水平上，待找到了第一个因素的最优水平后，便固定下来，再依次考察其他因素。传统的选矿试验多采用此法。此法的主要缺点是：当各因素间存在交互作用时，试验需反复，试验工作量较大，可靠性较差。

多因素组合试验法，则是将多个需要考察的因素组合在一起同时试验，而不是一次只变动一个因素，因而有利于揭露各因素间的交互作用，可以迅速地找到最优条件。

从如何处理多水平问题这一角度出发，可将试验安排方法分为同时试验法和序贯试验法两类。

同时试验法是在试验前将所有可能的试验一次安排好，根据试验结果，找出最佳点。

序贯试验法是先选少数几个水平，找出目标函数（选别指标）的变化趋势后，再安排下一批试点，因而可省去一些无希望的试点，从而减少整个试验的工作量，但试验批次会相应地增加。

试验方法研究的内容实际包括试验的设计和分析两个部分。这两部分的内容是互相联系的，因为试验数据的统计分析要求试验数据本身能满足一定的条件和假设，因而在安排试验时就应考虑到让试验数据能满足统计分析的需求。

10.2 统计检验

试验所得数据，往往参差不齐。一组参差不齐的数据间的差异叫做变差或总变差。产生变差的原因一般来说有两个：一是条件变差，即由于试验条件的改变所引起的变差；二是试验误差，即被考察的可控因素和区组因素外的不可控因子对试验结果的综合影响所引起的误差。统计检验就是利用数理统计的方法，在一定意义下，对变差的性质进行识别。

10.2.1 变差的数量表示

【例 10-1】 设某厂对旋流器的分级效率做了 8 次测定，结果如下：

序号 i	1	2	3	4	5	6	7	8
分级效率 E/%	60	61	64	59	56	66	60	62

显然，这是一组参差不齐的数据，需利用统计学方法，对参数的期望值——平均值和波动性进行估计。

10.2.1.1 参数估计——对所测参数的真值进行估计

测试对象的量是客观存在的，这个值为真值。科学试验中常将无限多次测试结果的平均值（母样平均值）作为真值，记作 μ。有限次测试结果的平均值（字样平均值）是参数估计值 $\hat{\mu}$。

$$\hat{\mu} = \bar{E} = \frac{1}{N} \sum_{i=1}^{N} E_i \tag{10-1}$$

式中　$\bar{E}$——测试结果的平均值；

E_i——第 i 次测试结果，$i = 1, 2, 3, \cdots, N$；

N——测试次数。

本例 $\hat{\mu} = \bar{E} = \frac{1}{8}(60+61+64+59+56+66+60+62)\% = 61\%$

10.2.1.2 变差度量——对数据的波动程度进行度量

（1）离差 d　各次测量结果对平均值的离差（d_i）：

$$d_i = E_i - \bar{E} \tag{10-2}$$

将数据代入后算得结果如下：

序号 i	1	2	3	4	5	6	7	8
离差 d_i/%	−1	0	+3	−2	−5	+5	−1	+1

显然，这仍然是一组参差不齐的数据，对变差的大小仍未给出清晰的概念。我们需要的是一个能说明数据分布特征的单值，或者说，能够表示变差大小的单一统计特征值。

（2）极差 R　测试数据中最大者 $E_{\max}$ 与最小者 $E_{\min}$ 之差称为极差。即

$$R = E_{\max} - E_{\min} \tag{10-3}$$

本例：

$$R = E_6 - E_7 = 66\% - 56\% = 10\%$$

极差表示法的缺点是没有充分利用数据所提供的的全部信息，因而反映实际情况的精确度较差。

（3）算数平均误差 δ

$$\delta = \frac{\sum_{i=1}^{N} |d_i|}{N} \tag{10-4}$$

本例：

$$\delta = \frac{1}{8}(1+0+3+2+5+5+1+1)\% = 2.25\%$$

算数平均误差是各次测试结果离差平均值的算数平均值。取绝对值是为了正负误差在计算中相互抵消而显现不出。算数平均误差可以较好地反映出各单次测试误差的平均大小，但并不能很好地反映出数据的离散程度。因为一组具有中等离差的测试数据同另一组具有大、中、小三种离差的测试数据，其算数平均误差可能等值，而离散程度并不能认为相同。

（4）离差（变差）平方和 SS

$$SS = \sum_{i=1}^{N} d_i^2 = \sum_{i=1}^{N} (E_i - \bar{E})^2 \tag{10-5}$$

本例：

$$SS = 1 + 0 + 9 + 4 + 25 + 25 + 1 + 1 = 66$$

（5）平均离差（变差）平方和（或简称均方）MS（或写作 $\bar{S}$）

$$MS = \frac{SS}{f} \tag{10-6}$$

式中 f 为自由度。对总体 $f = N$，对样本 $f = N - 1$。自由度可理解为变数独立值的数目，换一个说法是样本所包含的数据个数减去所受的约束条件数。这里先由 N 个 E_i 算出 $\bar{E}$，再据此计算出离差 d_i，$\sum d_i = \sum(E_i - \bar{E}) = 0$，就是一个约束条件，受此条件约束，离差 d 的独立值的个数即自由度就是 $N - 1$ 而不是 N，故：

$$MS = \frac{66}{8 - 1} = 9.4$$

纯属重复测试的场合下，MS 就等于随机试验误差的方差 σ_e^2，下角标 e 代表误差，可略去不标。

（6）标准差（标准离差、标准误差）　测试结果无限多时，即母体标准差 σ，按下式计算：

$$\sigma = \sqrt{\frac{\sum_{i=1}^{N} (E_i - \mu)}{N}} \tag{10-7}$$

有限次测试时，即子样的标准离差 s，它是母体标准离差的估计值 $\hat{\sigma}$，按下式计算：

$$s = \hat{\sigma} = \sqrt{\frac{\sum_{i=1}^{N} (E_i - \bar{E})^2}{N - 1}} \tag{10-8}$$

本例：

$$s = \pm \sqrt{\frac{\sum_{i=1}^{N} (E_i - \bar{E})^2}{N - 1}} = \pm \sqrt{MS} = \pm \sqrt{9.4} = \pm 3.1$$

这里"$\pm$"号可略去而直接写作 $s = 3.1$。

离差平方和、方差和标准离差都是表示变差大小的常用方法，它们的共同特点是不受离差正负号的影响，而且对较大的离差比较敏感，因而可较好地反映出数据的离散程度。标准差的量纲与测试值相同，可用来直接衡量测试精度或一定置信度下的离差平方和和方差，则更便于直接统计分析。

需要注意的是，此处求得的标准离差是各个单次测试离差的"平均值"，而非测试数据本身平均值的离差。几次测试结果平均值的标准离差 σ_M 或 s_M 是单次测试标准离差的 $\dfrac{1}{\sqrt{N}}$ 倍。

$$s_M = \frac{s}{\sqrt{N}} \; ; \; \hat{s}_M = \frac{\hat{s}}{\sqrt{N}} \tag{10-9}$$

本例：

$$s_M = \frac{3.1}{\sqrt{8}} = 1.1(\%)$$

注意：不论是前式还是后式，N 都是指计算均值时所用的子样个数。自然，若为加权平均值，则为总权数。

（7）由极差估计标准差　为减少计算工作量，常用极差估计标准差：

$$\sigma = \frac{1}{D}R \tag{10-10}$$

式中系数式 D 与测试数据个数 N 有关，在 $2 \leqslant N \leqslant 10$ 的范围内，D 值可直接查表10-1。当 $N>10$ 时，估计值的误差较大，此时应先将数据等分成组，对每组求极差，再算出各组极差的平均值，代入式(10-10) 估计标准差。此时系数 D 的数值不仅与每组数据个数 N 有关，而且与组数 l 有关（见表10-1）。

表10-1 还给出了相应的自由度 ϕ 值。由表列数值可知，用极差估计标准离差时，自由度稍小。

对本例，$R=10\%$，$l=1$，$N=8$，查得 $D=2.96$，故

$$\hat{\sigma} = \frac{1}{d}R = \frac{1}{2.96} \times 10\% = 3.38\%$$

与直接用式(10-8) 算得结果差别不大。

表 10-1　极差系数表

l		N 2	3	4	5	6	7	8	9	10
1	D	1.41	1.91	2.14	2.48	2.67	2.83	2.96	3.07	3.18
	ϕ	1.0	2.0	2.9	3.8	4.7	5.5	6.3	7.0	7.7
2	D	1.28	1.81	2.15	2.40	2.60	2.77	2.91	3.02	3.13
	ϕ	1.9	3.8	2.7	7.5	9.2	10.8	12.3	13.8	15.1
3	D	1.23	1.77	2.12	2.38	2.58	2.75	2.89	3.01	3.11
	ϕ	2.8	5.7	8.4	11.1	13.6	16.0	18.3	20.5	22.6
4	D	1.21	1.75	2.11	2.37	2.57	2.74	2.88	3.00	3.10
	ϕ	3.7	7.5	11.2	14.7	18.1	21.3	24.4	27.3	30.1
5	D	1.19	1.74	2.10	2.36	2.56	2.73	2.87	2.99	3.10
	ϕ	4.6	9.3	13.9	18.4	22.6	26.6	30.4	34.0	37.5
>5	D	$1.128+\dfrac{0.32}{l}$	$1.693+\dfrac{0.23}{l}$	$2.059+\dfrac{0.19}{l}$	$2.326+\dfrac{0.16}{l}$	$2.534+\dfrac{0.14}{l}$	$2.704+\dfrac{0.13}{l}$	$2.847+\dfrac{0.12}{l}$	$2.970+\dfrac{0.11}{l}$	$3.078+\dfrac{0.10}{l}$
	ϕ	$0.876l+0.25$	$1.815l+0.25$	$2.738l+0.25$	$3.623l+0.25$	$4.466l+0.25$	$5.267l+0.25$	$6.031l+0.25$	$6.759l+0.25$	$7.453l+0.25$
∞	D	1.128	1.693	2.059	2.326	2.534	2.704	2.847	2.970	3.078

由于此处 $N<10$，故不必将数据先分组。为了介绍方法，下面试将数据分为两组：

第 I 组，$i=1 \sim 4$，$R_{\text{I}} = (64-59)\% = 5\%$

第 II 组，$i=5 \sim 6$，$R_{\text{II}} = (66-56)\% = 10\%$

平均极差 $\bar{R} = \dfrac{1}{2}(5+10) = 7.5\%$

由于 $l=2$，$N=4$，查得 $D=2.15$。

$$\hat{\sigma}=\frac{1}{2.15}\times7.5\%=3.49\%$$

10.2.2 随机误差的分布规律

统计检验理论的基础，是随机误差的分布规律。重复测试结果的随机误差大多服从正态分布规律，其特征是：

① 绝对值相等的正误差与负误差出现的概率相等；

② 绝对值小的误差比绝对值大的误差出现的概率大；

③ 绝对值很大的正、负误差出现的概率很小，经计算：

绝对值大于标准差 σ 的误差出现的概率为 31.7%；绝对值大于 2σ 的误差出现的概率仅 4.6%；绝对值大于 3σ 的误差出现的概率仅 0.3%。这说明绝对值大于 $2\sim3$ 倍标准误差的随机误差出现的概率可认为是极小的。在没有条件变差的重复测试中，若出现大于 3σ 的误差，即可认为是过失误差。反之，在没有过失误差的情况下，若出现大于 3σ 的变差，即应认为检验条件有了显著的变化而显现出条件变差。换句话说，可用变差同标准差 σ 的比值（记作 u）作为检验变差是否显著的标准（此处"显著"的含义是"显著地大于试验误差"，以后不再做解释）。这种检验方法，就叫做 u 检验法。显然，u 的取值与我们对检验可靠程度的要求有关。由上述正态分布规律可知，若 $u=2$，则判断错误的概率（记作 α）为 4.6%，若写作分（位）数则为 0.046；若 $u=3$，则 $\alpha=0.3\%=0.003$。若要求 $\alpha=0.5\%=0.005$，即可靠性达 95%，则 u 应该等于 1.96。α 值在数理统计上叫做显著性水平，要求的显著性水平不同，应取的 u 值也不同。

10.2.3 t 检验

t 检验是最常用的统计检验方法之一。t 检验法的原理同 u 检验法是一致的，只不过采用 u 检验法时，试验误差是用总体（观测次数无限多时得出的数据总体）标准差 σ 度量，而在实际生产和试验中，σ 往往是不知道的，只能用（有限次观测的）子样标准差 s 来估计它，变差同子样标准差的比值就是检验统计量 t。

【例 10-2】 例 10-1 所考察的旋流器，按长期生产统计数据算出的平均分级效率 $\mu=58\%$，后改进了结构，又重新进行例 10-1 所示的 8 次考察，考察结果平均值为 $\overline{E}=61\%$，测试标准误差 $\hat{\sigma}=3.1\%$，平均值的标准误差 $\hat{\sigma}_M=1.1\%$，试检验分级效率的变化究竟是结构改进的效果，还是随机误差的反映。

检验统计量

$$t=\frac{\overline{E}-\mu}{\hat{\sigma}_M}=\frac{\overline{E}-\mu}{\hat{\sigma}}\sqrt{N} \tag{10-11}$$

须注意的是，当用 t 检验法代替 u 检验法时，判断差异显著性的临界值 t_α 将不仅与显著性水平 α 有关，而且与自由度 $f=N-1$ 有关。原因是 u 和 t 实际可看作是一种保险系数，当用子样标准差代替总体标准差时，其可靠性下降，因而保险系数必须加大。而在前面已经讲过，$\hat{\sigma}$ 的可靠性与自由度有关，f 愈大，则 $\hat{\sigma}$ 愈接近于 σ，因而保险系数 t_α 愈小；反之，f 愈小时 t 必须愈大。不同 α 和 f 下 t 的临界值见 t 分布表。

本例：

$$t=\frac{61-58}{1.1}=2.7$$

由 t 分布表查得，由于 $f=N-1=8-1=7$，若取 $\alpha=0.05$，则 $t_{\alpha}=2.37$，现 $t>t_{\alpha}$，故可认为差异是显著的，分级效率的提高是结构改进的效果，而非随机误差造成的。

在选矿试验中，α 一般取 0.05，即要求检验的可靠程度为 95%。但在条件试验中，还可借助其他方法（根据成组数据变化的规律性或后续试验的结果）来检验数据的可靠性，α 也可放宽到 0.10～0.20。由 t 分布表可知，当 $f \geqslant 2$ 时，若仅要求 $\alpha < 0.20$，则临界值 t 将接近 2，故在实际工作中常直接用"二倍标准差"作为检验差异显著性的临界值。$f=1$ 时，t_{α} 显著增大：$t_{0.20}=3.078$、$t_{0.10}=6.314$、$t_{0.05}=12.706$，此时用"二倍标准差"作为临界值就不恰当了。不过在此情况下，将临界值取得很大也是不适宜的，因为临界值取得太大将使检验太不灵敏，达不到分辨条件变差和试验误差的目的。例如，在选矿试验中，品位或回收率的标准误差能控制到 2% 左右就不容易了，若 $f=1$ 而取 $\alpha=0.05$，则 $t=12.706$，则品位或回收率的变差必须大到 25% 才能被检验出来，这显然太不灵敏了。这时只有设法增大误差项自由度，即用来估计试验误差的原始数据的数目。例如，可借助重复试验，或采用"经验误差"来代替该次测试本身的子样标准差。只要测试方法和精度类似，则"经验误差"将更接近于总体标准差，因而此时完全可以直接用"二倍经验误差"作为检验差异显著性的临界值。

两组数据平均值的比较　例 10-2 涉及的是某组试验数据同长期生产统计数据作对比，即子样平均值 $\bar{E}$ 同总体平均值 μ 作对比。若两组试验结果平均值 $\bar{E}_{\mathrm{I}}$ 同 $\bar{E}_{\mathrm{II}}$ 相互对比，即子样同子样比较，则检验统计量 t 的计算将比较复杂，此时可考虑采用下列较简便的方法。

设第一组试验结果为 x_1，x_2，x_3，…，x_N，算出其平均值为 $\bar{x}$，极差为 R_x；

第二组试验结果为 y_1，y_2，y_3，…，y_N，算出其平均值为 $\bar{y}$，极差为 R_y。

则其平均极差 $\bar{R}=\dfrac{1}{2}(R_x+R_y)$，若

$$|\bar{x}-\bar{y}|>c\bar{R} \tag{10-12}$$

即可认为两者差异显著，此处检验统计量 c 的作用与 t 类似，若要求检验可靠性为 95%，不同 N 值时的 c 临界值如表 10-2 所示，两组数据 N 不同时，只能按较小的 N 值确定 c 值。

表 10-2　c 数值表

N		2	3	4	5	6	7	8	9	10
c		3.427	1.272	0.813	0.613	0.499	0.426	0.373	0.334	0.304
N	11	12	13	14	15	16	17	18	19	20
c	0.208	0.260	0.243	0.228	0.216	0.205	0.195	0.187	0.179	0.172

10.2.4　F 检验

F 检验是最常用的统计检验方法之一。此法是用因素平均变差平方和 $\bar{S}_i$ 与误差平方和 $\bar{S}_e$ 的比值 F 作为检验因素变差是否显著的判据。

$$F=\frac{\bar{S}_i}{\bar{S}_e} \tag{10-13}$$

若算出的 F 值超过某一临界值 F_{α}，则可推断该项变差显著，其显著水平为 α，表示推断的可信程度 $p=1-\alpha$。选矿试验中常取 $\alpha=0.05$。临界值不仅与 α 值有关，而且与分子项 $\bar{S}_i$

的自由度f_1和和分母项$\overline{S}_e$的自由度f_2有关，具体数字可由F分布表查得。

10.3　多因素组合试验

大多数多因素组合试验法是以析因试验法为基础。析因试验的实质是将各个因素的不同水平互相排列组合而配成一套试验。常用的组合方式有两类：

① 系统试验法（套设计）　例如，为了选择最适宜的磨矿细度和选别作业条件，可以安排两套试验。第一套在粗磨条件下进行，第二套在细磨条件下进行。这种分组法的特点是强调了因素的主次，在两套试验内选别作业条件可根据粗磨和细磨的不同要求而选择不同的试验范围。

② 交叉分组法　即各因素处于完全平等的地位，不同因素的不同水平都会以相同的机会相碰，这是最常用的一种方法，本书仅对该种方法进行介绍。

10.3.1　多因素全面试验法——全面析因试验

10.3.1.1　二因素二水平析因试验

【例 10-3】　某铜锌硫化矿，用黄药作捕收剂，氰化物作抑制剂，分离铜、锌。每个因素考察两个水平：黄药 50g/t 和 200g/t，氰化物 40g/t 和 160g/t。按交叉分组法组成$2^2=4$个试点，如表 10-3 和图 10-1 所示。表中因素A代表氰化物用量，因素B代表黄药用量，加上角标 1 和 2 分别代表该二因素的两个水平；①、②、③、④代表试点号；E_1、E_2、E_3、E_4分别代表不同试点的试验结果（按道格拉斯公式计算的选别效率）。

表 10-3　试验结果的处理和分析

B \ A	A_1	A_2
B_1	① $E_1=39$	② $E_2=32$
B_2	③ $E_3=35$	④ $E_4=37$

试验中由一个因素的不同水平引起的变异称为该因素的主效应（处理效应）。在单因素试验中，由自变量的不同水平的数据计算的方差即这个自变量的主效应（处理效应）。在多因素试验中，计算一个因素的主效应时应忽略试验中其他因素的不同水平的差异。

对于本例，当氰化物的用量由低水平变至高水平时，选矿效率的变化幅度为第 2、4 两试点的平均指标与第 1、3 两试点的平均指标的差值，即为因素A的主效应，即：

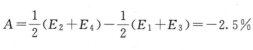

图 10-1　2^2析因试验

$$A=\frac{1}{2}(E_2+E_4)-\frac{1}{2}(E_1+E_3)=-2.5\%$$

类似地，可以算出黄药用量的主效应B：

$$B=\frac{1}{2}(E_3+E_4)-\frac{1}{2}(E_1+E_2)=+0.5\%$$

当一个自变量的效果在另一个自变量的每一个水平上不一样时，我们就说存在着自变量的交互作用。多因素析因试验中，若一个因素的作用受另一（或另一些）因素水平的制约，则称此两因素（或这些因素）之间存在交互作用，称两个因素的交互作用为一阶交互作用；称三个因素之间的交互作用为二阶交互作用。

对于本例，若氰化物用量与黄药用量对选别指标的影响互相无关联，则不论黄药用量多少，氰化物用量对选别指标的影响均大致相等，即 (E_2-E_1) 应与 (E_4-E_3) 大致相等。若两者差别很大，则说明两因素之间存在着交互作用。现以 AB 代表 A、B 两因素之间的交互效应，其大小可按下式计算：

$$AB=\frac{1}{2}(E_2-E_1)-\frac{1}{2}(E_4-E_3)=-4.5\%$$

对照表 10-3 和图 10-1 可知，交互效应可看做是排列组合矩阵中对角两对试点平均指标的差值。

计算结果表明，三项效应中以交互效应最为显著，意味着决定选别效率高低的关键是两种药剂用量的配比：氰化物越多，黄药也越多；氰化物越少，黄药也越少。由于氰化物的主效应 A 是负值，因而最优条件是两种药剂均取低用量。

由表 10-3 和图 10-1 可知，若采用一次一因素试验法，则可能出现下列两种情况：

① 先固定黄药用量为 50g/t，变动氰化物用量，得点 1 和点 2，结论是点 1 较优。因而固定氰化物用量为 40g/t，再变动黄药用量，得点 1 和点 3，仍以点 1 较优，因而确定黄药用量为 50g/t——此结论正确。

② 黄药用量先定为 200g/t，变动氰化物用量，得点 3 和点 4，结论是点 4 较好，故确定氰化物用量为 160g/t，再变动氰化物用量，得点 2 和点 4，比较结果，仍为点 4 较好，因而确定点 4 为最好点，黄药用量为 200g/t——该结论显然不正确。因为点 4 的指标不如点 1 的指标，但点 1 在本组试验中恰好被漏掉了。

可见，在有交互作用的情况下，如果采用一次变动一个因素的试验方法，就无法保证总能可靠地找到最优点。析因试验法的主要优点就在于可以充分揭露出各因素间的相互关系，保证确切地找到最优条件组合。

排列成正交表见表 10-4。如果将因素的低水平用"1"表示，高水平用"2"表示，根据各试点的条件可列出表 10-4 中第 1、2 列。表中第一行代表试点 1，其试验条件是 A、B 均是低水平，故 1、2 列对应位置的水平码分别为 1、1；第二行代表试点 2，试验条件是 A 是高水平，B 是低水平，故 1、2 列对应位置水平码分别为 2、1；类似可写出第三、四行的第 1、2 列水平码。第 3 列则是 1、2 列代码的乘积，该列代码依次为 $1\times1=1$，$2\times1=2$，$1\times2\times1=2$，$1\times2=2$，因为只有两个水平，故 2×2 作为 1。这类试验安排表，可称为析因表或正交表，其设计具有两个特点：

表 10-4　2^2 析因试验安排和结果

因素 列号 水平 试点号	A	B	AB	试验结果 E/%
	1	2	3	
①	1	1	1	39
②	2	1	2	32
③	1	2	2	35
④	2	2	1	37

① 各因素的各水平出现的次数相等；
② 各因素各水平间相遇的次数相等。

以上两个特点，保证了试点的分布即试验条件的搭配均衡而分散。具有上述两个特点的试验设计，叫正交设计。析因试验的安排就是利用合适的正交表安排试点。正交表的列与列、行与行可以互换。例如，第 1 列与第 3 列互换后，形式虽然略有变化，但仍具有上述两个特点，即其结果是等效的。同样将第 1 行与第 2 行互换一下，其结果也是等效的。

正交表不仅仅是安排试验的工具，也是计算试验结果的工具。若欲计算效应 A，可直接由表中 A 所在列的水平代码为 "2" 的试点求出其平均指标，再求出水平代码为 "1" 的试点的平均指标，两者之差值便是该因素的主效应。类似地可求出主效应 B 和交互效应 AB。

10.3.1.2 三因素二水平析因试验

三因素二水平析因试验可简写做 2^3 析因试验。

（1）试验安排

【例 10-4】 仍用铜锌硫化矿浮选药方试验为例。在例 10.3 的基础上增加一个因素——矿浆 pH 值，以 C 表示，也取两个水平：8 和 10。三因素二水平组合情况如表 10-5 和图 10-2 所示。

此例为三因素二水平析因试验，其全面析因试验共 8 个试点，可利用正交表 L8（27）按一般试验记录表的习惯综合成一个表即得表 10-4，该类试验安排表可称为析因表或正交表。表的最右边是试验结果，下面六行用于说明效应计算过程。

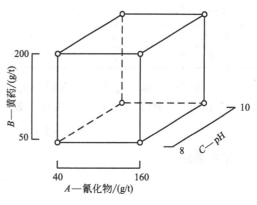

图 10-2 2^3 析因试验

该表的构造方法如下：第 1、2、4 列可直接根据表 10-3 写出，第一行代表试点①，由表 10-3 可知，试点①的条件组合为 $A_1B_1C_1$，故 1、2、4 列对应位置上的水平代码均为 1；试点②条件组合为 $A_2B_1C_1$，故 1、2、4 列对应位置上的水平代码分别为 2、1、1，依次可写出该三列其他各行代码。对于二级交互作用 ABC 列，$1×1×1＝1$，$2×1×1＝2$，$1×2×1＝2$，$1×1×2＝2$，其他 $2×2×1$，$2×1×2$，$1×2×2$ 作为 1，$2×2×2$ 作为 2。在实践中，二级交互作用是不常见的，因而通常可将该列的效应看作是随机试验误差的反映。

表 10-5 2^3 析因试验安排和结果

	C_1		C_2	
	A_1	A_2	A_1	A_2
B_1	$\dfrac{①}{E_1}$	$\dfrac{②}{E_2}$	$\dfrac{⑤}{E_5}$	$\dfrac{⑥}{E_6}$
B_2	$\dfrac{③}{E_3}$	$\dfrac{④}{E_4}$	$\dfrac{⑦}{E_7}$	$\dfrac{⑧}{E_8}$

表 10-6 $L_8(2^7)$ 应用实例

因素 列号 水平 试点号	A	B	AB	C	AC	BC	ABC	试验结果 E/%
	1	2	3	4	5	6	7	
①	1	1	1	1	1	1	1	39
②	2	1	2	1	2	1	2	32
③	1	2	2	1	1	2	2	35

因素 列号 水平 试点号	A 1	B 2	AB 3	C 4	AC 5	BC 6	ABC 7	试验结果 E/%
④	2	2	1	1	2	2	1	37
⑤	1	1	1	2	2	2	2	40
⑥	2	1	2	2	1	2	1	34
⑦	1	2	2	2	2	1	1	36
⑧	2	2	1	2	1	1	2	37
E_I:各列水平"1"各 试点指标总和	150	145	153	143	145	144	146	8 点总和 $E_T=290$
E_{II}:各列水平"2"各 试点指标总和	140	145	137	147	145	146	144	
$\bar{E}_I=\frac{1}{4}E_I$	37.5	36.3	38.3	35.8	36.3	36.0	36.5	总平均 $\bar{E}_0=36.3$
$\bar{E}_{II}=\frac{1}{4}E_{II}$	35.0	36.3	34.3	36.8	36.3	36.5	36.0	
$R=E_I-E_{II}$	−10	0	−16	+4	0	+2	−2	
$r=\bar{E}_I-\bar{E}_{II}$	−2.5	0	−4.0	+1.0	0	+0.5	−0.5	

（2）效应的计算　可直接在表格上进行。例如第 1 列代表 A 因素（氰化物用量），取水平"1"（40g/t）的共 4 个试点，其选矿效率 E 的总和

$$E_I=E_1+E_3+E_5+E_7=150\%$$

平均指标：

$$\bar{E}_I=\frac{E_I}{4}=37.5\%$$

取水平"2"（160g/t）的试点也共有 4 个，其选矿效率 E 的总和

$$E_{II}=E_2+E_4+E_6+E_8=140\%$$

平均指标：

$$\bar{E}_{II}=\frac{E_{II}}{4}=35.0\%$$

然后可算出高、低两水平选矿效率总和的差值 R 及平均值的差值 r。

$$R=E_{II}-E_I=-10\%$$

$$r=\bar{E}_{II}-\bar{E}_I=-2.5\%$$

R 和 r 均可用来度量该因素的效应，本书均用 r 作为效应。

其他各列的计算结果见表 10-6。

（3）差异显著性的检验　在析因试验中，差异显著性的检验一般采用 F 法。

① F 检验　先计算各列变差平方和 Q_i（i 是正交表中列的编号）。不同水平间的试验数据的变化代表该列所排因素引起的变化，同一水平内试点数据间的变化，则与该因素无关。因而需要用 $\bar{E}_{Ii}$、$\bar{E}_{IIi}$ 对 $\bar{E}_0$ 求变差，由于每个水平有四个试点，故

$$Q_i=4(\bar{E}_{Ii}-\bar{E}_0)^2+4(\bar{E}_{IIi}-\bar{E}_0)^2=2r_i^2$$

各列自由度等于水平数（P）减 1，本例 $f_i=P-1=1$。方差

$$S_i^2=\frac{Q_i}{f_i}=2r_i^2$$

统计检验时，必须知道试验误差值，试验误差最好通过安排重复试验进行估计。本例未安排重复试验，不能直接算出S_e^2，但因高次交互效应一般很小，故可将该列的效应看做随机试验误差，则统计量

$$F = \frac{S_i^2}{S_e^2} = \frac{S_i^2}{S_7^2} = \frac{2r_i^2}{2r_7^2} = \frac{r_i^2}{r_7^2} \tag{10-14}$$

本例$r_e = r_7 = 0.5\%$。将各列具体数据代入上式计算的统计量F值如下：

表 10-7 各列具体数据代入上式计算的统计量 F 值

列号	1	2	3	4	5	6	7
因素	A	B	AB	C	AC	BC	ABC
r/%	−2.5	0	−4.0	1.0	0	0.5	−0.5
F	25	0	64	4	0	1	—

查F分布表可知，$f_{0.05}(1,1) = 161.4$，现各列之F值均小于$f_{0.05}(1，1)$，各列效应均不显著。按一般经验，$F_A = 25$，$F_{AB} = 64$已经不算小了，现检验结果却认为效应不显著，说明检验不太灵敏。造成这种情况的原因是临界值F太大。由F分布可看出，在显著水平和因素的自由度相同的条件下，误差项的自由度增大，F值减小。为了提高检验的灵敏度应设法增大误差项的自由度。

由表 10-7 可知，第 2、5 列的效应均小于r_7，第 6 列的效应等于r_7，故可将它们均看成是试验误差的反映，而与第 7 列的效应合并估计误差，这时

$$F = \frac{r_i^2}{\dfrac{\sum r_e^2}{l_e}} \tag{10-15}$$

式中　$\sum r_e^2$——估计误差的各列的极差平方和，对本例$\sum r_e^2 = r_2^2 + r_5^2 + r_6^2 + r_7^2 = 0.5$；

　　　l_e——误差项的自由度，等于误差所占列数，本例$l_e = 4$。

将具体数字代入式(10-15)算出：$F_A = 50$，$F_{AB} = 128$，$F_C = 8$，由F分布表查得$f_{0.05}(1，4) = 7.71$，可推断A、AB、C效应均显著。它们随选别效率的影响大小顺序为AB、A、C。以氰化物与黄药配比影响最大，它们的不同配比试验结果如表 10-3 所示，以A_1B_1搭配的选别效率最佳，pH 值的主效应为正，应取高水平，在试验范围内，最佳组合条件为$A_1B_1C_2$，即氰化物用量 40g/t，黄药用量 50g/t，pH 值为 10。

② t 检验　对于两水平的设计，由于各列的自由度均为 1，也可采用t检验法，此时检验统计量

$$t = \frac{r_i}{\sqrt{\dfrac{\sum r_e^2}{l_e}}} \tag{10-16}$$

式中符号与式(10-15)相同。

将本例的数字代入式(10-16)算得：$t_A = 7.07$，$t_{AB} = 11.31$，$t_C = 2.83$。查t分表得：$t_{0.05}(4) = 2.78$。t_A、t_{AB}、t_C均大于$t_{0.05}(4)$，故A、AB、C效应均可视为显著，其大小顺序为AB、A、C。该结果与F检验的结论完全一致。

比较式(10-15)和式(10-16)，可得$F = t^2$或$t = \sqrt{F}$，再对比F分布表和t分布表的数值，在误差自由度和显著水平相同的条件下，$F_\alpha = t_\alpha^2$或$t_\alpha = \sqrt{F_\alpha}$，所以当条件变差自由度为 1 时，$F$检验与$t$检验是等效的。

10.3.1.3 多水平析因试验

本段以二因素三水平析因试验为例来讨论多水平析因试验数据的处理和分析方法。

【例 10-5】 某铜硫铁矿石，铁与硫分离试验时用草酸和硫酸铜做活化剂，按 3^2 析因安排试验，该二因素的水平取值如表 10-8 所示。

表 10-8 二因素的水平取值

用量/(g/t)　因素 水平代码	草酸 A	硫酸铜 B
1	1000	180
2	1500	200
3	2000	220

试验安排、试验结果列于表 10-8 中。

表 10-8 中 E_I、E_{II}、E_{III} 分别表示各列对应水平 1、2、3 各试点选别指标的总和。例如，对于第 1 列（因素 A），

$$E_I = E_1 + E_2 + E_3 = 41.3 + 42.8 + 43.0 = 127.1$$

（此处 E 均为百分数，但在本例中均省略了百分号）

$\bar{E}_I$、$\bar{E}_{II}$、$\bar{E}_{III}$ 则分别代表各列对应水平 1、2、3 各试点选别指标的平均值，如：

$$\bar{E}_I = \frac{1}{3} E_I = 42.4$$

R 则为各列的 $\bar{E}_I$、$\bar{E}_{II}$、$\bar{E}_{III}$ 中最大值（$\bar{E}_{max}$）与最小值（$\bar{E}_{min}$）的差值（极差），可用来度量各列的效应，如第 1 列：

$$r_1 = \bar{E}_{max} - \bar{E}_{min} = \bar{E}_{III} - \bar{E}_I = 45.6 - 42.4 = 3.2$$

多水平的析因试验，为了检验各项效应的显著性，一般采用方差分析的方法，但在各列水平数相同时，也可采用较简便的极差分析方法。

（1）方差分析　析因试验时，方差分析的基本做法是，先求出该套析因试验的总的变差平方和及自由度；再分别求出各项主效应及（需要考虑的）交互效应的变差平方和及自由度；总的变差平方和及自由度减去全部主效应及（需要考虑的）交互效应的变差平方和及自由度后，剩下的残余变差平方和及自由度，即可看作是试验误差的平方和及自由度；将各效应的平均变差平方和（均方）同平均误差平方和比较，进行 F 检验，即可判断各项效应的显著性。

表 10-9(a) 数据分析表

列号　因素 水平 试点号	A 1	B 2	AB 3	AB 4	试验结果 E/%
①	1	1	1	1	41.3
②	1	2	2	2	42.8
③	1	3	3	3	43.0
④	2	1	2	3	43.5
⑤	2	2	3	1	44.9
⑥	2	3	1	2	44.7
⑦	3	1	3	2	46.0
⑧	3	2	1	3	45.0
⑨	3	3	2	1	45.9

因素 列号 水平 试点号	A	B	AB	AB	试验结果 E/%
$E_{\rm I}$	127.1	130.8	131.0	132.1	$E_{\rm T}=\sum\limits_{j=1}^{9}E_j$
$E_{\rm II}$	133.1	132.7	132.2	133.5	$=397.1$
$E_{\rm III}$	136.9	133.6	133.9	131.5	
$\bar{E}_{\rm I}=\dfrac{1}{3}E_{\rm I}$	42.4	43.6	43.7	44.0	$\bar{E}_{\rm o}=\dfrac{1}{9}E_{\rm T}$
$\bar{E}_{\rm II}=\dfrac{1}{3}E_{\rm II}$	44.4	44.2	44.1	44.5	$=44.1$
$\bar{E}_{\rm III}=\dfrac{1}{3}E_{\rm III}$	45.6	44.5	44.6	43.8	
$r=\bar{E}_{\max}-\bar{E}_{\min}$	3.2	0.9	0.9	0.7	

① 求总变差平方和 SS 及其自由度 f。 设以 E_j 表示第 j 个试点的试验结果，此处 $j=1$，2，3，…，N，N 表示试点总数，对本例 $N=9$。

以 $E_{\rm T}$ 表示全部试点试验结果总和，$E_{\rm T}=\sum\limits_{j=1}^{N}E_j$ ，对本例，

$$E_{\rm T}=41.3+42.8+43.0+43.5+44.9+44.7+46.0+45.0+45.9=397.1$$

则其平均值 $\bar{E}_{\rm o}=\dfrac{1}{N}E_{\rm T}=\dfrac{1}{N}\sum\limits_{j=1}^{N}E_j$ ，对本例，

$$\bar{E}_{\rm o}=\frac{397.1}{9}=44.1$$

各试点的离差 $d_j=E_j-\bar{E}_{\rm o}$ ，例如，对本例的试点 1，
$$d_1=E_1-\bar{E}_{\rm o}=41.3-44.1=-2.8$$

为了简化离差平方和的运算，最好先将原始数据化简——设法减少其位数。例如，对本例，可将全部 E_j 值均减去一个 40，如表 10-9(a) 所示，此时算得的各项平均值也相应地减少了 40。由于减数与被减数均减少了 40，因而算出的离差值将不变。

然后按下式计算全部试点的总离差平方和，即总变差平方和：

$$SS=\sum_{j=1}^{N}(E_j-\bar{E}_{\rm o})^2 \tag{10-16}$$

可以证明，上式可化为：

$$SS=\sum_{j=1}^{N}E_j^2-\frac{\left(\sum\limits_{j=1}^{N}E_j\right)^2}{N}=\sum_{j=1}^{N}E_j^2-\frac{E_{\rm T}^2}{N} \tag{10-17}$$

利用式(10-17)，可不必先求各点离差，直接由 E_j 和 $E_{\rm T}$ 求 SS，因而运算步骤较少。

由表 10-9(b) 可知，本例的总变差平方和：

$$SS=(1.3^2+2.8^2+3.0^2+3.5^2+4.9^2+4.7^2+6.0^2+5.0^2+5.9^2)-\frac{37.1^2}{9}$$
$$=172.7-152.9=19.8$$

总平方和的自由度 $f_{\rm o}=N-1=9-1=8$。

表 10-9(b) 数据分析表

因素 列号 水平 试点号	A	B	AB	AB	试验结果 E/%
	1	2	3	4	
①	1	1	1	1	41.3
②	1	2	2	2	42.8

因素 列号 水平 试点号	A 1	B 2	AB 3	AB 4	试验结果 E/%
③	1	3	3	3	43.0
④	2	1	2	3	43.5
⑤	2	2	3	1	44.9
⑥	2	3	1	2	44.7
⑦	3	1	3	2	46.0
⑧	3	2	1	3	45.0
⑨	3	3	2	1	45.9
E'_{I}	7.1	10.8	11.0	12.1	$E'_{\mathrm{T}} = \sum\limits_{j=1}^{9} E_j$
E'_{II}	13.1	12.7	12.2	13.5	$= 37.1$
E'_{III}	16.9	13.6	13.9	11.5	
$\bar{E}'_{\mathrm{I}} = \frac{1}{3} E_{\mathrm{I}}$	2.4	3.6	3.7	4.0	$\bar{E}'_{\mathrm{o}} = \frac{1}{9} E_{\mathrm{T}}$
$\bar{E}'_{\mathrm{II}} = \frac{1}{3} E_{\mathrm{II}}$	4.4	4.2	4.1	4.5	$= 4.1$
$\bar{E}'_{\mathrm{III}} = \frac{1}{3} E_{\mathrm{III}}$	5.6	4.5	4.6	3.8	
$r = \bar{E}_{\max} - \bar{E}_{\min}$	3.2	0.9	0.9	0.7	

② 求各列的变差平方和 SS_i 及自由度 f_i 第一列代表因素 A，取三个水平。不同水平间试验数据的变化，才代表该因素隐私的变差，同一水平内不同试点数据间的变化，则与该因素无关。因而在计算变差时，须用 $\bar{E}_{\mathrm{I}}$、$\bar{E}_{\mathrm{II}}$、$\bar{E}_{\mathrm{III}}$ 代替 E_j 对 $\bar{E}_{\mathrm{o}}$ 求差，但由于每一水平有三个试点，因而该列的变差总共应为：

$$SS_i = 3\left[(\bar{E}_{\mathrm{I}} - \bar{E}_{\mathrm{o}})^2 + (\bar{E}_{\mathrm{II}} - \bar{E}_{\mathrm{o}})^2 + (\bar{E}_{\mathrm{III}} - \bar{E}_{\mathrm{o}})^2\right] \tag{10-18}$$

或写成

$$SS_i = 3\sum_{k=\mathrm{I}}^{\mathrm{III}} (\bar{E}_k - \bar{E}_{\mathrm{o}})^2 ，此处 k = \mathrm{I}, \mathrm{II}, \mathrm{III}，代表水平序数。$$

类似于式(10-16)，并考虑到 $\bar{E}_k = \frac{1}{3} E_k$，$\sum\limits_{k=\mathrm{I}}^{\mathrm{III}} \bar{E}_k = \frac{1}{3} E_{\mathrm{T}}$，上式可化为：

$$SS_i = 3\left[\sum_{k=\mathrm{I}}^{\mathrm{III}} \bar{E}_k^2 - \frac{\left(\sum\limits_{k=\mathrm{I}}^{\mathrm{III}} \bar{E}_k\right)^2}{3}\right] = \frac{1}{3}(E_{\mathrm{I}}^2 + E_{\mathrm{II}}^2 + E_{\mathrm{III}}^2) - \frac{E_{\mathrm{T}}^2}{9} \tag{10-19}$$

将表 10-9(b) 的数据代入，可得：

$$SS_{\mathrm{A}} = SS_1 = \frac{1}{3}(7.1^2 + 13.1^2 + 16.9^2) - \frac{37.1^2}{9} = 169.2 - 152.9 = 16.3$$

以此可算出 $SS_{\mathrm{B}} = SS_2 = 1.4$，$SS_{\mathrm{AB}} = SS_3 + SS_4 = 1.4 + 0.7 = 2.1$。

各列的自由度等于水平数减 1，即 $f_i = p_i - 1$。为了便于理解，可将自由度理解为数据的变动次数。现各列均取 3 个水平，相当于变动两次，故由于水平变化而引起的试验数据的变化次数也为 2。

③ 求误差平方和 SS_{e} 本例未安排重复试验，故变差总平方和

$$SS = SS_i = SS_1 + SS_2 + SS_3 + SS_4$$

无法直接求得误差的大小，但因已预知交互效应不明显，故可将第 3、4 列的变差平方和看作试验误差，其自由度为两列自由度之和。

$$SS_e = SS_3 + SS_4 = SS - SS_1 - SS_2 = 2.1$$
$$f_e = f_3 + f_4 = f_0 - f_1 - f_2 = 4$$

④ 计算各项变差的均方值　求误差平方和 $\bar{S}$，例如，对因素 A：

$$\bar{S}_A = \frac{SS_A}{f_A} = \frac{16.3}{2} = 8.15$$

⑤ 进行 F 检验

$$F = \frac{\bar{S}_i}{\bar{S}_e}$$

全部计算结果汇总如表 10-10 所示。

表 10-10　方差分析表

变差来源	平方和	自由度	均方	F	显著性
草酸 A	16.3	2	8.15	15.38	显著
硫酸铜 B	1.4	2	0.70	1.32	不显著
误差	2.1	4	0.53		
总和	19.8	8			

查 F 分布表得，当分子项自由度为 2，分母项自由度为 4 时，临界值 $F_{0.05} = 6.94$。现 $F_A > F_{0.05}$，$F_B < F_{0.05}$，表明若要显著性水平 $\alpha = 0.05$，则应认为草酸的效应是显著的，而硫酸铜的效应不显著。结合专业知识分析，此结果可能与试验安排中草酸用量变动幅度较大，而硫酸铜用量变动幅度较小有关。说明试验安排不合理。

值得注意的是，若交互作用不可忽略，则在未安排重复试验的情况下，即无法从总变差中分离出试验误差，因此也谈不上进行统计检验。

(2) 极差分析　用正交表安排析因试验时，各列的均方 $\bar{S}_i = \hat{\sigma}_i^2$，而 $\hat{\sigma}$ 可近似地由极差估计：$\hat{\sigma} = \frac{1}{D}r$。极差系数的大小取决于原始数据的数目，若各列的水平数相等，极差系数也就相等，此时各列的均方比就将近似地等于各列的极差平方比。若以 r_i 代表第 i 列的极差，r_e 代表误差列的极差，检验统计量 F 即可近似地按下式计算：

$$F = \frac{r_i^2}{r_e^2} \tag{10-20}$$

若误差不止占 1 列，则

$$F = \frac{r_i^2}{\dfrac{\sum r_e^2}{l_e}} \tag{10-21}$$

式中　$\sum r_e^2$——误差所占各列的极差平方和；

l_e——误差占有列数。

上述两式，在形式上与二水平析因试验中所用者相同，在实质上则是有区别的：

① 二水平试验中，$\bar{S}_i = 2(\bar{E}_I - \bar{E}_{II})^2$，恰好等于 $2r_i^2$，故均方比恰好等于极差平方比，而不是用极差分析代替方差分析；在多水平试验中，是用极差近似地估计标准差，均方比只是近似地等于极差平方比，因而常称作极差分析，以区别于正规的方差分析法。

② 方差分析时，各列的自由度为 $p-1$，此处 p 代表水平数，l 列的总自由度为 $l(p-1)$；极差分析时，自由度应按表 10-1 查取，或近似地按 $0.9l(p-1)$ 计算，比方差分析时稍小，因而临界值 F 值稍大，意味着极差检验的灵敏度稍小。

对本例，已确定用第 3、4 两列的效应估计试验误差：

$$\frac{\sum r_e^2}{l_e} = \frac{r_3^2 + r_4^2}{2} = \frac{0.9^2 + 0.7^2}{2} = 0.65$$

已知$r_A = 3.2$，$r_B = 0.9$，故可按式（10-21）算得：

$$F_A = 15.78; \quad F_B = 1.25$$

按 F 分布表查临界 F 值时，自由度须按表 10-1 确定。由于各列有三个水平，计算变差时所用原始数据为 $\bar{E}_{\mathrm{I}}$、$\bar{E}_{\mathrm{II}}$、$\bar{E}_{\mathrm{III}}$ 共 3 个，相当于表 10-1 中 $N=3$，故自由度为 2，即 r_A 与 r_B 的自由度均为 2；误差占 2 列，而 $l=2$，$N=3$ 时，$\phi = 3.8 \approx 4$，因而查 F 分布表时分子自由度 $f_1 = 2$，分母自由度 $f_2 = 4$，查得 $F_{0.05} = 6.94$。

将 F_A、F_B 同 $F_{0.05}$ 比较，确定 A 的效应显著而 B 不显著。显然，此处用极差分析法检验的结果与前面用方差分析方法检验的结果是一致的。

比较上述几种检验方法可知：F 检验不受变差自由度限制，适应性较强；t 检验只能在条件变差自由度为 1 时采用；当各列水平数相等时，用极差办法比较简便。

还应指出，一般来说，统计检验是检验效果显著性的一种有效方法，但有时因为 f_e 太小，或因试验安排不当（如因素的变动幅度分配不合理等），可能导致统计检验结论错误，所以还应应用专业知识和经验分析结论的正确性。

10.3.2　多因素部分试验法——部分析因试验

n 因素 p 水平全面试验试点总数为 p^n，随着 n 和 p 的增大，试验工作量将急剧增大。例如，选矿试验中常用的五水平的全面析因试验，二因素时试点数为 $5^2 = 25$，三因素时即增至 $5^3 = 125$，四因素 $5^4 = 625$，五因素时 $5^5 = 3125$，…。因而在多因素多水平的情况下采用全面试验法一般是不经济的，而是希望能从全面试验的试点中，选出一部分试点，作为"代表"进行试验，然后利用统计分析方法，推断最优点的位置，这就是部分试验法。

10.3.2.1　基本原理

【例 10-6】　例 10.4 所讨论的某铜锌硫化矿浮选药方三因素二水平试验，按全面试验安排，共 8 个试点。前面已经讲过，对于多因素多水平的情况，总是希望能从全面试验的试点中，选出一部分试点，作为"代表"进行试验，然后利用统计分析方法，推断最优点的位置。

从三因素二水平排列组合表（表 10-5）中可以看出，能保持正交性的试验方案有两个，一是选用 1、4、6、7 四点，二是选用 2、3、5、8 四点，分别如表 10-11(a) 和表 10-11(b) 所示。

表 10-11(a)　正交性试验方案

	C_1		C_2	
	A_1	A_2	A_1	A_2
B_1	① $E_1 = 39$			⑥ $E_6 = 34$
B_2		④ $E_4 = 37$	⑦ $E_7 = 36$	

表 10-11(b)　正交性试验方案

	C_1		C_2	
	A_1	A_2	A_1	A_2
B_1		② $E_2 = 32$	⑤ $E_5 = 40$	
B_2	③ $E_3 = 35$			⑧ $E_8 = 37$

设决定选用 1、4、6、7 四点，进行部分析因试验。可知，按表 10-6 计算：

主效应 A，全面试验时，

$$A = \frac{1}{4}(E_2 + E_4 + E_6 + E_8) - \frac{1}{4}(E_1 + E_3 + E_5 + E_7) = -2.5\%$$

部分试验时，

$$A = \frac{1}{2}(E_4 + E_6) - \frac{1}{2}(E_1 + E_7) = -2.0\%$$

主效应 B，全面试验时，

$$B = \frac{1}{4}(E_3 + E_4 + E_7 + E_8) - \frac{1}{4}(E_1 + E_2 + E_5 + E_6) = 0$$

部分试验时，

$$B = \frac{1}{2}(E_4 + E_7) - \frac{1}{2}(E_1 + E_6) = 0$$

主效应 C，全面试验时，

$$C = \frac{1}{4}(E_5 + E_6 + E_7 + E_8) - \frac{1}{4}(E_1 + E_2 + E_3 + E_4) = 1.0\%$$

部分试验时，

$$C = \frac{1}{2}(E_6 + E_7) - \frac{1}{2}(E_1 + E_7) = -3.0\%$$

表明采用部分试验法后，A 和 B 主效应的计算结果基本上仍然是正确的，主效应 C 的结果却是错误的，原因是出现了混杂现象，这可从交互效应的计算式中看出。

全面试验时，各项交互效应的计算式按表 10-6 应为：

$$AB = \frac{1}{4}(E_2 + E_3 + E_6 + E_7) - \frac{1}{4}(E_1 + E_4 + E_5 + E_8) = -4.0\%$$

$$AC = \frac{1}{4}(E_2 + E_4 + E_5 + E_7) - \frac{1}{4}(E_1 + E_3 + E_6 + E_8) = 0$$

$$BC = \frac{1}{4}(E_3 + E_4 + E_5 + E_6) - \frac{1}{4}(E_1 + E_2 + E_7 + E_8) = 0.5\%$$

部分试验时，

$$AB = \frac{1}{2}(E_6 + E_7) - \frac{1}{2}(E_1 + E_4) = -3.0\%$$

$$AC = \frac{1}{2}(E_4 + E_7) - \frac{1}{2}(E_1 + E_6) = 0$$

$$BC = \frac{1}{2}(E_4 + E_6) - \frac{1}{2}(E_1 + E_7) = -2.0\%$$

说明在全面试验时，主效应同交互效应的算式是不同的，因而结果也不同。部分试验时，由于少做了一半试验，主效应 A 的算式将与交互效应 BC 雷同，B 将与 AC 雷同，C 将与 AB 雷同，也就是说，同一算式，实际包含了两项效应，这在数理统计上叫做混杂现象。

在本例中，由于交互效应 AC 和 BC 本来很小，因而同主效应 B 和 A 混杂后，影响很小，保证了部分试验时 B 和 A 的主效应基本上是正确的；交互效应 AB 本来很大，同主效应混杂后，影响就很大，导致部分试验时，有关主效应 C 的结论完全是错误的。

再看二级交互效应 ABC，全面试验时，按表 10-6，应为：

$$ABC = \frac{1}{4}(E_2 + E_3 + E_5 + E_8) - \frac{1}{4}(E_1 + E_4 + E_6 + E_7) = -0.5\%$$

部分试验时，由于缺做了前面四个试验，将根本无法计算。

以上情况也可直接从正交表中看出。若将部分试验方案中选做的1、4、6、7四点从10-6所示的正交表 $L_8(2^7)$ 中抽出，则可组成一个新的正交表，如表10-12所示，新表不仅行数减少（代表试点数减少），而且列数也减少。原因是从 L_8 中划去2、3、5、8四点后，第1、6两列中代码顺序将完全相同，因而可以合并；类似地，第2列和第5列、第4列和第3列完全相同，因而可以合并；第7列中的代码均为1，失去意义，可以删去。结果只剩下三列，组成新表就是新表 $L_4(2^3)$，同 t/F 分布表中给出的表 L_4 相比，相当于各列互换了一下前后位置，因而是等效的。

表 10-12 $L_4(2^3)$ 新表

因素		A BC	B AC	C AB
新列号		1	2	3
原列号		1 6	2 5	4 3
新试点号	原试点号	水平		
(1)	①	1	1	1
(2)	④	2	2	1
(3)	⑥	2	1	2
(4)	⑦	1	2	2

以上讨论说明，按正交原则安排部分试验的好处是，任一因素的水平变化时，其他因素的水平可认为是统计相等的，因而可对数据进行统计分析，但却可能出现混杂现象。若所混杂的交互效应很不显著，算出的主效应仍可反映真实情况，否则就可能导致错误。因而采用部分试验法的关键，在于如何正确估计和处理可能存在的交互效应。

10.3.2.2 多因素二水平部分试验法

例10-6讨论的就是一个二水平的部分试验法实例。对三因素二水平的问题，全面试验时，用的是 2^3 析因试验设计，写成正交表形式时是 L_2^3，即 L_8；部分试验时，用的是 2^{3-1} 析因试验设计，表明虽然有三个因素，却采用 2^2 析因试验安排，用的正交表就是 $L_2^2 = L_4$。

由上例可以看出，L_4 一共只有四个试点，一共只有三列，因而最多只能安排三个因素，并且此时全部主效应都将同交互效应混杂，只要有一项交互效应比较显著，就无法避开。因而在选矿试验中，只有已知三因素间的交互效应均不显著时，才可利用 L_4 安排部分析因试验。

在一般场合下，为了安排多因素二水平部分试验，最常用的是正交表 $L_8(2^7)$，其次是 $L_{16}(2^{15})$。如前所述，$L_8(2^7)$ 是由三因素二水平全面试验安排构成的，一共有7列，除了主效应占三列外，还有三个不同的一级交互作用列和一个二级交互作用列，因而只要不是全部交互作用都很显著，就可适当多排一些因素，而不至于影响试验效果。

用 $L_8(2^7)$ 安排不同数目因素时，表头设计方案可参考表10-13。最安全的方案是只排四个因素，此时，全部主效应均未被一级交互效应混杂，一级交互效应只是本身相互混杂。7列全部排满主因素时叫饱和设计，此时每一项主效应均被三项一级交互效应混杂，因而只要有一项交互效应比较显著，就会影响结论的可靠性。在实际工作中，饱和设计主要用于预先试验时筛选主要矛盾，每 N 个试验最多可筛选 $N-1$ 个因素。

表 10-13 $L_8(2^7)$ 表头设计

列号 效应名称 因素数目	1	2	3	4	5	6	7
3	A	B	AB	C	AC	BC	ABC
4	A	B	AB CD	C	AC BD	BC AD	D
5	A DE	B CD	AB CE	C BD	AC BE	D $BCAE$	E AD
6	A $CDEF$	B $CEDF$	AB $CFDE$	C $ADBE$	D $ACBF$	E $AFBC$	F $AEBD$
7	ABC $DEFG$	BAC $DFEG$	CAB $DGEF$	DAE $BFCG$	EAD $BGCE$	FAG $BDCE$	GAF $BECD$

还需要说明的是，正确地应用部分试验设计方法，不仅不会降低试验的可靠性，有时还可借以提高试验的精度。例如，四因素二水平的析因试验，可用 $L_{16}(2^{15})$ 安排全面试验，也可用 $L_8(2^7)$ 安排部分试验，但让每个试点均重复一次。两种试验安排方法试验工作量相同，但后一安排法主效应精度较高，仅交互作用项相互混杂。这是依靠牺牲交互效应来提高主效应的精度的方法，在实践中常被采用。

在某一具体条件下，应选用多大的正交表，可这样考虑。首先确定有几个因素，然后根据专业知识估计有哪几项交互作用可能较显著因而需要揭露，这样可算出所需的总列数，只要不超过 7，就应优先考虑选用 $L_8(2^7)$，而不要用 $L_{16}(2^{15})$，为了提高试验精度和正确估计试验误差，可安排重复试验。例如，若需考察 A、B、C、D、E 五个因素并揭露交互作用 AB，则可先将因素 A 和 B 分别排在第 1 列和第 2 列，然后找出 AB 列所在的位置，并将其空下来不排其他因素，最后再安排其余三个没有显著交互作用的因素 C、D、E，总共是 6 列，还有一列空白可用于估计试验误差。若除了五项主效应外还有三项交互作用需考察，$L_8(2^7)$ 就排不下，则必须改用 $L_{16}(2^{15})$。$L_{16}(2^{15})$ 是根据四因素二水平完全析因试验的安排排出的，其中主效应占四列，一级交互效应占六列，二级占四列，三级占一列。排五因素时，称 2^{5-1} 析因，相当 1/2 实施，可使全部主效应和一级交互效应均不被混杂；排八个因素时，还可以保证全部主效应不被任何一个主效应及任何一个一级交互效应混杂，容量是相当大的（参看常用正交表），在选矿试验中已完全够用。

10.3.2.3 筛选试验（饱和设计）

归纳各种二水平正交表可知，由 N 个试点构成的正交表 L_N 共 $N-1$ 列，饱和容量为 $N-1$ 个因素。饱和设计完全不考虑交互作用的影响，主要供试验开始时筛选主要因素，也称为筛选试验法。

筛选试验除了可以利用正交表安排以外，还可以使用普拉克特和布尔曼提出的筛选计划表（表 10-14）。普-布筛选计划表同样是按饱和设计的原则构造出来的，为了筛选 n 个因素，只需安排 $N=n+1$ 个试验。试验因素的两个水平，分别用"—"和"＋"表示。表中总共列出了四套计划，其最大容量分别为 11 个、15 个、19 个、23 个因素。表中只给出了第一行即第一个试点各因素水平的代码；第二行水平代码的排列顺序则按下列方法确定：把第一行行末的代码符号移至行首，其他符号则按顺序后移一格；依次类推可排出其他各行；但最后一行，即 $n+1$ 行，各因素的水平均为"—"。若试验因素未排满，则剩余的列可用来估计试验误差。各列的效应直接按极差 r 计算。

表 10-14 筛选计划表

试验计划序号	因素数（列数）n	试点数（行数）N	第一个试点（行）水平代码符号排列
1	11	12	++-++++---+-
2	15	16	++++--+-++----
3	19	20	++-++++-+-+---++-
4	23	24	++++--+-++--+++-+---

各因素效应的显著性按 t 检验法检验。检验统计量

$$t=\frac{r_i}{\sqrt{\dfrac{\sum r_e^2}{l_e}}} \tag{10-22}$$

式中　r_i——第 i 列（i 因素）的极差；

　　　$\sum r_e$——用来估计误差的各列的极差平方和；

　　　l_e——用来估计误差的列数。

由于各列的自由度均为 1，故试验误差的自由度 $f_e = l_e$，据此查 t 分布表，α 一般取 0.05。

10.3.2.4 多因素多水平部分试验法

常用的多水平正交表为 $L_9(3^4)$、$L_5(4^5)$、$L_{25}(5^6)$，都同 $L_4(2^3)$ 一样，是根据二因素全面析因试验的安排排出的，因而只有一种交互作用列（尽管占据好几列）。如 $L_{25}(5^6)$，不管主效应排在哪一列，其余四列都是该两列的交互作用列，因而只要多排一个因素，任二因素的交互效应就要同第三个因素的交互效应混杂，只要有一项交互效应是不可忽视的，就会干扰对主效应的判断。同 $L_8(2^7)$ 类似，根据三因素全面析因试验安排排出的多水平正交表，也有几种不同的交互作用列，只要选择恰当，完全可用来多排一些因素，而不至于影响到对主要效应判断的可能性。实际工作中可考虑使用的是根据 3^3 全面析因排出的 L_{27} 表。更大的表，如 4^3 全面析因排出的 L_{64}，由于试点数太多，一般不受选矿工作者的欢迎。

尽管由于交互作用的干扰，一般很难直接根据部分析因试验的结果准确推断最优条件，但由于正交设计的试点分布均衡而分散，总会有一部分试点落在最优区域内或附近，因而作为一种预先试验的手段，仍然是很有效的。特别是在化验周期较长的情况下，逐个因素的探索往往需要耗费许多时日，利用 L_{16} 或 L_{25} 安排一批多因素多水平的部分析因试验，可以帮助试验者迅速筛选主要矛盾并大致地找出工艺条件的最优取值范围，从而缩短试验周期。

10.4 多因素序贯试验法

在多因素多水平的情况下，为了减少试验工作量，除了可以采用上节介绍的部分析因试验法以外，更多应用的是序贯试验法。单因素实验时，序贯设计的优越性一般不明显，因为在选矿试验中，每一工艺条件所需考察的水平数一般不会很多，采用序贯设计，虽可适当减少试点数，却会增加试验批次，试验进度不一定会加快。多因素组合试验时，全面试验的工作量很大，采用序贯试验法就可以明显减少试点总数，缩短试验周期。例如三因素五水平全面析因试验试点总数达 125 个，若采用序贯进行的几批二水平析因试验代替，则至多只要安排三批 2^3 析因共 $3 \times 8 = 24$ 个试点即可达到试验目的，试验工作量可缩小 5 倍。

本章第一节中已经谈到，序贯试验法可分为登山法和消去法两类。选矿试验中应用较多的多因素序贯试验法如最陡坡法、调优运算和单纯形调优法等属于登山法。本书将着重介绍最陡坡法，然后再对其他几种主要方法简要地进行说明。

10.4.1 最陡坡法

最陡坡法或译为最陡上升法（The Method of Steepest Ascent），是勃克思和威尔逊在1951年提出的一种多因素试验方法，目前在国外选矿试验工作中得到非常广泛的应用，因而在不少选矿书籍和专题文集中已作为主要的试验最优化方法进行介绍。

登山时，若沿最陡坡攀登，路线将最短。试验指标的变化速度，也可以看作是一种"陡坡"，最陡坡法，就是要沿着试验指标变化最快的方向寻找最优条件，其试验步骤可以归结如下：

① 查找最陡坡 你用二水平的多因素析因试验，查找各因素对试验指标的效应，各因素效应的大小代表了该方向上指标的变率即坡度，故下一步调优时，应使各因素水平的变动幅度与各自效应的大小成比例，这就是最陡坡。

② 沿最陡坡登山 沿着已确定的最陡方向安排一批试点，再逐步调优，直至试验指标不再改进为止。

③ 检验顶点位置 以登山时找到的最优试点为中心，重新安排一组析因试验，检验该处是否已达到"山顶"，如果不是，就要找出新的最陡方向继续登山。

到达顶点后，一般即可结束试验。如果要描述选别指标和选别条件间的对应关系，求解回归模型，则需安排一组更细致的试验。

下面将结合实例介绍按最陡坡法试验的步骤及其数学原理。

10.4.1.1 试验步骤

【例 10-7】 某褐铁矿试样，粒度 3～0.1mm，品位 41%Fe，用跳汰选别，要求精矿品位 49%～50%，用最陡坡法查找最优操作条件。

（1）查找最陡坡 需考察的因素为：

A——人工床厚度，mm；

B——筛下水量，$m^3/(m^2 \cdot h)$；

C——冲程，mm；

D——试料层厚度，mm。

利用 2^{4-1} 部分析因试验寻找最陡坡——用正交表 $L_8(2^7)$，安排四个因素。由上节可知，这样的试验设计方案可保证全部主效应均不被混杂，而仅交互作用项相互混杂，因而有利于正确地找到最陡坡。

基点（中心点）的试验条件定为：

A_0——60，mm；

B_0——7.06，$m^3/(m^2 \cdot h)$；

C_0——7.5，mm；

D_0——45，mm。

步长——相邻两试点间各因素取值的间距。由于基点的水平编码为 0，故它与高水平点（+1）和低水平点（-1）的间距为"一步"（有的书刊上是将高、低二水平的间距作为一步，它们同基点的间距则为半步）。设以 S 表示步长，各因素的步长定为：

S_A——15，mm；

S_B——1.19，$m^3/(m^2 \cdot h)$；

S_C——1.5，mm；

S_D——15，mm。

于是各因素各水平的实际取值汇总见表 10-15。

表 10-15　各因素各水平的实际取值汇总

因素 水平	A	B	C	D
−1	45	5.87	6.0	30
0	60	7.06	7.5	45
+1	75	8.25	9.0	60

试验结果如表所示，所用判据为精矿品位 β，为了估计试验误差，每一试点均重复一次，表中：

β'_j——第 j 个试点第一次试验指标，$j=1,2,\cdots,N$，此处 $N=8$；

β''_j——第 j 个试点第二次试验指标；

β_j——第 j 个试点两次试验平均指标；

$\hat{\sigma}_j$——第 j 个试点的标准误差，按式(10-8) 算得。

8 个试点标准误差的平均值

$$\hat{\sigma}_e=\sqrt{\frac{\sum \hat{\sigma}_j^2}{N}}=0.4043\%$$

这就是试验误差的估计值。

每一试点标准误差的自由度 $f=m-1=2-1=1$，此处 m 为每一试点重复试验次数。8 个试点合并估计试验误差时，即 $\hat{\sigma}_e$ 的自由度 $\sum f_e=N(m-1)=8\times(2-1)=8$。

也可利用极差估计试验的标准误差。先算出每点的极差 $(\beta'_j-\beta''_j)$，再算出 8 个试点极差的平均值：

$$\bar{R}_{\beta_j}=\frac{1}{N}\sum_{j=1}^{N}(\beta'_j-\beta''_j)=0.514\%$$

每一试点的结果可看作一组数据，这就有 8 组，每组两个数据，按 $l=8$，$N=2$，由表 10-1 查得极差系数 $D=1.17$，自由度 $\varphi\approx7$，于是可以算出试验标准误差的估计值：

$$\hat{\sigma}_e=\frac{1}{1.17}\times0.514\%=0.439\%$$

回归系数的标准误差 $\hat{\sigma}_b$ 可按下式计算：

$$\hat{\sigma}_b=\frac{\hat{\sigma}_e}{\sqrt{N}}=\frac{0.4043}{\sqrt{8}}=0.143\% \tag{10-23}$$

然后用 t 检验法检验各列的 b 是否显著，若 $b>t_a\hat{\sigma}_b$，即可认为该项回归系数（即该列的效应）是显著的，显著性水平为 α，由 t 分布表可查得，当误差项自由度为 8 时，$t_{0.05}=2.31$，$t_{0.05}\hat{\sigma}_b=2.31\times0.143=0.330\%$。由表 10-16 可知，效应最显著的是冲程，其次是料层厚度和人工床厚度。筛下水量的效应不显著，故下一步登山时可不考虑。

（2）最陡坡的确定　冲程 C、试料层厚度 D、人工床厚度 A 三因素主效应的比值为：

$$b_C : b_D : b_A=-1.175 : 0.425 : 0.415=-1 : 0.36 : 0.35$$

最陡方向应是冲程每调 1 步，试料层厚度须调 0.36 步，人工床厚度须调 0.35 步，故可据此确定各因素的新步长 S'。

表10-16　最陡坡法实例

试点号	A (1)	B (2)	AB CD (3)	C (4)	AC BD (5)	BC AD (6)	D (7)	β'_j	β''_j	β_j	$\beta_j - \bar{\beta}_j$	σ_i^2	σ_i
①	−1	−1	+1	−1	+1	+1	−1	45.40	45.12	45.26	0.28	0.0400	0.20
②	+1	−1	−1	−1	−1	+1	+1	47.18	47.76	47.47	0.58	0.1681	0.41
③	−1	+1	−1	−1	+1	−1	+1	45.46	46.38	45.92	0.92	0.4225	0.65
④	+1	+1	+1	−1	−1	−1	−1	46.15	45.61	45.88	0.50	0.1444	0.38
⑤	−1	−1	+1	+1	−1	−1	+1	43.94	43.63	43.79	0.31	0.0484	0.22
⑥	+1	−1	−1	+1	+1	−1	−1	43.56	44.01	43.79	0.45	0.1024	0.32
⑦	−1	+1	−1	+1	−1	+1	−1	43.32	43.10	43.21	0.22	0.0225	0.15
⑧	+1	+1	+1	+1	+1	+1	+1	43.92	44.77	44.35	0.85	0.3600	0.60
$\Sigma\beta_+$	181.49	179.36	179.28	175.14	179.32	180.29	181.53	总计		359.67	4.11	1.3083	—
$\Sigma\beta_-$	178.18	180.31	180.39	184.53	180.35	179.38	178.14	总平均		44.96	0.514	0.1635	0.4043
$\bar{\beta}_+ = 0.25\Sigma\beta_+$	45.37	44.84	44.82	43.78	44.83	45.07	45.38						
$\bar{\beta}_- = 0.25\Sigma\beta_-$	44.54	45.08	45.10	46.13	45.09	44.85	44.53						
$r = \bar{\beta}_+ - \bar{\beta}_-$	+0.83	−0.24	−0.28	−2.35	−0.2	+0.22	+0.85						
$b = 0.5r$	0.415	−0.120	−0.140	−1.175	−0.130	+0.110	+0.425						

注：$\Sigma\beta_+$和$\Sigma\beta_-$为各列对应水平"+1"和"−1"各试点指标总和；$\bar{\beta}_+$和$\bar{\beta}_-$为各列对应水平"+1"和"−1"各试点平均指标；r为极差，前节中各例用此度量效应；b为回归系数，相当于每步的效应值，也可简称为效应。

现首先选定冲程的新步长 $S_C' = 1\text{mm}$，$S_C' : S_C = 2 : 3$，即新步长相当于原来步长的2/3，然后即可相应地算出。

试料层厚度的新步长为：

$$S_D' = \frac{b_D}{b_C} \frac{S_C'}{S_C} S_D = 0.36 \times \frac{2}{3} \times 15 = 3.6 (\text{mm})$$

人工床厚度的新步长为：

$$S_A' = \frac{b_A}{b_C} \frac{S_C'}{S_C} S_A = 0.35 \times \frac{2}{3} \times 15 = 3.5 (\text{mm})$$

须注意的是，冲程的效应为负值，其余二因素的效应为正值，故登山时冲程需要减小，而试料层和人工层厚度需要增大。

（3）沿最陡坡登山　决定以原析因试验中的最优试点（点2）作为登山的起点，该点的条件为 $A = 75\text{mm}$，$B = 5.87\text{m}^3/(\text{m}^2 \cdot \text{h})$，$C = 6\text{mm}$，$D = 60\text{mm}$。

于是可算出登山路上各试点的条件如下：

第一步，试点9的条件为：

A：$75 + 3.5 = 78.5$（mm）；

C：$6 - 1 = 5$（mm）；

D：$60 + 3.6 = 63.6$（mm）。

依次可算出第二步（试点10）、第三步（试点11）的条件。各点的试验条件和结果如表10-17所示。试验结果表明，最优试点为点10，相应的操作条件为：人工床厚度82mm、筛下水量 $5.87\text{m}^3/(\text{m}^2 \cdot \text{h})$、冲程4mm、试料层厚度67.2mm。

表 10-17　登山试验条件和结果

| 试点号 | 试验条件 | | | | 精矿品位 |
	人工床厚度 A/mm	筛下水量 B/[m³/(m²·h)]	冲程 C/mm	试料层厚度 D/mm	β (Fe)/%
②	75.0	5.87	6	60.0	47.47
⑨	78.5	5.87	5	63.6	47.54
⑩	82.0	5.87	4	67.2	49.70
⑪	85.5	5.87	3	70.8	48.60

10.4.1.2 数学原理

设以 E 表示各种选矿过程中作业的效率判据，则此目标函数与各影响因素间的关系可用下式表示：

$$E = f(x_1, x_2, \cdots, x_n) \tag{10-24}$$

式中，x_1，x_2，$\cdots$，x_n 等表示各工艺变数。其图形为 n 维空间的一平面或曲面，常称为响应面。

采用最陡坡法调优时，常首先假定响应面的某一段为一斜平面，此时响应面方程即为一线性回归方程：

$$\hat{E} = b_0 + b_1 x_1 + b_2 x_2 + \cdots + b_n x_n \tag{10-25}$$

式中　b_0——常数项，即 x_1，x_2，$\cdots$，x_n 等的取值为0时 $\hat{E}$ 的值；

　　　b_i——回归系数，表示在 x_i（$i = 1, 2, \cdots, n$）方向上该平面的斜率，即 $\hat{E}$ 对 x_i 的偏导数，相当于 x_i 的效应。

因为，若将上式分别对 x_1，x_2，$\cdots$，x_n 取偏导数，则可得：

$$\frac{\partial \hat{E}}{\partial x_1}=b_1, \quad \frac{\partial \hat{E}}{\partial x_2}=b_2, \quad \cdots, \quad \frac{\partial \hat{E}}{\partial x_n}=b_n$$

可见 b_i 的物理意义就是，当其他因素不变时，因数 i 的取值 x_i 每变化一个单位，所引起的目标函数 $\hat{E}$ 的变化量，取正值时为增量，取负值时为减量。若 x_i 均以"步"为单位，则 b_i 就是 x_i 每变动一"步"时，目标函数 $\hat{E}$ 的变化量，在析因试验中，通常就叫做"效应"。

再回到例 10-7，若以 x_1，x_2，x_3，x_4 分别代表人工床厚度 A、筛下水量 B、冲程 C、试料层厚度 D 四个变量，则 b_i 可直接由表 10-16 中查得：$b_1=+0.415\%$、$b_2=-0.120\%$、$b_3=-1.175\%$、$b_4=+0.425\%$。b_0 应为 x_i 的取值均为 0 时的 $\hat{E}$ 值，即中心点的指标。本试验设计没有安排中心试点，但由于假定模型是线性的，因而中心试点的指标等于周围八个试点指标的总平均值，故由表 10-16 可得 $b_0=44.96\%$，将 b_0 和 b_i 的数值代入式（10-25）可得出本例的回归模型为：

$$\hat{E}=44.96+0.415\,x_1-0.120\,x_2-1.175\,x_3+0.425\,x_4$$

须注意的是，上式中 x_i 均是以"步"为单位，表 10-16 中"+1"表示比中心试点高一步，"-1"表示比中心试点低一步。例如，当 $x_i=+1$ 时，人工床厚度的实际数值 $A=A_0+x_iS_A=60+15=75$（mm）。反之，若已知 $A=75$mm，则可得 $x_i=(A-A_0)/S_A=(75-60)/15=+1$。

下面再讨论如何判断最陡方向的问题。

当自变数的数目 $n=2$ 时，回归方程为一个二元一次方程：

$$\hat{E}=b_0+b_1x_1+b_2x_2 \tag{10-26}$$

在等值线上（即 $\hat{E}$ 取某一恒定值 $\hat{E}_a$ 时），x_2 和 x_1 的关系可写成：

$$x_2=-\frac{b_1}{b_2}x_1+C \tag{10-27}$$

式中，C 为新的常数项，$C=(\hat{E}_a-b_0)/b_2$；$\hat{E}_a$ 取不同值时，C 也有不同值，表明等值线为一簇具有不同截距 C 的平行直线，其斜率为 $-b_1/b_2$。

显然，等值线（相当于地形图上的等高线）的法线方向就是目标函数变化最快的方向，即最陡坡。而优几何学可知，二垂线的斜率互为负倒数，故等值线的法线的斜率应为 b_2/b_1。换句话说，在最陡坡上 x_2 对 x_1 的变率等于 b_2/b_1，即 $x_2:x_1=b_2:b_1$。类似地可以证明，n 维空间的最陡方向上 $x_1:x_2:\cdots:x_n=b_1:b_2:\cdots:b_n$。这就是为什么要按照各因素效应大小的比例确定各因素步长的原因。

10.4.1.3 应用条件

采用上述最陡坡法的条件是：

① 目标函数为一单峰函数，即只有一个极大值。

② 在试验范围内响应面应接近一斜面，而没有突然的转折点。一般来说，若选别指标对选别条件的变化很敏感，就可能出现突变点。此时，若采用二水平的析因试验，就不易找到"坡度"。在吉林某硅砂矿长石浮选试验中，曾用二水平析因试验寻找最陡坡度没有成功，后改为多水平析因试验大范围探索。失败的原因是长石粒度粗、可浮性差，当药剂用量不足时几乎完全不浮，增大到一定用量后才絮凝成团大量浮起，没有一个渐变的阶段，因而难以探索到"坡度"。而例 10-7 所讨论的跳汰操作条件试验，一般不会有突变点，因而适合于用最陡坡法。

③ 对所研究的过程和矿石性质比较熟悉，因而在寻找最陡坡时能够准确把握，使所选

用的二水平恰好落在山坡上，而不是落在山脚或横跨山峰。所谓落在山脚外，是指所选用的两个试点的指标都不好，因而无法显示出坡度。所谓横跨山峰，是指由于步长太大，一个水平小于最优值，另一个水平却已超过了最优值，因而将指错调优方向（如图10-3所示）。当然，步长也不能小到使试验结果的变化均落到试验误差的范围内，那样也显不出坡度，一般地说，对于第一批寻找最陡坡方向安排的析因试验，其步长，对于浮选药剂用量等因素，应为基准水平的15%～30%；对于磨矿细度和焙烧温度等试验范围本来就较小的因素，也至少应为10%左右。

只有满足了以上三项条件，才能将所试验范围内的响应面方程近似地看作线性方程，并按线性模型寻找最陡坡。为了判断线性模型同试验数据的拟合程度，除了可对回归方程的显著性进行统计检验以外，还可根据中心效应和交互效应的大小作出初步估计。为此，在试验设计时，最好在二水平析因试验的基础上，加一个中心点，即各因素水平应为0的试点。若该点的指标与二水平析因试验各点指标的总平均值相差很大，即中心效应很显著。就表明该响应面的曲线性很显著，不能采用线性模型。交互作用很明显时，则应注意避免同主效应混杂而导致弄错调优方向。只要交互效应没有同主效应混杂，一般仍可按线性回归方程所决定的最陡坡方向安排登高试点，否则应考虑改用二次模型。

带中心点的 2^2 析因试验设计称二因素五点设计，带中心点的 2^3 析因试验设计称三因素九点设计，其图形分别如图10-4(a) 和图10-4(b) 所示。四因素为17点设计……。由于中心点比较重要，最好能适当安排重复试验。

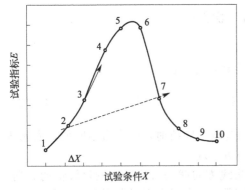

图10-3　试验指标与试验条件的变化关系

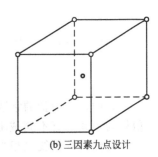

(a) 二因素五点设计　　　　(b) 三因素九点设计

图10-4　带中心点的 2^n 析因试验设计

在选矿试验中，也常有这样的情况，尽管中心效应比较显著。有时却可凭借专业知识，适当调整调优方向，就可找到最优区域，而不一定要采用二次模型。图10-5所示的为某萤石浮选试验安排实例。第一批试验的试点为第1、2、3、4、5五点，实验结果表明，磨矿细度主效应 $r_A = -7.1\%$，捕收剂用量效应 $r_B = +16.1\%$，如果不考虑中心效应，则按最陡坡法，下一步登山应从点4出发，让 A、B 两因素点步长比取 $S_A : S_B = r_A : r_B \approx -1 : 2$，向左上方调优。现中心效应 $r_0 = 6.9$，表明至少有一个因素点最优水平就在中心点附近，具体分析各试点指标后可看出中心效应主要是磨矿细度引起的，据此调整了登山方向，很快就找到了最优区域。

如果需要采用二次模型试验的设计和数据分析都将比较复杂。就像两点确定一直线一样，n 维空间的平面只需采用 2^n 析因试验设计；而为了估计一曲面，至少应采用三水平的试验设计。常用的试验设计方案是"中心组合设计"。

10.4.2　二次回归试验设计

二次回归试验设计指的是用来求二次回归模型的试验设计，可看作是最陡坡法的最后步骤或延伸。以单因素试验为例，其二次回归模型可写成：

$$\hat{E} = b_0 + b_1 x_1 + b_{11} x_1^2 \tag{10-28}$$

为了方便在表格中计算，也可写作：

$$\hat{E} = b_0 x_0 + b_1 x_1 + b_{11} x_1^2 \tag{10-29}$$

此处 x_0 是一个虚设的变量，实际上是一个常量"1"，x_1 和 x_1^2 则分别为变量 1 的一次项和二次项。

试验的任务是：在不同试验条件下（表现为不同的 x 值）安排试验，得出对应的试验结果 E_j，代入上式中，构成方程组，联立求解回归系数 b_0、b_1 和 b_{11}。

显然，试验设计的基本要求是试点数应不少于待求回归系数的个数。在实际试验工作中，由于还需满足其他方面的要求，试点数往往多于待求回归系数的个数。此时，为了避免形成矛盾方程组，以及使所得回归方程与实测值拟合得好，总是用最小二乘法确定回归系数。

任一试点的试验结果可用下列结构式表示：

$$E_j = b_0 + b_{1j} x_{1j} + b_{11j} x_{1j}^2 + d_j \tag{10-30}$$

式中 d_j 为第 j 点（$j = 1, 2, 3, \cdots, N$）的实测值 E_j 对回归值 $\hat{E}_j$ 的离差，离差平方和 Q 的表达式：

$$Q = \sum_{j}^{N} (E_j - \hat{E}_j)^2 = \sum (E_j - b_0 - b_{1j} x_{1j} - b_{11j} x_{1j}^2)^2 \tag{10-31}$$

根据微积分中的极值原理，使 Q 最小的条件是，令上式中对 b_0、b_1、b_{11} 的偏导数均为 0。由此可得新的方程组，通常称为正规方程组。各回归系数，就是这个方程组的解。显然，不论试点数比回归系数的个数多多少，此方程组包含的方程数永远等于回归系数的个数。

若试验设计满足正交条件，则系数矩阵将为一对角矩阵，所有回归系数的计算均可简化为按下列通式计算：

$$b_l = \frac{B_l}{\sum\limits_{j=1}^{N} C_{lj}^2} = \frac{\sum\limits_{j=1}^{N} C_{lj} E_j}{\sum\limits_{j=1}^{N} C_{lj}^2} \tag{10-32}$$

式中　l——计算表中该系数所在列的序号；

C_{lj}——该列各试点的正交系数，通常就是该列各点的水平编码值；

B_l——该列各试点的正交系数与试验结果的乘积之和。

显然，整个计算均可直接在表格上进行。

评价一份试验计划的好坏，除了看它能否节省试验和简化计算外，还常需考虑以下一些因素：

① 安排有必要的重复试验，用于估计试验误差。

② 有利于预测。例如，若能使设计带有旋转性，使位于同一球面上各点的方差相同，试验者就可直接比较各点预测值的好坏。

二次回归试验中最常用的试验设计是中心组合设计（如图 10-6 所示）。它可以在一次回归试验设计的基础上进行，通过适当地选择有关参数就可使设计具有正交性、旋转性和通用性。

由图 10-6 可知，n 维（n 因素）中心组合设计的试点由以下三部分组成：

① 2^n 析因设计试点，共 $m_c = 2^n$ 个点。

② 中心点，若重复 m_0 次，即有 m_0 个点。

③ n 根坐标轴上，距中心 $+\gamma$ 和 $-\gamma$ 处，共 $m_\gamma = 2n$ 个点。γ 的取值与试验设计的要求（正交性、旋转性和通用性）、试验因素的个数 n 以及中心试点的重复次数 m_0 有关。

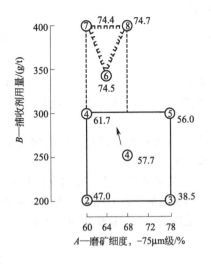

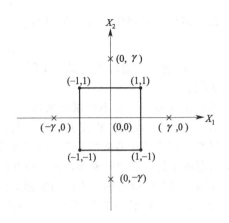

图 10-5　某萤石浮选试验安排　　　　　图 10-6　中心组合设计（以二因素为例）

选矿试验中常用的几种二次回归设计的有关参数如表 10-18 所示。

表 10-18　常用二次回归试验设计参数表

设计类型	因素数 n	析因设计 m_c	臂上 m_γ	中心点 m_0	臂长 γ	试点总数 N	备注
正交设计	2	4	4	1	1	9	无重复
	2	4	4	4	1.215	12	有重复
	3	8	6	1	1.215	15	无重复
	3	8	6	4	1.414	18	有重复
正交旋转设计	2	4	4	8	1.414	16	有重复
	3	8	6	9	1.682	23	
通用旋转设计	2	4	4	5	1.414	13	有重复
	3	8	6	6	1.682	20	

注：通用性是指在半径为 1 的球面内，预测值方差基本相同。

【例 10-8】 用回归试验设计研究磨矿时间和装球量对磨矿产品合格粒级含量 β 的影响。

（1）试验模型

$$\hat{\beta}=b_0+b_1 x_1+b_2 x_2+b_{11} x_1^2+b_{22} x_2^2+b_{12} x_1 x_2 \tag{10-33}$$

（2）试验设计

采用二因素中心组合设计，如表 10-19 所示。

试点总数 $N=9$，其中包括：

2^n 析因设计，$m_c=4$，表中点 1～4；

中心点 1 个，$m_0=1$，表中点 9；

臂上 4 个点，$m_\gamma=4$，表中点 5～8，臂长 $\gamma=1$，因而这 9 个点实际已组成 3^2 析因设计。

因素和水平安排如表 10-19 所示。

表 10-19　因素和水平安排

水平编码	−1	0	+1
磨矿时间 x_1/min	12	15	18
装球量 x_2/kg	6	8	10

表 **10-20** 试验安排和结果的计算

列号 l / 水平 / 试点号 j		x_0	x_1	x_2	x_1x_2	x_1^2	x_2^2	$x_1'=x_1^2-\frac{2}{3}$	$x_2'=x_2^2-\frac{2}{3}$	β_j /%	$\beta_{j预}$ /%
		0	1	2	3	4	5	6	7	8	9
m_c	1	1	1	1	1	1	1	1/3	1/3	67	67.05
	2	1	−1	1	−1	1	1	1/3	1/3	62	64.55
	3	1	1	−1	−1	1	1	1/3	1/3	50	48.95
	4	1	−1	−1	1	1	1	1/3	1/3	58	59.45
m_γ	5	1	1	0	0	1	0	1/3	−2/3	60	63.00
	6	1	−1	0	0	1	0	1/3	−2/3	69	67.00
	7	1	0	1	0	0	1	−2/3	1/3	68	65.80
	8	1	0	−1	0	0	1	−2/3	1/3	55	54.20
m_0	9	1	0	0	0	0	0	−2/3	−2/3	66	65.00
$\sum C$		9	0	0	0	6	6	0	0		
$\sum C^2$		9	6	6	4	6	6	2	2		
B		555	−12	34	13			−4	−10		
b		61.67	−2	5.67	3.25			−2	−5		
$SS=bB$			24	192.78	42.25			8	50		

试点总数 $N=9$，其中包括：

2^n 析因设计，$m_c=4$，表中点 1～4；

中心点 1 个，$m_0=1$，表中点 9；

臂上 4 个点，$m_\gamma=4$，表中点 5～8，臂长 $\gamma=1$，因而这 9 个点实际已组成 3^2 析因设计。因素和水平安排如表 10-21 所示。

表 **10-21** 因素和水平安排

水平编码	−1	0	+1
磨矿时间 x_1/min	12	15	18
装球量 x_2/kg	6	8	10

10.4.2.1 回归系数的确定

为了能直接在表格上利用通式(10-32)计算回归系数（不包括 b_0），要求各列代码值之和为零。在此前提下，才能将该列代码值看作是正交系数 C 代入式(10-32)中。显然，由于试验设计是正交的，因而第 1、2、3 列的 $\sum C$，即 $\sum x_1$、$\sum x_2$、$\sum x_1x_2$ 均为零。但第 4、5 列平方项的 $\sum C$ 不可能为零，为此须使平方项"中心化"。这相当于解析几何中的"移轴"，只要坐标轴平移到各试点的"重心"位置，就可以使总和为零。具体地说须用 x_i' 代换 x_i^2：

$$x_i'=x_i^2-\frac{1}{N}\sum_{j=1}^{N}x_{ij}^2 \tag{10-34}$$

对本例，就是用 x_1' 代换 x_1^2，用 x_2' 代换 x_2^2。在表中，就是用第 6、7 列代替第 4、5 列。

$$x_1'=x_1^2-\frac{6}{9}=x_1^2-\frac{2}{3}$$

$$x_2'=x_2^2-\frac{6}{9}=x_2^2-\frac{2}{3}$$

由表 10-20 也可以直接看出，为了使第 4、5 两列的 $\sum C_l$（$C_4=x_1^2$；$C_5=x_2^2$）为零，需从总和 $\sum C_l$ 中减去 6，分摊到 9 个试点上，就是每一试点相应的代码值 x_{ij} 均应减去一个 $\frac{2}{3}$。

因而修正项的含义就是，为保证该列正交系数总和 $\sum C_l$ 为零，各点必须分摊的削减"份额"。按此原理类推，不难得出三因素二次回归正交设计修正项的大小。

坐标轴平移后斜率不变，改变的仅仅是截距，因而代换后模型式可写作：

$$\hat{E} = b_0' + b_1 x_1 + b_2 x_2 + b_{11} x_1' + b_{22} x_2' + b_{12} x_1 x_2 \tag{10-35}$$

10.4.2.2　回归系数的计算

下面介绍 B 和 b 的计算方法。

对任意列 l，将各点的系数 C_{lj} 同该点的试验指标 β_j 相乘，再将各乘积累计求和，就得到该列的 B_l 值：

$$B_l = \sum_{j=1}^{N} C_{lj} \beta_j \tag{10-36}$$

例如，对第 1 列（$l=1$）有：

$$B_l = \sum_{j=1}^{N} C_{1j} \beta_j = 67 - 62 + 50 - 58 + 60 - 69 = -12$$

依次地可算出 B_2、B_{11}、B_{22} 和 B_{12}。须注意此处 B 的脚标已不再代表列号，而是与 b 相对应。

B_0 实际是 9 个试点指标总和，由于虚设了一个变量 x_0（x_0 恒为 1），故也可用上式计算。

各列的 b_l（脚标 l 为列号）按式（10-32）计算：

$$b_l = \frac{B_l}{\sum\limits_{j=1}^{N} C_{lj}^2}$$

依次地可算出：

$$b_1 = \frac{B_1}{\sum_{j=1}^{N} C_{1j}^2} = \frac{B_1}{\sum_{j=1}^{N} x_{1j}^2} = -2$$

$$b_2 = \frac{B_2}{\sum_{j=1}^{N} C_{2j}^2} = \frac{B_2}{\sum_{j=1}^{N} x_{2j}^2} = 5.67$$

$$b_{11} = \frac{B_{11}}{\sum_{j=1}^{N} C_{11j}^2} = \frac{B_{11}}{\sum_{j=1}^{N} x_{11j}^2} = -2$$

$$b_{22} = \frac{B_{22}}{\sum_{j=1}^{N} C_{22j}^2} = \frac{B_{22}}{\sum_{j=1}^{N} x_{22j}^2} = -5$$

$$b_{12} = \frac{B_{12}}{\sum_{j=1}^{N} C_{12j}^2} = \frac{B_{12}}{\sum_{j=1}^{N} x_{12j}^2} = 3.25$$

式中 b 的脚标已换成与模型式一致。

最后求 b_0'——9 个试验指标的总平均值：

$$b_0' = \frac{B_0}{N} = \frac{555}{9} \times 100\% = 61.67\%$$

10.4.2.3　回归系数显著性的检验

可以像例 10-7 那样，用 t 检验法。为此需首先估计试验误差的大小。例 10-7 中全部试点均安排了重复试验，本例则仅中心点另外安排了三个重复试验，相当于 $m_0 = 4$，但重复试验结果没有参加计算回归模型，而只是单纯地用于按式（10-8）估计试验标准误差——算出 $\hat{\sigma}_e = 1.5\%$。

各列回归系数 b_l 的标准误差按下式计算：

$$\hat{\sigma}_{bl} = \frac{\hat{\sigma}_e}{\sqrt{\sum_{j=1}^{N} C_{lj}^2}} \qquad (10\text{-}37)$$

例如，第 1 列，$l=1$，$C_{lj}=x_{lj}$，$\sum\limits_{j=1}^{N} C_{lj}^2 = 6$，因而：

$$\hat{\sigma}_{b1} = \frac{1.5}{\sqrt{6}} \times 100\% = 0.61\%$$

依次地算出 b_2、b_{11}、b_{22} 和 b_{12} 的标准误差分别为 0.61%、1.06%、1.06% 和 0.75%。

查 t 分布表得，当误差项的自由度 $f_e = m_0 - 1 = 4 - 1 = 3$ 时，$t_{0.05} = 3.18$。按 t 检验法检验确定，除 x_1' 项的回归系数 b_{11} 不显著外，其他各个回归系数都是显著的。

将 x_1' 项删去后得到所求回归模型为：

$$\hat{\beta} = 61.67 - 2x_1 + 5.67x_2 - 5x_2' + 3.25x_1x_2$$

由于 $x_2' = x_2^2 - 2/3$，代入上式并整理后可得：

$$\hat{\beta} = 65 - 2x_1 + 5.67x_2 - 5x_2^2 + 3.25x_1x_2$$

回归显著性的检验也可按方差分析的方法进行。

总变差平方和的组成为：

$$SS = SS_{回} + SS_{剩} \qquad (10\text{-}38)$$

本例中，$SS_{回}$ 可进一步分解为一次效应 b_1、b_2，二次效应 b_{11}、b_{22} 和交互效应 b_{12}。

$$SS_{回} = SS_{b_1} + SS_{b_2} + SS_{b_{11}} + SS_{b_{22}} + SS_{b_{21}}$$

而各列（项）效应的回归平方和均可按

$$SS_l = \frac{B_l^2}{\sum C_l^2} = b_l B_l \qquad (10\text{-}39)$$

直接在表 10-20 中逐列计算，于是有：

$$SS = \sum_{j=1}^{N} (\beta_j - \overline{\beta})^2 = 338$$

$$SS_{回} = 24 + 192.78 + 42.25 + 8 + 50 = 317.03$$

$$SS_{剩} = 338 - 317.03 = 20.07$$

一般情况下剩余平方和包括失拟平方和与误差平方和两项：

$$SS_{剩} = SS_{失} + SS_{误} \qquad (10\text{-}40)$$

在本例中，虽中心点安排有重复试验，但在试验设计和总平方和计算中均未考虑，故无法将剩余平方和进一步分解为失拟平方和与误差平方和。若能证明失拟平方和未显著超越误差平方和，即可将两项合并，用以对各项回归效应（回归系数）进行 F 检验。检验统计量为：

$$F = \frac{SS_{回}/f_{回}}{SS_{剩}/f_{剩}} \qquad (10\text{-}41)$$

上式中分子项可以是总回归平方和，此时 $f_{回}=5$，也可以是分项回归平方和，每一回归效应（系数）的自由度 $f_l = 1$，而 $f_{剩} = f - f_{回} = 9 - 1 - 5 = 3$。此处总自由度 $f = N = 1$。

10.4.2.4　模型拟合度的检验

回归模型与实测数据拟合度的好坏，可用误差平方和对失拟平方和进行 F 检验。

本例试验误差是利用未计入回归试验设计的中心点重复试验结果算出的：

$$MS_e = \frac{SS_e}{f_e} = \hat{\sigma}_e^2 = 1.25^2 = 1.56$$

$$f_e = m_0 - 1 = 4 - 1 = 3$$

故可将全部剩余平方和看做失拟平方和。再考虑已知二次项x_1^2不显著，得：

$$SS_失 = SS_剩 = SS - SS_{b_1} - SS_{b_2} - SS_{b_{22}} - SS_{b_{12}} = 28.07$$

$$f_失 = f - f_回 = 9 - 1 - 4 = 4$$

还可直接将各个试点的x_1和x_2值代入上述回归方程，算出各点的预测值$\beta_{j测}$（表中第9列），同实测值β_j比较，其偏差的平方和，就是失拟平方和：

$$SS_失 = \sum_{j=1}^N (\beta_j - \beta_{j预})^2 \tag{10-42}$$

将表10-20数据代入算得：$SS_失 = 29.19$。

检验统计量为：

$$F_失 = \frac{MS_失}{MS_e} = \frac{SS_失 / f_失}{SS_e / f_e} \tag{10-43}$$

将数据代入后算出$f_失 = 3.24$。

再查F分布表，$f_{0.05}(4, 3) = 9.12 > f_失$，表明模型失拟程度不显著。或者说，模型同实际试验数据的拟合度良好。

非正交回归设计的计算比较麻烦，但其基本原理是相同的，在有计算机可以利用的条件下，已不是一个难以克服的困难。

10.4.3　小结

n因素p水平全面试验试点总数为$N = p^n$。用几批二水平试验代替多水平试验，是为了解决由于p过大而造成的试点过多问题。但是，在实际工作中，为了考察工艺因素对试验指标的影响规律，往往必须安排多水平试验。这时，为了避免试点总数过多，就需要设法将多因素试验化为一连串较少因素的试验，这也是一种序贯设计。一般来说，预先试验时可采用多因素部分试验法，筛选主要因素，确定最优条件所在的大致范围；条件试验时，除非整个需要考察的因素不多，否则就没有必要把主要因素和次要因素、有交互作用的因素和没有交互作用的因素，统统组合在一起同时试验，而应尽可能地分批考察。本章所介绍的最陡坡法，包括回归试验设计，基本上也是按照此思路安排试验的，即先利用较简单的一次回归试验设计筛选主要因素，然后利用二次回归试验设计确定主要工艺因素对工艺指标的影响规律，并考察有交互作用的因素间的相互关系。

在关于多因素的情况下，试验如何分批的问题，主要根据专业知识决定，在矿石可选性研究工作中，可将工艺因素分为以下三类，分别进行条件试验。

第一类是独立的主要因素，如磨矿细度。并不是说它与其他因素毫无关系，而是说在一般情况下，磨矿细度的最优值主要取决于矿石性质。应使其他工艺因素的水平，适应磨矿细度的要求。对于这类因素，不一定采用多因素组合试验法，完全可单独试验。对于一般的矿石，应首先进行磨矿细度试验。复杂难选的矿石，可先将磨矿细度固定在使有用矿物颗粒基本单体分离的粒度上，待其他因素条件初步选定后，再安排专门的磨矿细度试验。有时虽可利用最陡坡法或多因素多水平部分试验法同其他因素一起试验，但在其他条件选定后，仍希望专门安排一组磨矿细度试验，确切地阐明磨矿细度对选别指标的影响，供试验设计部门进行技术经济比较。

第二类因素，相互间可能存在交互作用的重要因素，如浮选药剂中的捕收剂、抑制剂、活化剂和pH调整剂；焙烧的温度和时间等。由于它们是主要参数，因而一般需安排多水平试验，以便能确切地找到最优试点位置；又由于可能有交互作用存在，设计时需注意减少混杂，这些都决定了这部分因素的试验工作量将相当大。因而有时还需将它们再次分批，仅将有明显交互作用的因素组合在一起，例如，在赤铁矿反浮选时我们将石灰和碳酸钠组合在一起试验。

第三类是相对次要的因素，一般应同主要因素分开，单独考察，试验水平也不必取得很多，且常可采用混杂设计，因而试验工作量一般不大。

复习思考题

1. 试验方法可分为几类？
2. t 检验与 F 检验各有什么特点？
3. 试验误差有哪几种，随机误差有什么分布规律？
4. 与全面析因试验相比，部分析因试验有何优点？
5. 如何通过析因试验确定各因素对试验结果的影响程度？
6. 何为混杂现象？
7. 析因试验正交试验表如何设计？
8. 序贯试验法与析因试验法相比，有何特点？
9. 简述最陡坡法的应用前提。
10. 二次回归试验设计的回归系数如何确定？

第 11 章
试验结果的处理及试验报告的编写

11.1 试验误差分析

在试验过程中，由于试验仪器精度的限制、试验方法的不完善、实验操作的不准确性、科研工作者认识能力的不足和科学水平的限制等方面的原因，在试验中获得的试验值与试验对象的客观真实值并不一致，这种试验值与真实值的不相符程度即为试验误差。试验结果都具有误差，误差自始至终存在于一切科学试验过程之中。为了使试验误差减小，使试验结果准确，就要正确表达试验误差，了解试验误差产生的原因，不断总结经验，改进方法，实现试验的最优化设计。

11.1.1 试验误差的表示方法

由于试验误差的客观存在，为了表示试验过程中测量结果的准确度，一般用绝对误差、相对误差、引用误差和标准误差来定量表示测量结果与真实值之间的差别。

11.1.1.1 绝对误差

绝对误差是指试验测量值与真实值之间的差值。假设真实值为 A_0，试验测量值为 X，则绝对误差公式见式(11-1)。

$$\Delta X = X - A_0 \tag{11-1}$$

式中　ΔX——绝对误差；

　　　X——试验测量值；

　　　A_0——真实值。

由于真值 A_0 一般无法求得，因而上式只有理论意义。常用高一级标准仪器的示值作为实际值 A 以代替真值 A_0。由于高一级标准仪器存在较小的误差，虽然 A 不等于 A_0，但总比 X 更接近于 A_0。X 与 A 之差称为仪器的示值绝对误差，见式(11-2)。

$$\Delta x = X - A \tag{11-2}$$

式中　Δx——仪器的示值绝对误差；

　　　X——试验测量值；

　　　A——实际值。

与 Δx 相反的数称为修正值，见式(11-3)。

$$C = -\Delta x = A - X \tag{11-3}$$

式中 C——修正值；

Δx——仪器的示值绝对误差；

X——试验测量值；

A——实际值。

通过检定，可以由高一级标准仪器给出被检仪器的修正值 C。利用修正值便可以求出该仪器的实际值 A，见式(11-4)。

$$A = X + C \tag{11-4}$$

11.1.1.2　相对误差

工程上常采用相对误差来比较测量结果的准确程度，即用绝对误差 Δx 与被测量的实际值 A 的比值的百分数来表示的相对误差，见式(11-5)。

$$\gamma_A = \frac{\Delta x}{A} \times 100\% \tag{11-5}$$

式中 γ_A——相对误差；

Δx——绝对误差；

A——实际值。

11.1.1.3　引用误差

相对误差虽然可以说明测量结果的准确度，并衡量测量结果和被测量实际值之间的差异程度，但还不足以用来评价指示仪表的准确度，为此引入了引用误差的概念。

引用误差　用于表征仪表性能的好坏，其定义为绝对误差 Δx 与仪器的满刻度值 X_m 之比的百分数，见式(11-6)。

$$\gamma_m = \frac{\Delta x}{X_m} \times 100\% \tag{11-6}$$

式中 γ_m——引用误差；

Δx——绝对误差；

X_m——仪器的满刻度值。

11.1.1.4　标准误差

标准误差也称为均方根误差，见式(11-7)。

$$\sigma = \sqrt{\frac{\sum d_i^2}{n}} \tag{11-7}$$

式中 σ——标准误差；

n——测量次数；

d_i——第 i 次测量的误差。

上式使用于无限测量的场合。实际测量工作中，测量次数是有限的，则改用式(11-8)。

$$\sigma = \sqrt{\frac{\sum d_i^2}{n-1}} \tag{11-8}$$

标准误差不是一个具体的误差，σ 的大小只说明在一定条件下等精度测量集合所属的每一个观测值对其算术平均值的分散程度，如果 σ 的值越小，则说明每一次测量值对其算术平均值分散度就越小，测量的精度就越高，反之精度就越低。

绝对误差、相对误差及引用误差均需要知道真实值，但通常真实值是无法测得的。在试验中，测量的次数无限多时，根据误差的分布定律，正负误差的出现概率相等。在消除系统误差后，将测量值加以平均，可以获得非常接近于真实值的数值。但是实际上实验测量的次数总是有限的。用有限测量值求得的平均值只能是近似真值，常用的平均值有下列几种：

① 算术平均值 算术平均值是最常见的一种平均值。

设 x_1、x_2、$\cdots$、x_n 为各次测量值，n 代表测量次数，则算术平均值见式(11-9)。

$$\overline{x} = \frac{x_1 + x_2 + \cdots + x_n}{n} = \frac{\sum\limits_{i=1}^{n} x_i}{n} \tag{11-9}$$

② 几何平均值 几何平均值是将一组 n 个测量值连乘并开 n 次方求得的平均值，见式(11-10)。

$$\overline{x}_{几} = \sqrt[n]{x_1 x_2 \cdots x_n} \tag{11-10}$$

③ 均方根平均值 均方根平均值，见式(11-11)。

$$\overline{x}_{均} = \sqrt{\frac{x_1^2 + x_2^2 + \cdots + x_n^2}{n}} = \sqrt{\frac{\sum\limits_{i=1}^{n} x_i^2}{n}} \tag{11-11}$$

④ 对数平均值 在化学反应、热量和质量传递中，其分布曲线多具有对数的特性，在这种情况下表征平均值常用对数平均值。

设两个量 x_1、x_2，其对数平均值见式(11-12)。

$$\overline{x}_{对} = \frac{x_1 - x_2}{\ln x_1 - \ln x_2} = \frac{x_1 - x_2}{\ln \dfrac{x_1}{x_2}} \tag{11-12}$$

应指出，变量的对数平均值总小于算术平均值。当 $x_1/x_2 \leqslant 2$ 时，可以用算术平均值代替对数平均值。

当 $x_1/x_2 = 2$ 时，$\overline{x}_{对} = 1.443$，$\overline{x} = 1.50$，$(\overline{x}_{对} - \overline{x})/\overline{x}_{对} = 4.2\%$，即 $x_1/x_2 \leqslant 2$，引起的误差不超过 4.2%。

以上介绍各平均值的目的是要从一组测定值中找出最接近真值的那个值。在选矿试验过程中，数据的分布较多属于正态分布，所以通常采用算术平均值。

11.1.2 误差的来源及处理方法

误差根据其性质或成因，可分为系统误差、偶然误差和过失误差。

11.1.2.1 系统误差

系统误差是指在试验过程中未发觉或未确认的因素所引起的误差，对试验结果的影响永远朝一个方向偏移，大小及符号在同一组试验中完全相同，当试验条件一旦确定，系统误差就获得一个客观上的恒定值。当改变试验条件时，就能发现系统误差的变化规律。

系统误差来源于以下几方面：

① 方法误差 试验方法本身有缺陷，近似计算的理论根据有缺点。

② 仪器误差 测量仪器不良，如刻度不准，仪表零点未校正或标准表本身存在偏差等。

③ 试剂误差 试剂纯度低，杂质含量高。

④ 试验条件误差 试验条件控制不当及周围环境的改变，如温度、压力、湿度等偏离校准值。

⑤ 实验人员的习惯和偏向 如读数偏高或偏低等引起的误差。针对仪器的缺点、外界条件变化影响的大小、个人的偏向，待分别加以校正后，系统误差是可以清除的。

在实际试验过程中，通常采用的判别方法有对照试验法与秩和检验法。

（1）对照试验法

① 空白对照试验法是在进行试验过程中，采用操作完全相同的方法和试剂，但不加入被测物质进行平行试验的方法。通过空白对照试验可分析在一组试验数据中是否存在系统误差，以及该系统误差是否可以容忍（即因此造成的误差是否满足试验准确度的要求）。

② 用已知结果的试样与被测样一起进行对照试验（用标准样对照），求得校正系数的方法。

例如，取一纯物质或与样品成分相近的已知含量的标准试样，采用与测定样完全相同的操作和试剂进行平行测定，两者之差表示分析结果的准确度，见式(11-13)。

$$X = \frac{\alpha Y}{Y'}$$

$$准确度 = \alpha - Y = X - Y$$

$$K = \frac{\alpha}{Y'} \tag{11-13}$$

式中　Y——测定样品所测结果；

Y'——标准样品所测结果；

X——测定试样中被测组分应有含量；

α——标准试样中被测组分的已知含量；

K——校正系数。

例如，标样中某组分标准含量为 5.05%，测定多次为 5.00%，说明这个测定方法所测的分析结果恒低于 1%（相对误差），所以，用此法测定必须加以校正，校正系数 $K = \alpha/Y' = 1.01$，乘以试样的测定结果，就将试验结果扩大 1%，因而提高了准确度。

注意 K 若过大，则说明测定方法有问题。

(2) 秩和检验法　秩和检验法可以检验两组数据之间是否存在显著差异。所以，当其中一组数据无系统误差时，就可以利用该检验方法判断另一组数据有无系统误差。另外，利用秩和检验法还可以检验新的试验方法是否可靠。

为降低系统误差，可采取下列途径：

① 排除试剂中杂质干扰、溶液受器皿材料影响等导致的系统误差。

② 对试验仪器进行校正或更换精度高的试验仪器。

③ 严格遵守操作规程；采用空白对照试验校正。

11.1.2.2　偶然误差（随机误差）

在已消除系统误差的一切量值的观测中，所测数据仍在末一位或末两位数字上有差别，而且它们的绝对值和符号的变化，时大时小，时正时负，没有确定的规律，这类误差称为偶然误差或随机误差。

在试验过程中，由于造成偶然误差的偶然因素不同，偶然误差的来源途径也有所区别。偶然误差主要来源于：①环境条件，如温度湿度、静电磁场、空气悬浮物、气候等环境条件的偶然变化；②试验条件，如地基震动、电压波动等偶然因素的变化；③试验者，如试验者生理、心理的偶然波动，小分度以下刻度的估计很难每次相同。

从偶然误差的成因可以看出，造成偶然误差的偶然因素是试验本身无法克服的，所以偶然误差一般是不可能完全避免的，但一般都具有统计规律，在大量试验中，试验数据的误差呈现正态分布。

尽管偶然误差的成因具有偶然性，但根据偶然误差的特性及产生原因，还是可以减少和控制的。通常偶然误差的处理主要采取下列途径：①尽可能使试验在相对稳定的环境中进行；②维持环境温度、湿度恒定，保持环境清洁，消除静电，选择气候稳定的天气；③试验设备、仪器尽可能安放在比较稳固的基础上，用电设备的电源需连接稳压器以获得稳定电源；④试验工作者必须具有良好的生理和心理状态，以旺盛的精力投入到试验中；⑤在人力、物力、财力具备的情况下，尽可能多地增加试验次数，这是减少偶然误差最有效的途径。

11.1.2.3 过失误差

过失误差是一种显然与事实不符的误差，它往往是由于试验人员粗心大意、过度疲劳和操作不正确等引起的。其特点表现为：在一组试验数据中，个别数据严重偏离数据均值，由此造成整个试验误差超常。

过失误差成因的主要来源：①由于试验操作的粗心大意，人为造成物料错放、仪器失控、条件错用、结果误判、数据误记等异常误差；②试验过程中人为造成的突发事件，如突然断电、突然停水、仪器设备损坏等因素造成试验数据的异常误差。

过失误差是试验者所造成的超常误差，根据该误差的成因及特点，依据下列原则进行测定结果的判断：①对试验数据进行比较排序，具有过失误差的数据肯定出现在数据序列的首、末位，可将首、末位数据作为可疑数据（极端值），然后根据过失误差处理原则进行取舍；②复查测定已找出可疑值的原因，舍去；③如找不出可疑值的出现原因，可根据数理统计原则处理。

如果平均偏差表示精密度，极端值(X_i)与平均值($\overline{X}$)的偏差(d)等于或大于平均偏差($\overline{d}$)的 4 倍时，应舍去，即

极端值－平均值（不包括极端值）≥4×平均偏差

用符号表示：$|X_i - \overline{X}| \geq 4\overline{d}$ 或 $d \geq 4\overline{d}$

如用标准偏差表示精密度，极端值(X_i)与平均值($\overline{X}$)的偏差等于或大于标准偏差的 3 倍时，应舍去，即

极端值－平均值（不包括极端值）≥3×标准偏差

用符号表示：$|X_i - \overline{X}| \geq 3S$

11.2 试验结果精确度

误差的大小反映了试验结果的优劣，标志着试验的成败，误差的成因可能来源于系统误差、偶然误差或过失误差的单一方面，也可能来源于多方面的叠加综合，可采用精确度即精密度、正确度和准确度表示误差的性质。

11.2.1 精确度

精密度是指在一定试验条件下，多次试验值的彼此符合程度，即试验数据的重现性，反映偶然误差的大小，用于说明试验数据的离散程度。精密度与重复试验时单次试验值的变动有关，如果试验数据分散程度小，则说明试验精密度高；反之，则精密度低。

正确度是指在一定试验条件下，所有系统误差的综合，反映系统误差的大小。

准确度是指在一定试验条件下，试验值与真实值的逼近程度，反映系统误差和偶然误差的综合。

由于偶然误差和系统误差是两种不同性质的误差，因此对于某一组试验数据而言，精密度高并不意味着正确度也高；精密度不高但试验次数相当多时，有时也会得到高的正确度。精密度、正确度与准确度之间的关系可由图 11-1 表示。

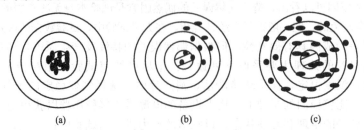

| (a) | (b) | (c) |

图 11-1　精密度、正确度与准确度的关系

图 11-1(a) 中的精密度与正确度都高, 图 11-1(b) 中的精密度高、正确度低, 图 11-1(c) 中的精密度与正确度都不高。如图的中心代表真实值, 显然各分图的准确度依次降低。

11.2.2 有效数字及其试验数据的表达

在试验过程中定量分析得到的各种测量值, 需先记录下来再经过整理计算才能得到分析结果。

11.2.2.1 有效数字

有效数字是能够代表一定物理量的数字, 不仅说明数量的大小, 也反映了测量的精确度。试验数据总是以一定位数的数字表示, 这些数字都是有效数字, 其末位数往往是估计出来的, 具有一定的误差。例如, 用分析天平测得某样品的质量是 1.568g, 共有 4 位有效数字, 其中 1.56g 都是所加砝码标值直接读得的, 它们都是准确的, 但最后一位数字 "8" 是估计出来的, 是可疑的或欠准确的。所以, 根据测量值的记录结果便可以推知所用仪器的精度和由此造成的相对误差。

需要特别说明的是, "0" 这个数字, 有时算有效数字, 有时候却不能算。如前面已举过的 1035 中的 0, 明显是有效数字; 小数点后面末尾的 0, 如 5.560 中的 0, 也是有效数字; 而数值最前面的零, 如 0.0505 中最前面的两个 0, 不能算有效数字。

11.2.2.2 测量值的纪录

① 正确记录测量值 (通常称试验数据), 应保留一位可疑数字。如用万分之一的天平称量, 将试样质量记为 0.521g 或 0.52100g 都不对, 应记为 0.5210g; 在使用移液管时更容易忽视有效数字, 如使用 25mL 的移液管, 将体积记为 25mL 就不对, 正确的应该是 25.00mL。

② 正确表达分析结果。因为分析结果是由试验数据计算得来的, 所以分析结果的有效数字位数是由试验数据的有效数字位数决定的。在常规分析中, 如滴定法和重量法, 一般试验数据为 4 位。涉及的计算为乘除法, 根据有效数字运算规则可知, 分析结果也应是 4 位。

③ 误差和偏差 (包括标准偏差) 的计算涉及减法, 有效数字一般为一位或两位。在使用计算器时, 要注意运算结果应有几位有效数字, 不能不假思索地把所有显示数字全部列出。

目前在选矿试验和设计工作中, 习惯于采用四位有效数字, 如 $\varepsilon = 89.36\%$ 等, 在大多数情况下, 这是不必要的。因为选矿工艺数据的误差很少是小于 1% 的, 对于回收率在 10% 以上的数据, 应选三位有效数字, 对于回收率为 1%～10% 的数据, 可保留两位有效数字, 均大体符合数据本身的精确度。

11.2.2.3 有效数字运算规则

① 记录测量数值时, 只保留一位可疑数字。

② 当有效数字位数确定后, 其余数字采用四舍五入法进行舍弃, 即末位有效数字后边第一位小于 5, 则舍弃不计; 大于 5 则在前一位数上增 1; 等于 5 时, 前一位为奇数, 则进 1 为偶数, 前一位为偶数, 则舍弃不计。可简述为 "小则舍, 大则入, 正好等于奇变偶"。如: 保留 4 位有效数字 6.12523→6.125、3.15679→3.157、5.54353→5.544、7.15654→7.156。

③ 在加减计算中, 各数所保留的位数, 应与各数中小数点后位数最少的相同。例如将 35.98、0.0089、42.364 三个数字相加时, 应写为 35.98+0.01+42.36 = 78.35。

④ 在乘除运算中, 各数所保留的位数, 以各数中有效数字位数最少的那个数为准, 其结果的有效数字位数也应与原来各数中有效数字最少的那个数相同。例如 0.0456×31.25×2.01562 应写成 0.0456×31.25×2.02 = 2.88。上例说明, 虽然这三个数的乘积为 2.8785,

但只应取其积为 2.88。

⑤ 在对数计算中，所取对数位数应与真数有效数字位数相同。

11.3 试验结果的计算

由于实验室小型流程试验的所有试验产品的质量均可直接计量，其主要选矿指标一般按以下方法计算：

① 将某一个单元试验得到所有产品进行称重，得到每个产品的质量 G_i，然后将各产品的质量累加得到本单元试验的总矿量 $\sum G_i$。一般要求试验后得到的总矿样质量与试验前总矿样质量之间误差在 1% 左右。所有产品的产率按式(11-14)进行计算。

$$\gamma_i = \frac{G_i}{\sum G_i} \times 100\% \tag{11-14}$$

式中　γ_i——每个产品产率；

　　　G_i——每个产品质量；

　　　$\sum G_i$——总矿量。

一般对于尾矿产品的产率，可采用 100 减去其他所有产品产率之和得到。因为计算结果的小数取舍问题，有时会导致所有产品的产率之和不等于 100。

② 计算完产品产率后，利用各产物产率 γ_i 与化验所得各产物的品位 β_i 相乘，即可得到该元素在该产品中的相对金属量 $P_i = \gamma_i \beta_i$。各产品中同一元素的相对金属量相加即为计算得到的相对原矿金属量($\sum P_i$)。

将相对原矿金属量除以 100 就是原矿中该元素的品位(α)，见式(11-15)。

$$\alpha = \frac{\sum P_i}{100} = \frac{\sum (\gamma_i \beta_i)}{100} \tag{11-15}$$

式中　α——元素品位；

　　　$\sum P_i$——相对原矿金属量；

　　　γ_i——各产物产率；

　　　β_i——各产物的品位。

一般根据这个计算数据，可以初步判断单元试验的金属量是否平衡（与原矿品位分析结果对照），如果存在较大偏差，还应查找试验或化学分析过程中的原因等。

③ 根据计算的相对金属量，可用式(11-16)计算各产品中某元素的回收率：

$$\varepsilon_i = \frac{\gamma_i \beta_i}{\sum (\gamma_i \beta_i)} \times 100\% \tag{11-16}$$

式中　ε_i——元素回收率；

　　　γ_i——各产物产率；

　　　β_i——各产物的品位。

对尾矿产品中的回收率计算，也采用 100 减去其他所有产品中对应元素的回收率之和得到，避免出现因小数取舍问题导致所有产品的回收率之和不等于 100 的情况。

对于实验室小型闭路试验，除上述指标计算外，对最终平行的几套闭路试验指标，应采用加权方法计算指标，即先将参与指标计算的各套平衡试验的对应产品矿量 G_i 及绝对金属量 $G_i \beta_i$ 分别相加，得到参与指标计算所有试验中该产品的总矿量 $\sum G_i$ 和总金属量 $\sum (G_i \beta_i)$，并依次计算其他所有产品。待计算完后，再将所有产品的 $\sum G_i$ 累加得到总矿量 $\sum G$，累加各产品金属量 $\sum (G_i \beta_i)$ 得到总金属量 $\sum (G \beta_i)$。然后，根据式(11-17)～式(11-19)计算所有产品的加权平均指标。

$$\gamma'_i = \frac{\sum G_i}{\sum G} \times 100\%$$

(11-17)

$$\beta'_i = \frac{\sum (G_i \beta_i)}{\sum G_i} \times 100\%$$

(11-18)

$$\varepsilon'_i = \frac{\sum (G_i \beta_i)}{\sum (G \beta_i)} \times 100\%$$

(11-19)

扩大连续试验、半工业试验和工业试验，除了要计算磨机生产能力等指标外，其他指标计算与实验室小型闭路试验类似，所不同的是产品产率的计算不同。在这些试验过程中，各产物的重量不可能直接得到，因此各产物的产率指标应根据物料平衡方程式（11-20）求出（即理论指标）。

$$\begin{cases} \gamma_0 = \gamma_1 + \gamma_2 + \cdots + \gamma_j \\ \gamma_0 \alpha_1 = \gamma_1 \beta_{11} + \gamma_2 \beta_{21} + \cdots + \gamma_j \beta_{j1} \\ \vdots \\ \gamma_0 \alpha_i = \gamma_1 \beta_{1i} + \gamma_2 \beta_{2i} + \cdots + \gamma_j \beta_{ji} \end{cases}$$

(11-20)

式中　γ_0——原矿产率（取 100%）；

γ_j——选别产物的产率；

α_i——原矿品位；

β_{ji}——选别产物品位。

各产物的产率计算出来后，其他指标计算与上述介绍相同。对工业试验的原矿、精矿、尾矿最终指标的计算，则应采用矿量加权平均进行计算。

11.4　试验结果的表示

试验结果常用的表示方法有列表法、图示法和数学模型法（如响应曲面法），整理试验数据的最初步骤和最普遍的方法是列表，然后按一定规则绘制成图，再进一步整理数据表达成数学方程式。矿石可选性试验中常用的有列表法和图示法。

11.4.1　列表法

列表法是将试验结果与变量间的关系以数字对应形式表示出来。表的内容一般包括表号、表名、项目、说明、数据、单位及其来源等。可以根据论文或报告的要求不同，设计不同的表头和编表方法，为此要不断地积累和实践才能编出较好的表格。

矿石可选性试验中常用的表格可按用途分为两类：一类是原始记录表；另一类是试验结果表。原始记录表供试验时做原始记录用，要求表格形式具有通用性，能详细地记载全部试验结果和条件，由于其内容比较复杂，记录顺序应按实际操作的先后顺序，不一定有规律，因而不便于观察自变量和因变量的对应关系，正式编写报告时一般还需重新整理，不能直接利用。可供参考的原始记录表的形式如表 11-1 所示。

表 11-1　试验原始数据记录表

项目名称：　　　试验名称：　　　试验日期：　　　室温：

试验编号	试验条件及流程	产品名称	质量 G/g	产率 γ/%	品位 β/%			Gβ 或 γβ			回收率 ε/%			备注（试验现象及分析）

试验编号	试验条件及流程	产品名称	质量 G/g	产率 γ /%	品位 β /%		Gβ 或 $\gamma\beta$		回收率 ε /%		备注（试验现象及分析）

试验结果表由原始数据记录表汇总整理而得，其原则是要突出所考察的自变量和因变量，因而一般只将所要考察的那个试验条件列在表内，其他固定不变的条件则以注释的形式附在表下，试验结果也应是只列出主要指标，其他原始指标应略去，这样才能显示出自变数和因变数的相互关系和变化规律。表 11-2 为试验结果表格式的一个示例，但对于不同的试验并不要求采用统一格式。

表 11-2　试验结果表（示例）

试验编号	试验条件	产品名称	产率/%	品位/%	回收率/%	备 注
1		精矿				
		尾矿				
		原矿				
2		精矿				
		尾矿				
		原矿				
⋮	⋮	⋮	⋮	⋮	⋮	⋮

试验共同条件：

（1）表的序号、名称及说明　报告中的表应按其先后顺序排出序号，并写出简明扼要的名称。如果过简而不足以说明原意时，可在名称下方或表的下方附以说明。表内数据要注明来源。

（2）项目　表中每一列的第一栏要详细写出名称及单位，并尽量用符号代表，表内主项一般代表自变量（试验测定数据），副项代表因变量。

（3）数据书写规则

① 数据为零时记为"0"，数据空缺记为"—"。

② 同一竖行的数值，小数点要上下对齐。

③ 当数值过大或过小时，可用指数表示，即 10^n 或 10^{-n}（n 为整数）。

④ 表内所有数值，有效数字位数应取舍适当，要与试验的准确度相对应。

11.4.2　图示法

用图形表示试验结果，可以更加简明直观、突出且清晰地显示出自变量和因变量之间的相互关系和变化规律，缺点是不可能将有关数据全部绘入图中，因而在原始记录和原始报告中总是图表并用。

试验研究中常用的图示法有两类，一类是以工艺条件为横坐标，工艺指标为纵坐标，如图 11-2(a) 所示；另一类纵坐标和横坐标均为工艺指标，如 $\varepsilon = f(\gamma)$、$\beta = f(\varepsilon_b)$ 等，如图 11-2(b) 所示。前者用于直接根据工艺指标选择最佳工艺条件，后者可以比较方便地判断产品的合理截取量。

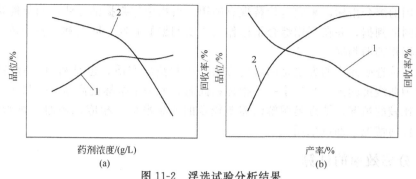

图 11-2　浮选试验分析结果

1—品位；2—回收率

采用图示法表示试验结果时，应注意以下几点：

① 坐标的分度应与试验误差相适应，即坐标的比例应该大小适当，做到既能鲜明地显示出试验结果的规律性变化，又不至于将试验误差引起的偶然性波动反映成规律性变化。

② 如果原始数据只有两个点时不作图；有 3 个点时一般用直线联结；有 4 个点及以上时可描成曲线。曲线一般应光滑匀称，只有少数转折点。

③ 曲线不必通过图上各点，但曲线所经过的地方应尽可能接近所有各点，且位于曲线两边的点数最好相近。通过各试验点所做曲线可能不止一条，但判断曲线好坏的标准不是按曲线通过点数的多少衡量，而是通过应用最小二乘法计算曲线对于试验数据的标准误差大小衡量，标准误差小的曲线就是最好的曲线。

④ 遇到有曲线难以通过的奇异点时，应补作试验加以校核，若校核试验的试点移至曲线附近，即表明原来的试验结果有问题，因而可将原来的数据舍去而改用新的数据；若校核性试验结果同原试验结果接近，说明曲线确实在此处有较大转折，便应如实地将此绘出，而不应片面地追求光滑匀称。

为图形拟定标题非常重要，图形标题所代表的意义应尽可能完全，它应当说明试验条件，必要时还应当给出所研究的规律性的一般特征，如能在图形中做一些简要的说明，则可为读者节省阅读时间，凡图形中有说明材料，在行文中可以略去。图形中的数据如不属于本次试验的（自己发表过的或引用他人的）数据，在引用时应注明来源。

11.5　试验结果的评价

试验结果的评价，指的是判断试验结果好坏的方法或标准。在选矿试验中，用以判断选别过程（以及筛分、分级等其他分离过程）效率的指标有回收率 ε、品位 β、产率 γ、金属量 P、富矿比和选矿比等。这些指标都不能同时从数量和质量两个方面反映选矿过程的效率。例如，回收率和金属量是数量指标，品位和富矿比是质量指标，产率和选矿比若不同其他指标联用则根本不能说明问题。因而在实际工作中通常是成对地联用其中两个指标，即一个数量指标和一个质量指标。

为了比较不同的选矿方案，只要原矿品位相近，一般用品位和回收率作判据；若原矿品位相差很远，则需考虑用富矿比代替精矿品位作质量指标。至于其他判据，如金属量主要用于现厂生产核算，选矿试验时有时用来代替回收率作为数量指标。选矿比则是辅助指标，选矿试验中不常使用。

用一对指标作判据，常会出现不易分辨的情况。例如，两个试验，一个品位较高而回收率较低，另一个品位较低而回收率较高，就不易判断究竟是哪一个试验的结果较好。因而需要寻找一个综合指标来代替用一对指标作判据的方法，为此提出了各式各样的效率公式，但没有一个通用的综合指标，来完全代替现有的用一对指标作判据的方法，而只能是在不同情况下选择不同的判据，并在利用综合指标作为主要判据的时候，同时利用各个单独的质量指标和数量指标作辅助判据。

另一个评价选矿效率的方法是图解的方法。图解法的实质，也是利用一对指标作判据，但可利用图中曲线推断出，当其中一个指标相同时，另一个指标是高是低一目了然，因而不会出现不好比较的情况，缺点是图解法需要较多的原始数据，相应地增加了试验的工作量，因而不是在任何情况下都可采用。

11.5.1 分离效率的计算

分离效率指的是筛分效率、分级效率、选矿效率等分离过程的效率。筛分和分级，是按矿粒粒度分离的过程。选矿则是按矿物分离的过程。分离效率，应反映分离的完全程度。

最常用的指标是回收率 ε 和品位 β（对筛分和分级过程则为某指定粒级的含量，下同）。其优点是物理意义最清晰，直接表达了资源的利用程度和产品质量。缺点是不易进行综合比较，特别是不适于用来比较不同性质原矿的选矿效率。如两个选厂，若一个原矿品位很高，而另一个原矿品位很低，即使它们的金属回收率和精矿品位指标完全相同，也不能认为这两个厂矿的选矿效率是相等的，因而回收率和品位这两个指标即使作为单纯的数量指标和质量指标，也必须要给以某种修正，才能作为比较通用的相对判据。

分离效率公式的发展主要包含以下两方面的工作：①对数量指标回收率和质量指标品位进行修正，使它们在矿石性质不同的情况下也能用作比较性判据；②设法将数量指标和质量指标综合成一个单一的指标，使其能同时反映分离过程的量效率和质效率，通常所说的"选矿效率"主要是指此类综合指标。

一般认为，一个比较理想的分离效率指标，应能满足以下几项基本要求：

① 最好是相对指标，即实际分离结果与理论上可以达到的最高指标的比值，以便能正确地反映出所研究的分离过程究竟在多大程度上完成了所应能完成的分离任务，而不致与矿石的可选性相混淆。

② 分离效率的取值范围，最好是 $0\%\sim100\%$，对于没有分离作用的缩分分样过程，效率指标的数值应为零；分离效率的最大值，则应与回收率和品位均等于 100% 的场合相对应（品位在分离过程中指小于或大于给定分离粒度的物料在相应产品中的含量，在选矿过程指有用矿物的含量）。

③ 最好能同时从质和量两个方面反映分离效率，而不过分偏重其中任一方面。

④ 最好具有单值性，例如，对于 A、B 两种成分的分离过程，按成分 A 计算的分离效率最好与按成分 B 算得的具有相同的值。

⑤ 有明确的物理意义。

⑥ 尽可能简单。

为了避免分别对各种计算选矿效率的公式进行繁琐而重复的推导，以上几项基本要求为思路，下面介绍一些主要分选效率公式的特点和物理意义。

11.5.1.1 质效率

最基本的质效率指标是精矿品位(β) 和原矿品位(α)。

对筛分、分级过程而言，一般是指细产品中小于分离粒度的细粒级的含量。

对选矿过程，品位 β 是指精矿中有用元素（如铜、铅、铁、锡等）或化合物（如 CaF_2、TiO_2 等）的含量，需根据对效率指标的第一条基本要求进行一些修正。例如，一个黄铜矿矿石，理论上可能达到的最高精矿品位，是纯黄铜矿含铜量，即 $\beta_{max}=34.5\%Cu$，若实际精矿品位达到 25％Cu，则比较满意；而辉铜矿石，理论最高品位应是辉铜矿纯矿物的含铜量，即 $\beta_{max}=79.8\%Cu$，若实际精矿也只有 25％Cu，选矿效率就太低了，表明在此情况下用 β 作为度量分离过程质效率的判据，是不理想的，因而建议采用实际精矿品位同理论最高品位的比值作为质效率指标，见式(11-21)

$$\frac{\beta}{\beta_{max}}\times100\% \tag{11-21}$$

这个比值即为精矿中有用矿物的含量。

设原矿品位为 α，可以 $\beta-\alpha$ 代替 β 度量分离过程的质效率，这样就能达到使分样过程效率指标值为 0，从而满足上述第二项基本要求。

因此，为兼顾第一和第二项基本要求，质效率公式可写成式(11-22)：

$$\frac{\beta-\alpha}{\beta_{max}-\alpha}\times100\% \tag{11-22}$$

11.5.1.2　量效率

最常用的量效率指标是回收率(ε)，其计算公式见式(11-23)。

$$\varepsilon=\frac{\beta(\alpha-\theta)}{\alpha(\beta-\theta)}\times100\% \tag{11-23}$$

在选别过程中，式中　α——原矿品位；

　　　　　　　　　　β——精矿品位；

　　　　　　　　　　θ——尾矿品位。

在筛分、分级过程中，式中　α——原矿含量；

　　　　　　　　　　β——细产品（筛下产品或分级溢流）含量；

　　　　　　　　　　θ——粗产品（筛上产品或沉砂）的含量。

对于筛分作业，筛下产品的质量 β 可认为是不成问题的，因而可直接用量效率公式度量筛分效率。由于 $\beta=100\%$，因而通用的筛分效率公式见式(11-24)。

$$E=\frac{100(\alpha-\theta)}{\alpha(100-\theta)}\times100\% \tag{11-24}$$

对于分级作业，溢流中总会有粗粒混杂，溢流质量 β 是衡量分级效果的一项重要指标，需同时考虑。

11.5.1.3　综合效率

最常用的综合效率公式有两类：一类是以汉考克公式为代表；另一类是以及费来敏或斯蒂芬斯和道格拉斯公式为代表。

(1) 第一类综合效率公式　推导此类综合效率公式的基本指导思想为，若能综合考虑不同成分在不同产品中的分布率。例如，不仅考虑有用成分在精矿中的回收率，而且考虑无用成分在精矿中的混杂率，设法从"有效回收率"中扣除"无效回收率"的影响，即可使所得综合算式既反映过程的量效率，又反映过程的质效率，如式(11-25) 所示。

$$E=\varepsilon-\gamma \tag{11-25}$$

这是我国锡矿工业中曾经采用过的一个选矿效率公式。其基本思想是，在用回收效率指标评价选矿效率时，应从中扣除分样过程带来的那部分回收率，因为即使是毫无分选作用的缩分过程，其回收率也不会等于 0，而是等于 γ，显然不能将这部分回收率看作选矿的效果。

由于 ε 相同时，γ 愈小，说明 β 愈大，而 γ 愈小时按上式算出的 E 值也愈大，表明上式原则上可以综合反映 ε 和 β 的影响。但实际上只有当 γ 较大时，γ 对 E，相应地 β 对 E 的影响才较明显，而 γ 远小于 ε 时，$E=\varepsilon-\gamma\approx\varepsilon$，$\beta$ 的影响将很小，下面用实例说明。

例如，对比1号、2号两台离心选矿机，若在给矿品位均为0.6%Sn的条件下，两台选矿机选矿指标见表11-3。

表 11-3　1号、2号离心选矿机选矿指标（Sn 给矿品位为0.6%）

项目	γ /%	β /%	ε /%	$E = \varepsilon - \gamma$ /%
1号机	39.0	1.2	78.0	39.0
2号机	22.8	2.0	76.0	53.2

2号离心机的回收率虽然稍低，但精矿品位相对较高，应当认为分离效率较高，说明在此情况下该式不仅能从量的方面，而且也能从质的方面反映分离过程的效率。

反之，若用此式来比较锡矿选矿厂的全厂指标，效果就不好。例如，当 $\alpha = 0.2\%$ Sn 时，两个班组的生产指标见表11-4。

表 11-4　甲、乙组选矿生产指标

项目	γ /%	β /%	ε /%	$E = \varepsilon - \gamma$ /%
甲组	0.16	56	44.8	44.64
乙组	0.24	40	48.0	47.76

由上可知，乙组虽然回收率稍高，但精矿品位却低得多，已是废品，应认为成绩不好，而算出的效率值却比甲组还高，这显然是不合理的。原因是当 γ 远小 ε 时，$\varepsilon - \gamma \approx \varepsilon$（44.64≈44.8；47.76≈48），基本上没能反映分离效率的质的方面。说明公式 $E = \varepsilon - \gamma$ 只在 γ 较大，即 α 较大（如黑色金属矿石）或富矿比较小（如单个作业）的情况下，才能看做是一个综合效率公式；而当 γ 很小，即 α 很小或富矿比很大时，基本上只能看做是一个量效率公式。

① 汉考克-卢伊肯公式。用 $\varepsilon - \gamma$ 代替 ε，仅仅是满足了对分离效率指标的第二项基本要求，若再考虑第一项要求，则应改写成式（11-26）。

$$E_{汉} = \frac{\varepsilon - \gamma}{\varepsilon_{\max} - \gamma_{\mathrm{opt}}} \times 100\% \tag{11-26}$$

式中　$\varepsilon_{\max}$——理论最高回收率；

γ_{opt}——理论最佳精矿产率。

因而 $E_{汉}$ 可看作是实际分离效果与理论最好分离效果的比值，是一个可用于比较不同性质原矿分离效果的相对指标。

汉考克公式是在1918年由汉考克首先提出，通过变换后可得出不同的表现形式。几十年来，至少有十余个学者提出此同一公式，只是由于推导时的出发点或最终表现形式不同，而曾冠予不同的名称，为了避免混淆，不致将同一公式的不同表现形式误认作不同的计算公式，下面将该式的各种常见形式均作统一概括介绍。

对于分级作业，$\gamma_{\mathrm{opt}} = \alpha$，故上式可改写为式（11-27）。

$$E = \frac{\varepsilon - \gamma}{100 - \alpha} \times 100\% \tag{11-27}$$

也可用 $\gamma\beta/\alpha$ 取代前式中 ε，用 $\gamma_{\mathrm{opt}}\beta_{\max}/\alpha$ 取代前式中 $\varepsilon_{\max}$，得式（11-28）。

$$E = \frac{\gamma}{\gamma_{\mathrm{opt}}}\frac{\beta - \alpha}{\beta_{\max} - \alpha} \times 100\% = \frac{\gamma}{\alpha}\frac{\beta - \alpha}{100 - \alpha} \times 100\% \tag{11-28}$$

若以 α、β、ϑ 代换 γ，则得式（11-29）。

$$E = \frac{(\alpha - \vartheta)(\beta - \alpha)}{\alpha(\beta - \vartheta)(100 - \alpha)} \times 100\% \tag{11-29}$$

以上各式中 α、β、ϑ、γ、ε 等均以百分数表示。

对于选矿——矿物分离作业，上述各式原则上可以利用，但各式中的含量指标 α、β、ϑ 等均应为相应产品中有用矿物的含量，而不是有用元素（或化合物）的含量。由于实际生产或试验工作中获得的品位数据一般均为元素（或化合物）含量，故在利用上述各式时应预先将化验品位换算为矿物含量。任一产品中有用矿物含量计算如下：

$$有用矿物含量 = \frac{该产品中有用元素（或化合物）的含量}{纯有用矿物中有用元素（或化合物）的含量} \times 100\%$$

若以 β_m 或 β_{max} 表示纯矿物中有用元素（或化合物）含量，则只要将上述各式中含量指标均除以 100，即 $\beta_m/100$，即可直接按化验品位计算 $E_{汉}$，即上面三个式子可分别写为式(11-30)、式(11-31) 和式(11-32)。

$$E = \frac{\varepsilon - \gamma}{100 - \dfrac{100\alpha}{\beta_m}} \times 100 = \frac{\varepsilon - \gamma}{1 - \dfrac{\alpha}{\beta_m}}\% \tag{11-30}$$

$$E = \frac{\gamma}{\dfrac{100\alpha}{\beta_m}} \times \frac{\dfrac{100\beta}{\beta_m} - \dfrac{100\alpha}{\beta_m}}{\dfrac{100\beta_m}{\beta_m} - \dfrac{100\alpha}{\beta_m}} \times 100 = \frac{\gamma}{\alpha} \times \frac{\beta - \alpha}{1 - \alpha/\beta_m}\% \tag{11-31}$$

需要注意的是，对分级作业，$\beta_{max} = 100\%$，而此处 $\beta_{max} = \beta_m$。

$$E = \frac{(\alpha - \vartheta)(\beta - \alpha)}{\alpha(\beta - \vartheta)(1 - \alpha/\beta_m)} \times 100\% \tag{11-32}$$

汉考克公式还可以从另一物理概念导出，可利用式(11-33)定义选矿效率：

$$E = \varepsilon_{1I}\varepsilon_{2II} - \varepsilon_{2I}\varepsilon_{1II} \tag{11-33}$$

式中　　ε_{1I}——有用成分在精矿中的分布率，即"回收率"；

ε_{2I}——无用成分在精矿中的分布率，即"混杂率"；

ε_{1II}——有用成分在尾矿中的分布率，即"损失率"；

ε_{2II}——无用成分在尾矿中的分布率，即"排弃率"。

E 和 ε_{ij} 均以分数表示，若以百分数表示，则应写作式(11-34)：

$$E = \frac{1}{100}(\varepsilon_{1I}\varepsilon_{2II} - \varepsilon_{2I}\varepsilon_{1II})\% \tag{11-34}$$

由于 $\varepsilon_{2II} = 100 - \varepsilon_{2I}$，$\varepsilon_{1II} = 100 - \varepsilon_{1I}$，故可变换成式(11-35)。

$$E = (\varepsilon_{1I} - \varepsilon_{2I})\% \tag{11-35}$$

若用 $100 - \varepsilon_{2II}$ 代换 ε_{2I}，则得式(11-36)

$$E = \varepsilon_{1I} + \varepsilon_{2II} - 100\% \tag{11-36}$$

前两式均可理解为从有效分布率中排除有害分布率，后式则可看作两个有效分布率之和，但结果是一样的。

若以 α_0、β_0、θ_0 分别代表原矿、精矿、尾矿中有用矿物的含量，$100 - \alpha_0$、$100 - \beta_0$、$100 - \theta_0$ 分别为原矿、精矿、尾矿中无用矿物的含量，则如式(11-37)：

$$E = \frac{\gamma\beta_0}{\alpha_0} - \frac{\gamma(100 - \beta_0)}{100 - \alpha_0} = \frac{\gamma(\beta_0 - \alpha_0)}{\alpha_0(100 - \alpha_0)} \times 100\% \tag{11-37}$$

该表达式表明，以上各式同汉考克公式的内容是完全一致的，只是表现形式不同。

② 代蒙特公式，见式(11-38)。

$$E = \frac{\displaystyle\sum_{i=1}^{n} \varepsilon_i}{n} \tag{11-38}$$

即以各个成分在同名产品中的回收率的平均值作为选矿效率指标，如对于铅锌分离作业，即为铅精矿中铅的回收率与锌精矿中锌的回收率的平均值。显然，此式可用于多金属矿石。

由公式的组成可以看出，汉考克公式和代蒙特公式均具有单值性。

③ 行列式表达法，分离效率若写成式(11-39)，则：

$$E=\varepsilon_{1\text{I}}\varepsilon_{2\text{II}}-\varepsilon_{2\text{I}}\varepsilon_{1\text{II}} \tag{11-39}$$

就可变换成用行列式表达，如式(11-40)。

$$E=\begin{bmatrix}\varepsilon_{1\text{I}} & \varepsilon_{1\text{II}}\\ \varepsilon_{2\text{I}} & \varepsilon_{2\text{II}}\end{bmatrix} \tag{11-40}$$

改写成行列式的主要好处是易于推广到多组分体系——多金属矿石。例如，若将含铅、锌、脉石（分别以足标1、2、3表示）三组分的矿石，分离成铅精旷、锌精矿、尾矿三产品（分别以足标Ⅰ、Ⅱ、Ⅲ代表），则其分离效率可用式(11-41)表示：

$$E=\begin{bmatrix}\varepsilon_{1\text{I}} & \varepsilon_{1\text{II}} & \varepsilon_{1\text{III}}\\ \varepsilon_{2\text{I}} & \varepsilon_{2\text{II}} & \varepsilon_{3\text{III}}\\ \varepsilon_{3\text{I}} & \varepsilon_{2\text{II}} & \varepsilon_{3\text{III}}\end{bmatrix} \tag{11-41}$$

（2）第二类综合效率公式　第二类综合效率计算公式，是将质效率同量效率的乘积作为综合效率，常见的有：

① 弗来敏-斯蒂芬斯公式，见式(11-42)。

$$E=\varepsilon\frac{\beta-\alpha}{\beta_{\max}-\alpha}\times100\% \tag{11-42}$$

或写成式(11-43)：

$$E=\frac{100\beta(\alpha-\theta)(\beta-\alpha)}{\alpha(\beta-\theta)(\beta_{\max}-\alpha)}\times100\% \tag{11-43}$$

② 道格拉斯公式，见式(11-44)。

$$E=\frac{(\varepsilon-\gamma)(\beta-\alpha)}{(100-\gamma)(\beta_{\max}-\alpha)}\times100\% \tag{11-44}$$

或写成式(11-45)：

$$E=\frac{(\varepsilon-\gamma)(\beta_0-\alpha_0)}{(100-\gamma)(100-\alpha_0)}\times100\% \tag{11-45}$$

对于单一有用矿物的矿石，$\beta_{\max}=\beta_{\text{m}}$，此处 $\beta_{\max}$ 为理论最高精矿品位。β_{m} 为纯矿物品位。

下面我们将从理论和实践效果两个方面对两类分选效率判据作一比较，说明其特点和应用范围。

现以 $E_{汉}$ 代表第一类判据，$E_{弗}$ 代表第二类判据，若将该两式写成 $E=f(\varepsilon、\alpha、\beta)$ 的形式，则为式(11-46)和式(11-47)。

$$E_{汉}=\frac{\varepsilon(\beta-\alpha)}{\beta(100-\alpha)}\times100\%=\left(\frac{\varepsilon}{100-\alpha}-\frac{\varepsilon\alpha}{100-\alpha}\beta^{-1}\right)\times100\% \tag{11-46}$$

$$E_{弗}=\varepsilon\frac{(\beta-\alpha)}{100-\alpha}\times100\%=\left(\frac{\varepsilon}{100-\alpha}\beta-\frac{\varepsilon\alpha}{100-\alpha}\right)\times100\% \tag{11-47}$$

说明 $E_{汉}$ 和 $E_{弗}$ 同 ε 的关系均为线性函数，$E_{弗}$ 同 β 的关系也是线性函数，$E_{汉}$ 同 β 的关系则为一双曲线函数。

为了进一步了解 β 的变化对 E 的影响，可将 E 对 β 取偏导数，见式(11-48)和式(11-49)。

$$\frac{\partial E_{汉}}{\partial\beta}=\left(\frac{\varepsilon\alpha}{100-\alpha}\beta^{-2}\right)\times100\%=\left(\frac{\varepsilon\dfrac{\alpha}{\beta}}{100-\alpha}\beta^{-2}\right)\times100\% \tag{11-48}$$

$$\frac{\partial E_{弗}}{\partial\beta}=\frac{\varepsilon}{100-\alpha}\times100\% \tag{11-49}$$

说明当 α、ε 不变而仅 β 变化时，$E_弗$ 的变化率与 β 本身的数值无关，$E_汉$ 的变化率则与 β^2 成反比，β 减小时 β 对 $E_汉$ 的影响将急剧增大，β 增大时 β 对 $E_汉$ 的影响急剧减小。

同样，为了了解 ε 对 E 的影响，可将 E 对 ε 求偏导数，见式(11-50) 和 式(11-51)。

$$\frac{\partial E_汉}{\partial \varepsilon} = \frac{\beta - \alpha}{\beta(100 - \alpha)} \times 100\% = \frac{1 - \dfrac{\alpha}{\beta}}{100 - \alpha} \times 100\% \tag{11-50}$$

$$\frac{\partial E_弗}{\partial \varepsilon} = \frac{\beta - \alpha}{100 - \alpha} \times 100\% \tag{11-51}$$

说明当 α、β 不变而仅 ε 变化时，$E_汉$ 和 $E_弗$ 的变化率均为一常数，但 $\partial E_弗 / \partial \varepsilon$ 比 $\partial E_汉 / \partial \varepsilon$ 小 $100/\beta$ 倍。当 β 很小时，$E_弗$ 因 ε 引起的变化率将明显小于 $E_汉$，表现出此时 $E_弗$ 明显偏重 β 而忽视 ε。

以上各式还表明，富矿比对各项变化率有影响，当 β/α 或 $\beta - \alpha$ 大时，$\partial E_汉 / \partial \varepsilon$ 和 $\partial E_弗 / \partial \varepsilon$ 均增大，与此同时，$\partial E_汉 / \partial \beta$ 却减小，因而此时 $E_汉$ 将偏重 ε 而忽视 β。

下面再利用实例作进一步说明。表 11-5 列举了 9 个实例，代表了 4 类情况。

第一组三个实例代表 α、β 以及富矿比都很小的情况，如有色和稀有金属矿石的粗选和预选作业。

第二组实例代表 α 很小 β 很大，因而富矿比也很大的情况，如有色和稀有金属矿选矿全流程的总指标。

第三组代表 α 较大而富矿比不大的情况，如黑色金属以及某些非金属矿产。

第四组代表 α 大而富矿比很小的情况，如富铁矿的选矿、高品位精矿再精选、溢流的控制分级等。

表 11-5 原矿、精矿品位及富矿比对选矿指标影响的实例

序号	原矿品位 α' /%	精矿品位 β' /%	原矿中有用矿物含量 α /%	精矿中有用矿物含量 β /%	精矿产率 γ /%	回收率 ε /%	$E_汉$ /%	$(\partial E_汉/\partial \varepsilon)$ /%	$(\partial E_汉/\partial \beta)$ /%	$E_弗$ /%	$(\partial E_弗/\partial \varepsilon)$ /%	$(\partial E_弗/\partial \beta)$ /%	$E_道$ /%	纯矿物品位 β_m /%
1-1	0.6	2.0	0.76	2.54	22.8	76.0	53.6	0.71	9.0	1.36	0.018	0.77	1.23	锡石 78.6
1-2	0.6	1.2	0.76	1.52	39.0	78.0	39.3	0.50	25.9	0.60	0.008	0.79	0.49	
1-3	0.6	1.2	0.76	1.52	49.0	98.0	49.4	0.50	32.5	0.75	0.008	0.99	0.74	
2-1	0.2	56.0	0.254	71.2	0.16	44.8	44.8	1.0	0.002	31.9	0.71	0.45	31.7	
2-2	0.2	40.0	0.254	50.9	0.24	48.0	47.9	1.0	0.005	24.4	0.51	0.48	24.3	
3-1	30.0	56.0	42.9	80.0	38.6	72.0	58.6	0.81	0.85	46.8	0.65	1.26	35.4	赤铁矿 70.0
3-2	30.0	40.0	42.9	57.1	57.0	76.0	33.3	0.44	1.75	19.0	0.25	1.33	11.1	
4-1	60.0	62.0	85.7	88.6	92.9	96.0	21.7	0.23	8.2	19.2	0.20	6.7	8.7	
4-2	60.0	65.0	85.7	92.3	84.9	92.0	49.7	0.54	7.0	46.0	0.50	6.4	23.5	

如第一组数据所示，1-1 的 ε 为 76%，比 1-2 的 ε 78% 略低，但富矿比 β/α 为 3.3，比 1-2 的 2.0 显然较高，应认为效率较高，现 1-1 的 $E_汉$、$E_弗$ 均比 1-2 高，说明两类判据对 β 都是敏感的。1-3 的富矿比与 1-2 相同，但 ε 提高到 98%，应认为效率相当高，现 $E_汉$ 由 1-2 的 39.3% 提高到 49.4%，接近 1-1 的 53.6%，基本合理；而 $E_弗$ 却仅 0.75%，接近 1-2 的 0.60%，显著低于 1-1 的 1.36%（原因是 $\partial E_弗 / \partial \varepsilon$ 太小，仅 0.008%~0.018%），表明此时 $E_弗$ 对 ε 太不敏感，不及 $E_汉$ 合理。

第二组实例，说明当原矿品位低而精矿品位高时，$E_汉$ 对 ε 太不敏感（$\partial E_弗 / \partial \varepsilon$ 小到只有 0.002%~0.005%），只有 $E_弗$ 能兼顾 β 和 ε。

第三组实例表明，α 较大而富矿比较小时，$E_汉$ 和 $E_弗$ 都能兼顾 β 和 ε，$\partial E / \partial \beta$ 和 $\partial E / \partial \varepsilon$ 的数值都比较合理。第四组实例则表明，α 大而富矿比很小时，$E_汉$ 和 $E_弗$ 都是偏重 β，

这也是合理的,因为此时理应强调质量。

最终结论是:

① α、β 以及富矿比均不大的低品位矿石粗选和预选作业应采用第一类判据。

② α 低而 β 高时,应采用第二类判据,如有色和稀有金属矿石等。

③ α 高因而 β/α 不会很大时两类判据均可使用,如黑色金属矿石等。

以上原则同样适用于分级作业。

还需要说明的是,在第二类判据中,$E_{道}$ 同 $E_{弗}$ 的变化规律是一致的。缺点是比 $E_{弗}$ 稍复杂,好处是 $E_{弗}$ 没有单值性而 $E_{道}$ 有单值性,因而更合理些。以上以 $E_{弗}$ 为例,是因为对 $E_{弗}$ 求偏导数较简单,便于分析问题。

(3) 其他综合效率公式

① 选择性指数 分离 1、2 两种成分时,必然希望精矿中成分 1 的回收率 ε_{1I} 尽可能高,成分 2 的回收率 ε_{2I} 尽可能低,故可用相对回收率 $\varepsilon_{1相} = \dfrac{\varepsilon_{1I}}{\varepsilon_{2I}}$ 作判据,对尾矿也可得出类似的指标:$\varepsilon_{II相} = \dfrac{\varepsilon_{2II}}{\varepsilon_{1II}}$

高登 (A. M. Gaudin) 用相对回收率的几何平均值作为分离判据,并习惯上称为选择性指数,通常用字母 S 表示,见式(11-52)。

$$S = \sqrt{\varepsilon_{I相}\varepsilon_{II相}} = \sqrt{\dfrac{\varepsilon_{1I}\varepsilon_{2II}}{\varepsilon_{2I}\varepsilon_{1II}}} \tag{11-52}$$

此式在两种金属分离(铅锌分离、铜铅分离、钨锡分离等)时应用较多。

② 经济效益指标 根据经济效益评价选矿效率,原则上应该是合理的,但由于经济效益往往受很多因素影响,因而很难找到一个合适的通用判据。下面介绍的方法,只能为读者提供一些思路,具体情况需具体分析。

最直接的方法是用精矿的商品价值 V 度量,见式(11-53)。

$$V = \beta_c Q_c S \tag{11-53}$$

式中 β_c——最终精矿品位,以分数计;

$\quad\quad Q_c$——最终精矿产量(每小时、每日或每年吨数),选矿试验中可用产率 γ_c 取代,此时得出的 V 代表每吨原矿产出的精矿价值;

$\quad\quad S$——精矿中每吨金属的价格。

如果不同品级精矿冶炼费用的差别不能在精矿价格级差中正确反映,就应以选矿最终精矿的商品价值与该品级精矿冶炼费用的差值度量选矿效率。如果不同方案则成本不同,最好用净盈利值评判选矿效果。如果还想考虑矿石的可选性,还可以考虑用实际盈利额同最大盈利额的比值作为比较判据。

为了综合评判选矿厂的技术经济指标,近年来人们已开始研究使用模糊数学的方法。

11.5.2 图解法

用图解法评价分离效率的一个重要实例是分配曲线法。此法主要用于重选(密度组分的分配),但也可以用于磁选(磁性组分的分配)、分级(粒度组分的分配)等。该法的主要优点是,最终判据是单一数据,容易得出明确结论,但又适用于产品能用简单物理方法分离(重液分离、磁析、筛析、水析等)的场合。

在一般场合下,可利用下列方法作图评价分离效率。首先可将每个待比较方案,均按分批截取精矿的方法进行试验,然后分别绘制 $\varepsilon = f(\gamma)$、$P = f(\gamma)$、$\varepsilon = f(\beta)$ 等关系曲线。此时哪一个方案的曲线位置较高，其分离效率必然是较优的，因为在 $\varepsilon = f(\gamma)$ 图上，曲线位置较高，意味着在相同精矿产率下 ε 较高，既然 γ 相同，ε 较高则 β 也必然较高；而在 $\varepsilon = f(\beta)$ 图中，曲线位置较高表明 β 相同时 ε 较高，如图 11-3 和图 11-4 所示。

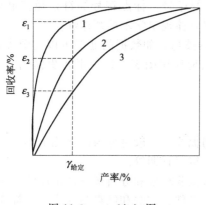

图 11-3　$\varepsilon = f(\gamma)$ 图　　　　　图 11-4　$\varepsilon = f(\beta)$ 图

$P = f(\gamma)$ 曲线同迈耶尔中值曲线一致，纵坐标是 $\gamma\beta$ 或 $G\beta$，横坐标是 γ 或 G，斜率代表的是 β。此曲线的另一个优点是在小型试验时所需要利用的原始数据仅为精矿质量和精矿品位，而不涉及尾矿或原矿品位，因而误差较小，规律性较好。

11.6　试验报告的编写

选矿试验报告是对选矿试验成果的总结和记录。试验报告应达到的基本要求是：数据齐全可靠、问题分析周密、结论符合实际、文字和图表清晰明确、内容能满足设计和指导生产等的要求。其中，实验室试验报告的内容应比较详细，扩大连续试验、半工业试验及工业试验一般都是在实验室试验或前一种试验基础上进行的。因此，其试验报告的内容应结合前面所进行的试验工作基础来进行编写，并着重反映本阶段试验的详细内容和结果。

11.6.1　试验报告的种类和基本要求

试验报告根据试验的目的可以分为探索试验报告、验证试验报告及可行性研究报告等。虽然报告类型各有不同，但撰写报告的总体要求相同：科学性和创造性；公正性和准确性；学术性和通俗性。

通常要形成一篇高质量的试验报告，需要满足以下具体要求：

（1）做好试验　试验是报告的基础，报告是试验的归纳。设计好试验方案，在试验过程中认真记录试验现象和试验原始数据。

（2）整理好试验数据　根据试验原始数据进行整理，计算各项试验指标，以图和表的形式直观地表示试验结果。图表的制作要规范、准确，要与文字的表述相互配合。

（3）讲究文字表达　试验报告的文字要平易流畅、准确简洁，尽可能采用专业术语来表达试验过程和结果。撰写报告时应注意逻辑关系，层次清晰，突出重点，需要把握以下几个原则：

① 理清思路　撰写试验报告最关键和首要的工作是要理清思路。要了解不同试验报告格式的具体要求，并将格式的各个项目与自己的研究工作建立对应关系，回顾和确立试验研究的假设与依据、措施与效果之间的因果关系。

② 掌握资料　在撰写报告之前，应梳理好各类试验材料，如试验研究的实施（过程）材料、试验研究的效果材料、试验研究的参考材料以及原来写作的试验研究的文件材料等。能否全面地掌握材料，关系到试验研究报告能在多大程度上反映出试验工作的深度和广度，

以及试验成果的理论价值和实践价值。

③ 加强思考　在理清思路和掌握材料后，对试验研究过程的资料进行分析、概括和提炼，将好的做法原则化，上升到理论的高度，并将理论联系实际进行思考，深化原有的理论认识。

④ 语言规范　撰写试验报告时需注意语言、标题序号、标点符号等符合规范和要求，同时需注意论证的严密，逻辑关系的顺畅，使试验报告体现出学术的严谨性。

⑤ 注意技巧　试验研究报告的写作要用到一定的技巧，如数据的处理可以用图表形式、有关的内容可以用图示或表格形式加以简化等，恰当地使用图表可以使报告更简洁、直观，内容更易被理解。

11.6.2　试验报告的基本格式及编写方法

试验报告的格式可以灵活调整，基本要求是简明扼要，一般可分为以下几个部分：

(1) 封面　注明报告的名称、试验单位及人员、编写日期等。

(2) 摘要　将试验报告的内容作高度的浓缩，对试验结果和分析部分作出简洁的概述。

(3) 关键词　用名词或名词性组，对试验目的、条件、方法和结果等内容进行提炼，便于检索。

(4) 前言　对试验任务、试样以及试验指标和推荐的选矿方案予以简单介绍，使读者首先对试验工作的基本情况有所了解。

(5) 正文　正文包括以下内容，是科研试验报告的主体。

① 介绍试验的目的和任务；

② 介绍试验矿样的性质和工艺矿物学研究结果；

③ 介绍试验的技术方案，包括选矿方法、流程、设备等；

④ 试验结果与分析，对试验结果进行分析工艺流程和技术经济指标；

⑤ 试验的结论与存在的问题阐述。

科研试验报告一般包括了以上内容，但某些报告由于内容的特殊性可能会省略其中某些项目。

(6) 参考文献　详细列明试验所参考的主要科技文献，既是为试验提供了理论依据，又是对他人的科研工作表示尊重。

(7) 附录或附件

11.6.3　试验报告的主要内容

可行性研究报告由于研究分析的对象、内容不同，有着特殊的写法和要求；且由于项目的大小和复杂程度不同，所以内容有繁有简。不过，可行性研究工作从开始到得出结论的整个过程是有规律性的。因此，可行性研究报告形成了比较固定的内容和格式。一份完整的可行性研究报告一般由封面、编制说明、目录、报告内容、图表、参考文件和附件组成。其中报告内容是可行性研究报告的核心部分，一般由标题、正文、落款三部分组成。

可行性研究报告对投资建设项目的必要性、技术的可靠性、建设条件的可能性、经济的合理性进行考察、分析、论证，为投资决策和部门审批提供依据。因此，其写作要求是做到实事求是，从实际出发，对客观条件进行实地考察、分析论证，不能任意夸大或者缩小事实。其内容要全面具体，资料数据要准确无误。其行文应条理清晰，重要内容的次序安排可以变动，但要体现逻辑性。

以矿物加工专业的试验报告为例，如矿石可选性试验报告，其内容应包括：

① 试验任务；

② 试验对象——试样；

③ 试验技术方案——选矿方法、流程、条件等；

④ 试验结果——推荐的选矿方案和技术经济指标。

为了说明试验条件同生产条件的接近程度和结果的可靠性，一般还要对所使用的试验设备、药品、试验方法和试验技术等作出简明扼要的描述。连续性选矿试验和半工业试验，特别是采用了新设备的，必须对所用的设备的规格、性能以及与工业设备的模拟关系作出准确地说明，以便能顺利地实现向工业生产的转化。

试验的中间过程只需要在报告的正文中简要阐述，目的是使读者了解试验工作的详细程度和可靠程度，确定最终方案的依据，以及在需要时可据此进行进一步的工作。详细材料可作为附件或原始资料存档。

如果是供选矿厂设计用的试验报告，则一般要求包括下列具体内容：

① 矿石性质　包括矿石的物质组成以及矿石及其组成矿物的理化性质，这是选择选矿方案的依据，不仅试验阶段需要，设计阶段也需要了解。因为设计人员在确定选厂建设方案时，并非完全依据试验工作的结论，在许多问题上还需要参考现场生产经验独立作出判断，此时必须有矿石性质的资料作为依据，才能进行对比分析。

② 推荐的选矿方案　包括选矿方法、流程和设备类型（不包括设备规格）等，要具体到指明选别段数、各段磨矿细度、分级范围、作业次数等。这是对选矿试验的主要要求，它直接决定着选厂的建设方案和具体组成，必须慎重考虑。若有两个以上可供选择的方案、各项指标接近、试验人员无法作出最终判断时，也应该尽可能阐述清楚自己的观点，并提出足够的对比数据，以便设计人员能据此进行对比分析。

③ 最终选矿指标　与流程计算有关的原始数据是试验部门向设计部门提供的主要数据，但有关流程中间产品的指标往往要通过半工业或工业试验才能获得，试验室试验只能提供主要产品的指标。

④ 与计算设备生产能力有关的数据　如可磨度、浮选时间、沉降速度、设备单位负荷等，但除相对数字（如可磨度）外，大多数都要在半工业或工业试验中确定。

⑤ 与计算水、电、材料消耗等有关的数据　如矿浆浓度、补加水量、浮选药剂用量、焙烧燃料消耗等，但也要通过半工业或工业试验才能获得较可靠的数据，实验室试验数据只能供参考。

⑥ 选矿工艺条件　实验室试验所提供的选矿工艺条件，大多数只能给工业生产提供一个范围，说明其影响规律，具体数字往往要到开工调整生产阶段，才能确定，并且在生产中也还要根据矿石性质的变化不断调节。因而除了某些与选择设备、材料类型有关的资料，如磁场强度、重介质选矿加重剂类型、浮选药剂品种等必须准确提出以外，其他属于工艺操作方面的因素，在实验室试验阶段主要是查明其影响规律，以便今后在生产上进行调整时有所依据，而不必过分追求其具体数字。

⑦ 产品性能　包括精矿、中矿、尾矿的物质成分和粒度、密度等物理性质方面的资料，作为考虑下一步加工（如冶炼）方法和尾矿堆存等问题的依据。

复习思考题

1. 试验产生误差的原因有哪些？
2. 试验误差可分为哪几类？
3. 仪器的精确度和试验方法的不同会对试验产生怎样的影响？
4. 什么是绝对误差、相对误差、引用误差和标准误差？
5. 误差的来源有哪些，试验中如何处理这些误差？
6. 精确度、正确度和标准度之间有什么关系？
7. 试验结果的表示方法有哪些？
8. 试验报告的编写要注意哪些问题？

附　录

选矿药剂种类及其适用矿石

种类	系类	种类	代表药剂	适用矿石
捕收剂	非离子型	烃类油	柴油、煤油	煤、石墨、辉钼矿、硫黄、滑石等天然可浮性较好的矿石
		酯类	黄原酸酯、巯基硫代氨基甲酸酯	
	阳离子型	巯基类	黄药、黑药	方铅矿、黄铜矿、闪锌矿、黄铜矿等大多数硫化矿
		烃基酸及皂	油酸、烃基硫酸钠	白钨矿、锡石、萤石、磷灰石、重晶石等非硫化矿
	阳离子型	胺类衍生物	月桂酸、混合胺	石英、绿柱石、锂辉石、云母等硅酸盐或者铝硅酸盐矿物,菱锌矿等碳酸盐矿物,钾盐等可溶性盐类
起泡剂	表面活性剂	醚类	丁醚油	大多数矿石
		醇类	松醇油、混合醇	
		醚醇类	醚醇油	
	非表面活性剂	酮醇类	双丙酮醇油	
调整剂	活化剂	无机盐类	硫酸铜、硫化钠	硫酸铜活化闪锌矿、黄铁矿、磁黄铁矿等,硫化钠是有色金属氧化矿的活化剂
	抑制剂	无机盐类	硫化钠、水玻璃	硫化矿是有色金属硫化矿的抑制剂;水玻璃是硅酸盐脉石矿物抑制剂
		有机物	单宁、淀粉	单宁对白云石、方解石、石英等有抑制作用;淀粉主要抑制辉钼矿和赤铁矿
	pH调整剂	电解质	酸、碱	石灰对黄铁矿有抑制作用
	絮凝剂	无机电解质	石灰、明矾	矿浆中细粒矿物较多的矿浆
		天然高分子	淀粉、骨胶	
		合成高分子	聚丙烯酰胺、聚氧乙烯	
	分散剂	无机盐类	水玻璃、苏打	含矿泥较严重的矿浆
		高分子化合物	各类聚磷酸盐	

参 考 文 献

[1]   成清书，等．矿石可选性研究．修订版．北京：冶金工业出版社，1981.
[2]   许时，等．矿石可选性研究．修订版．北京：冶金工业出版社，1989.
[3]   林国梁，等．矿石可选性研究．北京：冶金工业出版社，1998.
[4]   于春梅，等．矿石可选性试验．北京：冶金工业出版社，2011.
[5]   姚书典，等．重选原理．北京：冶金工业出版社，1992.
[6]   孙玉波，等．重力选矿．修订版．北京：冶金工业出版社，1983.
[7]   周晓四，等．重力选矿技术．北京：冶金工业出版社，2006.
[8]   魏德洲，等．固体物料分选学．北京：冶金工业出版社，2000.
[9]   谢广元，等．选矿学．第 2 版．徐州：中国矿业大学出版社，2010：430.
[10] 王淀佐，等．资源加工学．北京：科学出版社，2005.
[11] 胡岳华，等．矿物资源加工技术与设备．北京：科学出版社，2006.
[12] 文书明．国外重选设备的进展．国外金属矿选矿，1998（4）：46-48.
[13] 龙伟，张文彬．细粒重选设备的发展概况及研究方向．国外金属矿选矿，1996（4）：
      5-8.
[14] 孙良全，龙忠银．重选设备研发现状与发展趋向的探讨．矿业快报，2008（6）：5-7.
[15] 赵立智，胡树伟，李红欣．尼尔森选矿机在重选工艺流程中的应用与探讨．有色矿
      冶，2013，29（2）：25-27.
[16] 刘柞时，胡川，段骏．Falcon 离心选矿机的分选特征和应用现状的研究．矿山机械，
      2015，43（2）：81-86.
[17] 成鹏飞，张雨田，张永东，吴志虎．新型悬振选矿机及其应用．矿业研究与开发，
      2015，35（12）：110-112.
[18] 李小娜，杨云萍，张雨田．悬振选矿机对微细粒矿物的选矿技术研究与应用实践．矿
      山机械，2016，44（3）：4-8.
[19] 肖日鹏，杨波，贺涛，杜浩荣，邱凯．悬振锥面选矿机再选尾矿的工业应用．有色金
      属（选矿部分），2016（3）：87-90.
[20] 胡为柏等．浮选．北京：冶金工业出版社，1984：111.
[21] [苏] 米特罗法诺夫，等．矿石可选性研究．冶金工业部有色金属工业管理局译．北
      京：冶金工业出版社，1957.
[22] 胡岳华，等．矿物浮选．第 2 版．长沙：中南大学出版社，2014：83-183.
[23] 张强等．选矿概论．北京：冶金工业出版社，2010：117.
[24] 刘炯天，樊民强．试验研究方法．徐州：中国矿业大学出版社，2006.
[25] 谢广元．选矿学．第 3 版．徐州：中国矿业大学出版社，2012.
[26] 胡岳华，冯其明．矿物资源加工技术与设备．北京：科学出版社，2006.
[27] 胡为柏．浮选．北京：冶金工业出版社，1983.
[28] 孙传尧．选矿工程师手册．北京：冶金工业出版社，2015.
[29] 周兴龙，张文彬，王文潜．量筒内进行矿浆沉降试验的方法．有色金属（选矿部分），
      2005（5）：30-32.
[30] 张晓明，周兴龙，王祥，等．云南某矿山尾矿沉降试验研究．现代矿业，2011，27
      （8）：108-110.
[31] 刘广龙．陶瓷过滤机应用于浮选铜镍精矿的研究 [C] // 2002 全国金属矿产资源高
      效开发和固体废物综合利用技术交流会．2002：16-21.

[32] 周源. 选矿技术入门. 北京：化学工业出版社，2009.

[33] 齐双飞，杜艳清，王葵军，等. 新式盘式过滤机在弓长岭选矿厂的工业试验. 现代矿业，2014，30（2）：182-184.

[34] 陈少学. 某锂辉石矿选矿工艺流程改造. 金属矿山，2015（S1）：59-61.

[35] 石立，张国旺，肖骁. 金属矿山选矿厂磨矿分级自动控制研究现状. 有色金属（选矿部分），2013（s1）：43-48.

[36] 赵海利，赵建军，赵宇. 一种差压式浓度计在江西铜业某选矿厂的应用. 中国矿业，2015（s2）.

[37] 乔晓辉. 矿浆流量、浓度、粒度实时在线一体检测仪表研究与设计［D］. 昆明：昆明理工大学，2009.